多维度融合

一体化管理

北京大兴国际机场建设管理实践丛书

# 多维度融合 一体化管理

# 北京大兴国际机场
# 工程管理实践

北京新机场建设指挥部　组织编写
姚亚波　郭雁池　主编
张宏钧　高显义　贾广社　副主编

中国建筑工业出版社

# 丛书编委会

主　　任：姚亚波

副 主 任：郭雁池　罗　辑　李勇兵

委　　员：李　强　袁学工　李志勇　孔　越　朱文欣　刘京艳
　　　　　吴志晖　李光洙　周海亮

# 本书编写组

主　　编：姚亚波　郭雁池

副 主 编：张宏钧　高显义　贾广社

参编人员：北京新机场建设指挥部：
　　　　　李　维　徐　伟　王海瑛　姚　铁　孙　嘉　王積筠
　　　　　彭耀武　高爱平　孔　愚　张　茹　聂永华　赫长山
　　　　　师桂红　易　巍　田　涛　王　静　王　晨　张　俊
　　　　　张　培　王　超　赵建明　郭树林　董家广　王效宁
　　　　　何　彬　李青蓝　孙　凤　张小乐　崔　磊　丁衍然

　　　　　同济大学：
　　　　　王广斌　孙继德　谭　丹　王玥冉　王　燕　李　蕾
　　　　　李子伦　周淼阳　唐睿彬　陈雨萌

　　　　　中国科学院大学：
　　　　　王大洲　王　楠

# 丛书序言

作为习近平总书记特别关怀、亲自推动的国家重大标志性工程，北京大兴国际机场的高质量建成投运是中国民航在"十三五"时期取得的最重要成就之一，也是全体民航人用智慧、辛勤与汗水向伟大祖国70周年华诞献上的一份生日贺礼。

凤凰涅槃、一飞冲天，大兴机场的建设成就来之不易，其立项决策前后历经21年，最终在新时代顺应国家战略发展新格局应运而生。大兴机场承载着习近平总书记对于民航事业的殷殷嘱托，承载着民航人建设民航强国的初心，也肩负着践行新发展理念、满足广大人民群众美好航空出行向往、服务国家战略以及成为国家发展新动力源的光荣使命。

民航局党组始终把做好大兴机场建设投运作为一项重要的政治任务来抓，在建设投运关键时期，举全民航之力，精心组织全体建设人员始终牢记使命与担当，秉承"人民航空为人民"的宗旨，团结拼搏，埋头苦干，始终瞄准国际一流水平，依靠科技进步，敢于争先，攻克复杂巨系统、技术标准高、建设任务重、协同推进难等一系列难题，从2014年12月开工建设到2019年9月正式投运，仅用时4年9个月就完成了包括4条跑道、143万平方米航站楼综合体在内的机场主体工程建设，成为世界上一次性投运规模最大、集成度最高、技术最先进的大型综合交通枢纽，创造了世界工程建设和投运史上的一大奇迹。我们可以充满自信地说，全体建设者不辱使命，干出了一项关乎国之大者的现代化高品质工程，干出了一座展示大国崛起、民族复兴的新国门，如期向党和人民交上了满意的答卷，取得了举世瞩目的辉煌成就！

习近平总书记强调，既要高质量建设大兴机场，更要高水平运营大兴机场。大兴机场投运以来，全体运营人员接续奋斗，以"平安、绿色、智慧、人文"四型机场为目标，立志打造"新标杆、新国门、新引擎"。尽管投运之初就面临世纪疫情的影响，经过全体运营人员共同努力，大兴机场成功克服多波次疫情、雨雪特情以及重大保障任务考验，实现了安全平稳运行、航班转场的稳步推进，航班正常性在全国主要机场中排名第一，综合交通、商业服务、人文景观等受到社会高度评价，成为网红机场，荣获国际航空运输协会（IATA）"便捷旅行"项目白金标识认证、2020年度"亚太地区最佳机场奖"及"亚太地区最佳卫生措施奖"等荣誉，成为受全球旅客欢迎的国际航空枢纽，初步交上了"四型机场"的运营答卷。

回顾大兴机场整个建设投运历程，就是习近平新时代中国特色社会主义思想在民航业高质量发展的科学实践过程。大兴机场向世界所展现的中国工程建筑雄厚实力、中国共产党领导和我国社会主义制度能够集中力量办大事的政治优势，以及蕴含其中的中国精神和中国力量，是"中国人民一定能、中国一定行"的底气所在，是全体民航人必须长期坚持和持续挖掘的宝贵财富。

当前正值国家和民航"十四五"规划落子推进之际，随着多领域民航强国建设的持续推进，我国机场发展还将处在规划建设高峰期，预计"十四五"期间全行业还将新增运输机场30个以上，旅客吞吐量前50名的机场超过40个需实施改扩建，将有一大批以机场为核心的现代综合交通枢纽、高原机场等复杂建设条件的项目上马。这将对我们的基础设施建设能力、行业管理能力提出更高要求。大兴机场建设投运的宝贵经验始终给我们提升民航基础设施建设能力和管理能力以深刻启示，要认真总结、继承和发扬光大。现在北京新机场建设指挥部和北京大兴国际机场作为一线的建设运营管理单位，从一线管理的视角，总结剖析大兴机场建设的理念、思路、手段、方法以及哲学思考等，组织编写《北京大兴国际机场建设管理实践丛书》，对于全行业推行现代工程管理理念，打造品质工程必将发挥重要作用。

看到这套丛书的出版深感欣慰，也期待这套丛书能为全国机场建设提供有益的启示与借鉴。

中国民用航空局局长

2022年6月

# 本书序言

2020 年我曾经为同济工程管理团队的著作《大型航空交通枢纽建设与运筹进度管控理论与实践》写过序，两年后的今天为北京新机场建设指挥部组织、同济大学承担主创的本书写序，工程建设实践界与学术界合作越来越密切，成果可喜可贺。

自党的十八大以来，在新发展理念引领下，我国经济正在加快迈向更高质量、更有效率、更加公平、更可持续、更为安全的发展之路。与以往传统单体机场工程不同，大兴机场这样的航空交通枢纽工程的建设与管理发生了根本变化，如何开创我国大型航空交通枢纽工程管理的新范式是摆在我国工程界与学术界的任务。大兴机场的工程建设者不负国家重托，通过具有里程碑式的工程实践进行了成功探索。

本书是工程建设指挥部与高等院校密切合作，对大兴机场工程管理的决策、规划、设计、治理、目标控制、运营筹备和党建廉建七大模块的实践进行的深入总结，凝练出了"引领世界机场建设、打造全球空港标杆""打造国家发展新动力源，京津冀区域协同发展""机场工程建设运营集成一体化"等工程管理理念，实现了政府、工程建设指挥部、项目管理单位、承包商、供应商、运营商、居民和旅客等工程利益相关方的高效协同管理；探索建立"指挥部+专业咨询团队"的大型复杂航空交通枢纽工程综合管控的组织模式和基于四元耦合的工程建设运营筹备动态进度总控体系。本书对大兴机场这一超大复杂工程建设管理的思想、组织、方法和手段方面的创新实践进行了系统性的总结分析。

北京大兴国际机场是我国走向民航强国的标志性工程，是中国民航事业百年发展史上的里程碑工程，是中国民航面向下一个百年奋斗目标的新起点工程。本书基于实践所构建的基于大工程观的工程管理理念、目标、组织、方法和实践体系，为我国工程管理理论的创新提供了丰富的实践和场景支撑，为我国大型工程建设管理的创新和发展提供了借鉴和参考。

丁烈云

中国工程院院士、
国家自然科学基金委管理科学部主任、
华中科技大学原校长
2022年8月

# 丛书前言

北京大兴国际机场是党中央、国务院决策部署，习近平总书记特别关怀、亲自推动的国家重大标志性工程。大兴机场场址位于北京市正南方、京冀交界处、北京中轴线延长线上，距天安门广场直线距离46公里、河北省廊坊市26公里，正好处河北雄安新区、北京行政副中心两地连线的中间位置，与其距离均为55公里左右，地理位置独特，是京津冀协同发展的标志性工程和国家发展一个新的动力源。

大兴机场定位为"大型国际航空枢纽"，一期工程总体按照年旅客吞吐量7 200万人次、货邮吞吐量200万吨、飞机起降量63万架次的目标设计，飞行区等级为4F。综合考虑一次性投资压力、投运后的市场培育等情况，按照"统筹规划、分阶段实施、滚动建设"的原则，一期工程飞行区跑滑系统、航站楼主楼、陆侧交通等按照满足目标年需求一次建成，飞行区站坪、航站楼候机指廊、部分市政配套设施、工作区房建等按年旅客吞吐量4 500万人次需求分阶段建设。主要建设内容包括飞行区、航站区、货运区、机务维修区、航空食品配餐、工作区、公务机区、市政交通配套、绿化、空管、供油、东航基地、南航基地以及场外配套等工程。

大兴机场具有建设标准高、建设工期紧、施工难度大、涉及面广等特点。全体建设者面对各种挑战，始终牢记习近平总书记嘱托，在民航局的统筹领导下，以"精品、样板、平安、廉洁"四个工程为目标，全面贯彻落实新发展理念，以总进度管控计划为统领，通过精心组织、科学管理、精细施工、协同推进，克服时间紧、任务重、交叉作业等重重困难，历时54个月、1 600多个日夜，如期高质量完成了一期工程主体建设任务，一次性建成"三纵一横"4条跑道、143万平方米的航站楼综合体，以及相应的配套保障设施，成为世界上一次性建成投运规模最大、集成度最高、技术最先进的一体化综合交通枢纽，以优异成绩兑现了建设"四个工程"的庄严承诺。

大兴机场的建设投运举世瞩目，持续受到各方的高度关注。工程建设期间，特别是2017年进入全面开工期后，指挥部和施工总包单位几乎每天都能接到大量的调研参观要求，很多同志对于大兴机场建设和投运背后的故事和管理经验十分感兴趣。机场建成投运后，按照习近平总书记"既要高质量建设大兴国际机场，更要高水平运营大兴国际机场"的指示要求，我们一方面努力提升运营水平，瞄准平安、绿色、智慧、人文"四型机场"，进一步打造运营标杆；另一方面，也在思考，如何通过适当的建设经验总结提炼，形成可以传承的知识财富，并在一定层面分享，为大兴机场后续工程建设提供指导，同时发挥标杆工程的示范带动作用，也为行业发展和社会进步作出一点贡献。

我们就大兴机场一期工程建设经验总结召开了数次座谈会和专题会，各主要咨询设计单位、建设单位都十分支持，通过与中国建筑工业出版社、同济大学等单位进一步沟通，我们认识到，针对各方对于大兴机场工程建设的关注点，对大兴机场一期建设管理的理念、思路、方法、手段以及工程哲学思考等进行梳理总结，形成系列总结丛书，还是有一定意义的，为此，我们于2021年2月23日，在习近平总书记视察大兴机场工程建设4周年之际，正式启动了《北京大兴国际机场建设管理实践丛书》的编写工作，计划从工程管理、绿色建设、安全工程、工程哲学等方面陆续推出管理实践丛书。鉴于工程管理特别是重大工程管理是个复杂的系统工程，每个工程各有特点，工程管理理念百花齐放，存在明显的行业、工艺、地域等差异，本丛书只能算作一家之言，不妥之处还请各位读者多多包涵和批评指正！

最后，谨以丛书向所有参与大兴机场建设和运营的劳动者致敬！向所有关心关爱大兴机场建设发展的各位领导、同仁致敬！

首都机场集团有限公司副总经理（正职级）、

北京大兴国际机场总经理、北京新机场建设指挥部总指挥

2022年6月

# 本书前言

本书为北京大兴国际机场建设管理实践丛书之一，本分册以建设运营一体化为主线，站在北京新机场建设指挥部的角度，全面总结北京大兴国际机场工程建设和运筹管理的理念、方法与实践。

本分册覆盖了北京大兴国际机场选址论证、前期决策、规划设计、建设施工、验收许可、运营筹备、开航投运的全过程，以及进度、投资、质量安全与环境管理、党建、廉洁工程建设等全要素管理。共分为14章，第1章为大兴机场工程概述，包括建设背景、战略定位、建设规模、建设和运筹的主要时间点、工程特点，以及大工程观下的大兴机场工程管理体系。第2~4章为工程相关方及建设目标、工程治理、项目管理组织及项目管理目标。第5~6章为项目决策及规划设计。第7~9章是项目目标控制，包括进度控制、投资控制、质量安全与环境管理。第10章为项目运营筹备以及投运管理。第11章是北京新机场建设指挥部队伍建设和综合保障。第12~13章为党建和廉洁工程建设。第14章是工程建设和运营取得的成果，以及机场工程建设管理的发展。

本书撰写过程中，广泛收集了大兴机场工程建设和运筹管理的文献资料，多方面、多层次地现场访谈了广大的建设和运筹者，吸收了他们的知识和经验，是他们智慧的结晶。特此向广大建设和运筹者致以崇高的敬意。

本书可供机场工程建设和运筹人员借鉴和参考，包括民航机场建设、运筹管理人员、工程技术人员以及行业管理人员，高等院校相关专业师生和研究人员，也可为其他大型基础设施建设和大型工程的建设管理提供借鉴和参考。

由于编撰水平有限以及时间仓促，书中难免存在疏漏，恳请批评指正。

为方便读者阅读，本书将北京新机场建设指挥部统称为指挥部，北京大兴国际机场统称为大兴机场，中国民用航空局统称为民航局。

需要说明的是，本书对"工程"和"项目"没有进行严格的区分和界定，一般站在指挥部的角度作为项目管理对象时称项目，站在其他主体或全局或第三方角度一般称为工程。

编者

2022年8月

目录

第 1 章　大兴机场工程概述　　　　　　　　　　　　001

　　1.1　大兴机场建设背景　　　　　　　　　　　003

　　1.2　大兴机场战略定位　　　　　　　　　　　008

　　1.3　建设规模及时序　　　　　　　　　　　　012

　　1.4　大兴机场工程建设的特点　　　　　　　　019

　　1.5　大工程观下的工程管理体系　　　　　　　020


第 2 章　多维融合的工程相关方与建设目标　　　　　029

　　2.1　工程投资建设主体　　　　　　　　　　　031

　　2.2　相关方分析　　　　　　　　　　　　　　034

　　2.3　相关方需求分析　　　　　　　　　　　　043

　　2.4　工程建设目标　　　　　　　　　　　　　049


第 3 章　跨组织多层级的工程治理　　　　　　　　　057

　　3.1　大兴机场工程治理的特点　　　　　　　　059

　　3.2　统领全局的政府机构　　　　　　　　　　061

　　3.3　首都机场集团公司层面　　　　　　　　　069

　　3.4　各指挥部层面　　　　　　　　　　　　　072


第 4 章　精简高效的项目管理组织　　　　　　　　　075

　　4.1　项目管理组织　　　　　　　　　　　　　077

　　4.2　项目管理理念、使命和愿景　　　　　　　089

4.3 项目管理目标 090

**第5章 迭代研究和论证的项目决策与规划 095**

5.1 科学论证的项目前期决策 097

5.2 协同融合的总体规划 110

5.3 开放引领的详细规划 115

5.4 出行便捷的综合交通规划 119

5.5 发展共赢的临空经济区及自贸区规划 122

**第6章 持续优化的项目设计理念与创新 127**

6.1 多轮优化的航站楼设计 129

6.2 研究先行的设计优化 134

6.3 凝聚匠心的人文机场设计 135

6.4 科技创新引领的智慧机场设计 141

6.5 持续迭代优化的绿色机场设计 145

6.6 全过程协同的数字化设计 153

6.7 航站楼建成后的使用效果 159

**第7章 四元耦合的项目总进度综合管控 167**

7.1 制度先行的进度管控模式 169

7.2 势在必行的总进度综合管控 171

7.3 总进度综合管控机制和关键技术 172

7.4 多元融合的总进度综合管控组织体系 174

7.5 多维统筹的总进度综合管控计划体系 175

7.6 信息集成的进度动态管控 191

7.7 总进度综合管控的作用和技术创新 194

第 8 章 信息化驱动的全过程投资财务管控 199

8.1 优化招标方案，规范合同管理 201

8.2 计量支付控制，严格变更签证 204

8.3 系统适应制度的项目管理信息系统的建设 208

8.4 项目管理信息系统的应用 209

8.5 项目管理信息系统效果、作用和创新 214

第 9 章 高标准、严要求的质量安全与环境管理 219

9.1 质量安全与环境管理的特点 221

9.2 质量安全与环境管理理念 224

9.3 施工质量管理 225

9.4 职业健康安全与环境管理 233

9.5 数字化信息化手段的应用 247

第 10 章 紧张有序、全力推进的运营筹备 253

10.1 机场工程运营筹备工作内容 255

10.2 建设运营一体化理念的践行 257

10.3 运营筹备管理组织 260

10.4 投运方案 263

10.5 投运管理 267


第 11 章 面向建设运营一体化的队伍建设和综合保障 283

11.1 强化队伍建设，锻造精兵强将 285

11.2 强化人才培养，提供发展平台 296

11.3 强化行政管理，提升综合服务 298

11.4 重视工程传播，做好舆论引导 302


第 12 章 深度融合的党建与工程建设 305

12.1 党建引领工程建设高质量发展 307

12.2 支部扎根项目，党建融合业务 308

12.3 明确"两责三化"，保障高效党建 317

12.4 夯实党员管理，激发内生动力 323


第 13 章 以制度和流程为核心的廉洁工程建设 335

13.1 廉洁工程的必要性和重要性 337

13.2 强化顶层设计，扎牢"不能腐"笼子 338

13.3 完善惩戒机制，明确"不敢腐"红线 348

13.4 强化政治引领，筑牢"不想腐"根基 348

13.5 "廉洁工程"建设成效 351

13.6 "廉洁工程"建设优秀范例 351

**第 14 章 "金凤展翅"续写机场工程管理未来** **355**

14.1 交付成果 357

14.2 目标成果 364

14.3 创新成果 366

14.4 机场工程管理的发展 370

附录 人员访谈名单 377

参考文献 381

后记 383

# 第 1 章

# 大兴机场工程概述

　　大兴机场的建设既是北京地区航空业务快速发展、完善京津冀地区综合交通运输体系的需要，更是打造我国国际航空枢纽的需要。大兴机场工程影响大、期望高，体量大、时间紧，相关方众多、协调关系复杂等特点，决定了其建设和运营筹备的难度。

　　本章对大兴机场工程的建设背景、战略定位、建设规模、主要建设和运营筹备时间节点、工程特点等进行总体介绍。从大工程观的角度总结了大兴机场工程管理的六大体系模型。主要内容和思路如图1-1所示。

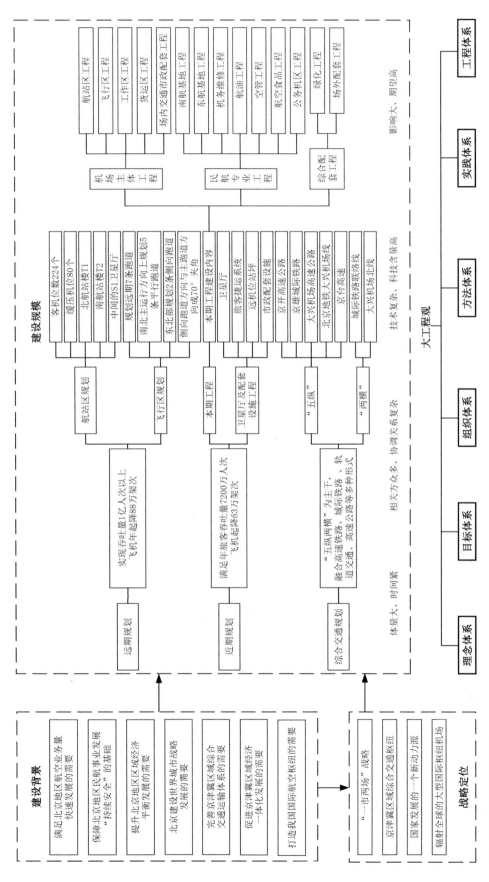

图1-1 本章主要内容和思路

大兴机场是我国走向民航强国的标志性工程，被英国《卫报》誉为"新世界七大奇迹"之首，先后获得鲁班奖和2020年度国际卓越项目管理（中国）大奖金奖等多项殊荣的超级工程。这座大型国际枢纽机场建设创造了多项世界之最：世界最大规模的单体机场航站楼、世界施工技术难度最高的航站楼、世界最大的采用隔震支座的机场航站楼、世界最大的无结构缝一体化航站楼，堪称世界上施工技术难度最高的机场。此外，还创造了我国的诸多第一：第一个一次性建成的大型综合交通枢纽；第一次实行"三纵一横"全向构型的交叉跑道的机场；第一个实现开航即具备仪表着陆（也称盲降）三类B运行标准，在能见度不低于50m的情况下，飞机也可以安全着陆的机场；第一个跨省建设的机场等。它不仅拥有全球首座双层出发、双层到达的航站楼，全球唯一一座高铁从下方穿行的机场航站楼，也是中国目标年旅客吞吐量最大的机场。

# 1.1 大兴机场建设背景

大兴机场建设的原因是多元综合的，是综合评估下利国利民的重大工程。自2000年以来，北京市航空业务量快速发展，处于饱和状态，需要新的民用航空机场来释放航空压力。同时，大兴机场的建设可以给北京市、京津冀一体化乃至国家发展带来新的动力。

### 1. 满足北京地区航空业务量快速发展的需要

在进入21世纪后，随着经济的快速发展，我国航空事业在不断地高速发展，尤其是2004年以后，经过持续快速发展，我国已经跃居为世界上民航客、货、邮运输量增长率最高的国家之一。2005年我国民航运输总量已经达到世界第二。北京作为中国的首都，是中国的政治文化中心，随着社会经济的发展，其航空业务量也在高速增长，庞大的航空运输业务量几乎都落在了首都机场上。2000—2010年首都机场旅客吞吐量年均增长13%，货邮吞吐量年均增长10.8%，起降架次年均增长10.9%。2011年旅客吞吐量达到7 867万人次。2012年首都机场旅客吞吐量首次突破8 000万人次，达到8 192.9万人次，仅次于美国亚特兰大哈兹菲尔德国际机场的8 800万人次的吞吐量。2013年首都机场旅客吞吐量达到8 371万人次，连续四年稳居世界第二。北京南苑机场作为军民合用机场，在2013年旅客吞吐量达到了446万人次，位居全国第38位。2013年北京地区航空旅客年吞吐量达到8 817万人次，首都机场的流量已达到饱和，其预先设计的7 600万人次/年的旅客吞吐量已不能满足航空运输的需求，航班时刻的增加受到严格控制，每天有大约400个航班申请不能满足。而受自身规模和周边环境的限制，首都机场总体运能不足且难以实施较大的扩容。因此，建设北京新机场来满足北京地区航空业务量快速发展的需要是必要的。

### 2. 保障北京地区民航事业发展"持续安全"的基础

2013年，随着北京地区民用航空运输业务量的增长，首都机场作为北京地区仅有的一座大型民用机场，很难满足北京地区日常航空运输需求。且由于地形和空域限制，首都机场无法在管制上实现三条跑道独立进近。首都机场东部空域不开放，这就导致无法充分释放其空中运行效率。与此同时，首都机场的正常运行还受流量控制的困扰和束缚。限制航班量是民航局为保障飞行安全而采用的行政干预手段。大兴机场建设后，航班流的疏散将使北京地区空中交通管制更加顺畅，航空危险接近和冲突告警将大大减少，流量控制的次数也将大大降低。北京地区终端区内所有飞机均由北京终端区统一指挥调度，这将有效缓解北京地区空中和地面运行的压力，飞行安全、运行安全都将得到更好的保障。有了大兴机场，北京地区安全、顺畅、高效的管制运行水平可以得到进一步提升，来更好地迎接航空旅客的快速增长。

### 3. 提升北京地区区域经济平衡发展的需要

北京不但是中国的政治、文化中心，其经济发展总量一直在全国名列前茅，也是我国最重要的经济发展中心之一。

受历史发展影响，北京市存在"北富南穷、北密南疏"的现象。截至2013年，首都机场及其临空经济区对北京市的总体经济贡献已超过2 300亿元，占全市国内生产总值（GDP）超过10%。得益于首都机场及其临空经济区的贡献，北京北部地区特别是东北部地区发展很快。据统计，北京城区合并前，城南五区土地总面积是海淀的7.8倍，但GDP总值却只有海淀一区的70%。历史文化、自然环境等因素，使城北城南形成了不同发展模式。教育、科研、金融、电子、文体等优势产业云集城北，而城南发展一直缺少高端生产要素和资源通道的支持，亟须大型基础设施的辐射带动。建设大兴机场有利于北京城市南北均衡发展。大兴机场建成投运后，经过初步测算，未来20年将为北京市带来8.6万亿元的经济贡献，年均提升南城GDP增长率5~6个百分点、全市1~2个百分点，南城占北京市GDP的比重将由2011年的10%提升至32%左右；未来30年，南城经济总量将与北城达到平衡，累计可为北京市带来22万亿元的经济贡献。大兴机场助力北京南城快速崛起，优化了城市功能、空间和产业结构，使北京市经济发展提升到一个新的高度。

### 4. 北京建设世界城市战略的需要

在中国迅速崛起的历史性关键时刻，《北京城市总体规划（2004—2020年）》提出要将北京建设成为世界城市。这不仅是北京发展的重要举措，更是国家发展战略的一个重要组成部分。

北京拥有日渐成熟的建设世界城市的基础和条件。世界级城市最重要的两个指标分别是跨国公司和生产性服务。在这两个指标方面，北京已经成为世界500强最集中的城市之一，世界500强中有80%的企业在北京扎根，在数量方面，北京甚至超过了一些老牌的世界市场；作为中国本土大公司最集中和中央财政金融所在城市，北京自然成为中国资本输出或本国跨国公司的中心。

随着中国在世界舞台影响力的增长，北京天然的政治中心优势、持续良好发展的经济、深厚的文化底蕴，以及成功举办"两奥"的经历和经验等，都为北京迈入世界城市奠定重要的基础。

从北京地区航空设施现状看，一方面，随着旅客吞吐量的快速攀升和口岸服务的不断改进，首都机场在世界机场的地位和影响力也在不断提升，其在世界空港的排名位居第二，旅客满意度指数也提升到世界第三。在大兴机场建设前，无论是生产运营规模还是软硬件服务，首都机场都已步入世界空港的先进行列，具备了向大型国际枢纽机场迈进的内部条件和保障能力，为打造北京世界城市奠定了良好的航空口岸基础。另一方面，在大兴机场建设前，首都地区单一主流机场（南苑机场飞行量较小，可忽略）的格局，使机场空域、地面起降设施、外部交通都过于集中，首都地区航空业务量的发展空间也在一定程度上受到限制。随着旅客吞吐量的快速攀升，机场安全运行的压力也越来越大。

纵观世界航空旅客量4 000万人次以上的城市，除受地域限制的新加坡、阿姆斯特丹、中国香港仅有一座机场外，其余城市无一例外都是多机场系统，由2~3个大型机场构成。中国的人口约是美国的5倍，北京又是中国的首都，是中国的政治中心、文化中心及未来的经济中心，是世界重要的旅游目的地之一，这些都决定了北京的航空旅客量还将有较大的增长。北京首都机场无法支撑众多的旅客量，北京地区建设另一个大型机场是必要的，也是合理的，它符合北京建设世界城市的需求，也为北京建设世界城市奠定了基础。

### 5. 完善京津冀区域综合交通运输体系的需要

大兴机场建设以前，京津冀北地区航空资源有限，这一地区的大中型机场主要分布在北京、天津、石家庄三个大城市之中，即北京——首都机场，天津——滨海机场，石家庄——正定机场，各自服务于其所在城市，彼此之间缺少必要的业务联系。《国务院关于促进民航业发展的若干意见》提出："……要按照建设综合交通运输体系的原则，确保机场与其他交通运输方式的有效衔接。……要整合机场资源，加强珠三角、长三角和京津冀等都市密集地区机场功能互补……"。从国家层面，对京津冀地区综合交通体系的建立提出了要求。

大兴机场的场址正好处于京津冀大三角的中心地带，其距离北京首都机场约67km，距离天津机场约85km，距离石家庄机场约197km，从空间上正好填补了大三角的空白，不但可以作为北京的新机场，也可为天津滨海机场提供便利的备降服务，还可以弥补河北北部没有大型机场的缺憾，服务于河北廊坊、保定地区，促进该地区国民经济和航空业务的发展，对京津冀三地民用航空事业的发展起到很好的促进作用，使航空运输体系更加完善。大兴机场的坐落位置，如图1-2所示。

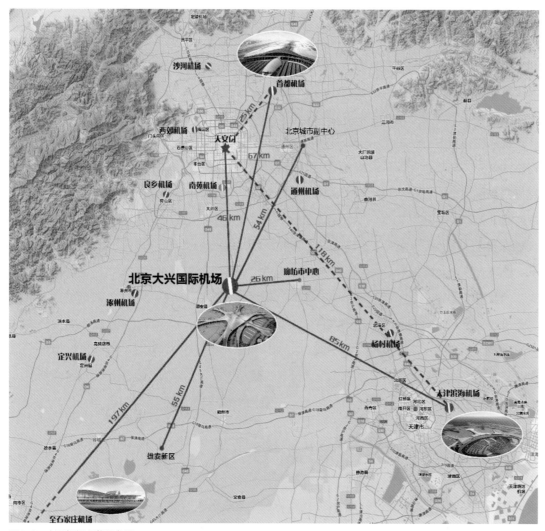

图1-2　大兴机场坐落示意图

京津冀北地区，随着大兴机场的建成通航，京津城铁、京石城铁、津保石城铁和京九客专的开通运行，以及高速公路网在城市间的衔接，京津冀经济圈内将形成完善的区域综合交通运输体系，满足人民群众不同的出行需求。

### 6. 促进京津冀区域经济一体化发展的需要

2014年2月26日习近平总书记在北京主持召开座谈会，专题听取京津冀协同发展工作汇报时强调指出，实现京津冀协同发展，是一个重大国家战略，要坚持优势互补、互利共赢、扎实推进，加快走出一条科学持续的协同发展路子来。京津冀协同发展已经成为社会各界广泛关注的热点话题。大兴机场场址地处京津冀核心地带，其建设和启用对京津冀协同发展必将起到强有力的促进作用。

2015年4月，中央政治局审议通过《京津冀协同发展规划纲要》，要求加快北京新机场建设。基础设施建设是实现区域协调发展的基础和前提，大兴机场正是京津冀协同发展的关键基础设施布局。2017年4月，中共中央、国务院决定设立河北雄安新区，是继深圳经济特区和上海浦东新区之后又一具有全国意义的新区，是党中央深入推进京津冀协同发展的一项重大决策部署。

京津冀北城市群是大兴机场服务的主体，也是大兴机场建设的主要受益主体。京津冀地区可在大兴机场建设的基础上充分发挥自身优势，积极开展临飞产业研究，大力发展机场周边临飞产业，以期做到与机场发展的互利共赢。大兴机场的建设，除机场自身核心区的地域空间受到很大的影响外，还可带动其周边广阔的腹地来发展临飞产业。北京地区土地资源有限，且北京市已对机场北部和西部地区进行规划，是北京未来城市发展的重要地区之一。机场的东部和南部是河北廊坊市所辖市县，可为大兴机场的临飞产业布局提供最为广阔的腹地，临飞产业可得到充分发展。

大兴机场的建设，将使得京津冀北区域的产业结构得到彻底改变，高端服务业、高新技术产业、知识经济、信息经济等都有可能在该区域得到大力发展。依托大兴机场的建设，促进京津冀北地区区域旅游和文化产业的发展。大兴机场的建设会带来更多的外国人来到京津冀北区域参加会展、休闲、旅游、观光等活动。这一趋势将极大地推动河北的文化旅游产业的发展。它将成为带动北京南部地区经济发展，促进京津冀北区域经济全面快速发展的新动力源。

### 7. 打造我国国际航空枢纽的需要

北京不仅作为中国的首都深受国人的关注，还作为全球经济发展最快国家的首都受到世界的瞩目。北京首都国际机场地处欧洲、亚洲及北美洲的核心节点上，不仅拥有得天独厚的地理位置，其方便快捷的中转流程、紧密高效的协同合作也使得其成为连接亚、欧、美三大航空市场最为便捷的航空枢纽。国航、东航、南航等中国国内主要航空公司均已在北京首都国际机场设立运营基地。星空联盟、天合联盟和寰宇一家世界三大航空联盟也都视北京首都国际机场为重要的中转枢纽。大兴机场建设前，北京首都国际机场是世界最繁忙的机场之一，总计92家航空公司入驻首都机场运行，联通全世界51个国家和地区，包括国内通航点128个、国际通航点108个。2013年1月1日，首都机场成为国内首批具备实行72小时过境免签政策资格的机场。2013年，北京边检总站在首都机场共办理72小时过境免签手续旅客约为14 000人次。

尽管在旅客吞吐量上北京首都机场已跻身为世界第二大机场，但其国际中转量还不足10%，而国际航空枢纽中转量的要求是30%以上，可见其远远没有达到国际航空枢纽的要求。受空中及地面资源的限制，作为基地航空公司的国航，在首都机场所占份额还很有限，发展国际航空枢纽的空间也不足，缺乏可持续发展后劲。2012年7月8日，国务院下发了《国务院关于促进民航业发展的若干意见》（国发〔2012〕24号），文中提出："……着力把北京、上海、广州机场建成功能完善、辐射全球的大型国际航空枢纽……"。从国家层面，对北京建设国际航空枢纽提出了要求。

大兴机场的建设及时解决了这一困局。大兴机场的建设极大地丰富了进出北京航班时刻资源，北京地区航空市场发展迎来了新的生机。在北京地区形成了航空运输市场"一市两场"的局面，大大增强了北京作为东亚地区航空枢纽的国际竞争力。在机场运行上可按照需求采用多种灵活的市场定位，即可按照国际航空联盟组织的不同，以基地航空公司为中心，双枢纽各自独立运行；枢纽机场和目的地机场也可合作运行，按照各自的分工来整合两机场的资源。航空公司、机场当局的服务质量得到极大提高。为建设枢纽机场奠定了良好的基础，并在此基础上逐步做大做强，逐渐形成东亚乃至世界航空枢纽。这也是民航运输发展的需要，是中国由民航大国迈向民航强国的重要一步。

# 1.2　大兴机场战略定位

大兴机场的定位是枢纽机场，首先是服务范围要广，规模要大，带动作用要强。大兴机场在北京地区、京津冀区域乃至在国家整个民航体系中扮演重要的角色。同时，大兴机场在区域整体经济社会的发展中也扮演着重要的角色，是国家发展的一个新的动力源，而不仅是一个简单的交通基础设施。

## 1. "一市两场"战略

"一市两场"或"一市多场"是大部分全球世界级城市的布局，如伦敦拥有希斯罗、盖特威克等大型机场，纽约拥有肯尼迪、纽瓦克等大型机场，东京拥有羽田、成田等大型机场，巴黎拥有戴高乐、奥利等大型机场，我国上海拥有浦东、虹桥两座大型机场。大兴机场建成投运使北京迈入"一市双枢纽"的世界先进行列，在设施规模、保障能力、发展质量等方面，可比肩伦敦、纽约、东京、巴黎等世界级城市。

以"并驾齐驱、独立运营、适度竞争、优势互补"的方针为指导，北京首都机场和北京大兴国际机场"两场"在同一目标下实现差异发展，打造双轮驱动标杆。一是并驾齐驱。两大机场相互配合，在总量、品质和贡献上两大枢纽均实现突破，打造前所未有的两个大型国际枢纽并存的局面。二是独立运营。两个机场在业务运作上相互独立，两场的旅客不鼓励进行互转。三是适度竞争。在某些特定的市场及客群上存在一定的竞争，如国际旅客。四是优势互补。在客户、航线、品质和贡献上进行分工和差异化，弥补单一枢纽的劣势，提升综合竞争力。

两大机场均为大型国际枢纽，国际网络兼具广度密度，追求安全高效运营，但在功能侧重、客户定位及区域贡献度方面有所差异。在功能侧重方面，首都机场为中国第一国门、门户复合枢纽；大兴机场为国家发展新动力源、综合交通新枢纽。在客户定位方面，首都机场的侧重点在于政商和国内国际直达旅客的保障；大兴机场则更加注重全面保障各类人群的出行需求，包括支线、低成本及中转旅客等过去各类未能被有效满足的旅客。在区域贡献方面，首都机场重点在于辐射北京城区及通州副中心，并配合地区发展的需要；大兴机场更加注重保障京南、雄安新区及京津冀城市群的出行需求，更应创造区域经济发展的新支点和新引擎。

首都机场协同国航等主基地航空公司，大兴机场协同南航、东航等主基地航空公司，各自构建完善的枢纽航线网络。同时，依托两场各自运营的航空公司在国际国内细分市场上的优势航点，集中资源和精力深耕优质市场，形成"一市两场"优势互补，共同打造国际一流的航空枢纽。

基于此，2018年民航局《北京"一市两场"转场投运期资源协调方案》进一步明确：将首都机场定位为大型国际航空枢纽和亚太地区重要复合枢纽，大兴机场被定位为大型国际航空枢纽和京津冀区域综合交通枢纽。"两场"形成协调发展、适度竞争的国际双枢纽机场格局，推动京津冀机场建设成为世界级机场群。

## 2. 京津冀区域综合交通枢纽

从全球民航发展经验来看，世界级机场群与世界级城市群总是相伴而生。衡量和代表国家、地区综合发展水平的重要标志是世界级城市群。全球主要城市群发展历程表明，城市间各种功能联系形成和强化的基础条件就是交通，并且交通还在不同程度上影响各种要素的流动和聚集。相较于其他运输方式，民航运输具有快速、高效、便捷的优势，因此建设与世界级城市群相适应的机场群,对提高区域对外开放程度、促进产业结构调整与优化都具有非常重要的作用。机场群是一种战略性基础设施,能够支撑城市群参与更高水平国际竞争与合作,决定城市群的全球发展地位。目前,中国正在促进包括京津冀、长三角、粤港澳、成渝在内的城市群的建设,大兴机场地处京津冀城市群。

大兴机场建成投运,为打造世界级机场群奠定更为坚实的基础。以首都机场和大兴机场"双枢纽"为核心的京津冀机场群,按照需求合理布局,坚持目标一体化、定位差异化、运营协同化、管理一体化的思路,最大限度满足雄安新区背景下京津冀世界级城市群航空需求,促进生产要素高效运行,不断优化供应链、延长产业链、提升价值链,构建资源要素密集的和新的高地,彰显民航战略先导产业的发展优势,打造国际交往中心功能承载区、国家航空科技创新引领区、京津冀协同发展示范区,服务于雄安新区背景下京津冀世界级城市群,为京津冀协同发展和雄安新区建设贡献民航力量。

大兴机场地理位置正处于京津冀腹地,有利于京津冀机场群合理定位、差异发展,解决北京"吃不了"、天津"吃不饱"、河北"吃不着"的问题,链接内生性协同关系,形成更加完备的京津冀机场群形态,优化以机场为核心节点的综合交通体系,实现世界级机场群与城市群的发展。

大兴机场通过基础设施建设带动综合交通布局优化、产业疏解有序推进、经济要素合理流动、公共服务均衡共享,有效提升雄安新区及京津冀区域在全球产业链、供应链、价值链中的地位,为高质量一体化发展注入强劲内生动力,有利于促进以首都为核心的世界级城市群建设,为京津冀协同发展和雄安新区建设插上腾飞的翅膀。

### 3. 国家发展的一个新动力源

大兴机场除了具备航空运输基本功能,还具有突出的正外部性,最为典型的就是流量经济,即以航空枢纽为平台,汇聚人流、物流、商流、资金流、信息流,然后通过各种资源要素的整合重组,带动临空产业发展,进而促进区域经济结构优化、转型升级。大兴机场建设投资巨大,本身就有很强的带动作用。大兴机场的建成投运,在机场周边聚集起以高端制造业、现代服务业为核心的产业区、物流区、会展区、商业区、居住区、酒店休闲娱乐区。大兴机场助力优化城市的功能、空间和产业布局,使城市发展提升到一个新的高度。

在大兴机场的基础上,建设临空经济区,有利于提高产业协同水平,有利于增强对周边地区的辐射带动作用,有利于推动雄安新区及京津冀地区经济发展转型升级,占据全球产业链的制高点。临空经济区覆盖150km$^2$,航空物流、跨境电商、商务会展、特色金融、航空科技研发制造、科技创新服务等高端产业落户京冀两地。以大兴机场为核心、"五纵两横"为骨干的综合交通系统,将大大增强雄安新区及京津冀地区的经济联系,提升三地产业融合度。

同时，大兴机场临空经济区的运营和发展，势必促进三地在规划、政策、管理、资源等方面整合和统一。数十万随高端产业引进的高端人才，将使区域内人力资源质量显著提升。

大兴机场临空区叠加自贸区综保区的政策叠加优势，拥有全国唯一双自贸区和全国唯一跨省市综保区，是两区建设的重要承载地，为创新发展提供更大空间。在以内循环为主、国内国际双循环相互促进的新格局下，大兴机场临空区持续释放政策红利，对标国际规则，吸引国际投资、国际企业和国际合作。

大兴机场建设推动国家空域管理体制、军民航融合、灵活使用空域机制进一步完善，以质量和效率为导向，全面增进空域资源供给、航权时刻供给、综合交通供给，提高生产要素配置效率，消除无效供给，扩大有效供给，激发经济增长新的内生动力，不断满足广大人民群众美好航空出行需求。

进入新时代，大型基础设施是国家富强的集中体现，充分彰显国家综合实力。长征系列运载火箭和北斗卫星导航系统成为航天强国的重要标志，"复兴号"动车组和"八纵八横"高铁网成为铁路强国的重要标志，港珠澳大桥成为迈向交通强国的重要标志。作为国际航空枢纽建设运营新标杆、世界一流便捷高效新国门、京津冀协同发展新引擎的"头号工程"，大兴机场是从民航大国迈向民航强国的重要标志，更是国家发展的一个新的动力源。建设大兴机场是党中央着眼新时代国家发展战略需要做出的重大决策，是中华民族伟大复兴的战略抉择，有利于加快形成以国内大循环为主体、国内国际双循环相互促进的新发展格局。

民族振兴的重要基石是大型基础设施。2017年2月23日，习近平总书记考察建设中的大兴机场时强调，北京新机场是国家发展的一个新动力源。一方面，大兴机场以其独特的造型设计、精湛的施工工艺、便捷的交通组织、先进的技术应用，创造了诸多世界之最，代表我国民航基础设施的最高水平，开发应用多项新专利、新技术、新工艺、新方法、新标准，机场现代化程度大幅度提升，承载能力、系统性和效率显著进步，充分体现了中华民族的凝聚力和创造力。另一方面，大兴机场完成既定的建设任务只用了不到5年的时间，并顺利投入运营，中国工程建筑的雄厚实力得到充分展现，中国精神和中国力量也在其中得到充分体现，在实践中证明了中国共产党的领导和我国社会主义制度能够集中力量办大事的政治优势，中国人民的雄心壮志和世界眼光、战略眼光得到了充分的体现，也体现了团结一心、不懈奋斗的民族精神。我国基础设施建设能力为世界所惊叹，各国人民纷纷投来羡慕的目光，极大地振奋了民族精神、增强了民族自豪感。

### 4. 辐射全球的大型国际枢纽机场

北京是大国外交和经贸往来的重镇。大兴机场的建成投运，拓展了首都的航线网络布局，提高了国际航线覆盖范围和频率，为北京加强与世界的联系、促进国际合作提供了有力保障，有利于北京建设成为国际交往中心。

北京地区目前拥有全国10%的航空运输市场，大兴机场犹如"阿基米德的支点"，足以撬动全国乃至全球航空运输市场，成为辐射全球的大型国际枢纽机场，对优化国内国际航线网络具有极大的促进作用。到2025年大兴机场国际航班占比将达到30%。不仅有效缓解首都机场安全运行压力，还释放大量国际航班时刻，为我国国际航权谈判赢得更大的战略空间，使北京"两场"大幅提升国际航班比例成为可能，从而更好地服务于"一带一路"建设，提高中国民航国际竞争力和影响力。

目前，中国正处在从民航大国向民航强国转段进阶的时期，提高竞争力是中国民航最主要的任务。我国与周边国家和地区的国际航空枢纽竞争十分激烈。由于我国航空市场具有国际和国内"双旺"特征，以北京、上海、广州为代表的国际航空枢纽，同时还要承担国内航空枢纽功能，双重压力下的资源瓶颈严重制约国际竞争力，三大网络型航空公司的发展空间也相应受到影响。大兴机场定位为大型国际枢纽机场，为北京航空枢纽增强了国际竞争力，为大型网络型航空公司逐步成长为世界级超级承运人创造了条件，拓展了中国民航发展空间，进一步加快民航强国建设进程。

大兴机场可以有力应对国际航空枢纽竞争。在区位上，北京是东亚、南亚中转至欧美地区的最佳地点之一，加之我国腹地市场广阔，理应具有更强的国际竞争力。大兴机场的投运，北京航空市场可以深度调整结构、转型升级，充分发挥"双枢纽"资源优势，拼接更强大的航线网络覆盖、更高效的综合交通系统、更便捷的出行流程、更愉悦的服务体验，紧盯国际一流航空枢纽目标，在亚太和中东地区的枢纽角逐中，逐渐抢占制高点，更好地服务于我国经济以国内大循环为主体、国内国际双循环相互促进的新格局。

大兴机场是全球最大的空地一体化综合交通枢纽之一，极大地提升了北京航空枢纽综合保障能力。综合交通是航空枢纽运营效率的重要组成部分，多种交通方式融合发展，特别是民航与高铁的融合发展，极大地拓展了国际一流航空枢纽的辐射范围，为大众出行创造了更为高效快捷的条件和环境。

## 1.3 建设规模及时序

大兴机场工程规划的终端容量为1亿人次以上。为达成机场可持续发展的目标，采用了滚动发展、分期建设的模式。大兴机场的规划包括近期和远期两期规划，近期规划又分为在2019年建成的一期工程和在2025年建成的二期工程。

## 1.3.1 大兴机场工程规划范围

### 1. 远期规划

大兴机场工程远期规划占地面积45km²（北京用地约2 430hm²，河北用地约2 070hm²），通过军民融合发展，6条民航跑道和1条军航跑道共用，最终实现旅客吞吐量1亿人次以上规划终端规模，飞机年起降88万架次，满足年货邮吞吐量400万t的运输需求。远期规划总平面图如图1-3所示。

### （1）航站区规划

远期规划年旅客吞吐量1亿人次、年客机起降架次88万架次、客机位数224个，缓压机位80个，共计304个机位。大兴机场航站区采用了单一中央航站区的规划构思：航站楼采用主楼＋卫星的形式，由北向南分期建设，分别是北航站楼T1、南航站楼T2以及中间的S1卫星厅。

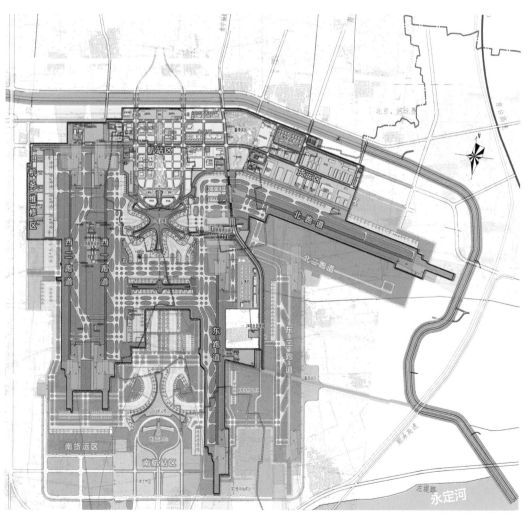

图1-3 大兴机场远期总平面图

目前北航站楼T1已建设完成，未来随着旅客量的增长，将陆续建设S1卫星厅及南航站楼T2，南、北航站区同时启用可满足年旅客吞吐量1亿人次的使用需求。其中南航站楼主要服务于河北旅客，南边进入机场的路跨过永定河，直接进入河北境内，在不同节点可与南北高速联络线、廊涿高速连接。场内南、北航站区的陆侧可通过南北高速联络线高速、磁大路场内段连接，场外可通过北进场路、场前联络线、大广、廊涿、京台等外围高速公路连接。南、北航站区空侧则通过空侧服务车道和旅客捷运系统连接。远期在南航站楼设置南交通中心，规划进驻的轨道线路包括：新机场轨道快线、廊涿城际、地铁R4线、R5（S6）线。

**（2）飞行区规划**

为了保证远期年旅客吞吐量1亿人次、年起降架次88万架次的跑道需求，规划远期7条跑道，由民航统一调配使用。远期在南北主运行方向上规划5条平行跑道，其中4条为远距跑道；此外，为最大限度使用空域资源，还在东北部规划2条侧向跑道，跑道方向与主跑道方向呈70°夹角，这种构型不但有利于飞机空中运行，而且保障中央航站区与跑道之间顺畅高效运行。一期工程建设东一跑道、西一跑道、西二跑道和北一跑道，保证了近期年旅客吞吐量7 200万人次，跑道构型如图1-4所示。

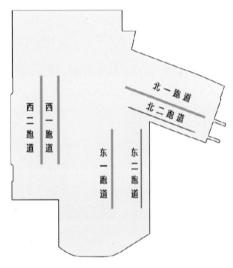

图1-4　大兴机场跑道构型

## 2. 近期规划

项目近期规划预计2025年建成，占地27km$^2$（北京用地约1 560hm$^2$，河北用地约1 138.10hm$^2$），建设4条跑道，西一、东一、北一跑道为F类跑道。大兴机场主跑道与首都机场跑道平行设置，侧向跑道与主跑道呈70°夹角设置，满足年旅客吞吐量7 200万人次、飞机起降62万架次、年货邮吞吐量200万t的运输需求。近期规划总平面图如图1-5所示。

**（1）本期工程**

大兴机场航站区位于机场的中心地带，为满足北京市、河北省双方向的陆侧交通衔接需求，大兴机场规划了北、南两个航站区。本期工程中，按照满足旅客量4 500万人次使用需要，在北航站区建设70万m$^2$航站楼。预留约26万m$^2$的卫星厅（卫星厅局部地下工程已开工），以及约1.4km的APM（Automated People Mover System，自动旅客捷运系统）、行李通道，满足2025年旅客量7 200万人次的使用需求。年旅客量达到7 200万人次以后，在南区建设新航站楼。

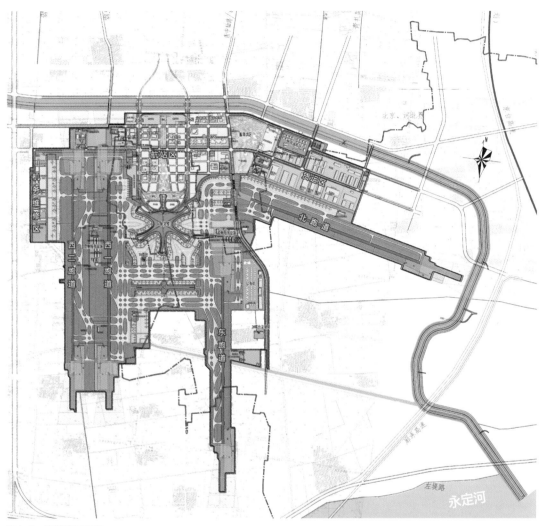

图1-5  近期总平面图

　　大兴机场在北一跑道北侧建设近期北货运区，在南航站区西侧建设远期南货运区，单独的邮件、快件处理区将建设在东一、东二跑道间的预留区域，在东一跑道外侧建设公务机区，在西二跑道外侧建设机务维修区，按照业务量由北向南分期建设。

### （2）卫星厅及配套设施工程

　　卫星厅及配套设施工程主要是建设卫星厅、旅客捷运系统、远机位站坪以及市政配套设施来满足7 200万人次的旅客量。其中卫星厅预计规模为26.8万㎡，地上三到四层，地下两层，主要功能包含国内、国际出发到达，行李处理以及捷运车站等主要功能。旅客通过地下一层预留的APM系统连接到达卫星厅，行李通过预留的行李高速传输系统通道连接到达卫星厅。

### 3. 综合交通规划

大兴机场外围综合交通网络以"五纵两横"为主干，融合高速铁路、城际铁路、城市轨道交通、高速公路等多种交通形式。大兴机场与北京市交通联系如图1-6所示。

#### （1）轨道交通

轨道交通建设情况，如表1-1所示。

图1-6 大兴机场与北京市交通联系图

轨道交通规划建设情况 表1-1

| 名称 | 一期规划 | 一期建设情况 | 二期规划 |
| --- | --- | --- | --- |
| 北京大兴国际机场线 | 草桥→大兴新城→大兴机场（41.36km，运时19min） | 大兴机场至草桥段于2016年12月26日开工，2019年6月建成，2019年6月15日开始试运行 | 从草桥北延至丽泽商务区（3.5km） |
| 京雄城际铁路 | 北京西站→北京大兴站→大兴机场站（运时20min） | 北京西站至大兴机场段于2019年9月与大兴机场同步投入使用 | 大兴机场→霸州市→雄安新区 |
| 城际铁路联络线 | 廊坊东站→空港新区站→新航城站→大兴机场（39.7km） | 大兴机场红线内工程已于2017年3月开工，预计于2022年底竣工 | 首都机场T3航站楼→顺义区→通州区→大兴区→廊坊市→大兴机场→大兴机场南侧京冀省市界 |

**（2）高速公路**

高速公路建设情况，如表1-2所示。

高速公路规划建设情况　　　　　　　　　　　　　　　　　表1-2

| 高速公路 | 一期规划 | 一期建设情况 | 二期规划 |
|---|---|---|---|
| 大兴机场高速 | 南五环团河桥→兴亦路→南六环→魏永路→庞安路→大兴机场北线高速→永兴河北路→大兴机场北侧围界（27km，双向八车道） | 大兴机场高速于2016年12月26日开工，2018年12月主体贯通，并于2019年7月1日正式通车（南五环至大兴机场北线高速段） | 南四环至南五环段 |
| 大兴机场北线高速 | 西接京开高速→中接大兴机场高速→东连京台高速（14.8km） | 大兴机场北线高速中段已于2019年7月1日正式通车 | 东延段东连密涿高速或以远、西延段西接京港澳高速 |
| 京开高速 | 魏永路至西黄垡桥段于2017年底由4车道拓55宽为6车道，设计速度为120km/h；同时，部分辅路也完成拓宽，拓宽路段北起魏永路，南至大礼路，单侧拓宽至三车道，设计速度为60km/h | | |
| 京台高速 | 规划为北京南五环至市界段（26.6km，双向八车道），已于2014年底开工，2016年12月9日建成通车 | | |

## 1.3.2　本期建设规模

大兴机场是全球一次性投运规模最大的机场之一。五条轨道线路南北穿越机场，在航站楼下设地铁、城铁站，无缝衔接，立体换乘，成为世界上集成度最高、技术最先进的综合交通枢纽之一。

综合考虑一次性投资压力、征地规模以及投运后的市场培育等情况，按照"统筹规划、分阶段实施、滚动建设"的原则，本期飞行区跑滑系统、航站楼主楼、陆侧交通等按照满足2019年目标需求一次建成，飞行区站坪、航站楼候机指廊、部分市政配套设施、工作区房建等按4 500万人次需求分阶段建设。

本期工程主要由三部分组成：第一部分为机场主体工程，包括飞行区、航站区、货运区、机务维修区、航空食品配餐、工作区、公务机区、绿化等工程；第二部分为民航专业工程，包括航空公司基地、航油、空管工程等工程；第三部分为综合配套工程，包括噪声治理、征地、居民安置、高速公路、地铁、城铁等工程。

## 1.3.3　本期建设和运筹主要时间节点

大兴机场从选址立项、施工建设到投运通航的九年风雨历程，谱写出一部气势恢宏的中国民航基础设施建设史，全体建设者、运营筹备者践行和弘扬当代民航精神，团结拼搏，埋头苦干，在9年的时间里干出一项"精品、样板、平安、廉洁"工程，用实践证明"中国人民一定能！中国一定行！"。

大兴机场本期工程建设和运营筹备的主要时间节点如图1-7所示。

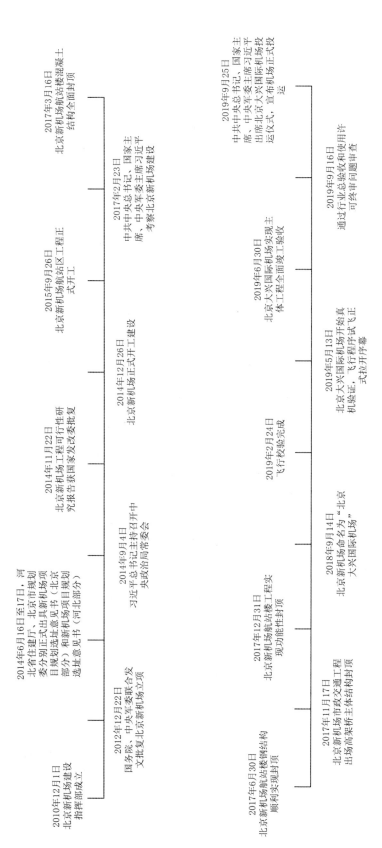

图1-7 本期工程建设和运营筹备主要时间节点

# 1.4　大兴机场工程建设的特点

### 1. 影响大、期望高

党的十八大以来，习近平总书记提出并深刻阐述了实现中华民族伟大复兴的中国梦。大型基础设施是时代发展的重要象征，大型枢纽机场是国家发展水平的重要体现和综合实力的重要标志，在不同历史阶段承担着不同的历史使命。1958年建成投运的北京首都国际机场，成为新中国成立10周年的标志性工程；1991年和1999年建成投运的深圳宝安国际机场和上海浦东国际机场，成为深圳特区和浦东新区开发开放的标志性工程；2008年建成投运的北京首都国际机场3号航站楼，成为保障第29届奥林匹克运动会的标志性工程。大兴机场是作为新国门国家发展的新的动力源。

引领性是大兴机场建设和运营的突出指标，这就要求在设置指标时，既要将宏观环境纳入考虑范围，也要充分考虑产业发展目标和战略定位，瞄准世界一流定位来设置指标、高标准定位。作为国家的新国门，大兴机场从建设到运营的各项标准均要按照国门的标准考虑；作为首都的新航空枢纽，各项标准均按大型国际枢纽机场考虑；作为京津冀的枢纽机场，各项标准均按充分发挥新动力源作用考虑。作为民航高质量发展的"牛鼻子"工程，大兴机场建设初始就确立了"引领世界机场建设，打造全球空港标杆"的定位。

### 2. 体量大、时间紧

大兴机场的体量大可以从两个方面看出来：一是大兴机场参与人员众多，高峰期参建人数达到7.4万人；二是耗材量大，共耗土方量5 798万 $m^3$，钢材97.7万t，混凝土1 016.1万 $m^3$，玻璃74.5万 $m^3$，涂料465.3万 $m^3$。

体量如此大的工程工期却十分紧迫，2014年9月4日，习近平总书记主持召开中央政治局常委会会议，审议可行性研究报告并充分肯定了项目的必要性，亲自决策建设北京新机场，明确指示要求年内开工建设，2019年建成通航。2014年12月26日北京新机场正式开工，2019年9月25日，大兴机场正式通航，仅历时4年9个月就完成了从开工到通航。

### 3. 相关方众多、协调关系复杂

大兴机场工程在规划、建设、投运过程中的相关方众多，需要协调的关系复杂。国家层面涉及国家发展改革委、军队；地方层面涉及北京市政府、河北省政府、大兴区政府、廊坊市政府等；行业层面涉及民航局、局机关各部门及局属相关单位。首都机场集团层面涉及集团公司、相关直属单位以及成员企业。规划、建设过程中要与航油、空管、南方航空、东方航空四家指挥部进行协调，与红线外配套工程、交通工程的建设主体进行协调，同时要与设计单位、施工单位、材料设备供应单位、监理单位、咨询单位进行沟通。除此之外，大兴机场工程还涉及天堂河改道、周边居民搬迁等事项，以及与诸多政府部门以及周边居民的协调。

### 4. 技术复杂、科技含量高

作为新国门，大兴机场定位于"拥有一流设施、运用一流技术、实施一流管理、提供一流服务"的现代化大型航空交通枢纽，是展示新结构、新技术、新工艺和新材料的舞台，工程技术含量相当高。特别是作为核心和标志性建筑的航站楼工程，其设计、施工技术与工艺复杂程度在"大、新、尖"的特定领域均能展现我国建筑技术的高水准。与之相呼应的地面信息系统、航班信息系统、离港信息系统、企业管理信息系统等综合信息服务平台的建设也展现出其优越性，推动着大兴机场的现代化进程。大兴机场的数字化建设中集成了国际一流的计算机集成系统、综合布线（结构化布线）系统、行李分拣系统、泊位引导系统、航班信息显示系统、安全防范系统、楼宇控制系统、离港控制系统、消防报警及控制系统、航站楼监控指挥中心和外场现场指挥中心等多个独立协作的信息系统，计算技术含量高。

# 1.5　大工程观下的工程管理体系

所谓大工程观不仅强调工程的"大"，更强调全面地、完整地和系统性地看待一个工程及工程建设，需要广大建设者具有工程活动的责任意识、实践能力、综合知识、系统观念、协作品质和创新精神。

## 1.5.1　工程管理体系

大兴机场工程是在大工程观的指导下进行的工程管理和工程治理，过程中逐步形成了六大工程管理体系，分别是理念体系、目标体系、组织体系、方法体系、实践体系和工程体系，如图1-8所示。

### 1. 理念体系

各个组织层级会有各层级的指导思想来引领工程的建设，形成从上至下的理念体系。大兴机场工程的理念体系回答了用什么思想指导大兴机场工程的建设和运筹。包括国家的理

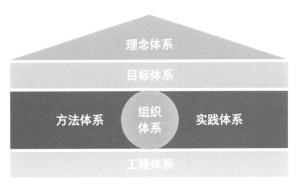

图1-8   大工程观下的大兴机场六大工程管理体系

念、民航局的理念、首都机场集团的理念、指挥部的理念以及各个参建单位的理念等，共同构成了大兴机场的工程理念体系。

### 2. 目标体系

大兴机场工程的目标体系回答了大兴机场工程建设的目标和项目管理的目标。工程建设目标可以从大兴机场工程的战略定位得出，如"四个工程"和"四型机场"的建设目标，还可以细分为战略性目标、策略性目标和操作性目标。项目管理目标，从传统项目管理理论出发，包括进度目标、投资目标、质量目标、职业健康安全与环境管理目标等。

### 3. 组织体系

大兴机场工程的组织体系回答了谁建设大兴机场以及谁运营大兴机场。从不同工程层次看，组织体系包括项目的组织、企业的组织以及政府的组织。项目的组织是企业组织中负责建设和运营筹备的部门。政府的组织包括行业政府组织和属地政府组织。同时由于空域是由军方管理，大兴机场的组织体系中还包括军方。工程与组织之间是对应的投资管理关系。

### 4. 方法体系

各个层级的理念指导了各个组织的建设方法。大兴机场工程的方法体系回答了大兴机场建设的技术路线以及不同层级组织所运用的技术和管理方法。例如政府机构协调的方法、行业管理的办法、投资主体的管理方法以及参建单位的技术方法等，共同组成了大兴机场的方法体系。

### 5. 实践体系

方法体系指导了各个层级组织对于工程的实践。大兴机场工程实践体系回答了以指挥部为核心的组织具体进行了哪些活动。政府的协调、投资主体的管理、指挥部的过程管理和要素管理等，共同构成了大兴机场工程的实践体系。

### 6. 工程体系

大兴机场工程的工程体系回答了大兴机场工程是什么的问题，是大兴机场工程本体、航司、航油和空管等民航工程，地铁、高铁等轨道交通配套工程，以及拓展到城市范围的城市建设工程所形成的项目集和项目组合。

## 1.5.2　六大体系模型

### 1. 理念体系模型

大兴机场建设的理念体系模型，回答用什么思想指导大兴机场的建设？各层级的指导思想及各方的具体指导思想，从上往下形成理念体系。如图1-9所示。

工程管理理念就是指导工程建设的思想，有两个维度，一个是理念的类别，如一般发展理念、价值理念、成果理念、方法理念，另一个是不同层级组织的理念。

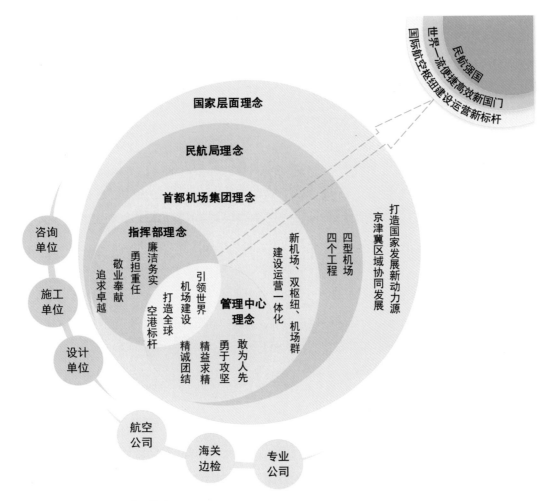

图1-9　大兴机场工程理念体系模型

（1）国家发展理念是根本性的，如"创新、协调、绿色、开放、共享"五个发展理念，京津冀区域协同发展、打造国家发展新动力源等。

（2）民航局根据中央的要求做出的指示就是民航局的理念，如：四个工程、四型机场等。

（3）首都机场集团公司相应的理念，如建设运营一体化、"一市两场"、"双枢纽"、机场群等。

（4）指挥部层面提出的理念是"引领世界机场建设、打造全球空港标杆"。还有指挥部所提出的"追求卓越、敬业奉献、勇担重任、廉洁务实"的指挥部精神。大兴机场管理中心提出的"精诚团结、精益求精、勇于攻坚、敢为人先"的管理中心精神。

（5）各参建单位也都有自己对建设大兴机场的指导思想，如设计师凤凰展翅的意象理念。

梳理出这些不同层级、不同类别理念之间的关系，构建出大兴机场工程建设的理念体系，达成思想的统一。如同马克思所说"最蹩脚的建筑师从一开始就比最灵巧的蜜蜂高明的地方，是他在用蜂蜡建筑蜂房以前，已经在自己的头脑中把它建成了。劳动过程结束时得到的结果，在这个过程开始时就已经在劳动者的表象中存在着，即已经观念地存在着"。

## 2. 目标体系模型

大兴机场工程作为一个超大型的世纪工程，其参与主体众多，协调关系复杂，其中最重要的一个方面就是不同主体之间目标的协调。大兴机场目标体系模型如图1-10所示。

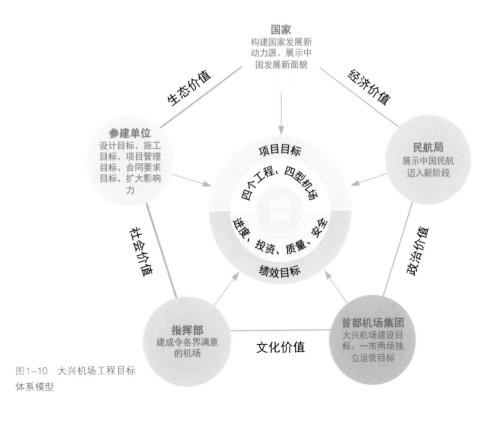

图1-10　大兴机场工程目标
体系模型

大兴机场工程涉及的参与方包括政府相关部门，行业管理部门、相关企业组织，建设组织以及参建单位，他们都有各自需要实现的目标。例如，参建单位需要完成设计目标、施工目标、项目管理目标以及合同要求的相关目标，此外，他们还想通过建设大兴机场来提升他们的知名度，扩大影响力，以此来吸引更多的建设方选择他们建设工程。在建设组织方面，指挥部的目标来自首都机场集团的委托，希望能够建成一个令各界满意的新机场。在企业组织方面，首都机场集团的目标来自民航局的委托，希望完成它确定的大兴机场的建设目标，以及两个机场独立运营的目标。在民航局方面，他们希望通过建设大兴机场来证明中国民航已经进入新阶段的目标。在政府层面，他们希望通过建设大兴机场来向世界展示中国不断进步的面貌、为国家增添发展新的动力的目标。

不同主体之间有不同的目标，怎样将不同主体的目标进行融合并达成一致是需要解决的一个重要问题。在共同的生态系统以及社会系统中，形成了国家—民航局—首都机场集团公司—指挥部—参建单位的组织层次，这些主体之间的目标通过委托或合同的签订和确认对各自不同的目标进行融合，最终确立了"四个工程""四型机场"的共同项目目标，包括质量、进度、成本在内的绩效目标。尽管不同主体仍然拥有自己的主体目标，但他们对自身进行约束、协同来完成共同目标。

各方共同努力建成的大兴机场综合交通枢纽将实现经济价值、政治价值、文化价值、社会价值和生态价值这些更高级的目标。

### 3. 组织体系模型

大兴机场组织体系模型如图1-11所示。

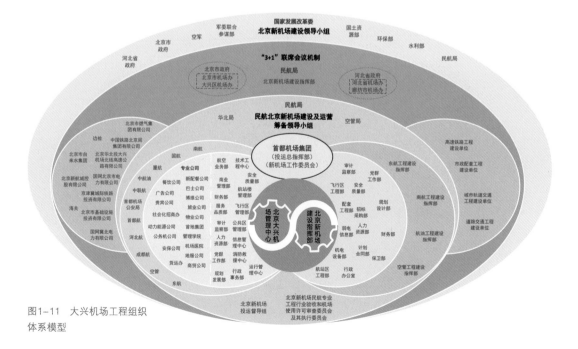

图1-11　大兴机场工程组织
体系模型

民航、公路、高铁、城铁、地铁等组成了交通业务链条，而机场、航司、空管、航油是民航行业的业务链条的上下游企业。机场是民航业务链条上的重要一环，其业务板块主要包括客运板块、货运板块、非航板块、专业公司、建设板块等，建设是机场重要的一个业务板块。一般把机场里客运、货运等重复性的工作称为运营。建设大兴机场这样的超大型工程需要多方组织共同工作，其中，大兴机场的组织主要包括：一是项目组织，也就是指挥部，而航站区工程部、飞行区工程部、配套工程部都是属于指挥部的部门；二是企业组织，主要包括首都机场集团公司、基地航空公司、地铁公司、高铁公司等；三是驻场单位，主要包括海关、边防、武警、公安，他们是政府部门，他们的设施标准依据国务院的文件由机场负责建设和提供，政府对机场投资里就包含这部分投资。

此外，大兴机场工程建设和运营需要接受各个部门的管理。中国民用航空局，属于国务院下属交通部的部门，航空管理的行业管理单位，属于中央政府的职能管理部门。北京市政府、河北省政府属于机场所在地政府，进行属地管理。北京市机场办属于北京市临时派出机构，负责与民航局联系对接，大兴区机场办属于大兴区政府下的对接指挥部的临时派出机构。

机场的建设和运营是两个业务板块，建设是为了运营，运营需要建设来提升和发展，两者本身就是系统里的两个有机组成；同样航空交通枢纽里的工程建设也在同一个时间段和空间里相互交叉的建设活动，也是一个有机系统。

### 4. 方法体系模型

大兴机场工程建设方法体系模型，回答大兴机场建设的技术路线、不同层级单位所用的各种方法。如图1-12所示。

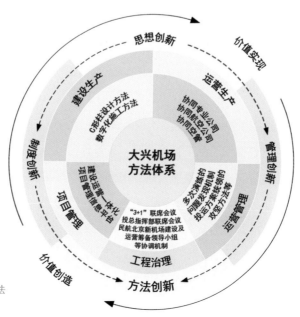

图1-12 大兴机场工程方法体系模型

方法是指主体完成自己任务的途径。设计单位设计的方法，如C形柱设计方法，施工单位施工技术方法，如主体工程施工方案。指挥部管理的方法，如"四个工程""四型机场"实现的方法，进度、投资、质量、职业健康安全与环境管理目标实现的方法，运筹的方法，组织协同的方法。投资主体的方法、行业管理部门的方法、政府等机构的方法，如各级领导小组、机场办的方法等。

### 5. 实践体系模型

大兴机场工程实践体系模型回答以指挥部为中心的有关组织具体做了哪些有代表的事？活动类型有哪些？大兴机场工程实践体系模型如图1-13所示。

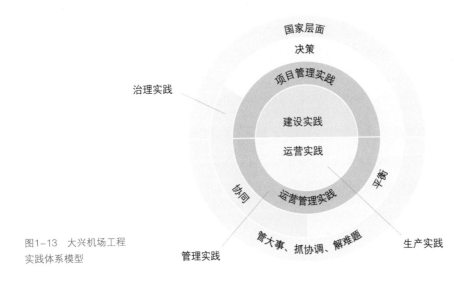

图1-13 大兴机场工程实践体系模型

实践有不同的类型，如生产实践（包括工程建设活动、运营活动以及有关的技术实践）、工程管理实践、企业管理实践、政府管理实践（包括行业管理实践），工程治理实践、企业治理实践、政府治理实践（包括行业治理实践），这些概念应如何梳理出来？这些实践之间的相互交叉与协同关系？

最重要的是要区别开这些组织（单位）的管理实践与治理实践。如指挥部的过程管理实践：设计管理实践、招标投标管理实践、施工管理实践、运筹管理实践；要素管理实践：进度、投资、安全、质量、团队建设、党建、廉政等实践。指挥部的治理实践：对承包单位、咨询单位等有合同关系单位的治理关系，与其他指挥部、与属地政府等协同、协调相关者的关系处理。还有指挥部无权限处理的事项请集团公司、民航局、属地政府、军方等帮助处理的关系。

### 6. 工程体系模型

大兴机场工程体系模型，回答大兴机场是什么？工程建成后的功能是什么？工程投运后的价值是什么？工程体系模型如图1-14所示。

（1）工程三个范围：机场主体工程。机场主体加上航空公司基地工程、空管工程、航油工程即民航工程，工程建设与运营属于民航局行业管理。民航工程再加上公路（包括高速公路）工程、高铁站工程、城铁站工程、地铁站工程、城市配套工程（水、电、气、通信等）则构成航空交通枢纽工程。

（2）扩展范围：城市、社会、生态；大兴机场建成后对扩展范围起什么作用就是功能，对扩展范围有什么效用就是大兴机场的价值。

（3）项目概念：航站楼、车库、信息大楼等。

（4）项目集概念：航站区内的工程可看作一个项目集：航站楼、综合服务楼、楼下的地铁站、城际站、高铁站多个单个项目组成在一起的工程。飞行区内的所有工程也可看作一个项目集，整个机场主体工程也可看作一个项目集，民航内的民航工程也可看作一个项目集，整个航空交通枢纽也可看作一个项目集。虽然都是项目集，但飞行区项目集与机场主体项目集、民航工程项目集、整个枢纽项目集性质是不同的，项目集的管理主体完全不同。

（5）项目组合管理的概念：机场主体工程里哪些项目上、哪些项目不上，需要进行项目的选择，就属于项目组合管理，如机场内的除冰液项目是否上、地源热泵工程是否上就属于项目组合管理。

（6）从单个的机场到航空交通枢纽的发展是为人们出行带来便利，互相换乘方便，资源集约利用、服务范围增大、服务质量提高等。

（7）工程性质属于基础设施，公共产品。

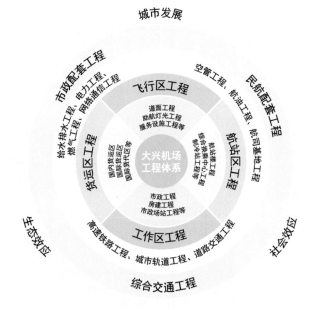

图1-14  大兴机场工程
体系模型

# 第 2 章

# 多维融合的工程相关方与建设目标

大兴机场工程体系复杂、工程量巨大，相关方众多，相关方之间的关系复杂且相互制约。相关方之间的协调、合作和矛盾会影响大兴机场工程的进程。只有平衡了相关方之间的需求，化解了相关方之间的矛盾，使相关方协同合作、共同推进，才能实现工程价值的最大化。大兴机场工程作为具有跨时代意义的重大工程，其对于相关方协调的经验、机制以及策略是值得推广的，系统化的分析与总结将为机场工程或其他重大工程相关方的管理提供借鉴。

本章介绍了大兴机场工程体系、投资主体及建设主体单位，如何识别与分析相关方以及如何分析与协调不同相关方的需求，以及工程建设目标体系。主要内容和思路如图2-1所示。

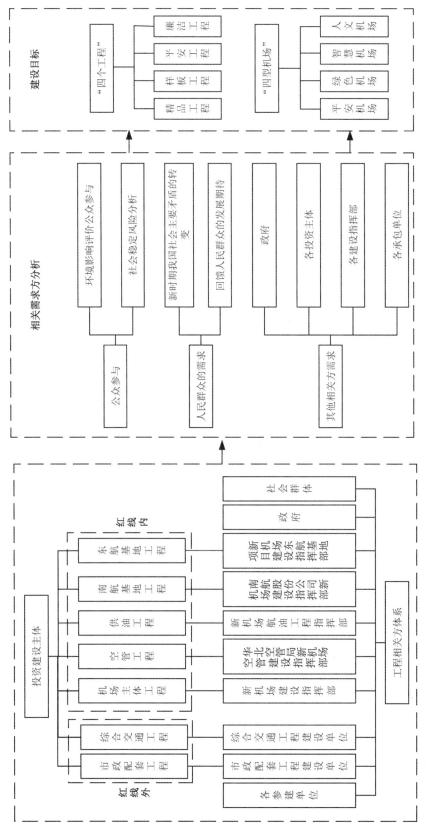

图2-1 本章主要内容和思路

# 2.1　工程投资建设主体

大兴机场工程建设内容包括民航工程和非民航工程。民航工程主要包括机场主体工程、空管工程、航油工程和航司基地工程，非民航工程包括水、电、燃气等市政配套工程，市政道路、高速公路、高速铁路、城际铁路、轨道交通工程等。这些工程有着不同的投资主体，相应地都设有各自的建设管理机构。

### 1. 机场主体工程

大兴机场一期工程主要建设呈"三纵一横"布局的4条跑道，相应设置滑行道、联络道系统以及助航灯光系统；建设满足4 500万人次使用需求的70万m²的航站楼；建设货运站、货运综合配套用房、海关监管仓库；建设空防安保训练中心、综合管理用房、旅客过夜用房等辅助生产生活设施，以及场内综合交通、供水、供电、制冷、供热、供气、信息通信、消防救援、雨污水污物、绿化等配套设施和场外生活保障基地。大兴机场主体工程分解如图2-2所示。机场主体工程的项目法人为首都机场集团公司。

### 2. 空管工程

空管工程的项目法人为中国民用航空华北地区空中交通管理局，隶属于民航局空管局。空管工程分为本场空管工程和北京终端管制中心工程。本场空管工程为在场内建设2座空管塔台、6.7万m²的空管业务用房，以及航管、监视、导航、通信、气象等设施设备。北京终端管制中心工程建设在北京市顺义区李桥镇，包括3.6万m²的管制中心用房、3万m²的管制训练用房以及相关设施设备。大兴机场空管工程分解如图2-3所示。

### 3. 供油工程

供油工程分为场外供油管道工程、场内供油工程和地面加油工程。在场区内建设8个2万m³的航空煤油储罐及1.3万m²的配套业务用房、37.1km机坪加油管线、3万m²的综合生产调度中

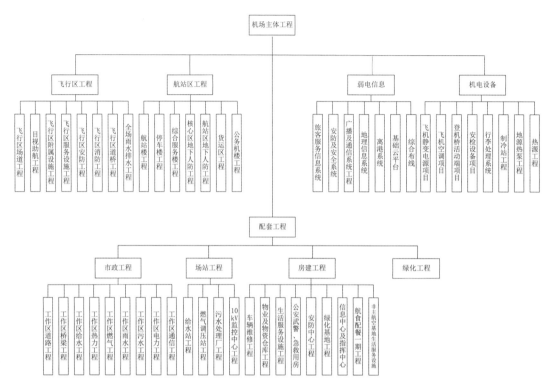

图2-2　大兴机场主体工程分解图

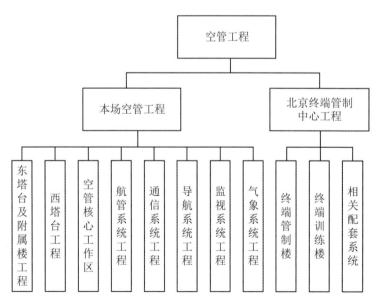

图2-3　大兴机场空管工程分解图

心、2座航空加油站等。场外配套建设京津第二输油管线及泵站等设施。大兴机场航油工程分解如图2-4所示。首都机场集团公司和中国航空油料集团公司组建的合资公司——中航油北京机场石油有限公司为供油工程的项目法人。

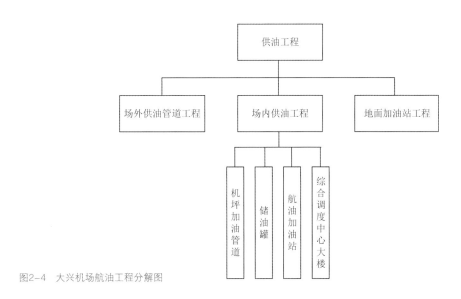

图2-4 大兴机场航油工程分解图

## 4. 航空公司基地工程

中国南方航空集团（股份）有限公司、中国东方航空集团公司(含中国联合航空有限公司)、中国航空集团公司（含北京航空有限责任公司）、中国邮政集团公司等进驻大兴机场设置基地。航空公司基地工程包括生活服务设施工程、航空食品工程、机务维修区工程和货运区工程。大兴机场航空基地工程分解图如图2-5所示。中国南方航空集团（股份）有限公司、中国东方航空集团公司分别为南航基地工程以及东航基地工程的项目法人，负责各自工程的组织实施与管理。

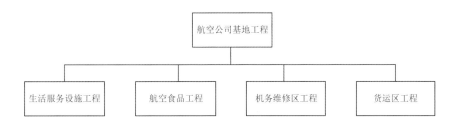

图2-5 大兴机场航空公司基地工程分解图

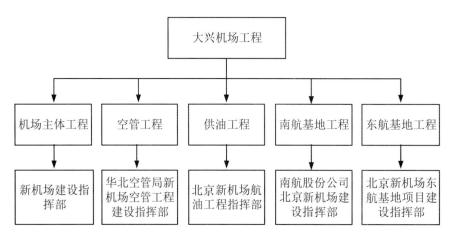

图2-6  红线内各指挥部负责工程范围示意图

上述建设内容主要为大兴机场红线范围的工程，各投资主体分别组建了各自的建设主体，即工程建设指挥部，他们分别是北京新机场建设指挥部、南航股份公司北京新机场建设指挥部、北京新机场东航基地项目建设指挥部、华北空管局新机场空管工程建设指挥部、北京新机场航油工程指挥部，共5个指挥部分别负责各自投资范围的建设管理工作，如图2-6所示。

### 5. 外围配套工程

与大兴机场相关的其他工程，是指红线范围外的市政配套工程、外围综合交通工程等，其中外围综合交通工程包括高速铁路、城际铁路、轨道交通、道路交通等工程也都有相应的跨地域跨行业的投资主体，他们相应建立了对应的建设指挥部或类似的建设主体单位，从不同层次、不同行业或不同地域构成了整个大兴机场工程投资主体和建设主体，并为大兴机场工程建设贡献力量，如图2-7所示。

## 2.2  相关方分析

工程相关方是指能够影响项目、项目集或项目组合决策、活动或结果的个人、小组或组织，以及会受到或自认为会受到项目、项目集或项目组合的决策、活动或结果影响的个人、小组或组织。相关方可能来自项目内部也可能来自项目外部，对于项目的影响可能是积极的，也可能是消极的。让相关方满意是项目的最终目的，只有使相关方满意，项目才能产

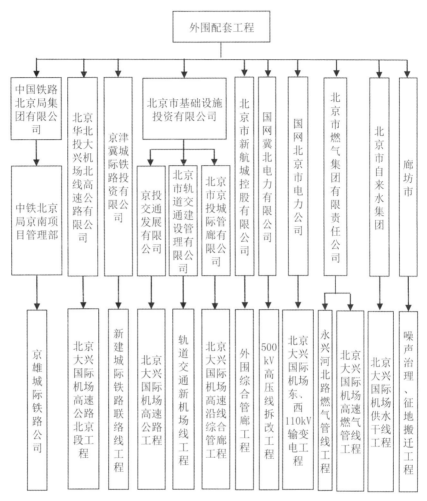

图2-7  大兴机场外围配套工程投资建设主体

生相应的价值，包括经济价值、社会价值等，而工程建设就是产生价值的过程。大兴机场相关方众多且关系复杂，如何建设令相关方满意的工程，产生相应的价值，是指挥部的目标。人民群众是大兴机场建设的最重要的相关方，大兴机场建设的首要目标是满足人民群众的需求。大兴机场工程建设和运筹的愿景为"引领世界机场建设，打造全球空港标杆"，理念为"以人为本"，使命是"建设空地一体化便捷高效交通枢纽，打造世界一流彰显中华文明新国门"，以此为基础形成了以"四个工程"和"四型机场"为主要目标的大兴机场建设的目标体系。

由工程相关方的定义可得，并不是所有相关方都可以被指挥部直接管理，但是指挥部可以管理他们的需求，通过实现其需求并产生相应的价值来实现工程的目的。指挥部需要识别和分析机场建设的相关方，并挖掘、解读、统筹、平衡各相关方的需求，同时把需求整合并转化为相应的目标，将目标进行分解、转化、量化，形成目标体系，作为纲领指引整个大兴机场工程的推进与建设。而相关方的需求不是一成不变的,随着工程进程的推进、项目环境的变化,相关方的需求会随之变动,建设目标也要作出相应调整,因此相关方分析与目标设定是动态、螺旋前进的。

工程相关方分析与目标设定是工程建设中必不可少的,尤其是对于时间跨度大、相关方众多的重大工程更是如此。通过相关方分析,识别与整合相关方需求能够更加准确地设定建设目标。对于大兴机场这样空前的重大工程,识别相关方、构建目标体系的过程也是对于整个工程的认知过程,能够让指挥部更加清晰地知道系统的构成,以及如何最优地将工程进行拆分整合、再拆分再整合。指挥部相关方分析与目标设定的思想是指挥部工作潜移默化的指导思想,体现在指挥部的日常工作中,因此将这种思想进行理念凝练与实践总结,为其他重大工程的具体实践提供参考和借鉴。

## 2.2.1 相关方识别

传统的工程相关方识别模型分成三个维度进行,即项目维、任务维、角色维。大兴机场工程的构成极其复杂,子项目重叠交错进行,需要以项目维为核心进行工程相关方的识别。大兴机场时间跨度长,环境变化快,相关方的识别也需要动态演进,生命周期内不同时期相关方的组成与结构是不同的,因此需要同时从生命周期的视角进行相关方的识别。相关方识别模型如图2-8所示。

第一个维度为项目维,是基于大兴机场不同层级的项目分解进行的,包括大兴机场整体项目、飞行区项目、航站区项目、配套项目等,基于不同的分析层次,可将项目继续分解进行分析。

第二个维度为任务维,分为规划活动(确定该干什么、如何干以及该由谁干等管理工作)、操作活动(负责实施规划者提出的方案)、维护活动(提供操作活动所需要的资源)。

第三个维度为角色维,分为信息传递者、决策者、影响者、实施者、受益者。

第四个维度为生命周期维,分为规划阶段、设计阶段、建设阶段、运筹阶段和运营阶段。

大兴机场工程内容的复杂性,投资主体单位、建设管理单位、参建单位众多,相应地导致其管理和协调的复杂性,存在众多的工程相关方。

大兴机场这个复杂系统内的参与方是多元化的。首先是参建单位,包括勘察单位、设计单位、施工单位、监理单位和材料设备供应单位,他们是直接生产者。其次是用户,大兴机场的真正用户为首都机场集团,指挥部为代甲方,受首都机场集团委托进行工程的管理。工程管理的真正目的是建成之后的运营。

大兴机场是公共产品,是政府以大型企业来承担责任并进行建设。这些企业既要从自己

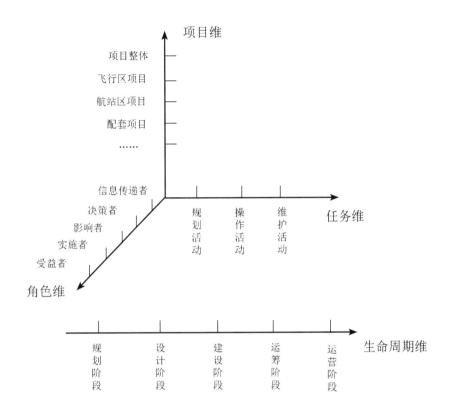

图2-8　工程相关方识别模型

的利益出发，又要满足国民经济的发展，均派出了各自的指挥部。除了新机场建设指挥部，还有空管工程指挥部、航油工程指挥部、南航基地工程指挥部和东航基地工程指挥部。除上述五个指挥部外，通过大兴机场的高铁、轨道也都有各自的指挥部或相应的管理机构。在众多指挥部中，新机场建设指挥部起到了横向沟通的作用，通过联席会议制度建立起横向的联系。

指挥部是负责项目集层面的项目管理，包括飞行区工程、航站区工程以及配套区工程等多个项目集，各个项目集也是由多个不同的项目构成，分为多个标段。因此，指挥部内部的工程部也是项目集的管理组织，不是进行一个单体项目的管理，而是需要进行多个项目的协作，例如飞行区工程部需要将不同标段进行整合管理。而在指挥部层面，需要将航站区、飞行区和配套区整合起来管理，包括水电如何进场等，存在很多项目集层面的矛盾和冲突，需要很多项目集层面协作。

大兴机场建设管理在纵向上分为多个层次。最底层为参建单位。向上为管理单位即首都机场集团委托的指挥部。再向上一个层次为行业管理单位，包括民航华北管理局和民航局。行业管理单位之上为国家行政机构国务院。大兴机场工程属于民航业，由民航局负责，但是由于大兴机场横跨北京市和河北省两地，因此需要北京市和河北省两地的政府参与。在大兴机场这个复杂系统中，首先需要民航业的各参与方达成统一，然后再接入轨道交通，与北京市和河北省进行协调沟通，民航局与北京市或河北省政府的沟通可能需要再上一级即国务院的协调。

因此，指挥部层面解决不了的问题需要上交企业层面。企业层面解决不了的事情需要上交行业层面进行解决，民航局需要进行协调处理，民航局是行业管理单位，无法管理北京市和河北省两地政府。行业层面解决不了的需要上一级政府层面进行解决，因此国务院授权国家发展改革委牵头成立了"北京新机场建设领导小组"，包括民航局、两地政府、军方以及自然资源部等各个政府机构。除了北京新机场建设领导小组，政府层面还包括"3+1"工作机制，不牵扯其他部门，只包括民航局、北京市、河北省和指挥部，指挥部是具体的执行者，能够协调具体的建设工作。同时，北京市大兴区、河北省廊坊市均成立了机场办，与指挥部共同协调建设与运营过程中的属地问题，两个机场办无法解决的问题需要上交"3+1"进行协商和决策。"3+1"解决不了的问题需要上报国家领导小组解决与决策。当领导小组也无法协调解决的问题，就需要上一级政府来解决。

大兴机场建设的目的是运营，但是机场不能建成后不做准备工作直接投入运营。因此运营的工作需要在机场建成的几年前就得开始准备。

事实上，早在2010年指挥部刚组建时，根据建设运营一体化的总体要求，首都机场集团成立了新机场工作对接领导小组，并下设了12个专业小组与指挥部进行工作联动，包括组织协调组、总体规划组、融资研究组、人力资源组、安全管理组、旅客服务组、指挥协调组、飞行区业务组、航站楼业务组、公共区业务组、弱电信息组和信息开发组。他们的工作职责是：①与指挥部建立工作接口，负责与大兴机场建设有关的内、外部协调和信息传递；②配合指挥部开展大兴机场定位、融资模式研究工作；③配合大兴机场建设有关的运营需求调研，跟踪需求落实进展；④配合指挥部开展流程协调和公关工作；⑤制定大兴机场人力资源储备计划，落实内部人员培训；⑥与大兴机场有关的其他工作。

同时，首都机场集团在指挥部内部也成立了运营的相关部门（管理中心），将航油、空管、航司、轨道交通以及海关、边检、公安等驻场运营单位集合在一起。建设与运营是双中心同步推进，建设以"北京新机场建设指挥部"为中心将建设相关单位聚合管理，而运营是以"管理中心"为中心。起初，建设与运营是一套班子两个名称，随着建设的逐步推进，建设与运营逐步分离，形成了双中心。建设与运营的一体化不仅是大兴机场枢纽的一体化，也是各个建设单位与运营单位的一体化。关于运营，在企业层面首都机场集团成立了投运总指挥部，将各个企业集合起来进行统一的沟通与协调。

## 2.2.2　相关方体系

### 1. 人民群众

大兴机场工程是为人民建设的，是由指挥部实施并交付于人民的工程，人民是大兴机场工程最重要的相关方。指挥部在大兴机场建设的过程中深入贯彻了习近平总书记的重要指示精神，体现了以人民为中心的理念。坚持以人民为中心的发展思想是习近平新时代中国特色社会主义思想的重要组成部分，坚持以人民为中心就是要坚持人民主体地位，站稳人民立场，反映人民意愿，为人民谋幸福。机场是服务人民的重要公共基础设施，与人民的切身利益息息相关。机场建设运营必须以人民群众的美好航空出行需求为导向，不断凝聚人民群众的智慧力量，积极回馈人民群众。指挥部提出机场建设要满足人民群众的美好需求，凝聚人民群众的智慧力量，回馈人民群众的发展期待，这正体现了指挥部将满足人民的需求放在首要位置，将其作为首要目标的态度。

对于机场与民航业来说，人民群众以不同具象化的角色出现，大兴机场需要满足人民群众作为乘客、旅客、顾客、周边群众、监督者等不同情形下的需求，大兴机场作为"新国门"工程，要了解与分析人民群众的期待，并具象化为目标，一一实现，从多方面满足人民群众的需求。

作为机场首先要面对乘客的需求，即乘机、候机、中转、离开机场等多种情形下对于便捷、舒适、高效出行体验的期待，使乘客在大兴机场每时每刻都能够满意。同时，作为机场设计理念的先锋，大兴机场的定位不仅局限于一个出行的中转站，而是一个新型的城市综合体与文化旅游景点，大兴机场要为非乘客的人民群众提供美好的旅游、购物、休闲体验。对于同样作为工程最终使用者的货运单位、驻场单位，大兴机场也要为其提供良好、便捷的工作环境。对于工程周边的群众，要做好征地拆迁、噪声污染防治和环境影响搬迁等工作，切实保障周边居民的权利。同时，对于民众的其他诉求还包括环境保护、水土保持、防洪等，指挥部都需要一一考虑、一一满足。

### 2. 政府

大兴机场工程能够高效率、高质量地完成工程的立项、规划、建设与投运，离不开各级政府的决策、领导、统筹、协调与支持。大兴机场工程涉及面广，前期工作、征地拆迁、规划设计、施工安装、资金筹措、组织协调任务繁重。大兴机场之所以能够取得历史性成就，是各级政府在充分认识了大兴机场建设的重要性以及艰巨性之后，共同克服困难，加强合作的结果。北京大兴国际机场作为现代化国家机场体系的重要组成部分，其建设取得的历史性成就，根本在于以习近平同志为核心的党中央的坚强领导和热切关怀，在于习近平新时代中国特色社会主义思想的科学指引，同时也离不开军队和各有关部委、京津冀三地党委、政府

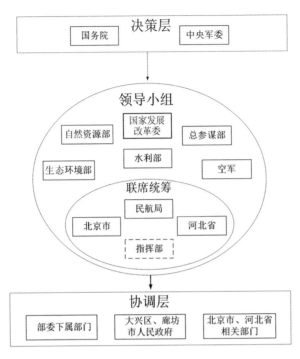

图2-9　政府相关方结构图

的大力支持和密切配合，离不开民航局党组的指挥协调和精心组织。在前期工作和建设过程中，政府的参与可分为四个层次，分别为决策层、领导层、统筹层与协调层，具体如图2-9所示。

决策层是指国务院与中央军委，其在大兴机场这个"新国门"工程中是最终的决策机构。2012年12月22日，国务院与中央军委在《国务院、中央军委关于同意建设北京新机场的批复》中批复了民航局、北京市、河北省共同提出的《关于建设北京新机场的请示》，同意建设北京新机场。2014年9月4日，习近平总书记主持召开中央政治局常委会会议，审议可行性研究报告并充分肯定了工程必要性，亲自决策建设北京新机场，明确指示要求年内开工建设，2019年建成通航。

领导层是指北京新机场建设领导小组。《国务院、中央军委关于同意建设北京新机场的批复》中提出由国家发展改革委牵头，成立北京新机场建设领导小组，国家发展改革委会同自然资源部（原国土资源部）、生态环境部（原环境保护部）、水利部、民航局，北京市和河北省人民政府，以及中央军委联合参谋部、空军参与。领导小组主要责任包括研究审定大兴机场总体规划、主要建设目标和建设过程中的相关重大事项；协调大兴机场前期工作和建设过程中的重大问题，包括部门与部门、地方与地方、政府与企业之间以及涉及军方设施迁建的问题；研究解决北京新机场建设指挥部、有关部门和地方难以解决或存在分歧的重点难点问题，重点协调解决综合交通、跨地域建设和运营管理、场外供油工程建设、航空公司入驻、用地手续办理、机场工程资本金等跨部门、跨行业、跨地域的重点难点问题。

统筹层是民航局、北京市、河北省，加北京新机场建设指挥部的"3+1"工作机制。成员定期召开工作协调会，可视情况邀请其他有关单位参加，在北京新机场建设领导小组的领导下，具体实施、推进大兴机场建设各项工作。对于北京新机场建设领导小组确定的事项，负责督办和检查落实，高效地解决工程建设中的实际问题，推动大兴机场前期工作与建设过程，在联席会议机制内确实无法解决的问题，及时上报国家层面的领导小组解决。民航局分别与北京市、河北省建立了工作沟通协调机制，进一步加强协调力度，提高沟通效率，为推动征地拆迁、项目报建与加快工程验收、场外能源设施保障、进出场道路运输保障等急迫问题的顺利解决，打下了坚实基础。民航局、北京市、河北省各自成立了大兴机场建设领导小组及其办公室，负责本区域内大兴机场外围配套设施的建设，以及土地环保、综合交通、水电气热等机场保障体系方面的建设。创新跨地域建设和运营管理模式，实现了京冀两地对大兴机场的共建共管。

协调层是指具体参与协调相关事宜的政府部门，包括各部委的下属部门、大兴区、廊坊市人民政府、北京市、河北省各部门，包括北京市规划委、北京市发改委、北京市水务局、北京市铁路局、北京市国土局、北京市环保局、北京市住房和城乡建设委、北京市交通委、北京市市政市容委、北京市南水北调办、河北省发改委、廊坊市交通局、廊坊市规划局、保定市发改委、保定市交通局、保定市规划局等。

### 3. 各投资主体

大兴机场建设过程中，在机场红线范围内不仅有机场主体工程的建设，同时还有航油工程、空管工程、主航空基地工程（南航基地、东航基地）在建，这些工程有不同的投资主体，分别为首都机场集团公司、中国航空油料集团有限公司、民航华北空中交通管理局、中国南方航空有限公司、中国东方航空有限公司。

大兴机场红线外还有诸多相关工程，如市政配套工程，包括水电燃气等，外围交通系统包括高速铁路工程、城市轨道交通工程、道路交通等，他们也都有相应的跨地域或跨行业的投资主体。

### 4. 各建设指挥部

航油工程、空管工程、主航空基地工程（南航基地、东航基地）均设有建设指挥部。因此加上北京新机场建设指挥部，场地内共有五个指挥部同时在进行管理工作，而这些指挥部需要协同工作，共同推进大兴机场建设，指挥部之间并没有直接的上下级关系，为有效提高大兴机场建设的协同性及信息沟通的效率，保证各项工程顺利推进，建立了"北京新机场建设工作联席制度"，由北京新机场建设指挥部、南航股份公司北京新机场建设指挥部、北京新机场东航基地项目建设指挥部、华北空管局新机场空管工程建设指挥部、北京新机场航油工程指挥部共同参与。

北京新机场建设指挥部负责共同参与信息集成与处理，听取各指挥部所面临的困难和问题，协调国家发展改革委、民航局，对各个指挥部的问题予以关注和支持。各指挥部建立分层级工作协调机制，以召开各个指挥部建设工作联席会议、工作沟通例会等形式，建立业务工作通讯录，开展各个层级、各个单位、各个阶段的全方位对接。联席会议五个指挥部共同参与，有效提高了大兴机场建设协同性以及信息沟通交流的效率，对保证各项工程的顺利推进发挥了重要作用。工作层面的沟通例会以定期会议为主，必要时召开专题会议。在各工程设计、建设过程中，各指挥部提前统筹技术对接、施工交叉等层面的匹配与衔接，确保了各项目建设工作有序推进。对于各工程地块外围市政条件，由北京新机场建设指挥部规划设计部会同各工程部门，进行统筹梳理。对于全程土方管理和调配工作，由北京新机场建设指挥部配套工程部牵头协调，配合其他各指挥部完成地块内的堆土处理，为后续各项目建设的顺利开展提供了有力保障。各指挥部在大兴机场建设的过程中通过统筹协调，明确了统一的绿色、安全、文明建设的标准，共同实现了"精品工程、样板工程、平安工程、廉洁工程"的建设目标。

### 5. 各参建单位

大兴机场体量巨大，工期紧，参建单位众多，包括工程勘察、设计、施工、监理、材料设备供应、咨询单位、安监质检安保等单位。

参建单位是工程的直接实施者，是大兴机场工程设计、建设过程的重要参与者，也是对工程最终呈现成果起到关键作用的单位，因此指挥部需要严格把控参建单位的质量、进度，确保工程目标顺利实现。

机场设计是施工招标的依据和前置条件，大兴机场规模宏大、工程交叉、设计条件复杂，客观条件制约使其无法实现全场一次性同步完成设计。按照总进度计划安排，为满足各工程分阶段开工的需要，民航局创新工作方式，将机场工程设计分为飞行区、航站区、工作区、生产辅助设施四个批次，分阶段完成设计和审批工作。

对于施工、监理工作，大兴机场将工程划分为不同的标段进行招标，标段划分如图2-10所示。飞行区分为4个监理标段、28个施工标段；航站区分为4个监理标段、8个施工标段；配套工程分为市政工程、场站工程、房建工程和绿化工程，市政工程分为2个监理标段、8个施工标段，场站工程分为2个监理标段、4个施工标段，房建工程分为3个监理标段、8个施工标段，绿化工程分为1个监理标段、7个施工标段；机电设备工程分为3个监理标段、8个施工标段；弱电信息分为1个监理标段、19个招标项目和2个招商项目。

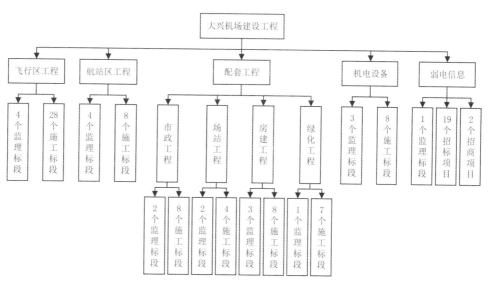

图2-10　大兴机场施工监理承包单位

　　指挥部能够将机场建设成世界一流机场，过程中离不开各咨询单位的协助，将专业的事交给专业的人，能够提高效率。咨询单位能够给指挥部决策提供更加系统的分析和专业的意见。借助"外脑"能够获得来自行业先进技术与经验的支持，能够使指挥部在管理过程中少走弯路。

　　例如，在市场分析过程中，指挥部委托多家咨询机构分别开展了高铁影响、市场需求、"一市两场"分析，认为高铁与航空运输是竞合关系，可以实现融合发展，发展有基础，北京首都机场和北京大兴国际机场两场之间，未来将遵循"并驾齐驱、独立运营、适度竞争、优势互补"的方针，在同一目标下实现差异发展，打造双轮驱动标杆。又如，在航站楼设计优化工作中，指挥部聘请了多家中外知名咨询单位开展多项研究，取得了举世公认的成效。在环境影响评价中，指挥部聘请了专业机构作为咨询单位，顺利推进了环境影响评价的各项工作。再如，在进度管理方面，指挥部也聘请了专业机构作为咨询机构，制定总进度综合管控计划，建立了总进度管控平台，对大兴机场顺利完工、顺利开航起到了重要保障作用。

# 2.3　相关方需求分析

　　通过对相关方的识别，可以识别并了解各相关方的需求，将他们的需求进行梳理、分析，进行转化，从而可以得出工程建设的目标。

## 2.3.1　公众参与

公众参与是充分了解人民群众需求的途径。环境影响评价和社会稳定风险分析是北京新机场项目可研和支撑性文件的重要内容，这两项工作均需要公众参与。2006年，环境保护部颁布的《环境影响评价公众参与暂行办法》（环发〔2006〕28号）中要求，环评应进行两个阶段的公众参与：第一阶段为，在确定环评机构后7日内，向公众公告项目建设信息；第二阶段为，在形成环评初步结论后，向公众公示环评报告简本，并开展公众意见调查。针对环保问题引起的群体性事件日益增多并多次成为社会热点，环境保护部于2012年7月、8月连续发布了两份关于严格环评公众参与的通知，对环评信息的公示媒体、公众调查范围等作出了更严格的规定，要求对存在公众参与范围过小、代表性差、原始材料缺失、程序不符合要求等问题的环评报告，一律不予受理和审批。

与此同时，为预防和化解社会矛盾，建立和规范重大固定资产投资项目社会稳定风险评估机制，国家发展改革委于2012年8月制定并发布了《重大固定资产投资项目社会稳定风险评估暂行办法》（发改投资〔2012〕2492号），要求建设单位在组织编制可研报告时，应对项目社会稳定风险进行调查分析，开展公众参与，征询相关群众意见，查找并列出风险点、风险发生的可能性及影响程度，提出防范和化解风险的方案措施，并将上述内容作为可研报告的重要内容，在可研报告中设独立篇章。为了推进公众参与工作，指挥部编制了《北京新机场建设项目环境影响评价公众参与方案》和《北京新机场建设项目社会稳定分析公众参与方案》。公众参与总共分为三个阶段，环境影响评价第一阶段公众参与、环境影响评价第二阶段公众参与以及社会稳定风险分析公众参与。公众参与的过程中广泛收集了民众的需求与意见，为项目的后续推进奠定了坚实的基础。

### 1. 环境影响评价公众参与

环境影响评价遵循了生态环保部的精神，按照近远期相结合的方式，近期对一期工程进行评价，远期对噪声影响进行评价。同时，环评工作依据了大兴机场的建设特点，有针对性地展开，满足国家环保政策的同时考虑了环保措施的经济性。

依据《环境影响评价公众参与暂行办法》（国家环保总局2006年2月14日，环发〔2006〕28号）、《关于切实加强风险防范严格环境影响评价管理的通知》（环发〔2012〕98号）、《关于进一步加强环境影响评价管理防范环境风险的通知》（环发〔2012〕77号），指挥部开展了两次环境影响评价公众参与。

第一阶段：在指挥部委托环评单位开展环评工作后7日内，进行第一次环境信息公开，内容为公开项目信息，形式包括报纸公示、网络公示、张贴公告。信息公开的主体是指挥部，以指挥部名义发布项目环境信息。

第二阶段：在环评单位完成了环境影响报告书简本，得出了环境影响评价的初步结论后，进行第二次信息公开，同时开展公众意见调查。信息公开的主体是建设单位，以指挥部名义发布第二次环境信息。信息公开具体形式为公开环境影响报告书简本，召开座谈会，发放公众意见调查问卷。

### 2. 社会稳定风险分析

为更好地完成大兴机场社会稳定风险分析工作，识别该项目前期建设、运营管理过程中存在的主要社会稳定风险因素，掌握大多数人对该项目建设和运营的意见或建议，需对项目周边社会、经济、环境等进行全面深入的调查分析，对项目影响区的主要相关方群体进行前期调研，听取其对项目可能存在的主要社会稳定风险因素的观点及相关诉求，使社会稳定风险分析工作更加科学化、民主化、大众化。大兴机场社会稳定风险分析工作前期征求了各相关利益群体的意见，包括政府有关职能部门、属地政府、项目相关参与者、周边企事业单位、居民等。对相关利益群体进行公众参与调查，召开座谈会，对群众重点关注的征地拆迁、环境影响、交通出行等问题进行了大规模的问卷调查。

大兴机场的公众参与工作涉及北京市大兴区的榆垡、礼贤、安定、庞各庄、魏善庄5个镇，以及河北省廊坊市的广阳区、固安县和永清县。指挥部通过张贴公告、报纸、网站公示等方式，公开大兴机场项目相关信息，让公众知情，通过召开座谈会、问卷调查等方式征求、收集并反馈公众有关环境保护、社会稳定风险因素与防范等方面的意见与建议。大兴区成立公众参与领导小组，和指挥部共同协调领导公众参与的各项工作，小组设置在大兴区机场办，由区环保局、区维稳办、区委宣传部、区信访办、区公安局、区经信委、区财政局以及相关镇政府组成。

## 2.3.2　人民群众的需求

### 1. 新时期我国社会主要矛盾的转变

进入新时代，我国社会的主要矛盾已经转化为人民日益增长的美好生活需要和不平衡不充分的发展之间的矛盾。随着我国经济快速发展，人均国内生产总值达到1万美元，城镇化率超过60%，中等收入群体超过4亿人，意味着消费升级进入新阶段，人民群众对美好生活的要求不断提高，对更加安全、更加高效和更加舒适的交通出行体验追求也日益提升。满足人民群众的美好航空出行需求，是大兴机场建设的根本目的。大兴机场建设运营的全过程，始终以满足人民群众航空出行的基本需求和提高切身体验为目标，满足了人民群众对于出行安全、运行高效、优质服务的高要求。

（1）对于出行安全的要求。人民群众追求美好航空体验，首先要确保人民群众的出行安全，大兴机场建设运营的首要目标是使人民群众有充足的安全感。机场作为运行主体的集中与交互平台，是航空安全防控的重要节点，对于安全品质有决定性作用。大兴机场在规划、设计、建设、运营的生命周期中始终贯彻"安全隐患零容忍"的根本原则，积极防控、管理各种可能出现的安全风险；健全安全保障制度与安全管理体系，并严格践行，确保没有安全漏洞；营造机场安全文化氛围，使安全意识融入每个工作人员的日常工作中，提高人民群众的最终安全体验。

（2）对于运行高效的要求。不断提高时间效率是人民群众航空出行所追求的目标。2035年，我国人均国内生产总值将由2019年的1万美元向3万美元跨越，人民群众对交通出行的时间效率要求将会越来越高。大兴机场在规划、设计、建设、运营过程中始终以高效运行为导向，为人民群众提供最便捷的航空出行体验，在功能布局、滑跑系统、流程设计都追求最优，为高效提供保障。运行过程中，努力提高航班准时性，不断提升人民群众出行的效率。

（3）对于优质服务的要求。随着人民生活水平提高、消费结构升级，人民群众对于航空出行的需求更加多元化，人民群众的满足感与获得感的来源也更加多元。因此，大兴机场努力提升旅客在出行过程中的多元化体验，使每一位旅客都能获得独特体验。大兴机场的基础设施、服务水平不断完善，服务的力度、温度以及精度不断提高，尊重旅客的个体差异，关注弱势群体，致力于提升每个旅客的出行体验。

### 2. 回馈人民群众的发展期待

大兴机场的建设拓展了中国的航空网络，惠及京津冀乃至全国人民。大兴机场有力支撑北京"四个中心"[①]建设，积极促进京津冀区域协同发展，国家发展的动力源作用日益显现。推进与综合交通、城市和区域经济的协同和融合发展，为人民提供了更多的出行方式、更好的生活质量和更多的发展机会。

（1）多元化的出行方式。借助于高新科技以及现代化交通手段，大兴机场建立了高效、融合的交通运输体系，融合了多种交通运输方式，提供了高效、无感的融合交通体验，使大兴机场成了一个高效、便捷的交通枢纽，为人民提供了多元的交通选择，拓宽了大兴机场服务范围，同时也提升了人民的出行效率。

（2）更好的生活质量。随着新型城镇化进程的加快，机场作为重要公共交通基础设施的功能在不断转变。大兴机场完成了由"城市机场"到"机场城市"的转变，其功能不再仅仅

---

① 政治中心、文化中心、国际交往中心、科技创新中心。

是交通出行，而是承担了更多的基础服务功能，优化了周边城市空间，带动了区域的开发与建设，不断朝着机场社区化、城市化发展，为周边人民群众提供多元服务，成为新型的城市空间，不断构建港、城、人和谐发展的局面，打造宜居、宜业、宜行的新形态，提高人民的生活品质。

（3）更多的发展机会。机场作为航空运输网络和综合交通运输体系的关键节点，具有高端资源集聚和产业辐射功能，对区域经济高质量发展具有较强的促进作用。大兴机场横跨河北、北京两地，与京津冀区域经济协同发展，将为地方经济带来源源不断的活力和新的动力，为人民群众提供更多更好的发展机会。大兴机场将进一步发挥产业辐射功能，加快完善产业基础设施功能配套，营造良好的营商制度环境，打造面向世界营商合作平台，更加充分地发挥机场对区域经济发展的驱动功能，积极构建以机场带动物流、以物流带动产业、以产业带动城市和区域发展的良性发展关系，最终为人民创造更好的就业机会、创业机会和成功机会。

## 2.3.3  其他相关方需求

### 1. 政府的需求

中国共产党领导下的政府代表着最广大人民的根本利益，各级政府在参与协调大兴机场建设相关工作的同时需要协调大兴机场建设与其自身职能范围内的事宜，使大兴机场建设的工程价值最大化，例如大兴机场建设的同时需要考虑大兴机场周围的交通基础设施建设，相关政府部门需要进行通盘考量，做好与新机场建设相关的交通建设工作，形成交通一体化。因此，政府部门的需求，除了考量大兴机场建设本身，还需要考量与大兴机场建设相关的工作，通过各项工作的协调，最终推动大兴机场建设在各个层面上实现价值最大化。

### 2. 投资主体的需求

各个投资主体是各个工程项目的法人，分别投资建设机场主体工程、空管工程、航油工程、东航基地工程、南航基地工程，以及其他外围配套工程及综合交通工程。确保各个工程满足自身的发展同时又要满足国民经济和社会发展，分别派出指挥部或相应的工程管理机构，代表自身对工程项目进行管理。

### 3. 建设指挥部的需求

大兴机场红线内的五个建设指挥部代表着五个不同的项目法人，分别对大兴机场主体工程、空管工程、航油工程、东航基地工程、南航基地工程负责，确保各个工程的工期、成本、质量目标的实现。同样，红线外各工程的建设主体也负责着各自工程建设目标及管理目标的实现。但是每个工程都影响大兴机场工程的整体成果，各个指挥部需要以大兴机场的整体目标为导向推进自身工程建设。各个工程的设计、建设过程中难免会出现交叉和矛盾，各个指挥部的需求既要满足大兴机场整体工程的进展，同时要确保自身负责工程目标的实现。

### 4. 参建单位的需求

作为"新国门"建设的参建单位，各勘察、设计、施工、监理、供应、咨询等单位在完成自身工作的同时需要参与感和获得感，认识到自身工作是大兴机场最终成果的组成部分，这样的自豪感和认同感是作为大兴机场建设参与者的需求。

## 2.3.4　需求转化

在充分了解相关方需求的同时，要进行需求转化，形成工程建设的目标，统领工程的规划、设计、建设和运营。对于相关方众多，需求繁杂的项目，指挥部需要进行分析、排序、协调，找准各相关方之间的最大公约数。形成合理的目标体系。通过定性描述形成纲领性目标，再进行统筹、分解量化形成可以测量与控制的定量目标。

### 1. 找到最大公约数

以人民利益为中心，找到相关需求的最大公约数是需求转化的根本原则。将不同相关方的需求进行整合、拆分、再整合，形成不同相关方需求的融合点，找到不同相关方需求的最大公约数，形成完备的目标体系，尽可能满足不同相关方的需求，使大兴机场的建设价值最大化。

### 2. 定性描述与定量转化

需求转化为目标有两个表现形式，分别为定性描述与定量转化，定性目标作为统领的目标纲领，定量的目标作为工作的基石，目标体系通过不断地细化，以定量化的目标支撑定性目标，使目标不断具象化。

以满足航空运量这个目标为例，北京市需要大兴机场来满足北京市航空运输增长的需求，完善京津冀都市圈交通运输体系，促进区域经济发展。需求需要定量分析的手段和科学的分析工具来支撑。

机场运量规模的目标受到多重因素的制约，如航空运输需求、市场、资源、环境等，进行航空需求预测的转化是制定机场运量规模目标最重要的基础之一。通过对北京地区航空业务量的历史发展情况进行统计分析，探索北京地区民航运输需求的发展变化规律，考虑经济、人口、旅游、国际贸易等变量，使用回归分析法、趋势外推法和综合分析判断法等不同方法，预测市场合理发展趋势下的航空客、货运输需求。同时，参考相关论述和研究，定量分析高铁对民航的冲击。最后，在考虑经济转型、人口调控等因素并重点研究高铁冲击的基础上，预测北京地区民用航空运输综合需求，为确定大兴机场合理的运量规模奠定基础。

# 2.4　工程建设目标

大兴机场是举世瞩目的世纪工程，是习近平总书记亲自决策、亲自推动、亲自宣布投运的国家重点项目。大兴机场工程的愿景定位为"引领世界机场建设，打造全球空港标杆"。为实现这一愿景，一开始就将目标瞄准到"四个工程"和"四型机场"，打造中国的新国门。

## 2.4.1　"四个工程"的目标

2017年2月23日，习近平总书记考察北京新机场建设工地时强调："北京新机场是首都的重大标志性工程，是国家发展一个新的动力源，必须打造'精品工程、样板工程、平安工程、廉洁工程'"。

打造"四个工程"是大兴机场建设的基本要求和总体目标。精品工程突出品质，本着对国家、人民、历史高度负责的态度，始终坚持以"国际一流、国内领先"的高标准和工匠精神来推进精细化管理，精心组织，精益求精，全过程抓好工程质量，打造经得起历史、人民和实践检验的，集外在品位与内在品质于一体的新时代精品力作。样板工程突出领先，着眼于高效运行，建设集新产品、新技术、新工艺于一体的世纪工程，打造高效便捷、融合发展的基础设施样板。平安工程突出根基，施工坚持"安全隐患零容忍"，健全工程安全制度，强化施工现场管理，深化安全预案和措施，统筹各参建单位层层落实安全责任，确保万无一失，实现"施工安全零事故"的目标。廉洁工程突出防控，通过专题督导等方式，督促落实主体责任；开展全驻场跟踪审计工作，对招标投标、工程物资与设备、隐蔽工程等关键控制点进行重点审计，有效防范化解风险。紧密结合审计署专项审计调查和主题教育要求，切实用好审计成果，同步抓好整改落实工作，营造"干干净净做工程，认认真真树丰碑"的廉洁文化氛围，确保不发生"项目建起来，干部倒下去"的事件。

### 1. 精品工程

将世界一流的先进建筑技术与传统的工匠精神相结合，通过科学组织、精心设计、精细施工、群策群力，最终达到内在品质和使用功能相得益彰、完美结合的高品质工程。

品质一流：采用现行有效的规范、标准和工艺设计中更严的要求进行全过程工程建设，核心指标优于同类型建筑。

社会认可：争创国家优质工程奖、科技进步奖、中国建设工程鲁班奖、中国土木工程詹天佑奖等综合或单项奖项，获得第三方认可或社会广泛赞誉。

### 2. 样板工程

在某一领域取得领先，或率先使用新产品、新技术、新工艺，取得突出的经济效益、社会效益或环境效益，达到引领行业发展，可作为其他工程效仿或建设标杆的工程。

理念与技术领先：在绿色机场、海绵机场、城市设计等建设新理念方面率先垂范，在数字化施工、智慧机场等新技术应用方面做到行业领先。

用户有口皆碑：打造空地一体化综合交通枢纽、人本化样板工程，在公共交通便捷性、换乘效率、公共交通保障比例、步行距离及旅客服务设施等方面达到世界一流水平，打造全新标杆。

### 3. 平安工程

在建设全过程及工程设计使用年限内，符合国家工程质量标准，呈现平稳顺利、持续安全的状态，成为国家重大项目安全建设的经典工程。

安全第一、预防为主：针对跨地域等现场复杂的建设管理特点，建立健全各项安全管理制度，制定安全防范预案，做到时刻保持安全警惕、规章制度完备、安全主体责任清晰、安全文化氛围浓郁。

严谨务实、万无一失：小心谨慎，严防各类不安全事件发生，确保安全工作万无一失。

### 4. 廉洁工程

在工程建设的全过程做到严格依照国家法律法规、基本建设程序运作，强化廉洁风险防控机制，有效避免腐败问题发生。

## 2.4.2 "四型机场"的目标

习近平总书记在2014年中央政治局常委会审议大兴机建设相关事项时指出，大兴机场一定要建成样板工程，体现十八届党中央的特色；要有战略眼光、适度超前，要考虑下一步有发展空间，要有预留，包括征地拆迁时就要考虑未来的发展。航站楼要体现人文关怀。要节约用地，要绿色、低碳；同时发挥好周边机场的作用。北京周边机场比较多，主要是军用机场，空中安全是第一位的；确保噪声治理不留后遗症。噪声治理要严格按照生态环保部的标准，做好噪声污染的测算，确保不留后遗症；做好征地拆迁工作。征地拆迁要妥善安置，不能简单粗暴，有问题要处理好；要加强管理，建成廉政工程。确保工程建设的廉洁，不能建一个工程就倒一批干部，严格招标投标，严格财经纪律。这是"四型机场"与"四个工程"的起源，出自习近平总书记对于人民群众的挂念，来自习近平总书记的嘱托。

"四型机场"是引领大兴机场建设运营的根本路径。坚持把"四型机场"的理念与要求全面融入大兴机场建设，依靠科技进步、改革创新和协同共享，通过全过程、全要素、全方位优化，实现大兴机场安全运行保障有力、生产管理精细智能、旅客出行便捷高效、环境生态绿色和谐。平安是基本要求，坚持平安理念，加强薄弱环节风险防范，加大安全设备应用，提升应急处置能力，全面夯实空防安全、运行安全、消防安全和公共治安基础，大力推行"科技兴安"，采用"人防+物防+技防+源防"的方法，有效构建平安机场安全防线。绿色是基本特征，坚持绿色理念，在大兴机场全生命周期集约节约使用资源，广泛采用绿色技术，实践创立绿色标准，确保机场低碳高效运行，实现机场与周边环境和谐友好以及机场的可持续发展。智慧是基本品质，坚持智慧理念，通过强化信息基础设施建设实现数字化，通过推进数据共享与协同实现网络化，通过推进数据融合应用实现智能化。人文是基本功能，坚持人本理念，倡导真情服务，通过一流设施、一流管理、一流服务，提升旅客出行体验，树立"中国服务"品牌，担当传播中华优秀传统文化使命，打造特色鲜明的文化载体，营造浓厚文化氛围，彰显机场文化基因，打造首都的新时代城市名片和文化国门。

### 1. 平安机场

平安机场是"四型机场"的基础，是指能够切实落实国家行业安全法规，以先进的管理模式与科技手段不断排查治理安全隐患和持续有效管控安全风险，并能够始终保持足够安全裕度的机场。通过平安机场建设，全面建成系统实用的安全管理体系，推广应用安全新设备、新系统、新技术，形成有利于提升安全保障能力、巩固机场发展安全基础的安全管理系统。

### 2. 绿色机场

绿色机场是秉承绿色发展理念，满足当代人发展需要的同时，又不损害后代利益，践行绿色实践、环境友好、低碳环保的机场。通过绿色机场建设，践行可持续发展理念，高效率地利用资源、最低限度地影响环境，为旅客创造健康、舒适的活动空间，打造机场和谐共生的绿色环境。

### 3. 智慧机场

智慧机场是通过应用各种新技术以实现全面信息共享的机场。通过搭建其成熟、稳定、灵活和可拓展的信息系统技术架构支持全区域、全业务领域的信息要求，以实现便捷高效的协同运行、防患于未然的安全管理、全面及时的旅客服务以及无缝衔接的交通管理等。通过智慧机场建设，以信息技术为载体，通过与相关方的信息共享、协同决策、流程整合，实现机场的主动安全、绿色低碳、高效运行与品质服务。

### 4. 人文机场

人文机场是指为旅客提供高效出行、丰富消费、多元文化以及新鲜体验的人本化机场。人文机场坚持"人民航空为人民"，以真情服务为行动准则，始终把旅客放在突出位置，提升机场运行品质和人文品位，提供人本化服务，坚持全面服务提升，以文化浸润传承，打造人文机场。

## 2.4.3　目标分解

将"四个工程"与"四型机场"的目标进行分解，使目标更具有指导性意义，对于不同的相关方有着不同的参考价值，是以更加具体的形式提供给相关方。

### 1."四个工程"的目标分解

"四个工程"的目标分解如表2-1所示。

"四个工程"目标分解                表2-1

| 名称 | 目标内涵 |
| --- | --- |
| 精品工程 | （1）创新型、具有世界一流水准的机场规划设计方案 |
| | （2）工程质量达到国际先进水平，一次验收合格率达到100% |
| | （3）场区100%推行绿色文明施工，获省（部）级绿色或文明施工奖励 |
| | （4）取得有较高推广应用价值的施工新技术 |
| | （5）创新施工工艺，取得多项以上省（部）级以上新工法或发明专利、实用新型技术专利 |
| | （6）打造国家级科技示范工程 |
| | （7）获得中国建设工程鲁班奖 |
| | （8）获得中国土木工程詹天佑奖；获得国家优质工程奖；获得绿色建筑创新奖 |
| | （9）航站楼获得绿色建筑三星级认证 |
| | （10）航站楼获得节能建筑3A级认证 |
| | （11）获得省部级科技进步奖，争创国家科技进步奖 |
| 样板工程 | （1）国际卓越项目管理大奖 |
| | （2）打造绿色机场样板 |
| | （3）打造空地一体化综合交通枢纽样板 |
| | （4）打造人本化样板 |
| | （5）打造生态样板 |
| | （6）打造智慧机场样板 |
| | （7）打造机场建设信息化样板 |
| | （8）打造街区式规划设计样板 |
| 平安工程 | （1）建设全国AAA级绿色安全文明标准化工地 |
| | （2）建设北京市绿色安全样板工地 |
| | （3）杜绝因违章作业导致一般以上生产安全事故 |
| | （4）杜绝因人为责任引发一般以上火灾事故及环境污染事故 |
| | （5）杜绝因管理责任发生一般以上工程质量事故 |
| | （6）杜绝发生影响工程进度或造成较大舆论影响的群体性事件 |
| | （7）建设安全管理体系、健全各项安全管理制度 |
| 廉洁工程 | （1）确保不出现上级组织认定的重大违纪事件 |
| | （2）确保不出现审计机关认定的重大审计问题 |
| | （3）确保不出现监察机关查处的职务犯罪案件 |

## 2."四型机场"的目标分解

"四型机场"的目标分解如表2-2所示。

"四型机场"的目标分解　　　　　　　　　表2-2

| 名称 | 目标内涵 |
| --- | --- |
| 平安机场 | （1）启用旅客、货物智能安检系统 |
| | （2）实施"空防红线一体化管理"模式 |
| | （3）成立跑道安全小组，制定多层次的风险管控措施 |
| | （4）开展无人机探测反制，推动地方政府发布净空保护区 |
| | （5）配备先进的A-SMGCS系统和灯光控制系统 |
| | （6）建设"火眼"系统，提升消防驰救技术水平 |
| | （7）建立多圈层安保防线，利用先进技术手段实现车辆及人员的有效布控 |
| 绿色机场 | （1）开航前完成飞行区、公共区首期充电桩的安装，确保新能源车采购两个"100%" |
| | （2）完成电源井、配电亭以及地面空调的建设 |
| | （3）全场可再生能源综合利用率达到10%以上，打造节能与低碳管理样板 |
| | （4）推进绿色建筑星级认证与运行管理 |
| | （5）打造噪声影响治理与管控样板 |
| | （6）建立完善的环境管理系统与制度，不断提升环境管理水平 |
| | （7）高绿化面积 |
| 智慧机场 | （1）着力打造旅客服务体验系统，应用高精度定位技术 |
| | （2）积极实践"无纸化出行"，实现行李全流程100%节点跟踪 |
| | （3）打造高效的运行协同指挥平台、综合交通一体化信息平台 |
| | （4）打造智能数据中心，实现业务的数字化 |
| | （5）建设云平台，云服务全场 |
| | （6）通过地理信息平台，实现全场"一张图" |
| | （7）全面落实信息规划，打造Airport 3.0 |

续表

| 名称 | 目标内涵 |
| --- | --- |
| 人文机场 | （1）打造更准时的航班服务 |
| | （2）实现高效的综合出行 |
| | （3）实现便捷的人文关怀 |
| | （4）开发精彩的新锐商业 |
| | （5）提升员工幸福感 |

# 第 3 章

# 跨组织多层级的工程治理

工程治理是指能够构建一套包含一系列正式或非正式、内部或外部的制度或机制的制度体系，它科学合理地规定了项目主要相关方之间的权（权力）、责（责任）、利（利益）关系，从而在项目进行中建立起一种良好的秩序，并通过各种方法和手段来维持这种秩序，以求有效地协调相关方之间的关系并化解他们之间的矛盾。大兴机场涉及相关方众多，相关方之间关系复杂，项目的管理与治理面临着极大的复杂与不确定性，大兴机场之所以能够高效地推进，离不开各个层级组织之间的治理。

本章主要介绍大兴机场工程建设过程中工程治理的特点以及工程各层级治理的结构。主要内容和思路如图3-1所示。

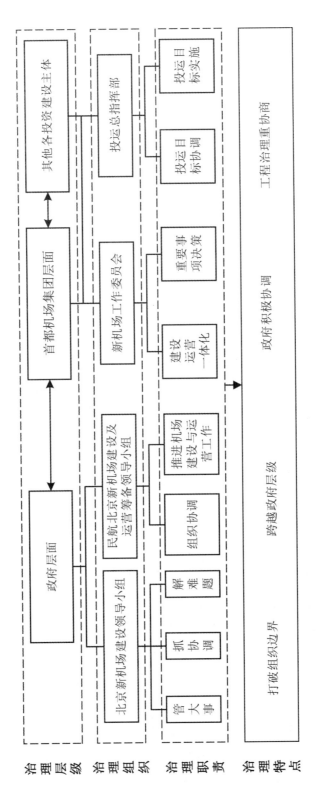

图3-1 本章主要内容和思路

# 3.1　大兴机场工程治理的特点

大兴机场工程参与主体众多，组织复杂、技术复杂、过程复杂、环境复杂，所涉及的相关方众多，不同相关方的诉求有差异，协调起来难度很大，但是通过创新工程治理方式，解决了诸多工程推进中的问题。

无论是单项目管理（project management）、项目集管理（program management），还是项目组合管理（portfolio management），都无法有效地提高跨组织项目管理的成功率，因此需要由项目管理拓展到工程治理。

工程治理的主要目标是设定工程目标、提供完成工程所需要的资源、决定实现工程目标的方法和监控绩效的手段等，简言之，工程治理提供工程管理的目标、资源和制度环境，工程管理是在这些制度环境内有效运用资源去实现工程目标。

## 1. 打破组织边界

大兴机场建设过程中的协调打破了组织边界、地域限制，建立了空铁协同、空地协同、军民协同、京津冀协同、政企协同的多边协同机制。

北京新机场建设指挥部联合红线内空管工程指挥部、航油工程指挥部、东航基地工程指挥部以及南航基地工程指挥部，共5个指挥部，以及红线外市政配套、高铁、轨道交通等投资建设主体，建立了打破组织边界的协调共建机制，以北京新机场建设指挥部为主要协调单位，协调各投资建设主体单位在设计、施工过程中的困难和问题。

在大兴机场建设后期，首都机场集团公司层面成立了投运总指挥部，充分发挥建设及运营筹备主体责任和协调作用。首都机场集团公司协同航空公司、空管、航油、海关、边检等15家驻场单位跨组织边界，建立工作机制，打破驻场单位之间沟通壁垒；以总进度综合管控计划为牵引，组建管控专班、强化现场督导、梳理滞后项目、及时分析预警；通过投运总指挥部联席会议、专题联席会议，快速推动工程建设、运营筹备及投运准备等各项工作，实现了超越组织边界的工程管理。

### 2. 跨越政府层级

在大兴机场建设过程中，涉及的组织众多，尤其涉及众多政府机构，上到国家发展改革委、民航局，下到大兴区政府，均需进行协调，如果恪守层级，那么信息共享、工程推进、项目协调效率将会大大下降。因此，大兴机场的工程治理，打破了层级，使协调扁平化。由国家发展改革委牵头的北京新机场建设领导小组，指挥部也作为成员，能够直接向各政府机构直接汇报工作、提出需求。

"3+1"联席工作机制为民航局、北京市政府、河北省政府三方以及指挥部形成的协调机制，指挥部能够直接参与民航、北京、河北三方的协调，提高了工程治理以及问题解决的效率。

### 3. 政府积极协调

大兴机场是举世瞩目的重大工程，是习近平总书记亲自决策、亲自推动、亲自宣布投运的国家重点项目。从提出建设动议到确定选址，再到党中央、国务院决定建设，前后历经21年，体现了党中央、国务院对大兴机场的高度重视。

党和国家的高度重视，使各层级的政府机构积极参与相关事宜的协调，形成了北京新机场建设领导小组、"3+1"联席协调机制，民航局、北京市、河北省、大兴区、廊坊市均建立了新机场建设办公室，协调相关问题，从政府的角度推进大兴机场工程的建设。

### 4. 工程治理重协商

大兴机场工程的地理位置横跨北京市和河北省两地，且航油工程管线途经天津市。大兴机场是京津冀协同发展的重要标志性工程。但也正因如此，工程建设协调工作难度很大，管理体制造成的难题和困境在现有框架下难以破解。大兴机场工程的建设和运筹需要调动相关各方参与机场规划、建设和运营的积极性，以创新发展落实京津冀一体化协同发展战略。民航局、北京市及河北省充分发挥"3+1"协调机制和京冀两地协商机制作用，加强沟通，团结协作，及时协调解决工程建设过程中的各类矛盾和问题。按照"依法行政、高效顺畅、统一管理、国际一流、利益共享、权责对等"的原则，大兴机场红线范围内地方行政事权原则上交由北京市一方管理。跨地域的协商能够厘清各地的需求，形成达成共识的解决方案，形成双赢乃至多赢的局面。

# 3.2 统领全局的政府机构

## 3.2.1 国家层面

2012年12月22日，在《国务院、中央军委关于同意建设北京新机场的批复》中，要求成立北京新机场建设领导小组。2013年2月26日，按照国务院、中央军委的批复要求，北京新机场建设领导小组正式成立，并在北京召开了第一次会议。领导小组由国家发展改革委牵头，由总参谋部、空军、民航局、自然资源部（原"国土资源部"）、生态环境部（原"环境保护部"）、水利部、北京市政府、河北省政府等中央及地方政府部门组成。面对大兴机场的建设，各级政府均高度重视，分别成立了相应的新机场建设相关的办公室，集中处理与协调和大兴机场建设相关的事宜，代表各级政府出席各层级会议，方便大兴机场建设相关信息的分享，有助于高效解决问题，专事专办。民航局成立了民航北京新机场建设领导小组办公室，北京市成立了北京市推进新机场建设工作办公室，河北省成立了河北省北京新机场领导小组办公室，参与协调相关事宜。新机场建设领导小组的成员单位如图3-2所示。

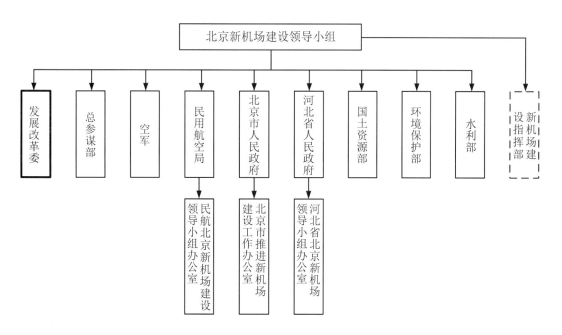

图3-2 新机场建设领导小组成员单位

　　领导小组负责管理和协调过程中产生的重点、难点问题，涉及前期工作中军事设施拆建、投融资方案、临空经济区规划等重大问题的协调，同时，指挥部参与新机场建设领导小组的工作，向领导小组反应大兴机场建设过程中产生的难以协调的问题，向领导小组汇报工作进展情况，同时根据要求进一步落实相关工作。

　　北京新机场建设领导小组不替代有关部门的行业管理职能和指挥部的工程建设组织管理职责，领导小组的主要工作职责有三点：

　　一是管大事，即研究审定北京新机场总体规划、主要建设目标、年度工作计划和有关重大事项；

　　二是抓协调，即协调大兴机场前期工作和建设过程中的重大问题，包括部门与部门、地方与地方、政府与企业之间以及涉及的军事设施迁建等重大问题；

　　三是解难题，即研究解决指挥部、有关部门和地方难以解决或存在分歧的重点难点问题。

　　2013年2月26日，北京新机场建设领导小组第一次会议研究决定了大兴机场建设的基本原则：

　　一是科学规划，兼顾当前与长远，统筹民航与军航，做好大兴机场总体规划、周边区域规划、综合交通规划以及生态环境、水利等规划；

　　二是绿色建设，根据国家节能环保政策，适应未来发展要求，努力使大兴机场成为绿色建设的典范；

　　三是依法办事，严格遵守各项法律法规，做好征地拆迁、环境影响评价和噪声污染防治等方面工作，维护群众合法权益，保障大兴机场建设顺利实施；

　　四是严谨细致，按照严、深、细、实的要求做好各项工作，努力把问题消除在萌芽状态，防止问题积小成大；

　　五是密切配合，相关各方要加强沟通和协商，求同存异、扩大共识，积极努力为大兴机场建设创造有利条件。

　　北京新机场建设领导小组每次会议均包括前期工作总结、重难点问题研讨与协调、下一步工作部署。北京新机场建设领导小组前后召开了共10次会议，就可研报告审批、跨地域建设、新机场总体规划、南苑机场迁建、投融资方案、征地拆迁等多项重点难点问题进行了协调，推进了工程的进展。领导小组10次工作会议的重点内容如表3-1所示。

| 序号 | 会议时间 | 研究事项 |
|---|---|---|
| | 北京新机场建设领导小组10次工作会议主要研究事项 | 表3-1 |
| 1 | 2013年2月26日 | 领导小组工作职责；北京新机场建设的基本原则；北京新机场建设总体工作方案和2013年工作计划；听取北京新机场建设指挥部提出的航站楼方案等 |
| 2 | 2013年7月4日 | 下半年工作目标；可研报告上报方式；航站楼建筑方案、投融资方案和航空公司进驻方案；综合交通方案；南苑机场迁建工程；建立定期协商机制；勘察设计招标；临空经济区规划等 |
| 3 | 2014年1月29日 | 可研报告报批；航站楼建筑方案；跑道构型；综合交通方案；项目用地；噪声影响搬迁和环评公众参与工作；蓄滞洪区调整；军事设施迁建问题；终端区空域规划；投融资方案；项目报建程序；临空经济区规划等 |
| 4 | 2014年5月29日 | 可研报告报批；航站楼建筑方案；环境影响评价；用地预审；防洪取水；节能审查；社会稳定风险评估；拆改配套项目；军事设施拆建；投融资方案；临空经济区规划等 |
| 5 | 2014年9月18日 | 新机场工期计划；新机场总体规划、初步设计、航站楼建筑方案；新机场勘察设计；项目征地拆迁；拆改和市政配套项目；空军南苑新机场；扩大利用社会投资；航空公司进驻方案；临空经济区规划；过渡期保障措施等 |
| 6 | 2015年7月30日 | 综合交通换乘中心和综合交通系统；跨地域建设管理；项目用地；航空公司基地方案；空军南苑新机场；军事阵地迁建项目用地；机场生活保障基地项目等 |
| 7 | 2016年7月28日 | 综合交通系统；场地电源工程；场外供油工程；城市航站楼；南苑新机场建设；口岸非现场设施建设相关工作；生活保障基地；新机场运营期税费京冀共享事宜等 |
| 8 | 2017年3月24日 | 南苑新机场建设；综合交通系统建设；新机场配套工程；新机场主体工程建设；工程建设协调机制；正式用地手续办理；新机场生活保障基地等 |
| 9 | 2017年12月29日 | 卫星厅局部地下工程；国检设施建设用地；综合交通系统；终端管制区空域规划方案；正式手续办理；新增项目和规模调整项目建设事宜；跨地域运营管理事宜；生活保障基地建设事宜；京津冀第二输油管线建设事宜；机场工程增加项目资本金事宜；噪声污染防治、飞机尾气排放研究事宜等 |
| 10 | 2018年9月27日 | 正式用地手续办理；轨道交通建设；场外供油工程建设；跨地域运营管理；超高障碍物处理事宜；生活保障基地事宜；奖励政策事宜；国际中转流程优化、出境免税店审批事宜；口岸开放事宜等 |

## 3.2.2　省部级层面

2013年7月4日，北京新机场建设领导小组的第二次会议中提出由民航局牵头成立专门机构，会同北京市、河北省建立联席会议机制，共同协调解决大兴机场前期工作和建设过程中的有关问题，包括征地拆迁、环境保护、社会稳定风险评估、水土保持、防洪水利、拆改配套，跨地域建设等问题。民航局负责将情况及时通报给领导小组办公室。2013年7月11日，依据北京新机场建设领导小组的第二次会议要求，民航局、北京市、河北省三方正式建立了联席协调会议机制，负责协调、推进大兴机场建设过程中的实际问题。同时指挥部参加联席会议，负责汇报建设工作、反馈问题，因此该机制也称为"3+1"联席会议协调机制，成员单位如图3-3所示。

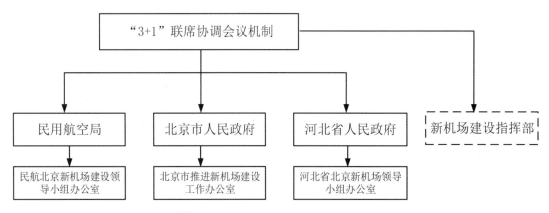

图3-3 "3+1"联席协调会议机制成员单位

联席会议的工作任务是在大兴机场领导小组的领导下，具体实施、推进大兴机场建设各项工作；对于北京新机场建设领导小组确定的事项，负责督办和检查落实，务实、高效地解决工程建设中的实际问题；发扬求真务实精神，切实推进大兴机场建设工作进度。联席会议的工作原则是"求真务实不推诿，努力高效不落空"，尽可能每次会议都确定一些事项，取得一些进展，切实解决实际问题，推进各项工作不断进展。在联席会议机制内无法解决的问题，应尽快上报国家层面的领导小组解决。大兴机场横跨北京、河北两地，项目的建设与推进离不开两地政府的协调，在"3+1"协调机制下，大兴机场建设的各项工作得到了积极推进与有效应对。联席会议定期召开，由民航局、北京市、河北省以及指挥部参加，可视情况邀请其他单位参加，联席会议主要针对大兴机场建设工作中的重点、难点问题进行讨论与协调，切实推进了工程的进展。"3+1"联席会议共召开了12次，协调了天堂河改道、跨地域建设、公众参与等诸多事项，部分内容如表3-2所示。

"3+1"联席协调会议12次研究部分主要事项    表3-2

| 会议次数 | 时间 | 研究事项 |
| --- | --- | --- |
| 1 | 2013年7月11日 | 联席会议工作机制；联席会议工作原则；临空经济区规划和建设；民航局领导新机场领导小组办公室等 |
| 2 | 2013年8月1日 | 土地预审；白家务水源地处置；高压线迁改；军事基地迁建；防洪与天堂河改道；环评公众参与；噪声搬迁；跨地域建设等 |
| 3 | 2013年10月30日 | 噪声防控；征地拆迁；用地预审；洪水影响评价；天堂河改道；高压线迁改；白家务水源地处置；城市航站楼建设；跨地域建设管理；综合交通规划；航空运量规模；口岸建设等 |
| 4 | 2014年1月21日 | 噪声防控；用地预审；防洪水利；跨地域建设管理；综合交通方案等 |
| …… | …… | …… |

续表

| 会议<br>次数 | 时间 | 研究事项 |
|---|---|---|
| 9 | 2015年7月15日 | 轨道交通建设；建设用地；跨地域管理；人防工程；场外电源、场外排水；航空基地进驻；新能源利用等 |
| 10 | 2015年12月31日 | 工程投资；投资分摊；联合审批等 |
| 11 | 2016年2月25日 | 综合交通路网建设；轨道交通建设；生活保障基地建设；空军南苑新机场建设；军事基地迁建；航空公司基地建设；建设用地指标；场外供油工程等 |
| 12 | 2017年10月23日 | 跨地域项目建设；征地拆迁费用；建筑材料供应；税费；跨地域运营管理机制；民航生活基地等 |

## 3.2.3　民航局层面

### 1. 民航北京新机场建设领导小组

民航局为了加强北京新机场建设工作的组织领导，在2013年9月23日成立民航北京新机场建设领导小组及其办公室。民航领导小组主要负责落实国家和民航局关于大兴机场建设的各项政策和决策部署；代表民航各单位提出提交北京新机场建设领导小组（国家层面）审议事项和工作建议；研究审议民航局推进大兴机场建设相关政策措施、总体方案；协调解决大兴机场及配套空管工程、供油工程以及航空基地工程的重大问题；统筹推进与国家、军队相关部门和北京市、河北省的沟通和协调。民航领导小组办公室主要承担民航领导小组办公室的日常工作；负责组织制定民航局推进大兴机场建设相关政策措施、总体方案；协调大兴机场工程与外部配套工程的对接工作；负责大兴机场民航各单位规划、投资和建设的协调工作；负责督促落实各专项工作，同时负责联络工作。民航领导小组办公室会制定各年工作计划，并按照工作计划推进民航领导小组的各项工作，其2014年工作计划如表3-3所示。

**民航北京新机场建设领导小组2014年工作计划**　　　　　　　　　　　　　表3-3

| 2014年度工作计划 |
|---|
| （一）为配合工程可行性研究报告6月底获批，于5月底前完成以下工作：<br>（1）协调优化航站楼建筑方案。<br>（2）协调完成投融资建议方案。<br>（3）督促完成配套迁改项目前期工作，协调各方签订相关协议。<br>（4）协调完成环境影响评价报告和用地预审报告 |
| （二）为确保工程开工建设，做好以下工作：<br>（1）提前开展新机场总体规划预评审，可研获批后抓紧完成新机场总体规划批复。<br>（2）分阶段开展初步设计审查工作，新机场总体规划批复后抓紧批复飞行区初步设计，保障新机场开工建设 |

续表

| 部分月份各月工作计划 | |
|---|---|
| 2月 | （1）确定航站楼建筑方案优化团队，启动方案优化。<br>（2）协调北京市、河北省启动环评公参工作。<br>（3）协调河北省完善永定河蓄滞洪区一分区作为"安全区"的方案。<br>（4）督促指挥部上报水资源论证报告 |
| 3月 | （1）督促指挥部研究提出大兴机场投融资建议方案。<br>（2）协调开展新机场总体规划第一阶段预评审，尽快确定飞行区平面布局。<br>（3）组织召开"3+1"会议，协调北京市、河北省明确机场红线范围外噪声85dB及以上的搬迁费用，启动社会稳定风险评估公众调查工作。协调北京市、河北省配套项目用地预审规模，督促河北省出具用地初审意见，组织指挥部完成用地预审报告报送国土部。<br>（4）督促指挥部修改完成洪水影响评价报告报送水利部。<br>（5）参与总参组织的军事阵地迁建方案审查。<br>（6）协调指挥部与总参信息化部签订国防光缆迁改协议。<br>（7）协调空军进一步对接协商终端管制区技术方案 |
| 4月 | （1）确定航站楼建筑优化方案，并纳入可研报告。<br>（2）协调国家发展改革委、财政部尽快明确中央预算内投资额及国有资本经营预算投资额，确定可研投融资方案。<br>（3）督促指挥部完成环境影响评价报告报送环境保护部。<br>（4）督促指挥部完成社会稳定风险分析报告，协调北京市、河北省出具评估意见，报送国家发展改革委。<br>（5）协调总参尽快明确军事阵地迁建补偿费用，签订协议 |
| 5月 | （1）协调北京市、河北省完成配套拆改项目可行性研究报告。<br>（2）协调北京市、河北省确定天堂河改道分摊费用，签订协议。<br>（3）协调指挥部签订高压线迁改、白家务水源地搬迁及华北油田设施补偿等协议。<br>（4）协调开展总体规划第二阶段预评审，审查地面相关功能区规划，空域、飞行程序、空管工程及整体规划方案 |
| 6月 | （1）与北京市、河北省协调新机场总体规划审批事宜。<br>（2）协调组织开展飞行区工程初步设计审查 |
| 7月、8月 | （1）可研批复后，协调北京市、河北省联合批复新机场总体规划。<br>（2）协调飞行区工程初步设计修改完善 |
| 9月、10月 | （1）协调开展航站区工程、供油工程初步设计审查。<br>（2）协调批复飞行区工程初步设计。<br>（3）协调新机场工程开工建设 |
| 11月、12月 | （1）协调航站区工程、供油工程初步设计修改完善，协调批复航站区工程、供油工程初步设计。<br>（2）协调开展空管工程导航台址审查 |

## 2. 民航北京新机场建设与运营筹备领导小组

为推动北京大兴机场运营筹备各项工作，实现大兴机场由建设阶段向运营阶段的顺利切换，2018年3月5日，民航局在"民航北京新机场建设领导小组"基础上成立了"民航北京新机场建设与运营筹备领导小组"，领导小组在民航局领导下，负责全面组织、协调地方政府、相关部委以及民航局机关各部门及局属相关单位，全力做好大兴机场建设和运营筹备相关工作，确保新机场如期投入运营。民航建设与运营筹备领导小组，由民航局各部门以及民航华北地区管理局、民航华北空管局以及首都机场集团公司组成，领导小组办公室设在民航局机场司，负责领导小组日常事务及总体协调工作。领导小组下设三个工作组，分别是安全空防工作组、空管运输工作组和综合协调工作组。安全空防工作组主要负责大兴机场飞行安全、空防安全以及应急救援等相关工作；空管运输组主要负责大兴机场空域规划、空管保障、航权航线等相关工作；综合协调工作组主要负责协调大兴机场工程建设和运营筹备等相关工作。

民航北京新机场建设与运营筹备领导小组成员单位如图3-4所示。

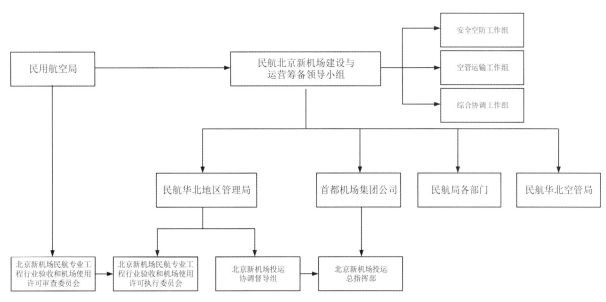

图3-4  民航北京新机场建设与运营筹备领导小组成员单位

民航北京新机场建设与运营筹备领导小组在民航局层面协调各组织机构，以建设运营一体化理念为基础，大力推进大兴机场在建设与运营筹备中的各项工作，在每次工作会议中进行任务分解，形成任务分解表（表3-4），并依据分解表落实各项工作，切实保障了大兴机场能够顺利竣工与投运。

民航北京新机场建设与运营筹备领导小组任务分解表                    表3-4

| 总序号 | 分组序号 | 问题名称 | 主办单位 | 协办单位 |
|---|---|---|---|---|
| 一、综合协调组 | | | | |
| 1 | 1 | 正式用地手续办理 | 北京新机场建设指挥部、东航指挥部、南航指挥部、华北空管局新机场指挥部、航油指挥部 | 机场司 |
| 2 | 2 | 生活保障基地事宜 | 首都机场集团公司 | 机场司、财务司、计划司、综合司 |

续表

| 总序号 | 分组序号 | 问题名称 | 主办单位 | 协办单位 |
|---|---|---|---|---|
| 一、综合协调组 | | | | |
| 3 | 3 | 材料价格调差 | 北京新机场建设指挥部 | 机场司、财务司、计划司 |
| 4 | 4 | 北京大兴国际机场客运巴士 | 机关服务局 | 首都机场集团公司、财务司、政法司、机场司、综合司 |
| 5 | 5 | 北京大兴国际机场驻场单位车辆号牌 | 投运总指挥部 | 机场司 |
| 6 | 6 | 打造人文机场，引入中国文化元素 | 北京新机场建设指挥部（管理中心） | 综合司 |
| 7 | 7 | 员工培训 | 投运总指挥部 | 人教司、空管办、空管局、华北空管局、机场司 |
| 8 | 8 | 《成品油零售经营批准证书》《危险化学品经营许可证》等经营证照办理 | 中航油 | 机场司 |
| 9 | 9 | 北京大兴国际机场监管机构及增加人员编制问题 | 人教司 | 华北局 |
| 10 | 10 | 津京第二输油管道滨海新区中心桥村段厂房拆除 | 中航油 | 机场司 |
| 11 | 11 | 北京大兴机场启用仪式方案 | 机场司、综合司、投运总指挥部 | 民航各相关单位 |
| 12 | 12 | 加强北京大兴机场工程建设档案工作 | 大兴机场各建设指挥部 | 投运总指挥部、综合司 |
| 二、运行安保组 | | | | |
| 13 | 1 | 交叉跑道运行规则 | 空管局、华北空管局 | 空管办 |
| 14 | 2 | 数据共享互联 | 运行监控中心 | 空管局、北京新机场建设指挥部（管理中心）、各航空公司 |
| 15 | 3 | 北京大兴国际机场贷款贴息补贴额度上限 | 财务司 | 首都机场集团公司 |
| 16 | 4 | 统筹北京大兴国际机场和首都国际机场需求，推进两大国际枢纽"通程航班"业务 | 首都机场集团公司 | 运输司、首都机场股份、北京新机场建设指挥部（管理中心） |
| 17 | 5 | 首都机场公安局北京大兴国际机场车辆 | 首都机场公安局 | 财务司、综合司 |
| 18 | 6 | 安防新技术运用 | 北京新机场建设指挥部（管理中心） | 华北管理局、公安局 |
| 19 | 7 | 北京大兴国际机场武警用兵 | 投运总指挥部 | 华北局 |
| 20 | 8 | 北京大兴国际机场外围空域结构优化相关问题 | 空管局、空管办、华北管理局 | 首都机场集团公司、华北空管局 |
| 21 | 9 | 提升联运旅客在北京西站换乘便捷度 | 首都机场集团、北京新机场建设指挥部、大兴机场管理中心 | 东航，南航，运输司，机场司，公安局 |
| 22 | 10 | 尽快明确开航入场航空公司，以及航班计划明细 | 华北管理局 | 运输司、空管办、华北空管局 |

续表

| 总序号 | 分组序号 | 问题名称 | 主办单位 | 协办单位 |
|---|---|---|---|---|
| | | 二、运行安保组 | | |
| 23 | 11 | 加强对国航、厦航参与北京大兴机场投运工作的督导 | 华北管理局 | 运输司、空管办、机场司 |
| 24 | 12 | 综合管控计划资金落实 | 投运总指挥部 | 首都机场集团公司 |
| | | 三、飞行安全组 | | |
| 25 | 1 | 北京大兴国际机场周围机场飞行程序调整工作 | 首都机场集团公司、华北空管局 | 华北管理局、飞标司 |
| 26 | 2 | 北京大兴国际机场地面滑行规划 | 北京新机场建设指挥部（管理中心）、华北空管局 | 各航空公司、华北管理局 |
| 27 | 3 | 北京大兴国际机场低能见度运行 | 北京新机场建设指挥部（管理中心）、华北空管局 | 首都机场集团、华北管理局、飞标司、机场司、空管办、空管局 |
| 28 | 4 | 确认执飞北京大兴国际机场HUD RVR 75米起飞试飞工作的航空公司 | 北京新机场管理中心 | 华北局、飞标司 |
| 29 | 5 | 北京大兴国际机场飞行程序批复 | 华北管理局 | 北京新机场建设指挥部（管理中心）、华北空管局、空管办、空管局、飞标司 |

为了推进运营筹备工作，在2018年8月28日，民航局新机场建设及运营筹备领导小组第二次会议宣布成立北京新机场民航专业工程行业验收、机场使用许可审查委员会及其执行委员会和北京新机场投运总指挥部及投运协调督导组。委员会及其执行委员会确保大兴机场民航工程验收及机场使用许可工作的顺利实施，执行委员会设立在民航华北地区管理局。投运总指挥部设立在首都机场集团公司，发挥其在大兴机场建设及运营筹备中的主体责任和协调作用，投运督导组设立在华北地区管理局，落实其行业指导、协调和监督工作的主体责任，确保大兴机场顺利按期投运。

# 3.3　首都机场集团公司层面

在首都机场集团公司层面，成立了新机场工作委员会（后更名为北京大兴国际机场工作委员会）和北京大兴国际机场投运总指挥部，对大兴机场的建设与投运工作进行内外协调与统筹，推进首都机场集团层面的相关工作顺利进行。

### 1. 新机场工作委员会/北京大兴国际机场工作委员会

首都机场集团作为大兴机场工程的项目法人，对工程建设实施领导和统筹协调等职责，为加强大兴机场建设重大问题的组织领导，2015年1月12日，成立了首都机场集团公司"新机场工作委员会"，2018年11月21日更名为首都机场集团公司"北京大兴国际机场工作委员会"，由首都机场集团公司各职能部门、北京新机场建设指挥部、管理中心、集团各专业公司组成，委员会办公室设在北京新机场建设指挥部，其成员单位如图3-5所示。新机场工作委员会负责落实国家、民航局、集团公司党组关于大兴机场建设的重要政策和决策部署；提出提交民航北京新机场建设领导小组的审议事项和工作建议；负责审议大兴机场建设管理、筹资融资、招商运营、审计监察等重大方案和重要事项；审议大兴机场建设相关的其他重大事项；做好相关统筹协调工作。工作机制为，集团公司统一领导，新机场工作委员会决策监督，职能部门归口管理，北京新机场建设指挥部、管理中心负责落实。

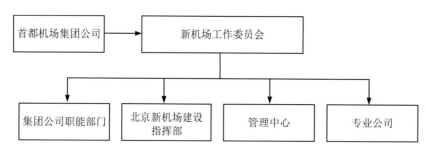

图3-5　新机场工作委员会成员单位

### 2. 投运总指挥部

为充分发挥首都机场集团公司、各建设及运营筹备单位在大兴机场建设及运营筹备过程中的主体责任和总协调作用，确保大兴机场顺利按期投运，经民航局研究决定，授权首都机场集团成立投运总指挥部。投运总指挥部由首都机场集团公司、北京新机场建设指挥部（管理中心）、中航油、东航、南航、中联航、民航华北空管局、北京海关、北京边防检查总站等单位组成。首都机场集团公司负责牵头统筹协调大兴机场的投运工作，如图3-6所示。

投运总指挥部的工作职责为：

（1）统筹规划、组织实施大兴机场投运工作；

（2）负责大兴机场投运期间重大事项的统筹协调以及重大突发事件的处置；

（3）组织制定大兴机场投运方案，督促相关单位编制投运工作方案；

（4）督促各单位做好机场使用许可申请的各项准备工作；

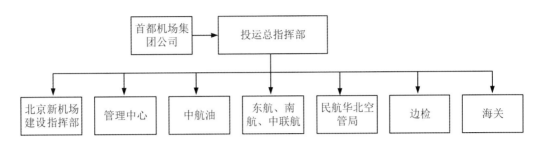

图3-6 投运总指挥部成员单位

（5）定期对各单位落实大兴机场投运方案和各单位投运工作方案的执行情况进行检查，及时督促解决发现的问题；

（6）统筹协调、制定各阶段的调试、测试和运行及应急演练工作计划，并督促按计划实施；

（7）组织对大兴机场校飞、试飞、航空资料发布、飞行程序设计、机坪管制运行、低能见度运行、航空器除冰、场道除雪、绕行滑行道使用、A-SMGCS实施、跑道防侵入、组合机位运行、U形机坪机位运行、开口V形跑道运行、军民航同场运行、净空排查治理、民航运行数据共享与系统对接、A-CDM建设、航空器运行和大面积航班延误保障等重点工作的研究，并制定保障方案；

（8）收集整理大兴机场投运工作问题库，及时沟通协调，研究解决；

（9）编制大兴机场投运工作月报；

（10）落实民航大兴机场建设及运营筹备领导小组、工作组、投运协调督导组交办事项。

例如，投运总指挥部第一次会议确定的任务清单如表3-5所示。

投运总指挥部联合了各个在大兴机场运营筹备工作中参与的重要单位，协同准备与推进相关工作，加强了不同单位之间的联系，统一协调运营筹备工作，使不同单位运营准备工作有序落实，保障了大兴机场准时、高质量投运。

投运总指挥部第一次会议任务清单 表3-5

| 序号 | 问题名称 | | 主办单位 | 协办单位 |
|---|---|---|---|---|
| 1 | 空军转场相关协调事宜 | | 北京大兴国际机场管理中心 | |
| 2 | 大兴机场驻场单位车辆号牌 | | 北京大兴国际机场管理中心 | 首都机场集团公司（经营管理部）、各驻场单位 |
| 3 | 大兴机场"两个统筹"事宜 | 统筹民航相关产业与临空经济区建设 | 首都机场集团公司（临空发展办公室） | 民航相关各驻场单位（包括不限于东航、南航、河北航、首都航等航空运输企业、中航油等运输保障类单位） |
| | | 统筹驻场企业在京冀两地的用工需求 | 首都机场集团公司（人力资源部） | 北京大兴国际机场管理中心、各驻场单位 |

续表

| 序号 | 问题名称 | 主办单位 | 协办单位 |
|---|---|---|---|
| 4 | 加大对中联航转场搬迁指导及安置帮助力度 | 中联航 | |
| 5 | 落实《北京大兴国际机场绿色机场建设行动计划》 | 各驻场单位（各分指挥部） | 北京大兴国际机场管理中心 |
| 6 | 各单位配合落实《北京大兴国际机场综合管控计划》 | 各驻场单位（各分指挥部） | 北京大兴国际机场建设指挥部 |

# 3.4　各指挥部层面

大兴机场红线内有北京新机场建设指挥部、南航股份公司北京新机场建设指挥部、北京新机场东航基地项目建设指挥部、华北空管局新机场空管工程建设指挥部、北京新机场航油工程指挥部共五个指挥部，五个指挥部建立了联系沟通机制，针对各参会单位所面临的困难和问题，指挥部积极听取意见、收集问题，协调国家发展改革委、民航局予以关注和支持，对于重大议题将提请北京新机场建设领导小组解决。

各指挥部建立了分层级工作协调机制，以召开全体联席会议、工作沟通例会等形式，建立业务工作通讯录，开展各个层级、各个单位、各个阶段的全方位对接。在各工程项目设计、建设过程中，各方会提前统筹协调技术对接、施工顺序交叉等层面的匹配与衔接，以确保各项目建设工作有序推进。

指挥部对于红线内的航油工程、空管工程、航空基地工程，指挥部并不是直接进行施工管理，而是进行统筹管理，对于各指挥部有一定的限制与协调，保证多项工程能在有限的空间内同步推进，避免矛盾发生，以保证各项目标的实现。

例如，2018年，货运区内地域广、施工单位多、界面交错复杂，且货运区道路均在施工，综合管理难度大。货运区包括东航货运站、南航货运站，指挥部指定的E、F、G堆土场，南航临时堆土区等建设地块以及面积较大的货运预留设施建设区域。指挥部统一考虑各家施工实际情况，本着突出服务与管理责任，协调各方互相理解、互相配合，保障工程按期完工为原则，制定了施工用地管理办法。指挥部航站区工程部负责货运区施工管理工作。安全质量部协助航站区工程部共同进行区域管理，货运区内非各方建设项目用地范围（以红线为准）内的临时设施作业、土方堆放等事项，需提前上报航站区工程部，经批准后方可实施。所有未经批准的违规操作应立刻停止、恢复原貌。

对于市政工程、轨道交通工程对接、交叉等问题由指挥部与相应的工程建设主体进行协调，确保红线内外工程的同步推进。例如，因为高铁、城铁和地铁在航站楼下设站，须与红线内相关工程区交叉作业，经指挥部与各方的沟通协调，最后确定穿越红线内部分的结构工程由指挥部相应的工程部门以代建的方式进行建设，并就投资分摊办法达成一致。

管理中心与专业公司就建设及运营筹备工作定期举行沟通会，建设与运营一体化协调推进。

# 第 4 章

# 精简高效的项目管理组织

　　大兴机场有多个投资建设主体，指挥部处于核心地位。本章介绍北京新机场建设指挥部的职责范围，从效率与效果出发的组织设计、组织机构设置及动态演化，指挥部各部门界面的划分以及职责分工。从而分析指挥部的组织设计对大兴机场工程成功起到的至关重要的作用。之后分析了项目管理的理念、使命与愿景，以及项目管理目标。主要内容和思路如图4-1所示。

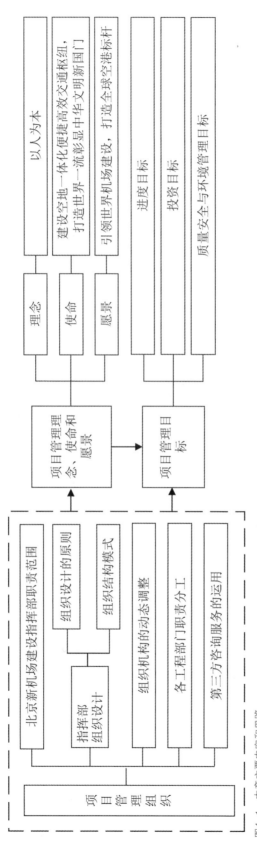

图4-1 本章主要内容和思路

# 4.1　项目管理组织

大兴机场工程有多个投资建设主体，相应地也有多个项目管理组织，指挥部是大兴机场工程项目管理的核心组织。本书是站在指挥部项目管理的角度进行考量，因此本节着重对指挥部进行分析和介绍。

## 4.1.1　北京新机场建设指挥部职责范围

大兴机场工程主要由三个部分组成。

第一部分是红线内的机场主体工程，包括航站楼、飞行区、工作区、货运区，由指挥部负责直接管理。

第二部分是民航专业工程，包括航空公司基地、航油、空管工程，他们分别由不同的指挥部进行管理。

第三部分是其他工程，主要包括噪声治理、征地、居民安置等。有的由属地政府进行管理，如噪声治理、征地、居民安置等。道路交通、轨道交通、高铁、城铁等也由各自建设主体负责管理。但由于地铁和高铁直接穿越航站楼，因此其红线范围内交叉工程也由指挥部以代建的形式负责。

北京新机场建设指挥部的职责范围为：直接负责红线内机场主体工程的建设管理工作，民航配套工程的统筹工作，外围配套工程的协调工作。如图4-2所示。

指挥部是大兴机场主体工程的建设主体，受项目法人首都机场集团公司的委托进行工程建设和运营筹备的建设管理工作。建设和运营筹备过程中负责与其他投资主体建设主体、政府部门等的协调，整个大兴机场工程建设过程中处于核心主导地位。

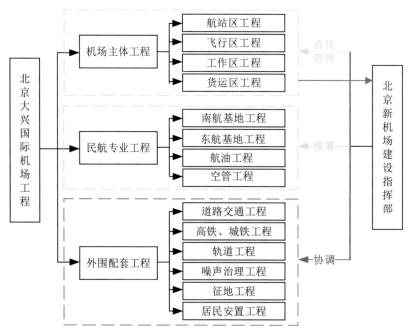

图4-2 北京新机场建设指挥部职责范围

## 4.1.2 指挥部组织设计

指挥部是高效运行的精简团队,是大兴机场工程的管理者、协调者与统筹者,是信息处理与中转中心,不足160人的指挥部团队管理了整个大兴机场的建设和运筹工作,其任务是设定目标、统筹规划、任务安排、审核把关,同时借助"外脑",专业地推进相关工作。

为了能够高质、高效地完成大兴机场工程建设的任务,指挥部组织机构设置、人员选配、制度制定是至关重要的,因为指挥部是大兴机场工程建设和运筹的大脑中枢,为大兴机场的工程建设和运筹制定相应计划、合理分配资源并进行监督管理,促进大兴机场的建设和运筹工作高效、有序进行,因此指挥部的组织结构模式和组织机构设计很大程度上决定了大兴机场建设和运筹工作的效率与质量。指挥部的组织设计、部门间的协调能够为大型枢纽机场工程建设以及其他重大工程建设的组织设计提供参考。

### 1. 组织设计原则

#### (1) 科学合理,职责清晰

指挥部内设机构和人员编制以"组织机构科学、岗位设置合理、职责分工清晰、人员精力到位"为原则。同时坚信人才推动工程建设,坚持以事择人、人岗适宜的原则,从民航行业内优选一批多年从事机场建设和常年从事机场运营的人员,通过"相互融合、相辅相成"的组织方式，组建指挥部。指挥部聚集了一批中国民航优秀建设和运营人才，锻炼培养了一批中层领导干部，储备了一批中国民航机场建设运营高质量发展的未来人才。

（2）人员精简，经验丰富

指挥部从首都机场集团公司建设、运营及专业公司三个板块中广泛考察、精挑细选一批具有丰富机场建设和运营经验的骨干人员，启动立项论证等前期工作。2010年12月，民航局批复成立北京新机场建设指挥部，任命机场建设项目管理、总体规划、航站楼建筑、流程设计、飞行区设计等方面的专业领军人才作为指挥部领导班子成员，全面加强大兴机场建设工作的组织领导。人员精简，不养闲人，以事设人，根据需要增减人员，人员一直维持在160人以下。

（3）建设和运营一体化

指挥部始终坚持建设和运营一体化理念。刚成立时，指挥部的组成人员均来自民航系统内，都是精兵强将，有丰富的民航从业经验，一部分人员之前从事机场建设工作，另一部分则从事机场运营工作，组成了一个"建设运营一体化"的指挥部，在建设过程中充分考虑建设和运营一体化，有助于大兴机场工程从建设顺利过渡到运营阶段。部分指挥部成员在工程建设完成后直接加入运营，以利于团队缩短建设与运营对接磨合期。

## 2. 组织结构模式

在大兴机场工程实际建设和运筹工作中，指挥部采用了矩阵式组织结构模式（图4-3），并以纵向为工程部门、横向为职能部门，通过工程部门与职能部门交叉配合，将专业职能与项目任务进行有机结合。

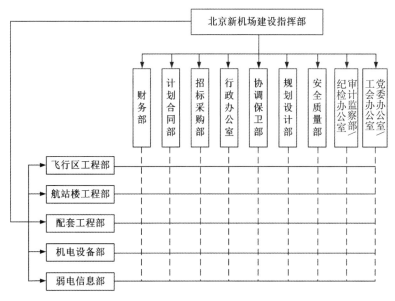

图4-3  指挥部组织机构图（2011年）

为了避免纵向和横向工作部门指令矛盾对工作的影响，事先明确以横向指令为主的矩阵组织结构，即当工程部门的横向指令和职能部门的纵向指令发生矛盾时，以工程部门的横向指令为主，当矛盾不能协调时，则由指挥长协调。

## 4.1.3 组织机构的动态调整

随着工程推进，当指挥部任务、职能发生变化时，指挥部组织机构也会随之做出改变。

### 1. 2011年组织机构设置

2011年，指挥部设立了财务部、计划合同部、招标采购部、行政办公室、协调保卫部、规划设计部、安全质量部、飞行区工程部、航站楼工程部、配套工程部、机电设备部、弱电信息部、审计监察部（纪检办公室）、党委办公室（工会办公室）共14个部门，组织机构如图4-3所示。其职责分工如下：

行政办公室：负责行政、文秘、档案、公关接待、外事交流等。

规划设计部：负责各工程部技术协调、技术变更、施工图审查等。

计划合同部：负责计划投资、计量支付、合同管理等。

财务部：负责资金管理、会计核算、财务管理等。

招标采购部：负责工程招标、设备材料采购、技术服务招标等。

安全质量部：负责工程安全、工程质量、文明施工管理等。

飞行区工程部：负责飞行区场道工程(含全场地势土方、排水、道面)、助航灯光工程、飞行区附属配套工程等。

航站楼工程部：负责建筑结构、装饰装修、高架桥等。

配套工程部：负责附属配套设施、综合交通、综合管线等。

机电设备部：负责供电、暖通空调、给水排水、楼宇自控和消防监控、行李系统、通用专用设备等。

弱电信息部：负责网络系统、弱电系统、信息系统、安防系统等业务模块。

协调保卫部：负责征地拆迁、外部协调、项目报建、安全保卫、内务等业务模块。

审计监察部(纪检办公室)：负责内审、纪检、监察等。

党委办公室(工会办公室)：负责组织、人事、宣传、工会和共青团等业务模块。

### 2. 2012年组织机构设置

2012年，为加快推进大兴机场工程建设前期工作，使组织机构更好地适应立项审批中心工作的需要，机构调整为12个部门。组织机构如图4-4所示。

（1）将航站楼工程部更名为"航站区工程部"。

（2）撤销机电设备部、弱电信息部，相应职责划归到飞行区工程部、航站区工程部、配套工程部。

（3）撤销安全质量部，其所承担的对现场的安全管理、质量控制和文明施工管理，按属地原则，分别划归飞行区工程部、航站区工程部和配套工程部；与外部安全监管单位沟通、联络和协调职能划归规划设计部。

（4）拆分协调保卫部，分别成立协调部与保卫部。协调部主要负责与征地拆迁、项目报建、与各地机场办协调沟通等工作；保卫部主要负责安全保卫工作，其所需人员由首都机场公安分局派出。

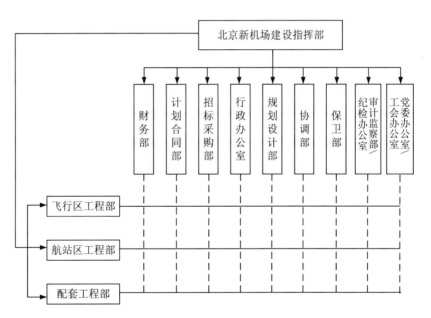

图4-4　指挥部组织机构图（2012年）

### 3. 2016年组织机构设置

2016年，根据工程的需要，指挥部恢复了机电设备部，负责航站楼行李系统、安检系统、客桥系统及制冷设备，特种车辆及民航专用设备、供热工程及电力工程站点等设施、设备的采购、安装及调试工作，组织机构如图4-5所示。

### 4. 2017年组织机构设置

2017年6月，随着运营筹备各项工作的推进，人员队伍不断发展壮大，人事党群工作任务和压力急剧增加，为保障各项工作得以顺利完成，同时落实集团公司"四好"领导班子考

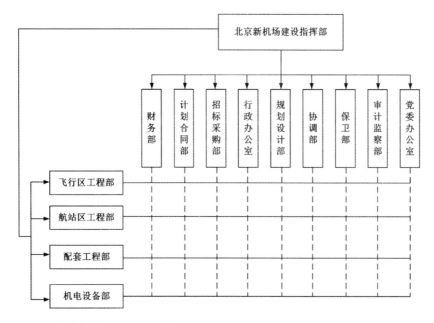

图4-5　指挥部组织机构图（2016年）

评中明确应设置相对独立的党群管理部门的要求，将党委办公室更名为党群工作部（工会办公室），全面负责指挥部党群管理工作；同时，增设人力资源部，全面负责指挥部人力资源管理工作。撤销协调部，恢复弱电信息部、安全质量部。组织机构如图4-6所示。

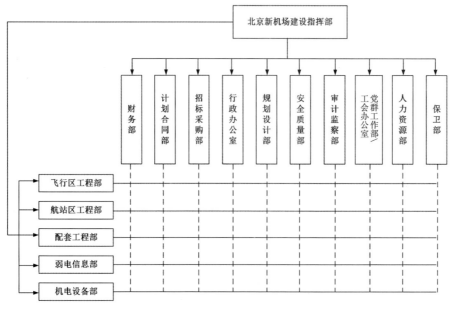

图4-6　北京新机场建设指挥部组织机构图（2017年）

### 5. 2019年组织机构设置

2019年之后3～5年，大兴机场指挥部主要承担以下任务：一是本期工程的结算与决算，二是大兴机场二期扩建工程以及重大改造项目建设管理工作，三是为集团公司其他重点建设项目提供人才支持。组织机构如图4-7所示。

与2017年相比，飞行区工程部、航站区工程部、配套工程部、弱电信息部、机电设备部合并为工程1部和工程2部，负责具体项目施工管理。

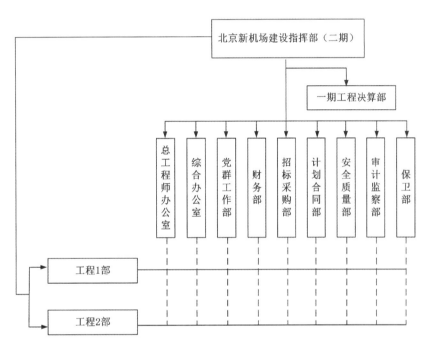

图4-7　北京新机场建设指挥部组织机构图（2019年）

## 4.1.4　各工程部门职责分工

大兴机场工程建设过程中，指挥部各个工程部所管理的工程不是单一的项目，而多个项目组成的项目集，各工程部所管理的项目以及红线内和红线外各个指挥部之间的施工管理的界面也需要划分清楚，明确各个工程部以及红线内和红线外各个指挥部在进行具体施工管理工作过程中的职责与负责范围，促进建设工作高效推进。

### 1. 各工程部界面划分原则

北京新机场建设指挥部各个工程部的职责分配与界面划分按照如下的原则：

（1）便于施工管理，尽量减少部门之间的工作面交叉和协调。

（2）以物理界面划分优先。飞行区围界内区域原则上由飞行区工程部负责；航站楼及与航站楼密切相关的建筑区域、货运区原则上由航站楼工程部负责；其他区域原则上由配套工程部负责。

（3）竖向（垂直）原则上从上到下全部由一个部门负责。

（4）界面划分方案依据项目进展情况可以适时调整。

## 2. 各工程部职责与界面划分

以2011年为例，指挥部各工程部职责与界面划分如下：

（1）飞行区工程部

1）负责的工程项目内容。

①负责机场征地范围内全场地势标高控制的统一协调管理。

②负责飞行区工程的实施管理。内容包括：道面工程、排水工程、飞行区附属设施工程、飞行区道桥工程、助航灯光站坪照明及机务用电工程、飞行区安防工程（不含周界安放报警系统）、飞行区供电工程、机坪油水分离系统、飞行区交通管理系统、飞行区消防工程。

③负责综合管廊工程、消防站工程、灯光站工程、场务工程、机务区工程。

2）界面划分

①道面工程：负责飞行区物理围界至航站楼空侧外墙区域内的所有铺筑面工程。其中空侧服务车道下的管线系统，其平面、高程矛盾及回填要求由飞行区工程部统一协调，各相关工程部负责各自的管线系统实施。

②飞行区排水：以场区二级排水系统（场内河道）为界，负责场区空侧雨水排水系统及接入至二级排水系统之间区域。

③飞行区供电工程：电缆敷设以灯光站（含）和航站楼内变电站（不含）为界，其下游全部系统均由飞行区工程部负责。

④综合管廊工程：以飞行区边界为界，负责飞行区边界以内部分，边界以外部分由对接的机电设备部或配套工程部负责。

⑤消防主站工程、灯光站工程、场务工程、机务区工程等靠近飞行区围界的小区工程以上述各建筑物地块（小区）红线为界，红线内及联通至飞行区的道路等工程的土建、安装、消防等工程全部由飞行区工程部负责，消防工程负责至消防专项验收完成。

（2）航站楼工程部

1）负责的工程项目内容

①航站楼（含政务贵宾）、城市航站楼、综合换乘中心、停车楼、停车场、公务机楼、1号制冷站、货运区工程等。

②空侧交通捷运系统、陆侧交通捷运系统、航站区交通系统、主进场路（第一、第二进场路）工程。

2）界面划分

①上述各建筑物以地块（小区）红线为界，负责红线区域内的土建、装修、装饰、地基处理工程及室外工程。

②主进场路（第一、第二进场路）、空侧捷运系统、陆侧捷运系统、交通系统以各系统规划建设区域、道路红线或设计界面为界。

（3）机电设备部

1）负责的工程项目内容

①负责航站楼工程部所负责的各建筑物，以及空侧捷运系统、陆侧捷运系统、航站区交通系统等工程的给水排水、采暖、通风、空调、电气照明、燃气、引导标志、楼宇自控系统、消防系统工程，以及通用设备、专用设备的采购、安装调试。消防系统工程负责至各项目消防专项验收完成。

②特种车辆采购。

2）界面划分

①上述航站楼等各建筑物的供热、供水、供气、给水排水、雨污水等系统以建筑物小区附近最近的接口为界，接口以内由机电设备部负责，以外由配套工程部负责。

②供电以各建筑物内变电站为界，只负责变电站（含）及下游所有负荷。

③1号制冷站：负责1号制冷站工程全部系统（制冷机组至末端负荷）。

④其他工程部门负责的项目中涉及的重要机电设备原则上由机电设备部进行集中统一采购。

（4）配套工程部

1）负责的工程项目内容

①次进场路（廊涿联络线）、工作区交通系统、全场交通工程、内部交通场站工程。

②供电工程、供水工程、供热工程、制冷工程、燃气工程、雨污水工程、污物处理工程、绿化工程（园林、景观）、综合管廊工程。

③航空食品工程、急救中心工程、生产辅助设施工程、生活服务设施工程、信息中心(ITC)大楼及室外工程、机场指挥中心(ACC)大楼及室外工程。

2）界面划分

①交通系统：负责飞行区围界外除航站楼工程部所负责的空侧及陆侧捷运系统、航站区

交通系统以外的全部场内交通系统及全场绿化（园林、景观）。

②供水工程、供热工程、燃气工程原则上以各地块（小区）红线或飞行区围界附近的接口为界。红线及接口以外至供水站（含）、供热站（含）、燃气调压站（含）由配套部负责，红线及接口以内归入各地块（小区）或飞行区工程。

③各建筑物雨、污水工程以各地块（小区）红线或附近接口为界，红线或接口以内归入各地块（小区），以外至各处理站点（含）由配套工程部负责。

④陆侧雨水系统：机场陆侧区域的一级雨水排水系统（雨水管渠）、二级雨水排水系统（包括围场河、调蓄水池及外排泵闸系统）均由配套工程部负责。

⑤制冷工程：负责2号~4号制冷站工程全部系统（包括：土建、制冷机组至末端负荷）。

⑥供电工程：负责1号、2号中心变电站（含土建）系统工程。具体分界：以各工程及建筑物内的变电站为界，中心变电站至建筑物内的变电站（不含）之间区域由配套工程部负责，建筑物内各变电站（含）及下游系统安装调试归入各工程及建筑物。

⑦综合管廊工程：以飞行区或航站区施工管理边界附近的检查井为分界，飞行区围界内由飞行区工程部负责，以外由对接的机电设备部或配套工程部负责。

⑧航空食品工程、急救中心工程、生产辅助设施工程、生活服务设施工程、信息中心(ITC)大楼及室外工程、机场指挥中心(ACC)大楼及室外工程、污水处理厂、垃圾转运站、供水站、供热站、供气站等建筑物或小区，以上述各建筑物地块（小区）红线为界，红线内的土建、安装、消防、地基处理、室外工程等均由配套工程部负责，消防负责至各项目消防专项验收完成。

（5）弱电信息部

1）负责的工程项目内容

原则上与生产直接相关的、需进入信息中心ITC大楼和指挥中心ACC大楼统一管理的弱电系统，全部由弱电信息部负责。具体包括：

①飞行区周界安防系统、跑道异物检测系统(FOD)，航站楼（含城市航站楼）、公务机楼、交通中心工程的弱电工程，货运信息管理系统，通信工程、信息中心ITC（不含大楼土建）、指挥中心ACC（不含大楼土建）工程等。

②生产辅助设施、生活服务设施及其他配套设施工程内的弱电系统。

2）界面划分

①与生产直接相关的需进入信息中心ITC大楼和指挥中心ACC大楼统一管理的弱电系统，其整个系统建设全部由弱电信息部负责，包括系统设备、线路、终端的安装、调试、信息集成等。

②生产辅助设施、生活服务设施及其他配套设施工程内的弱电系统，以建筑物内弱电机

房为界，信息大楼至各建筑物弱电机房（不含）之间区域由弱电信息部负责，弱电机房（含）至楼内末端均归入各建筑物负责。

各工程部工程范围内部有交叉、需要厘清界面时，也都进行了划分。以航站区工程的界面划分为例，如表4-1所示。

指挥部界面划分表（以航站区为例）                                        表4-1

| 序号 | 航站区工程 | 界面划分 |
| --- | --- | --- |
| 1 | 旅客航站楼工程 | |
| 1.1 | 建筑 | 航站楼工程部 |
| 1.2 | 装饰装修 | |
| 1.3 | 给水排水、消防 | 机电设备部 |
| 1.4 | 采暖、通风空调 | |
| 1.5 | 电气 | |
| 1.6 | 弱电工程 | 弱电工程部 |
| 1.7 | 旅客服务设施 | 航站楼工程部 |
| 1.8 | 旅客服务专用设备 | |
| 1.9 | 厨房餐厅设备 | 机电设备部<br>航站楼工程部 |
| 1.10 | 生产用家具 | |
| 1.11 | 节能减排措施工程 | 机电设备部 |
| 1.12 | 航站楼零星工程 | 航站楼工程部 |

## 4.1.5  第三方咨询服务的运用

为了提高工作与管理效率，指挥部借助先进、科学的管理手段和方法，让更加专业的公司和组织做专业的事。

### 1. 安全管理

委托第三方安全咨询机构，从第三方视角梳理项目安全风险；委托第三方安全教育培训机构，通过安全主题公园，对员工进行安全教育与培训。

### 2. 质量管理

委托第三方专业公司开展航站楼、飞行区、市政等工程的第三方试验及质量平行检测服务单位，确保质量管理的客观、公正。

### 3. 进度管理

聘用专业第三方单位就项目进度进行总控咨询，并驻场进行项目总控，对项目的按期投运起到了关键作用。

### 4. 采购管理

引入5家招标代理机构分别对工程施工、民航专业工程、机电产品、咨询服务项目进行招标。

### 5. 造价管理

聘请4家施工全过程造价咨询服务机构负责招标工程量清单编制及控制价审核、施工全过程工程进度款计量审核、日常变更、现场签证等审核及结算审核等工作。

### 6. 绿色文明施工管理

借助咨询机构进行专业的第三方绿色维护服务、专业的水土保持监理及监测、专业的环境监理与监测。

### 7. 智慧机场建设

指挥部委托咨询机构进行停车场智能微电网、新能源汽车、充电桩等项目的咨询。

### 8. 全过程审计

推行内审与外审相结合的联合审计。内审由建设管理单位委托，重在造价控制；外审由上级主管部门委托，重在合规监督。

## 4.2　项目管理理念、使命和愿景

### 1. 理念

大兴机场工程项目管理的理念为以人为本。以人为本体现在大兴机场的项目实践中就是由人建设、为人服务。机场是服务人民的重要公共基础设施，与人民群众的切身利益息息相关。机场建设运营必须以人民群众的美好航空出行需要为导向，不断凝聚人民群众的智慧和力量。

大兴机场工程的建设与运营满足了人民群众的美好需求。机场不仅是各运行主体交互的重要平台，也是航空安全链条管理中的控制性节点，对航空安全运行品质起着决定性作用。在机场规划、建设、运营和管理的过程中贯彻落实"安全隐患零容忍"的根本要求，健全机场安全规章制度，完善机场安全管理体系，增强人民群众航空出行的安全感。大兴机场工程的建设和运筹以效率为先，追求最优的功能布局和跑滑系统，推进机场高效运行。大兴机场，以精准识别、精细服务为着力点，推进服务创新，促进航空服务的个性化、定制化发展，满足日趋多样化的航空市场需求，增强人民群众出行的幸福感。

在大兴机场工程建设的过程中充分调动了人民的主动性，在征地拆迁、环境噪声等关乎人民群众切身利益的问题上，指挥部科学认识和客观评估了机场建设运营的环境和社会影响，提高了公众的参与度，充分听取了人民群众的意见。大兴机场工程建设充分发挥了人民的积极性，机场建设运营存在协调工作难、主辅专业多、技术标准严、工程难度大等特点，指挥部组建了一只有政治担当和实干精神的团队，凝聚了各方的资源和力量，形成了良好的发展氛围，激发了各界的力量积极主动参与机场建设运营的过程。大兴机场工程建设充分激发了人民的创造性，为民航建设发展积累了宝贵经验，人民的创新精神突破了超大规模机场规划建设、机场群运行管理等困难，增强了机场建设运营领域重大技术、成套装备、关键工艺的自主创新能力。

### 2. 使命

大兴机场工程的使命是"建设空地一体化便捷高效交通枢纽，打造世界一流彰显中华文明新国门"。大兴机场要融合多种交通方式，特别是民航与高铁的融合，以提高航空枢纽的运营效率，拓展大兴机场作为航空枢纽的辐射范围，为大众出行创造更加高效便捷的条件和环境。优化流程设计和功能布局，坚持效率为先，增强人民群众航空出行的获得感。习近平总书记考察建设中的大兴机场时强调，北京新机场是国家发展一个新的动力源。一方面，大兴机场创造了许多世界之最，其独特的造型设计、精湛的施工工艺、便捷的交通组织、先进的技术应用，代表了我国民航基础设施的最高水平，开发应用多项新专利、新技术、新工艺、新工法、新标准，现代化程度大幅度提升，承载能力、系统性和效率显著进步，充分体现了中华民族的凝聚力和创造力。另一方面，大兴机场在不到5年时间里完成既定建设任务，顺利投入运营，充分展现了中国工程建设的雄厚实力，充分体现了中国精神和中国力量，充分体现了中国共产党领导和我国社会主义制度能够集中力量办大事的政治优势，体现了中国人民的雄心壮志和世界眼光、战略眼光，体现了民族精神。

### 3. 愿景

大兴机场以"引领世界机场建设，打造全球空港标杆"为项目的愿景。在机场建设的过程中以及最后的建设成果，大兴机场都要在全球做到领先，起到标杆作用，这是大兴机场规划、设计、建设和运营的纲领。大兴机场要成为全球机场建设行业的领跑者，在机场建设过程中大胆探索和尝试，做到安全第一、优质高效、绿色环保、科技创新并且敢为人先，在机场运行、客货流程、服务体验、环境友好等机场管理方面成为全球领先的空港标杆。大兴机场的目标体系是在愿景的带领下形成的，每项工作都以愿景为基准，实现全球领先。

# 4.3 项目管理目标

项目管理目标包括进度目标、投资目标、质量安全与环境管理目标等。

### 1. 进度目标

习近平总书记在2014年中央政治局常委会审议大兴机场建设相关事项时，提出要在2014年开工，2019年建成。平地起高楼，时间紧、任务重，指挥部所面临的是前所未有的挑战，因此对于工期的规划是至关重要的，由最终时间节点倒推，形成相应的工期规划。由于大兴机场工程的复杂程度，工期的规划是由模糊到具体动态演进的，总体目标是在2019年建成投运。

第一层，大兴机场总进度纲要，此层面计划主要为了进行项目进度目标论证。总进度纲要服务主体是最高决策机构国务院和中央军委，内容仅包括影响总进度目标的里程碑事件。总进度纲要以最高决策机构的指导性意见和设想为出发点，以项目实施的可能性、可行性和科学性为原则，以节点（或横道图）和文字资料等形式呈现出项目进度目标的论证结果。

第二层，大兴机场建设与运筹综合管控计划，此层面计划为项目总体实施提供指导性计划。该层面计划服务于负责的政府部门和项目法人层，反映大兴机场系统内机场工程、航油工程、空管工程、航司基地工程以及其他配套工程等不同子系统之间的进度安排，该计划包括多个投资主体、多个行业、多个项目法人、多个工程界面的关键工作。

第三层，大兴机场总进度计划，该层面计划服务或编制主体是各个组成项目的管理层，是反映大兴机场单个工程内多部门、多专业、多平面的计划，并且考虑到工程系统边界内外配合。该计划覆盖工程项目各项工作的进度和相应的WBS（工作分解结构）各层对应的关键工作和作业内容。

第四层，大兴机场专项进度计划，该层面计划编制主体是业主的项目实施层，关注单个或多个项目的具体作业内容，如指挥部下面的各个部门编制的采购计划、土建施工计划、设备安装计划等。

## 2. 投资目标

在《国家发改委关于北京新机场工程可行性研究的批复》中，北京新机场工程投资估算799.8亿元（表4-2）。

北京大兴国际机场投资规划 表4-2

| 序号 | 项目 | 费用（亿元） |
|---|---|---|
| 合计 | | 799.8 |
| 一 | 静态费用 | 729.27 |
| （一） | 工程费用 | 409.42 |
| 1 | 地基处理及土方工程 | 11.12 |
| 2 | 飞行区工程 | 122.14 |
| 3 | 航站区工程 | 104.30 |
| 4 | 机场综合交通工程 | 50.95 |
| 5 | 货运区工程 | 12.42 |
| 6 | 其他配套工程 | 96.43 |
| 7 | 专用设备及特种车辆 | 12.06 |
| （二） | 工程建设其他费用 | 292.58 |
| 1 | 土地征用费 | 154.35 |
| 2 | 配套拆改费用 | 93.10 |
| 3 | 建设单位管理费 | 7.75 |
| 4 | 建设单位临时设施费 | 2.87 |
| 5 | 勘察设计费 | 16.27 |

续表

| 序号 | 项目 | 费用（亿元） |
|---|---|---|
| 6 | 工程建设监理费 | 5.36 |
| 7 | 建设期安保措施费 | 1.00 |
| 8 | 其他专项费用 | 11.88 |
| （三） | 基本预备费 | 27.27 |
| 二 | 建设期贷款利息 | 70.20 |
| 三 | 铺底流动资金 | 0.30 |

资本金占总投资的50%，其中，民航局安排民航发展基金180亿元，首都机场集团公司安排自有资金60亿元，积极吸引社会资本参与，不足部分由国家发展改革委和财政部按同比例安排中央预算内投资和国有资本经营预算资金解决，资本金以外投资由首都机场集团公司通过银行贷款等多元化渠道融资解决；空管工程总投资41.6亿元，由民航局安排民航发展基金解决；供油工程机场场区内项目投资22亿元，资本金按35%的比例安排，由首都机场集团公司和中国航空油料集团公司组建的中航油北京机场石油有限公司安排自有资金投入，资本金以外投资由该公司利用银行贷款解决。

### 3. 质量安全与环境管理目标

大兴机场的质量安全与环境保护管理体现了建设运营一体化的理念，从"四个工程"到"四型机场"目标出发，为了实现项目相关方的需求，在各个阶段实行控制。图4-8为大兴机场的质量安全与环境管理目标内涵。

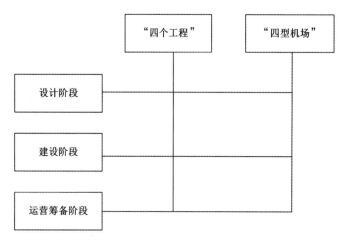

图4-8　质量安全与环境管理内涵

　　大兴机场工程质量包括项目管理的质量和项目成果的质量（产品和服务），项目管理的质量是取得项目成果质量的前提。大兴机场项目质量的内涵以建设运营一体化理念为引导，目的是创造令党和人民满意的机场建设成果，提供令人民满意的飞行服务；同时，大兴机场项目质量内涵也包括工程项目管理的质量，清晰的组织结构、系统的管理方法、严格的管理手段是大兴机场项目成果质量的保障。

# 第 5 章

# 迭代研究和论证的项目决策与规划

　　充分的论证是项目规划的基础。项目决策与规划过程需要听的意见多、需要论证的时间长、需要社会参与的程度深、需要考虑各方的利益、需要进行多方案比较，这需要花费大量的时间。反复研究和论证的过程实际上是探究实现项目决策与规划的最佳方案和实施项目应该具备的条件，这将为项目的实施打下坚实的基础。充分的论证是项目决策与规划质量的保证。

　　大兴机场项目的决策经历了很长时间的反复研究和论证，通过多轮摸排，包括预选、对比和优选三个阶段，确定了最理想的选址后，又深入开展各项支撑性课题研究，结合现况未来、打磨创新方案，然后抓住项目主线、提早开始关键工作，经多方沟通协调、广泛听取意见，开展全面项目论证、预可行性研究和可行性研究等工作，最后做出了科学的决策。

　　大兴机场项目的规划同样经历了较长时间的反复研究和论证，并与项目前期论证和决策相结合。指挥部统筹兼顾、兼容并蓄，多方咨询、广泛听取意见，做了大量的工作，最后做到科学规划。大兴机场的规划包括总体规划、详细规划、综合交通规划、临空经济区及自贸区规划。其中，总体规划的编制突出融合性，详细规划的编制突出引领性，综合交通规划的编制突出便捷性。

　　本章主要介绍这些规划的编制过程、编制思路、内容和做法。主要内容和思路如图5-1所示。

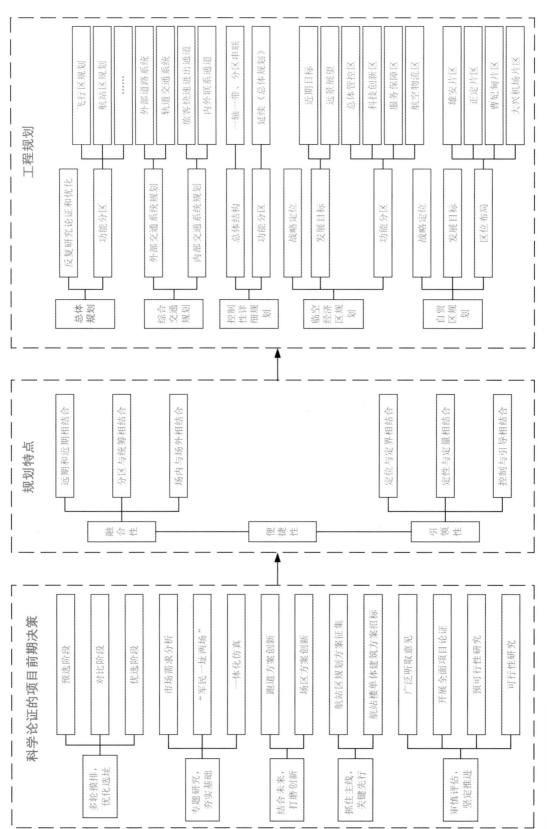

图5-1 本章主要内容和思路

# 5.1  科学论证的项目前期决策

大兴机场历经了21年的反复研究和论证，通过大量的调查研究、支撑性专项研究、课题研究，多方沟通协调、广泛征求意见，夯实基础、扎实工作，最终做出科学的决策。

## 5.1.1  多轮摸排，优化选址

在大兴机场项目前期阶段，民航局深入调查研究、广泛征求意见、充分剖析论证、坚持依法依规办事。大兴机场选址涉及面广、制约因素多，需综合考虑空域运行、地面保障、服务便捷、区域协同、军地协调等各个方面。为实现综合效益最大化，民航局与北京市先后组织开展了三个阶段的摸排与比选论证。

### 1. 预选阶段（1993年10月至2001年7月）

新机场选址，可追溯到1993年。当年首都机场旅客吞吐量突破1 000万人次，虽然航空基础设施保障资源尚未饱和，但考虑长远发展需要，北京市在编制《北京市总体规划1994年—2004年》时，为首都新机场规划了通州张家湾与大兴庞各庄两处中型机场备用场址，并开展了多轮预选。张家湾基本是在首都机场的延长线上，而庞各庄与首都机场则呈对角线的关系。由于首都机场扩建工程开始，该规划暂时搁置。

### 2. 对比阶段（2001年7月至2003年10月）

从1993年提出北京新机场项目以来，民航局一直研究在河北、天津、北京三省市范围内进行场址遴选的问题。进入21世纪，首都机场的运输量井喷式迅猛增长，客、货运量相当于周边的天津滨海国际机场、石家庄正定国际机场、秦皇岛山海关机场（军民合用）及北京南苑机场（2005年开始军民合用）之和的90.70%和90.71%。

2001年7月北京申奥成功，为满足2008年奥运会保障需要，民航总局启动首都机场三期扩建与新建北京第二机场的对比研究，同步开展了选址工作，经过多方面比选论证，认为扩建首都机场更为合理可行。经国务院常务会议审议通过，2003年10月，国家发展改革委批复同意首都机场扩建，同时提出"从长远发展看，首都应建设第二机场"。

由于民航发展形势的变化，当年建设中型机场的设想显然已不符合形势的发展。2002年启动首都机场扩建后，民航总局组织了一次新机场选址调研，选出了河北廊坊地区的旧州、曹家务、河西营和天津武清的太子务4个备选厂址，并推荐旧州作为首选场址。

### 3. 优选阶段（2003年10月至2009年1月）

自2003年开始，天津市、河北省分别成立了首都第二机场工作小组，开展相应的工作。天津市提出，将武清机场改造为首都第二机场，并组织专家进行了论证。河北省提出，将石家庄机场改造为首都第二机场，以京石铁路客运专线连接首都机场。

2004年，北京市规划委对《北京市总体规划》进行修编，对新机场的选址又进行了新一轮深化调研，选出了北京大兴南各庄，河北固安的后西丈、彭村、东红寺等4个场址作为预选场址，其中推荐大兴南各庄和河北固安后西丈两个场址，在城市规划修编中作为预留。

2005年，国务院批准的《北京城市总体规划（2004年—2020年）》明确提出，"北京新机场场址建议选在北京的东南方向或南部"。为配合《北京城市总体规划（2004年—2020年）》编制工作，民航总局重新开展北京新机场的选址工作，在北京正南和东南方向选出了北京大兴的南各庄、河北固安县的西小屯与北赵各庄和永清县的河西务等4个备选场址，并推荐其中的北京大兴南各庄和河北固安西小屯两个场址作为北京市总体规划修编工作中北京新机场的预留场址。

2006年民航总局成立选址工作领导小组，明确了空域优先、服务区域经济社会发展、军民航兼顾、多机场协调发展、地面综合条件最优五大选址原则，完成了选址空域、区域经济背景、多机场系统、绿色机场选址等一系列研究报告，比较了北京、天津、河北境内10多个场址。2006年6月，国家发展改革委首都机场扩建工程领导小组第七次会议指出，"第二机场的选址要有紧迫感，前期工作要抓紧开展，尽早建设。选择新场址，要有首都经济圈的战略思想，应统筹考虑京津冀经济发展和军航民航的协调发展。"

2007年7月，民航总局向国务院上报《关于北京新机场选址有关问题的请示》。国家发展改革委和民航总局、总参谋部、空军、北京市、天津市、河北省等相关部门，围绕北京新机场选址，在进行了近5年大量前期调研和协调工作的基础上，2008年3月4日，受国务院委托，国家发展改革委及相关部门、军方成立北京新机场选址工作协调小组，并组织召开了第一次会议。明确北京新机场选址的五项原则：满足北京地区航空运输需求，符合全国机场布局规划，促进军民航协同发展，坚持资源节约和环境友好，加快发展综合运输体系。

北京新机场选址工作协调小组一共比较了北京、天津、河北境内的10多个场址，对新机场的选址方向和区域问题进行了深入分析研究。从地理环境看，北京市西部为太行山脉、北部为燕山山脉，地理环境限制了北京新机场的选址方向，即只能选择在东部、东南部和南部。这一轮的研究讨论，集中在北京市2004年的选址方案上进行。该方案以北京的大兴南各庄和河北固安的后西丈、彭村、东红寺等4个场址作为预选场址。在考察中发现，后西丈在空域上存在矛盾，且离固安偏近，机场发展会受到影响，加上该场址有一条断裂带穿过，地质及空域影响需进一步做协调工作；东红寺场址在空域上与首都机场有矛盾，且该场址位于永定河南岸，密涿高速以南区域，距离北京市区较远。排除之后，仅剩河北固安彭村和北京大兴南各庄两个场址作为备选场址。

2008年9月12日，北京新机场选址工作协调小组召开了第二次会议。会上对民航总局提出的大兴场址和固安场址进行审议，尽管各方对新机场场址的具体位置还存在不同的意见和建议，但经过大量的前期研究和初步论证，场址的大方向基本明确为北京南部，会议认为选址方案可提交专家论证。同时，会议明确，按照第一次会议所确定的选址原则，新机场场址应该考虑统筹规划，兼顾当前和长远需要；兼顾首都及京津冀周边地区的需要；兼顾军民航空域安排以及首都空中安全要求；兼顾客货运输增长的需要。对有关具体问题，尤其是空域问题，在进一步深入研究后，提出妥善解决方案和措施。会后，国家发展改革委开始着手筹建新机场选址专家论证组。

2008年11月底，国家发展改革委组织专家举行新机场选址专家论证综合论证会，与会人员包括综合组、地面组和空域组三个专家组的国内48位知名专家，国家部委、军方、京津冀地区政府以及专业技术部门约150人，共200余人。选址专家论证会历时3天，本着民主、科学和实事求是的精神，各抒己见，畅所欲言。会议形成专家组意见的主要结论为：大兴和固安两个场址都位于北京市南部，均具备建设大型机场的条件，但都存在需要解决与周边军用机场的空域使用矛盾的问题。综合各因素，从地面条件看，大兴场址优于固安场址；从空域使用环境看，大兴场址优于固安场址；从对京津冀区域的辐射带动作用看，大兴场址的区位优势更为明显。因此，推荐大兴场址作为北京新机场的首选场址。

北京大兴南各庄场址与河北固安彭村场址的比较如表5-1所示。

南各庄场址与彭村场址的比较　　　　　　　　　　　　表5-1

| 项目 | 南各庄场址 | 彭村场址 |
|---|---|---|
| 地理位置 | 位于北京市境内，距天安门广场直线距离46km | 位于河北省境内，距天安门广场直线距离64km |
| 空域运行 | 与南苑机场冲突大，首都机场运行也存在一定影响，需要协调有关部门解决 | 存在大面积空域冲突 |
| 配套设施 | 周边交通和配套设施相对较好 | 周边交通和配套设施相对薄弱 |

南各庄场址位于永定河北岸，地跨北京市大兴区礼贤镇、榆垡镇和河北省廊坊市广阳区。距天安门直线距离约46km，距首都机场约67km，距天津机场约85km，距石家庄机场197km，距廊坊市中心26km，距河北雄安新区55km，距北京城市副中心54km，距天津市中心82km，距保定市中心110km。地面开阔，地质条件良好，含有部分农田，无大型建筑设施，占用部分永定河洪泛区和天堂河河道。南各庄场址距主客源地较近，空域环境和外部配套条件较好，区位优势明显，更适合建设大型机场。

2009年1月19日，北京新机场选址工作协调小组召开了第三次会议，在系列专题研究、多个场址比选及各方面专家充分论证的基础上，总参谋部、空军、民航总局、北京、天津、河北等参会各方一致同意大兴场址为推荐场址，报请国务院批准。这一场址位于北京中轴线的延长线和北京城市副中心通州与河北雄安新区两地连线的中间位置。其后，国家作出的京津冀协同发展、雄安新区建设和北京城市副中心建设等一系列重大决策，不断证明该场址是北京第二座机场场址的最优选择。

新机场场址确定之后，进行了场址优化。所谓优化，其中反复论证和要解决的一个重要问题是将新机场进一步靠近北京。相较于首都机场到北京城区的距离，新机场远了很多，因此旅客花在地面的交通时间会更多。

长期以来，北京靠东靠北方位相对来说经济更为发达。交通调查显示，朝阳区、海淀区乘飞机的旅客约占首都机场旅客量的50%。首都机场距离天安门广场25km，新机场选址在北京正南方向，离主要目标客户较远，所以北移对于新机场的场址来说是十分必要的。但是，北京的自然环境包括空域结构在内十分复杂，北侧和西侧都是山，新机场选址只能在南、东南和南偏西一点的方向中选择。同时，北京是首都，其民用和部队的飞行相较其他地方都较多，因此包括限制区域在内的整个空域结构极为复杂。因此场址优化的首要任务是研究机场选址北移的可能性。

研究比较下来，若场址进一步北移，将会对地面和空中造成更多的困难。地面上，对村庄和城镇产生更大的影响，噪声覆盖的居民区等也会更多。空域上，与首都机场及其他的一些飞行矛盾将更加突出。从整个空域布局上来看，北京空中禁区向南到场址跑道北端的最小距离是40km，这是一个比较危险的距离。若场址向北移5km，机场的规模就要缩小；要是移10km，就只能修3条跑道，这个规模更小。从长远来看，北京更需要一个大型机场来满足发展需要，否则将来还需要建设第三机场，但由于自然地形限制，基本不可能在60km范围内选出第三机场。

在综合考虑了空域、噪声、地面条件后，最后维持了南各庄场址，做了稍微的优化，即场址向北移动了2km，现距离天安门广场正南46km，在北京中轴线的延长线上，这是最终确定的场址位置。

## 5.1.2 专题研究，夯实基础

为论证场址的可行性，在选址阶段并行开展了多项专题研究，得出了诸多研究成果，如《北京新机场选址区域经济背景分析研究报告》《首都地区多机场系统研究报告》《北京新机场选址空域研究报告》《绿色机场选址研究报告》。在各项专题研究成果的基础上，汇总编制了《北京新机场选址报告》，由民航局选址工作小组上报给国家发展改革委牵头的北京新机场选址工作协调小组。2008年11月底，北京新机场选址工作协调小组办公室组织召开了北京新机场选址专家评审会（即前述国家发展改革委组织专家举行的新机场选址专家论证综合论证会），对选址报告进行了全面、深入、科学、公正的分析论证，经综合比较，专家组推荐北京市大兴区南各庄场址作为北京新机场的首选场址。

在项目前期工作中，民航局、北京市、指挥部还组织国内外咨询研究机构，开展了多项专题研究，研究成果丰富，比如:《北京新机场市场需求预测》《高速铁路的影响》《关于北京新机场旅客吞吐量的思考》《中国市场展望》《北京机场系统研究》《北京新机场及终端区规划模拟仿真》《北京新机场地面运行模拟仿真研究》《北京新机场总体规划概念设计》《北京新机场跑道构型研究》《北京新机场航站区规划方案征集》《北京新机场航站区应征方案梳理分析》《北京新机场综合交通枢纽项目策划研究》《北京新机场综合交通规划》《北京新机场综合交通规划方案汇总》《北京新机场货运物流发展战略及规划方案》。

还有市政设施建设模式研究、信息弱电系统规划和通信规划研究、新机场土地资源经营管理模式研究、货运与物流规划研究、噪声和环境影响评价、水务相关研究（北京新机场洪水淹没分析及防洪规划研究、新机场防洪影响评价等）、新机场投融资方案研究、航油设施建设模式研究，等等。

### 1. 夯实市场需求分析

首都机场集团公司委托多家咨询机构分别开展了高铁影响、市场需求、"一市两场"分析，认为高铁与航空运输是竞合关系，可以实现融合发展，发展有基础；北京地区航空运输市场能够支撑两个亿级机场，市场有需求；首都机场集团统管两大机场，能够提供有效组织保障，管理有优势。

我国民航机场建设在对于航空需求的判断方面，从历史上看一直处于一种偏保守、偏谨慎的状态。作为国内最繁忙的机场，首都机场几经扩建，但总是提前迎来饱和状态，机场扩建的速度追赶不上旅客增长的速度。北京要代表国家参与全球航空枢纽竞争，需要完善国际枢纽功能，选址规划时就确定了政府引导、市场驱动，两个机场都是大型国际枢纽、同等重要、相对独立运行等原则。新机场最初按照8 000万吞吐量的需求来做规划，到了2010年，又有了新的判断，两座机场都至少可以容纳1亿人次，但是过了2亿之后，旅客吞吐量会不会更大，还需要看市场的发展。这个判断的依据在于：一方面，首都机场吞吐量年平均增长10%以上。另一方面，北京历来吸纳了外部的一些交通量，包括天津、河北，有相当一部分旅客是到首都机场转机的。未来新机场布局在离他们更近的地方，一定会吸纳更多的旅客。首都机场在北京东北方向，新机场在正南方向，后者吸纳新旅客的比例肯定比前者会更多一些。当时判断，北京境外旅客至少占首都机场的10%、至少占新机场的20%～30%。所以北京地区包括河北腹地的2亿吞吐量是留有余地的。

### 2. 确定"军民一址两场"方案

南苑机场搬迁是北京新机场建设的先决条件。民航局加强与国家发展改革委、空军和北京市的沟通协调，于2011年11月28日，北京市政府、民航局、空军三方签署《北京新机场建设和空军南苑机场搬迁框架协议》，明确"一址两场"建设方案，在北京新机场西侧同步建设南苑新机场，既为北京新机场建设打下了基础，又开创了军民融合发展新模式。"三方协议"的签署，对于加快北京新机场建设立项报批步伐具有里程碑意义。

### 3. 一体化仿真，优化细化建设方案

指挥部运用全流程的空地一体化仿真技术，先后开展了涉及终端区规划及进离场飞行程序的空域仿真模拟，涉及跑道构型、航站楼布局、机坪运行模式、机坪管制移交方案的飞行区仿真模拟，航站楼内不同设备设施和流程规划的航站楼仿真模拟，以及进出港车道边数量、布局和停车楼规划的陆侧交通仿真模拟，实现从天至地、由内到外的一体化仿真，逐步优化、细化北京新机场建设方案。

## 5.1.3　结合未来，打磨创新

大兴机场工程承载了京津冀交通枢纽的定位。从方案规划开始，指挥部坚持从历史担当的角度，在各个方面做到最优，以使大兴机场整体方案最大限度匹配区域城市发展趋势以及经济和产业发展的要求。大兴机场方案完全从区域经济的角度，既系统性考虑京津冀现有状况，又兼顾未来趋势，既局部方案最优，又兼顾全局。因此，方案创新也就成为必然。

### 1. 跑道方案创新

大兴机场工程本期规划了4条跑道，以满足起降63万架次飞机的要求。四条跑道平行罗列的方案并不可行。因为在大兴机场东北方向已有北京首都国际机场，东南方向有天津滨海机

场，当4条平行跑道与首都机场跑道方向保持一致，遇到的问题是，90%北向飞行航班会经过北京三环内的空中禁飞区，飞行航向此时必然向右偏转。另一个问题是，北京首都国际机场出发向南方向飞行的航班需要在既定飞行距离内达到飞行高度，从大兴机场出发的航班为避开这一高度的空域就需要降低飞行高度，并且持续压低飞行高度，这就会产生飞机发动机低效运行。跑道方案还需要考虑未来大兴机场和既有北京首都国际机场均达到年旅客吞吐量1亿人次以上时的使用需求，飞机跑道系统的设计方案直接关系飞机起降效率。

具体解决方案是，大兴机场的其中一条南向跑道方向改为东南，即"三纵一横"。"三纵一横"的跑道从开始设计成90°夹角，但是这种角度的方案带来的问题是，从大兴机场起飞的飞机可能直接指向廊坊市市中心。在整体方案优化时，指挥部通过与英国咨询公司、空中管理部门合作，进行一体化仿真模拟，再结合北京首都机场以及天津机场飞机起降的监测数据，对大兴机场航道不同偏转角度带来的综合飞行效率进行测算；同时，通过模拟飞机在跑道、机位上的运行效率，以验证其是否能够满足设计要求。测试结果是，侧向跑道偏转20°的时候，跑道指向和飞机航迹会从永定河的蓄水洪区穿过，蓄水洪区人口稀少，不会对居民带来影响。"三纵一横"的跑道方案最终成型。这样，飞机起飞以后不用压低高度，直接很快达到航线。这种跑道设计方案在不增加投资规模的基础上，反而降低了机场整体运营成本，这种高效且能带来效益的方式在国内首次采用。

### 2. 场区方案创新

作为连接京津冀地区的交通枢纽，大兴机场的空间布局不是按照航空公司等驻场单位进行区域划分，而是按照货运、机务维修、行政办公、生产、生活、绿地功能属性划分，以创新性方案实现土地资源的统筹利用。为此，指挥部组织编制了北京新机场控制性详细规划，这是开展工作区各项建设的指导性文件。北京新机场控制性详细规划不仅落实了土地利用"四统一"①的要求，更成为实现工作区的统一规划管控的保障。同时，北京新机场控制性详细规划明确了机场用地四至范围，确定了构建"一轴一带、分区串联"整体构型。具体方案实施以总体规划为指导，参照城市用地分类标准对机场用地进一步细分，明确地块功能和指标，推进各地块精细化管理。在上述规划引领下，民航行业标准与北京市、河北省城市规划要求相结合，搭建了以用地性质、容积率、绿地率、建筑控制高度等规定性指标和人口容量、建筑面积、平均层数、建设导引等指导性指标相结合的控制性指标体系。北京新机场控制性详细规划统筹考虑了机场运行保障需要、各地块性质以及市政配套设施承载力，控制近期总建筑规模约为870万m²，同时，构建起"一轴、一带、一环、多点"的绿地结构和以"窄

---

① 统一规划、统一标准、统一政策、统一管控。

路密网"为特点，以进出场路为骨架，主、次、支、微合理布局的路网结构，形成"中央高、南北两侧低"的建筑天际线。

大兴机场外部规划则是在中央政府支持下进行。由民航局、北京市、河北省以及指挥部共同"3+1"决策机制对于综合场区方案起到积极推动作用。同时，由国家发展改革委牵头，民航、铁路、公路等部门参与，进行综合交通功能设计，形成大兴机场"五纵两横"的综合交通网络，包括4条高速、3条轨道，实现无缝换乘。在结构立体交错的物理布局中，彼此协同设计，实现协调管理。

## 5.1.4 抓住主线，关键先行

北京新机场是一个庞大、复杂的系统工程，协调工作量巨大，涉及国家、军队、地方众多单位和利益主体，前期筹备、立项过程十分艰难。针对这个现实，指挥部按照民航局和首都机场集团公司的要求与部署，不等不靠，积极争取和创造工作条件，竭尽全力，把所有能够开展和对未来工期影响较大的工作及早安排，将各项任务细化分解，责任到人，并加强过程监督检查，各项前期工作取得明显进展。

### 1. 航站区规划方案征集

为进一步优化航站区的布局、为航站楼单体招标创造条件，2010年11月，航站区规划方案征集工作正式启动。邀请了法国ADPi（巴黎机场集团建筑设计公司）、荷兰NACO（荷兰机场咨询公司）、美国兰德隆布朗及Ricondo共4家国际知名的机场规划公司，在航站区布局、楼前交通系统、核心区景观概念等方面进行方案征集。航站区规划方案的国际征集工作为项目前期工作奠定了良好的基础。

### 2. 航站楼单体建筑方案招标

2011年6月，经请示民航局批准，指挥部正式启动了航站楼建筑方案招标工作，共有国内外21家设计单位报名参加。经过严格的资格预审程序，确定了7家国内外知名的设计单位作为新机场建筑方案投标方。

2012年9月6日，国家发展改革委、北京市、河北省、总参、民航局五方在首都机场集团参观了航站楼模型并听取了关于新机场航站楼建筑设计方案的有关汇报。会议建议将"FOSTER方案、ADPi方案作为上报的推荐方案，ZAHA方案作为备选方案"。同时要求指挥部从"使用功能、节能环保、工程造价、运营成本、建筑造型"五个重点方面对推荐方案及备选方案进行分析比较。

指挥部随即启动了对推荐方案及备选方案的技术比选和分析，在工作过程中发现有关方案均存在一定缺陷。2012年11月30日和12月4日，指挥部就发现问题分别向首都机场集团和民航局进行了汇报。

2013年2月26日，在北京新机场建设领导小组第一次会议上全体成员听取了航站楼方案的相关汇报。领导小组要求民航局尽快拿出推荐方案意见。

2013年3月1日，民航局组织召开了新机场航站楼方案专题会议，会议认为原投标方案在功能流程、建筑规模、建设投资、工程可实施性等方面均存在一定缺憾，现阶段不具备上报条件，并做出了开展航站楼方案优化的工作部署。除1家单位主动退出外，其余6家投标单位均参与了本次优化工作，并于2013年5月16日前提交了优化成果文件。

2013年6月16日，指挥部组织召开了外部专家论证会，就优化方案解决原有问题措施的有效性、主要技术指标的符合性进行了论证。

2013年6月20日，民航局局务会听取了航站楼建筑方案优化工作的相关汇报，综合考虑各方意见，民航局经充分研究后认为："ADPi、Foster方案、ZAHA方案在规划理念、功能流程、运行效率、节能环保等方面表现相对较好。建议作为推荐方案上报，且排名不分先后。"

2013年7月4日，北京新机场建设领导小组召开第二次会议，民航局向会议提交了航站楼方案的推荐意见。会议要求民航局将航站楼推荐方案纳入可研报告上报。

2014年1月19日，北京新机场建设领导小组召开第三次会议，确定以法国巴黎机场工程公司（ADPi）所提交航站楼方案为基础方案，吸收各家方案的优点，开展进一步优化工作。

在结合专家意见、国内外机场运行经验及大兴机场自身需求特点后，可行性研究报告阶段采用了法国机场公司（ADPi）航站楼投标方案作为航站区规划进一步深化的基础。

## 5.1.5   审慎评估，坚定推进

### 1. 广泛听取意见

为力促项目前期稳步推进，指挥部自成立以来，不断加大与政府部门的沟通力度，分别与国家发展改革委、财政部、自然资源部、国家审计署、北京市、河北省、军方等单位进行多次洽商，在一定范围建立了有效沟通机制。按照建设运行一体化的新理念，在项目前期阶段，广泛征集各驻场单位意见，与航空公司、空管局、"一关两检"、首都机场股份公司及各个专业公司等单位进行对接，就北京航空市场、大兴机场规划、基地建设与经营、运行管理等方面征求意见。针对各方的意见与建议，经过认真研究，科学合理地纳入预可研报告和总体规划文件中。

### 2. 全面项目论证

民航局会同国家发展改革委、自然资源部（原国土资源部）、生态环境部（原环境保护部）、水利部分别开展了项目节能评估、社会稳定风险评估、土地预审、地质灾害危险性评估、环境影响评价、洪水影响评价、水资源利用评价以及水土保持方案论证等工作；会同北京市、河北省明确了天堂河改道、白家务水源地迁建、安固500kV高压线迁改、永潘天然气管道迁移等拆改方案，以及场外市政配套建设方案，为项目实施创造了必要条件。

### 3. 预可行性研究

2010年3月，按照民航局要求，首都机场集团公司作为项目法人，启动了《北京新机场预可行性研究报告》的编制工作。2011年3月，指挥部委托中国国际工程咨询公司对《北京新机场预可研报告（初稿）》进行了专家咨询论证。2012年1月《北京新机场预可研报告》编制完成，2012年2月，《北京新机场预可研报告》由民航局、北京市、河北省联合上报国家审批。

2012年4月，国家发展改革委委托中国国际工程咨询公司召开了《北京新机场预可研报告》专家评审会，随后又进行了多次专题会议，对《北京新机场预可研报告》进行评审，于2012年9月向国家发展改革委提交评审报告。2012年10月，国家发展改革委和解放军总参谋部联合向国务院上报"有关建设北京新机场的请示报告"，2012年11月在国务院办公会上获得通过，2012年12月22日，国务院下发《国务院、中央军委关于同意建设北京新机场的批复》（国函217号文）。

### 4. 可行性研究

从2012年6月开始指挥部着手准备开展北京新机场可研编制工作。期间，在向各有关单位汇报北京新机场预可研情况的同时，也征询各方对北京新机场工程方案的意见，为可研编制工作收集资料。

2012年8月，指挥部召开了北京新机场可研报告编制工作启动会。会后，迅速投入工作。在分析、研究预可研报告专家评估意见的基础上，广泛征求空管、军方等各方意见，对机场总图方案数易其稿，最终确定可研报告机场总图平面布局。对未来大兴机场各驻场单位、北京市、河北省相关部门进行了大量的走访、调研，并对航空业务量预测数据进行进一步的梳理、分析，最终确定设计参数，为可研编制工作的顺利开展奠定了基础。

2013年4月，在经过多轮、反复论证的基础上，编制完成了《北京新机场可行性研究报告（2013.5版）》。机场指挥部经首都机场集团公司将《北京新机场可研报告（2013.5版）》上报民航局。

2013年7月31日，民航局向国家发展改革委上报了《关于报送北京新机场工程可行性研究报告的函》（民航函〔2013〕1021号）和《北京新机场可研报告（2013.5版）》。

2013年8月13日，受国家发展改革委的委托，中国国际工程咨询公司（以下简称"中咨公司"）承担了大兴机场及相关工程的论证和评估工作。中咨公司于2013年8月中旬即组织专家、有关部门和单位，密切结合相关专题研究成果和协调工作的进展，对机场、空管、供油工程及部分拆改工程进行分析论证和评估。

2013年8月26—29日，中咨公司组织召开了《北京新机场可行性研究报告》专家咨询会，正式启动了北京新机场可研评估工作。会议对《北京新机场可研报告（2013.5版）》的内容进行了咨询、论证，并提出修改意见，对部分重大、敏感问题仍需通过专题研究的方式，予以解决。

2013年9月，可研编制组对专家咨询会形成的意见进行了答复。但涉及空域规划及飞行程序设计、征地拆迁、外围配套设施、外部综合交通规划、场址防洪排涝、水资源保护等问题，还需等待各专项研究的结果。另外，环评、能评、稳评等专项评估也在进行过程当中。

随着各专项研究工作的不断深入，大兴机场各项建设方案也在逐步完善。2014年4月底，可研编制组在采纳专家咨询意见和各专题研究的最新阶段性成果的基础上，形成了《北京新机场可行性研究报告（2014.4版）》，供专家对大兴机场的建设方案做进一步评估、论证。

2014年5月21日，中咨公司再次组织召开了《北京新机场可行性研究报告》的专家咨询会，结合《北京新机场可研报告（2014.4版）》的变化和各专题研究的最新成果，对大兴机场的建设方案做进一步评估、论证。

根据专家咨询会的专家意见、各专题研究的最新成果和国家有关部门的相关文件、批复。可研编制组对《北京新机场可研报告（2014.4版）》中的内容又进行了补充和调整，形成《北京新机场可行性研究报告（2014.8版）》。2014年11月22日，国家发展改革委批复可研报告。

从多轮摸排、优化选址，专项研究、夯实基础，及早安排关键工作，再到审慎评估、坚定推进，一系列前期努力为科学决策打下坚实基础。2012年12月22日，国务院、中央军委联合印发《关于同意建设北京新机场的批复》。2014年9月4日，习近平总书记主持召开中央政治局常委会会议，审议可行性研究报告并充分肯定了项目必要性，亲自决定建设北京新机场，明确指示要求2014年内开工建设，2019年建成通航。

整个大兴机场项目选址论证重要时间点如图5-2所示。

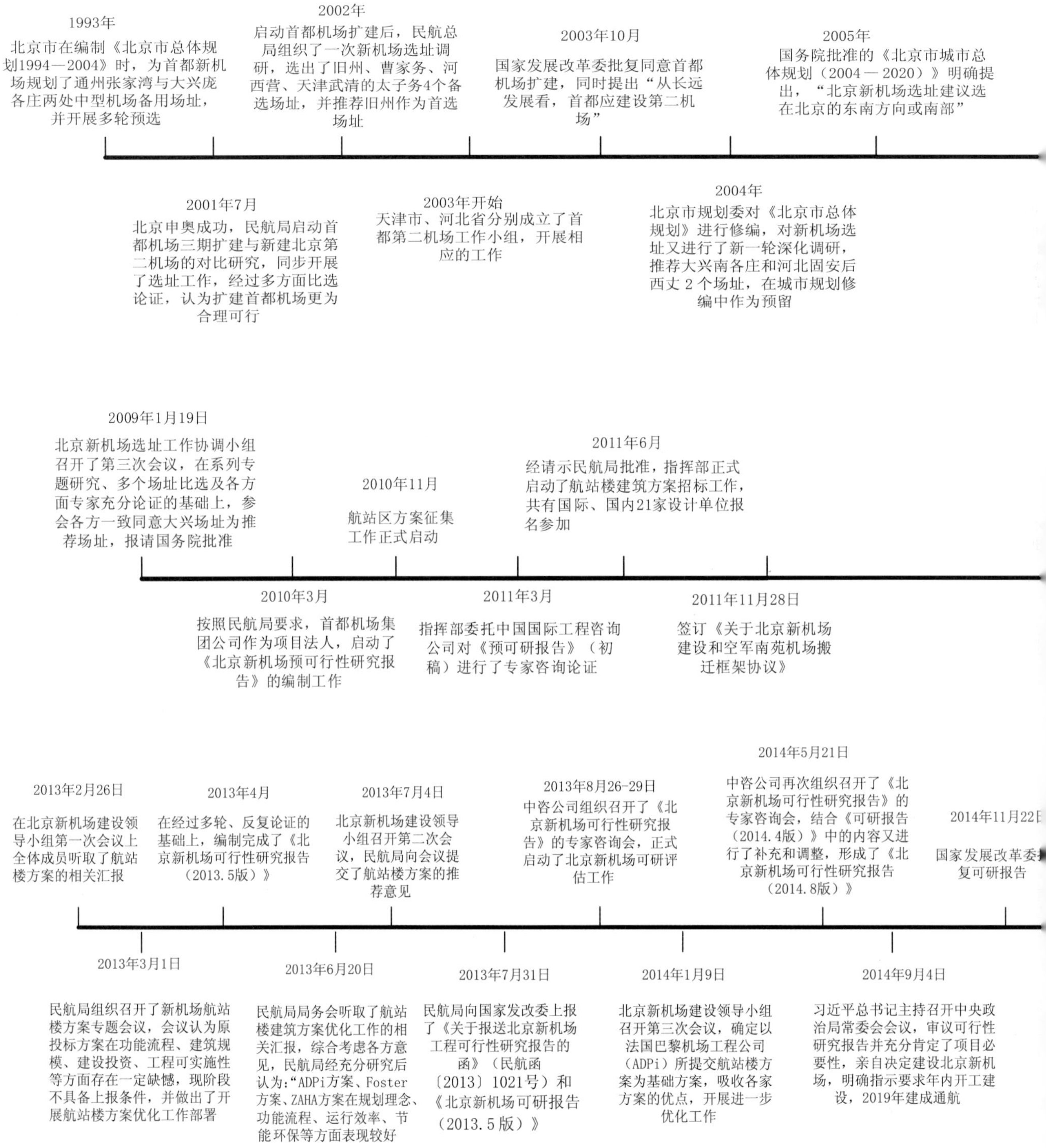

**1993年**
北京市在编制《北京市总体规划1994—2004》时，为首都新机场规划了通州张家湾与大兴庞各庄两处中型机场备用场址，并开展多轮预选

**2002年**
启动首都机场扩建后，民航总局组织了一次新机场选址调研，选出了旧州、曹家务、河西营、天津武清的太子务4个备选场址，并推荐旧州作为首选场址

**2003年10月**
国家发展改革委批复同意首都机场扩建，同时提出"从长远发展看，首都应建设第二机场"

**2005年**
国务院批准的《北京市城市总体规划（2004 — 2020）》明确提出，"北京新机场选址建议选在北京的东南方向或南部"

**2001年7月**
北京申奥成功，民航局启动首都机场三期扩建与新建北京第二机场的对比研究，同步开展了选址工作，经过多方面比选论证，认为扩建首都机场更为合理可行

**2003年开始**
天津市、河北省分别成立了首都第二机场工作小组，开展相应的工作

**2004年**
北京市规划委对《北京市总体规划》进行修编，对新机场选址又进行了新一轮深化调研，推荐大兴南各庄和河北固安后西丈 2 个场址，在城市规划修编中作为预留

**2009年1月19日**
北京新机场选址工作协调小组召开了第三次会议，在系列专题研究、多个场址比选及各方面专家充分论证的基础上，参会各方一致同意大兴场址为推荐场址，报请国务院批准

**2010年11月**
航站区方案征集工作正式启动

**2011年6月**
经请示民航局批准，指挥部正式启动了航站楼建筑方案招标工作，共有国际、国内21家设计单位报名参加

**2010年3月**
按照民航局要求，首都机场集团公司作为项目法人，启动了《北京新机场预可行性研究报告》的编制工作

**2011年3月**
指挥部委托中国国际工程咨询公司对《预可研报告》（初稿）进行了专家咨询论证

**2011年11月28日**
签订《关于北京新机场建设和空军南苑机场搬迁框架协议》

**2013年2月26日**
在北京新机场建设领导小组第一次会议上全体成员听取了航站楼方案的相关汇报

**2013年4月**
在经过多轮、反复论证的基础上，编制完成了《北京新机场可行性研究报告（2013.5版）》

**2013年7月4日**
北京新机场建设领导小组召开第二次会议，民航局向会议提交了航站楼方案的推荐意见

**2013年8月26-29日**
中咨公司组织召开了《北京新机场可行性研究报告》的专家咨询会，正式启动了北京新机场可研评估工作

**2014年5月21日**
中咨公司再次组织召开了《北京新机场可行性研究报告》的专家咨询会，结合《可研报告（2014.4版）》中的内容又进行了补充和调整，形成了《北京新机场可行性研究报告（2014.8版）》

**2014年11月22日**
国家发展改革委复可研报告

**2013年3月1日**
民航局组织召开了新机场航站楼方案专题会议，会议认为原投标方案在功能流程、建筑规模、建设投资、工程可实施性等方面存在一定缺憾，现阶段不具备上报条件，并做出了开展航站楼方案优化工作部署

**2013年6月20日**
民航局局务会听取了航站楼建筑方案优化工作的相关汇报，综合考虑各方意见，民航局经充分研究后认为："ADPi方案、Foster方案、ZAHA方案在规划理念、功能流程、运行效率、节能环保等方面表现较好

**2013年7月31日**
民航局向国家发改委上报了《关于报送北京新机场工程可行性研究报告的函》（民航函〔2013〕1021号）和《北京新机场可研报告（2013.5 版）》

**2014年1月9日**
北京新机场建设领导小组召开第三次会议，确定以法国巴黎机场工程公司（ADPi）所提交航站楼方案为基础方案，吸收各家方案的优点，开展进一步优化工作

**2014年9月4日**
习近平总书记主持召开中央政治局常委会会议，审议可行性研究报告并充分肯定了项目必要性，亲自决定建设北京新机场，明确指示要求年内开工建设，2019年建成通航

图5-2　项目前期决策重要时间节点

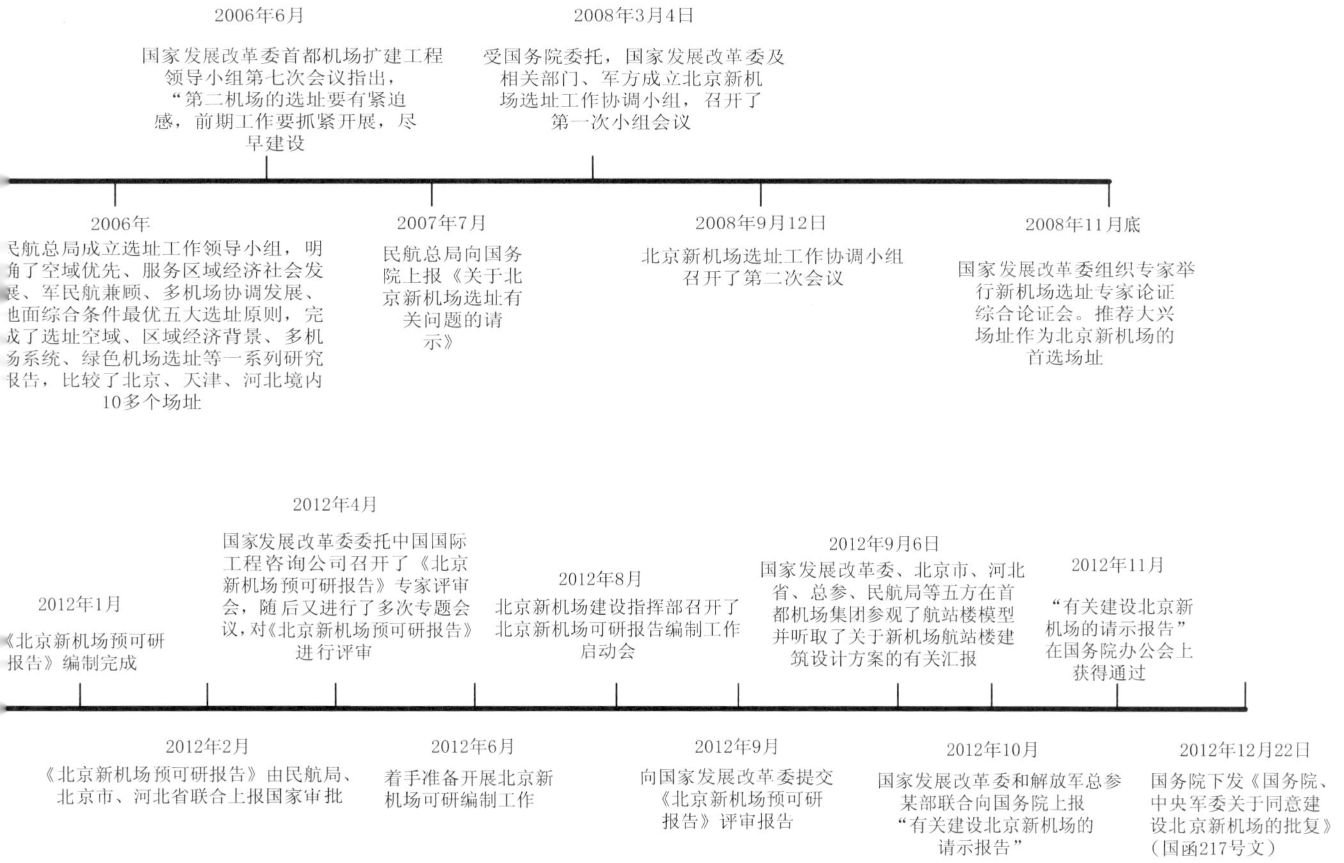

**2006年6月**
国家发展改革委首都机场扩建工程领导小组第七次会议指出，"第二机场的选址要有紧迫感，前期工作要抓紧开展，尽早建设

**2008年3月4日**
受国务院委托，国家发展改革委及相关部门、军方成立北京新机场选址工作协调小组，召开了第一次小组会议

**2006年**
民航总局成立选址工作领导小组，明角了空域优先、服务区域经济社会发展、军民航兼顾、多机场协调发展、地面综合条件最优五大选址原则，完成了选址空域、区域经济背景、多机场系统、绿色机场选址等一系列研究报告，比较了北京、天津、河北境内10多个场址

**2007年7月**
民航总局向国务院上报《关于北京新机场选址有关问题的请示》

**2008年9月12日**
北京新机场选址工作协调小组召开了第二次会议

**2008年11月底**
国家发展改革委组织专家举行新机场选址专家论证综合论证会。推荐大兴场址作为北京新机场的首选场址

**2012年4月**
国家发展改革委委托中国国际工程咨询公司召开了《北京新机场预可研报告》专家评审会，随后又进行了多次专题会议，对《北京新机场预可研报告》进行评审

**2012年8月**
北京新机场建设指挥部召开了北京新机场可研报告编制工作启动会

**2012年9月6日**
国家发展改革委、北京市、河北省、总参、民航局等五方在首都机场集团参观了航站楼模型并听取了关于新机场航站楼建筑设计方案的有关汇报

**2012年11月**
"有关建设北京新机场的请示报告"在国务院办公会上获得通过

**2012年1月**
《北京新机场预可研报告》编制完成

**2012年2月**
《北京新机场预可研报告》由民航局、北京市、河北省联合上报国家审批

**2012年6月**
着手准备开展北京新机场可研编制工作

**2012年9月**
向国家发展改革委提交《北京新机场预可研报告》评审报告

**2012年10月**
国家发展改革委和解放军总参某部联合向国务院上报"有关建设北京新机场的请示报告"

**2012年12月22日**
国务院下发《国务院、中央军委关于同意建设北京新机场的批复》（国函217号文）

图5-2　项目前期决策重要时间节点（续）

# 5.2  协同融合的总体规划

大兴机场工程2014年12月26日正式开工建设，2019年6月30日竣工，整个工期不到5年时间，其速度之快、工艺之精湛震惊了全世界。事实上，大兴机场工程的建设与投运得以顺利推进与前期科学合理的统筹规划密不可分。

## 5.2.1  反复研究论证和优化

大兴机场工程的总体规划自2010年5月指挥部正式成立之前就已经开始了，直至2016年2月整体方案最终尘埃落定，中间经历了5年多的研究、决策与反复论证。

### 1. 总体规划第一阶段报告

为了配合《北京新机场预可行性研究报告》的编制工作，并为航站楼方案征集拟定规划条件，指挥部于2011年初组织编制了《北京新机场总体规划（第一阶段报告）》。

《北京新机场总体规划（第一阶段报告）》汇总了前阶段规划工作的主要成果，重点对航空业务量预测、跑道构型、航站区规划、功能分区、综合交通及近期建设计划等关键问题进行了方案比选及分析。

2011年6月，指挥部组织召开了北京新机场总体规划（第一阶段报告）编制工作汇报会，专家组、民航各有关部门、驻场单位等参加会议，对总体规划的主要成果给予了充分肯定。会议总结了专家咨询意见，为准确把握中长期规划及建设思路提供了重要保障。

### 2. 总体规划的细化和优化

2010年11月，指挥部启动航站区方案征集工作。航站区规划方案的国际征集工作为新机场总体规划编制奠定了良好基础。

2012年，结合已经开展的综合交通规划方案研究、空域运行仿真、地面运行仿真和货运物流规划等，大兴机场总体规划得到不断完善，指挥部组织编制单位继续深入推进细化、优化工作。

2013年，指挥部陆续开展了综合交通场内外衔接方案、航空公司发展规划、通信规划等工作，基本确定了跑道构型、功能分区、航站区规划方案、陆侧交通布局等关键事项。同年总体规划报审稿编制完成。

2014年，根据可研变化情况，指挥部组织编制单位及时完善了总体规划报告，并提请民

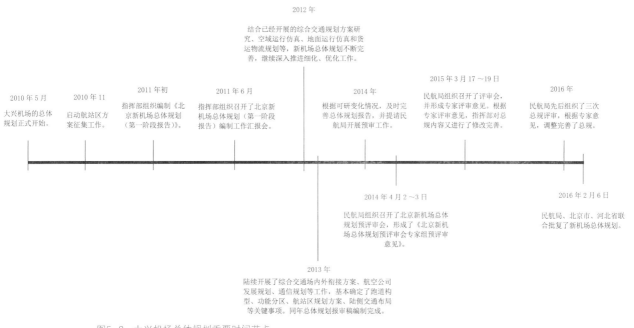

2012 年
结合已经开展的综合交通规划方案研究、空域运行仿真、地面运行仿真和货运物流规划等，新机场总体规划不断完善，继续深入推进细化、优化工作。

2015 年 3 月 17 ~19 日
民航局组织召开了评审会，并形成专家评审意见。根据专家评审意见，指挥部对总规内容又进行了修改完善。

2010 年 5 月
大兴机场的总体规划正式开始。

2010 年 11
启动航站区方案征集工作。

2011 年初
指挥部组织编制《北京新机场总体规划（第一阶段报告）》。

2011 年 6 月
指挥部组织召开了北京新机场总体规划（第一阶段报告）编制工作汇报会。

2014 年
根据可研变化情况，及时完善总体规划报告，并提请民航局开展预审工作。

2016 年
民航局先后组织了三次总规评审，根据专家意见，调整完善了总规。

2014 年 4 月 2 ~3 日
民航局组织召开了北京新机场总体规划预评审会，形成了《北京新机场总体规划预评审会专家组预评审意见》。

2016 年 2 月 6 日
民航局、北京市、河北省联合批复了新机场总体规划。

2013 年
陆续开展了综合交通场内外衔接方案、航空公司发展规划、通信规划等工作，基本确定了跑道构型、功能分区、航站区规划方案、陆侧交通布局等关键事项。同年总体规划报审稿编制完成。

图5-3　大兴机场总体规划重要时间节点

航局开展预审工作。4月2日至3日，民航局组织召开了北京新机场总体规划预评审会，形成了《北京新机场总体规划预评审会专家组预评审意见》。

按照预评审专家组意见，并结合北京市、河北省有关部门的意见，进行了进一步的调整，形成《北京新机场总体规划（报审稿）（2015年版）》。2015年3月17日至19日，民航局组织召开了评审会，并形成专家评审意见。根据专家评审意见，指挥部对总规内容又进行了修改完善。

2016年，民航局先后组织了三次总规评审，根据专家意见，调整完善了总规。民航局、北京市、河北省于2月6日联合批复了《北京新机场总体规划》，为后续工作的顺利开展创造了基础条件。

大兴机场总体规划的重要时间节点如图5-3所示。

## 5.2.2　总体规划要点

机场的总体规划是机场安全运行和可持续发展的重要保障，也是保障机场和城市协调发展的基础支撑。《北京新机场总体规划》明确了机场近远期业务指标、功能区划以及场内外衔接，由北京市、河北省与民航局联合批复，作为实现场内外融合与协调的依据。大兴机场的总体规划突出了融合性，具体体现在以下几个方面。

（1）近期与远期相结合。总体规划对大兴机场近远期发展路径进行了安排，实现"一次规划、滚动建设"。总体规划明确大兴机场近期规划目标年为2025年，年旅客吞吐量7 200万人次、货邮吞吐量200万t、飞机起降63万架次，占地规模为2 830hm²；远期规划可满足年旅客吞吐量1亿人次、年货邮吞吐量400万t、飞机起降88万架次。

（2）分区与统筹相结合。总体规划明确了大兴机场功能分区布局方案。一方面，进行科学区划，打破传统按照驻场单位来进行区划的模式，全场统一按照功能进行区划。航站区位于中央，采用一个集中航站区的模式，结合全向型的跑道构型，飞机和地面服务设施空间集中，运行高效；机务维修区、货运区等分别位于西侧、东侧，机场、东航、南航等功能相近的设施集中布置，便于功能组织，集约高效。另一方面，加强统筹，供电、供水、供气、污水、污物、市政道路等场内公用设施由机场统一规划。2座110kV供电站分居东西两侧，总体负荷平衡，同时路由服从统一规划，污水、污物、供水、供气等厂房集中布置在西北侧噪声影响较大的区域，实现全场土地资源的统筹利用。

（3）场内与场外相结合。总体规划明确了场内与场外的衔接方案。场区道路方面，根据交通流量预测，与场外路网相匹配，明确了各方向的道路接口数量和等级，并作为外部需求条件，纳入临空经济区规划中，实现场内外路网的顺畅衔接；市政配套供给方面，供水、供气、供电等外围市政供给与上级城市规划相匹配，明确外部两路供水、供电及燃气来源，并在城市规划中落位；市政配套线路接口方面，与城市市政管廊相对接，水、电、气、通信等均经由外部综合管廊接入，实现接口匹配。

## 1. 功能分区

总体规划统筹规划近期、远期的功能分区方案，航站区位于"全向型"跑道构型的核心位置，近期规划北航站区和工作区，南侧为远期预留。近期北货运区位于北一跑道北侧，远期南货运区位于南航站区西侧。东一、东二跑道间从北向南主要为公务机区及货运规划控制区，机务维修区位于西二、西三跑道之间。根据机场功能需要，还布置有调蓄水系及绿化区、规划控制区。

## 2. 飞行区规划

自启动选址以来，随着客观条件的变化和研究工作的不断推进，大兴机场的跑道构型进行了多轮次的调整和优化。

跑道构型随着各个阶段机场设计目标的不同而变化，同时结合各个阶段相应的仿真模拟不断对构型进行优化，整个构型的调整经历了：选址阶段跑道构型（5条跑道）→场址优化阶段跑道构型（6条跑道）→《北京新机场总体规划概念设计》阶段跑道构型（8条跑道）→

场址东移跑道构型（8条跑道）→仿真优化跑道构型（9条跑道）→预可研总平面规划方案优化阶段跑道构型（7条跑道）→上报预可研跑道构型（7条跑道）→根据领导小组会议和民航局意见调整跑道构型（9条跑道）→根据《北京新机场总体规划预评审会专家组预评审意见》调整跑道构型（7条跑道）。跑道条数的变化以及构型的调整不但与各阶段规划目标相关，同时也与各种条件的变化以及规划设计的深入、空中和地面仿真工作的深度介入等密切相关。

为了验证新机场跑道构型的实际容量，指挥部开展了"北京新机场及终端区规划模拟仿真研究""北京新机场地面运行模拟仿真研究"，按照规划目标年的航班时刻表，对飞机的空地运行进行计算机模拟仿真，从而评估跑道构型的运行绩效，识别制约机场容量的瓶颈，指导跑道构型方案的改进。

经过反复研究，《北京新机场预可研报告》提出了"全向型"跑道构型方案，建议近期建设"三纵一横"4条跑道。军方主持完成的《北京新机场跑道数量和构型研究论证情况报告》，也推荐近期采用"三纵一横"构型方案，并对方案优化提出了建议。综合考虑民航局、空军、北京市、河北省和专家组的意见，《关于北京新机场（预可研报告）的咨询评估报告》中提出了对跑道构型方案进行调整和优化的建议。

按照预可研评估报告的要求，结合场址周边的地形地物，《北京新机场可研报告》的跑道构型方案对跑道方位、主跑道间距等作了相应的调整。

2014年4月2日至3日，民航局组织召开了《北京新机场总体规划预评审会》，根据预评审："同意2025年作为机场近期规划目标年，近期规划的4条跑道构型基本合理可行……建议远期暂按旅客年吞吐量1亿人次左右规划终端规模……规划采用6+1的跑道构型……"。结合预评审意见和可研评估报告，修改形成了对应于远期（终端规模1亿人次左右）的跑道构型方案（"五纵两横"的"6+1"跑道方案）。

### 3. 航站区规划

航站区规划首先明确航站区规划目标，并对航站区规划中可以预见的各种关键问题进行逐一分析比选。与此同时，指挥部开展的航站区规划方案国际征集对总体规划也提供了有益的借鉴和参考，规划中对各应征方案进行了逐一分析，在总体规划概念设计的成果基础上，吸收有益的、合理的方面纳入航站区规划成果，最终形成航站区规划方案。

在2010年5月完成的《北京新机场总体规划概念设计》中，明确了航站区规划目标，按照"单、双航站区模式→陆侧区域布局模式→道路穿越方式"的顺序对航站区主要规划要素进行逐一研究后，形成了"双尽端、长指廊主楼+十字卫星厅、站坪与平滑之间设置下穿内部连接道路模式"的中央航站区规划方案。

2010年11月，指挥部针对大兴机场航站区规划方案，向4家国外机场咨询设计公司进行方案征集，并于2011年2月开展了方案评比。结合航站区规划方案征集和《北京新机场预可研报告》的成果，指挥部组织编写了航站楼建筑方案招标的技术要求。

结合《北京新机场预可研报告》的评审意见，对航站区规划模式进行多轮次的研究和分析后，最终形成了"双尽端、长指廊主楼+线性卫星厅"的中央航站区规划方案，并以此作为《北京新机场可研报告》总平面规划方案的基础。

按照方案，中央航站区采用单一的空侧但将分为南、北两个陆侧区域，采用"双尽端式"格局，近期规划建设北航站区，规划容量为满足年旅客量7 200万人次的需求，运量溢出后，远期规划在南航站区继续发展。南、北航站区采用适度的差异化定位。北航站区采用主楼和卫星厅的模式，远期规划主要服务于规模最大的基地航空公司和网络型航空公司，强化枢纽中转功能。南航站区发展模式未来按需确定，留有灵活选择的余地，远期主要服务于低成本航空、次要航空公司、点对点运行为主的航空公司。

此外，在航站区规划过程中采用了层层递进的研究方法。根据"单、双航站区→航站楼与进离场交通方式→跑滑系统及平行滑行道→主跑道间距"的研究思路，确定出合理的机场航站区规划方案。

（1）单、双航站区的分析

在场址、构型基本确定的前提下，专家们结合场址周边场地条件分析了单、双航站区的可行性，认为由于大兴机场远期需要满足88万/年起降架次的运行需求，双航站区在运行中滑行路线组织复杂、滑行距离过长、旅客中转不便都将影响机场整体的运行效率，因此不作为新机场航站区规划的方向。

通过对全球曾经达到过5 000万旅客量/年的机场航站区发展历程及未来发展规划的分析，综合美国丹佛机场及芝加哥奥黑尔机场的优点，确定采用"中央聚型"航站区规划方案。

（2）航站楼与进离场交通方式分析

在充分研究国外主要大型机场陆测交通的基础上，借鉴了慕尼黑机场进场道路在跑滑系统与航站区站坪之间穿过的做法，沿航站区两侧规划了下穿U形槽道路，既解决了航站区南北沟通的问题，又保持了航站区的完整性，使得陆侧和空侧交通都可顺畅地运行。

航站楼采用南北两个主楼+中部卫星的形式，形成了主航站区在整个机场中心的中央汇聚型的跑道构型。这样既保证了跑滑间核心空间的完整，有利于超大容量高效运行，又使中转变得更为容易。

（3）跑滑系统及平行滑行道分析

在航站区两侧分别规划了3条平行滑行道与1条下穿U形槽道路，共计占用了东西两条主跑道之间1 000m的宽度。

对于中央汇聚型的跑道构型来说，中央航站区与跑道之间规划3条平行滑行道，能使飞机在靠近跑道的平滑上排队等待起飞的同时，又保证了进出中央航站区的双向顺畅通行。

（4）主跑道间距分析

在确定了以单一航站区为规划发展方向的基础上，大兴机场航站楼采用尽端式航站楼，南北两个主楼＋中部卫星的形式，并在航站区与跑滑系统之间规划下穿U形槽道路连接南北航站区。在中央航站区东西两侧各设3条平滑后，在满足航空业务量预测的基础上，根据航站楼构型的不同，形成了不同跑道间距的方案。为保证机场整体的高效运行，综合考虑了航站区长度、每机位占地面积、航站楼布置、联络滑行道数量等影响因素，分析了多种不同主跑道间距的方案。

### 4. 综合交通规划

大兴机场综合交通战略的总体目标：构建以大容量公共交通为主导的可持续发展模式，打造多种交通方式整合协调并具有强大区域辐射能力的地面综合交通体系。

由于大兴机场的地理位置及运量规模无法再延续目前首都机场以小汽车为主导的交通模式，作为北京的第二机场，其地面集疏运系统的效能成为影响旅客和航空公司选择、决定大兴机场市场成败的关键因素。

2013年2月28日，国家发展改革委基础产业司会同交通运输部规划司、铁道部计划司、民航局计划司、北京市发展改革委、河北省发展改革委启动了"北京新机场综合交通规划"的研究工作。10月，形成了汇总方案并向有关部门做了汇报。

2014年1月，北京新机场建设领导小组第三次会议原则同意了外围综合交通方案，构建以"五纵两横"为基础的综合交通主干网络。

## 5.3  开放引领的详细规划

为深化落实《北京新机场总体规划》，确保大兴机场建设工作稳步推进，实现机场与地方城市规划管理的有效衔接，指挥部委托专业机构编制了《北京大兴国际机场控制性详细规划》（以下简称《详细规划》）。《详细规划》将民航行业标准和城市规划要求相结合，将北京市与河北省城市规划要求相结合，搭建统一的规划平台，对机场进行精细化管理，深化《北京新机场总体规划》内容，合理安排机场，尤其是机场陆侧各类建设项目的位置、规模，细化各项规划。

## 5.3.1 开放式街区规划

大兴机场详细规划编制共历时3年,突出引领性。

2015年,形成详细规划初稿,相应期红线内机场、空管、航油、航空公司以及各驻场单位的设施布局已基本明确。

2016年上半年,完成《北京新机场近期建设详细规划》送审稿,并报送至民航局、北京市、河北省规划部门征求意见。2016年9月30日,民航局组织北京市规划国土委、廊坊市城乡规划局和指挥部专题论证了《北京新机场控制性详细规划》。

2017年,新机场控制性详细规划编制完成,经征求各方意见后,正式上报。

2019年,控制性详规通过北京市、河北省审查。

大兴机场详细规划的重要时间节点如图5-4所示。

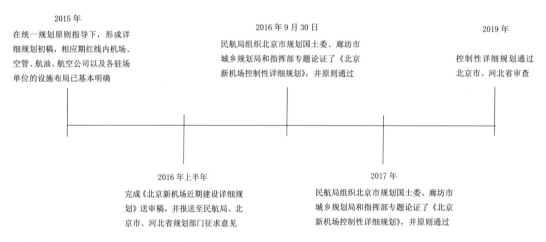

图5-4 大兴机场详细规划重要时间节点

《北京大兴国际机场控制性详细规划》是大兴机场空侧、陆侧各类建设项目的指导性文件。规划要求深化完善机场规划布局,保障土地精细化使用,结合城市设计工作,建设小尺度街区,打破封闭"大院"形成对城市的阻隔,加强整体性。高效组织地面、地下交通,多交通方式无缝衔接换乘,倡导绿色出行。提倡综合管廊建设、综合能源利用、地上地下一体化建设,高效组织调配能源供给。加强森林城市、海绵城市的建设,保证机场在适应气候环境变化和应对雨洪灾害等方面具有良好的弹性。提高场内公共服务水平,打造功能完善、尺度宜人、形象良好、环境优美的机场城市。

控规的编制体现了"定位与定界相结合"。控规明确机场用地四至范围,确定了构建"一轴一带、分区串联"整体构型,串联起北工作区、机务维修区、货运区、航站区、飞行区。

控规参照城市用地分类标准对机场用地进一步细分，对机场内部各地块的主要功能予以明确规定，从技术层面有力地推进了机场内部各地块精细化管理。

控规的编制体现了"定性与定量相结合"。在统筹考虑机场的发展、空管、油料、航空公司、联检单位等驻场单位的建设需求下，控制近期建设用地上总建设规模约为870万m²。结合机场内配套服务工作人员、后勤人员、机场办公人员为主的人口构成，配置公共服务设施和市政公用设施；构建"一轴、一带、一环、多点"的绿地结构；规划以进出场路为骨架、主、次干路及支路与微循环道路相结合的方格网状道路系统，涵盖49条道路，将大兴机场划分成25个街坊。以场前区整体统一、匀质的建筑背景突出大兴机场航站楼的标志性形态，形成"中央高、南北两侧较低"的建筑天际线，表现出整齐的城市界面。推行"窄路密网"路网格局，建筑体量控制成群成组，使建筑之间有更多共性。

控规的编制体现了"控制与引导相结合"。控规是规范大兴机场各类建设项目的指导性文件，是规划实施管理和指导编制修建性详细规划、建设方案的依据。注重建设方案与机场理念的融合，通过上位规划的引领，将民航行业标准和城市规划要求相结合，将北京市与河北省城市规划要求相结合，搭建统一的规划平台对机场进行精细化管理，合理安排机场，尤其是机场陆侧各类建设项目的位置、规模，细化各项规划指标。通过控规搭建了以用地性质、容积率、绿地率、建筑控制高度、禁止机动车出入地段等规定性指标和人口容量、建筑面积、平均层数、建设导引等指导性指标相结合的控制性指标体系。

## 5.3.2　详细规划要点

### 1. 总体结构

大兴机场总体结构可以概括为"一轴一带、分区串联"，如图5-5所示。

（1）"一轴"即沿中央绿带构筑公共职能轴，构建区域中心。沿中央绿带两侧主要布置行政办公、多功能设施、后勤设施。

（2）"一带"即沿主干一路、泄洪渠沿线形成的线性城市景观带，蓄滞洪区城市公园是景观带上的重要节点。

（3）"分区串联"即有机组织北工作区、机务维修区、货运区、航站区、飞行区。其中，北工作区、机务维修区和货运区是机场正常运行的支撑区域，集办公、运行保障和生活保障等多种功能于一体；航站区是重要的综合性交通枢纽区域；飞行区是机场实现航空与运输保障能力的重要的交通性功能区。

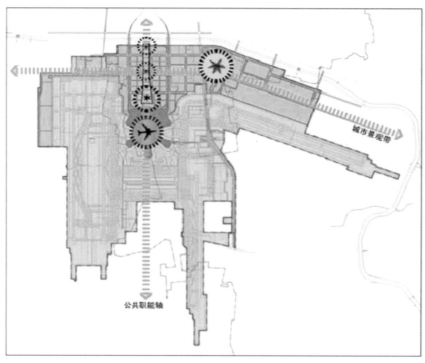

图5-5　大兴机场总体结构

## 2. 功能分区

《详细规划》延续了《北京新机场总体规划》的功能分区，结合各类设施不同的使用功能和机场的实际情况，将机场工作区划分为综合办公区、行政办公区、后勤保障区、运行保障区和蓄滞洪区。如图5-6所示。

航站楼楼前的核心地块位于进出场高速之间，是进出机场的视线焦点，同时由于净空和噪声条件较好，规划为综合办公区，可实现较高强度的建设，体现了机场门户形象。

运行保障区主要用于建设机场市政配套设施和航食、特种车辆维修库、各类库房等。一般来说，为便于机场运行，航食、特种车库等设施应布置于空陆侧交界处。此外，由于建筑形象一般，建筑高度低矮，应尽可能利用净空限制严格、噪声条件较差的地段。综合以上考虑，将航食、车库、污水处理厂等设施布置于进场路以西保障区，该区位于西一、西二跑道端净空限制范围；空管设施、市政设施等布置于出场高速东侧的运行保障区，该区位于空陆侧交界面，且与航站楼、空侧、综合办公楼的距离均较近，符合该类型设施选址需要；于蓄滞洪区东侧、机场用地红线的最外围，设置以使用油库为主要功能的运行保障区，该地段位于机场相对偏僻的位置，且在西侧和北侧绿地有绿化隔离，东侧、南侧靠近库房，安全性相对较好。

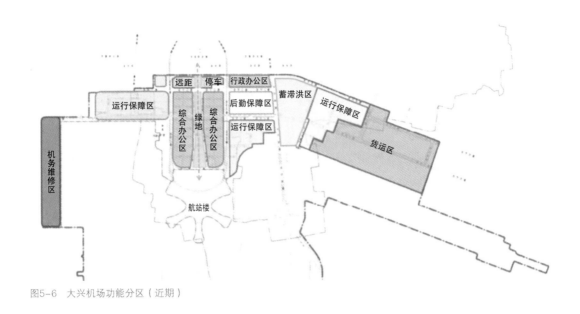

图5-6　大兴机场功能分区（近期）

　　在机场综合办公区和蓄滞洪区之间设置后勤保障区，该区域位置相对居中，且净空、噪声条件好，又有可利用的绿地景观，属于机场楼前比较宜居的区域。

　　根据《民用航空安全保卫条例》及公安、武警、海关等相关单位的建设及管理要求，采用单独的"大院"有利于其安全平稳运转。因此保留了部分办公与生活配套设施合建的"大院"，选址于机场红线的北端，紧邻后勤保障区。

　　蓄滞洪区为绿地，雨期作为雨水调蓄池，收集雨水和利用雨水。

# 5.4　出行便捷的综合交通规划

　　交通规划经历了5年多的研究、决策与反复验证，突出便捷性。

　　2011年，指挥部协调相关单位开展了综合交通规划专项研究。5月27日，指挥部听取了初步成果汇报后，对综合交通规划继续进行优化和完善。

　　2012年，指挥部协调相关单位开展了货运与物流规划研究。货运物流发展战略和规划方案提出了在大兴机场构建东北亚多式联运枢纽的战略目标；对"两市三场"的定位、基地航空公司选取、分拨中心建设的可行性等提出了建议；配合可研报告的编制，提出了货运区位置布局、用地规模、货邮吞吐量等方面的设想。

2013年，继续开展新机场综合交通规划研究。指挥部协调各参与单位在"快轨须抵达市中心""保证本期高速公路的通行能力""调整场前联络线线位""衔接京冀路网""建设城市航站楼"等事项上达成共识。按照国家发展改革委和民航局部署，又组织开展了城市轨道建设、铁路网衔接、公路网规划、集疏运体系建立、综合交通枢纽规划等课题调研，各方关于综合交通的意见逐渐接近。

2014年，综合交通规划基本确定了构建"五纵两横"的综合交通主干路网。指挥部协调相关单位编制完成新机场综合交通规划专题报告。

2015年，综合交通研究不断深入。在民航局协调下，形成了以"五纵两横"为基础的综合交通主干路网规划。

"五纵两横"主干路网融合高速铁路、城际铁路、城市轨道、高速公路等多种交通形式，轨道专线可直达北京市中心区域和雄安新区，与城市轨道网络多点衔接，实现"一次换乘、一小时通达、一站式服务"，同时在丽泽、草桥、雄安新区设置城市航站楼，给旅客更便捷的服务体验；基于3条轨道交通线路，通过直达或跨线运行，大兴机场在1小时内可通达天津、唐山、保定等城市，在2小时内可通达石家庄、秦皇岛、济南等城市，3小时内更可通达太原、郑州、沈阳，广泛建立与周边主要城市的连接；基于4条高速公路，可实现与周边主要城市的顺畅链接，大幅增强大兴机场的枢纽辐射能力。

### 1. 外部交通系统规划

根据《北京新机场总体规划》以及机场外部综合交通规划，构建与北京市建设世界城市相匹配的、以公共交通为主体、以轨道交通为核心的绿色交通发展模式，形成满足不同客运需求的高效便捷、设施优良、区域统筹的机场外部交通体系。

（1）外部道路系统

由于大兴机场项目的进行，北京市南部地区高速路网进行了相应调整，形成"四横五纵"的高速公路网格局。"四横"由北向南依次是五环路、六环路、东南部过境通道和场前联络线；"五纵"由西向东依次是芦西路、京开高速、机场高速、京台高速和博兴西路。

（2）轨道交通系统

根据《北京新机场总体规划》，在大兴机场区域内共规划2条铁路，分别为京雄城际、城际铁路联络线。

京雄城际北起丰台站，与京沪高铁共通道布设，经大兴新城后向南至机场。城际铁路联络线西起涿州，与京广铁路相接，东至廊坊，与京山铁路相接，是大兴机场及周边新航城地区重要的城际铁路。进入机场围界后，布置于中央绿化带内，从地下进入航站楼。

大兴机场共规划3条城市轨道交通线路，分别是机场轨道快线、R4线和北京/河北预留线。

## 2. 内部交通系统规划

《详细规划》延续《北京新机场总体规划》的方格网状道路系统，包括为航站楼服务的主进出场高架路系统、场内的主次干路系统等。机场内部构建U形主进出场高架路系统；地面道路采用方格网式布局，由主、次、支道路构成，工作区路网由"九横九纵"组成；货运区路网由"三横四纵"组成；机务维修区仅"一横一纵"。

（1）旅客快速进出通道

旅客快速进出通道为U形的主进出场高架路系统，将航站楼离港层与外围大兴机场高速衔接。通过设置上下匝道，将进出场高架路与工作区地面路进行联系，实现近端、远端复循环功能，保障机场大巴、出租、公交等交通运营组织。

其中，主进场路主要由4个层次的功能构成，如图5-7所示。

1）旅客进出场采用高架路系统与航站楼离港层、到港层连接。

2）在工作区范围设置两对出入口（Z1~Z4），为工作区与中心城、航站楼交通联系服务。

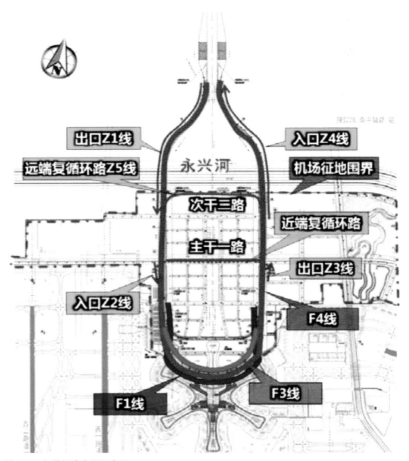

图5-7　主进场路布局示意图

3）航站楼前设置与停车楼、VIP停车场等设施的连接匝道。

4）回场调度采用近端（主干一路）、远端（Z5）两级循环。

（2）内外联系通道

在以进出场路为骨架的基础上，实现多条主、次干路与场外道路联系，服务于大兴机场与新航城等周边区域的交通联系，同时作为早晚高峰通勤的主要通道。其中主干路7条道路、次干路9条、支路21条，此外，场站内外部、工作区地块服务的微循环道路共计有12条。道路路网布局呈方格网布置，主干路道路红线宽度为60～80m，次干路道路红线为35～70m，支路道路红线为20～30m。

# 5.5 发展共赢的临空经济区及自贸区规划

## 5.5.1 临空经济区规划

经国务院批准同意，国家发展改革委印发了《北京大兴机场临空经济区规划（2016—2020年）》，由北京、河北两地合作共建大兴机场临空经济区，以促进京冀两地深度融合发展。

### 1. 战略定位

临空经济区战略定位主要包括三个方面，分别为：①国家对外交往中心功能承载区；②国家航空科技创新引领区；③京津冀协同发展示范区。

### 2. 发展目标

（1）近期目标：建成直接为大兴机场服务的交通运输、综合保税、口岸物流等生产生活配套设施，常驻人口规模控制在35万人以内，城镇建设用地控制在40km²以内。

（2）远景展望：到2030年，建成基础设施和公共服务国际一流，资金、人才、技术、信息等高端要素聚集的开放型临空经济区，成为具有较强国际竞争力和影响力的重要区域。

### 3. 功能分区

大兴机场临空经济区位于北京市大兴区与河北省廊坊市毗邻区域，总面积约150km²，其中北京50km²、河北100km²。如图5-8所示。

图5-8　大兴机场临空经济区

（1）航空物流区：约80km²，其中北京30km²、河北50km²，重点发展航空物流、综合保税、电子商务等产业。

（2）科技创新区：约50km²，全部位于河北，重点发展航空工业产品研发、技术创新等。

（3）服务保障区：约20km²，全部位于北京，重点发展综合保障、航空科教、特色金融等。

### 4. 总体管控区

按照总体管控、适度发展的原则，临空经济区外围为规划总体管控区。总体管控区东至廊坊西环路，西至永定河、固安镇西侧，北至北京市大兴区魏善庄镇北侧，南至固安镇南侧，南北长约35km，东西宽约30km，总面积约1 028km²。如图5-9所示。

## 5.5.2　自贸区规划

《国务院关于印发6个新设自由贸易试验区总体方案的通知》中的《中国（河北）自由贸易试验区总体方案》指出，自贸试验区的实施范围119.97km²，涵盖4个片区，其中涉及大兴机场片区19.97km²，四至范围：东至京清路，南至天堂河，西至大兴机场高速，北至大兴机场北高速。

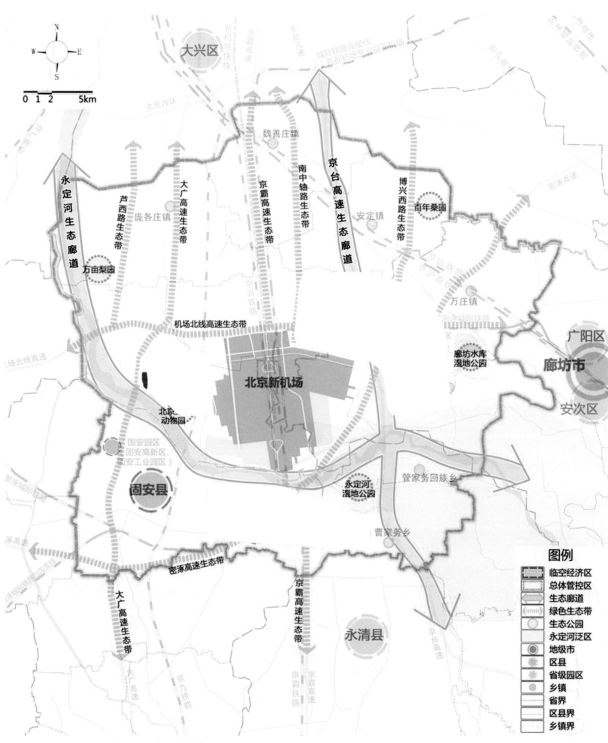

图5-9 北京大兴机场临空经济区外围总体管控区

## 1. 战略定位

以制度创新为核心，以可复制、可推广为基本要求，全面落实中央关于京津冀协同发展战略和高标准高质量建设雄安新区要求，积极承接北京非首都功能疏解和京津科技成果转化，着力建设国际商贸物流重要枢纽、新型工业化基地、全球创新高地和开放发展先行区。

## 2. 发展目标

经过3~5年改革探索，对标国际先进规则，形成更多有国际竞争力的制度创新成果，推动经济发展质量变革、效率变革、动力变革，努力建成贸易投资自由便利、高端高新产业集聚、金融服务开放创新、政府治理包容审慎、区域发展高度协同的高标准高质量自由贸易园区。

## 3. 区位布局

自贸试验区的实施范围119.97km²，涵盖四个片区，即雄安片区，正定片区，曹妃甸片区，大兴机场片区。

（1）雄安片区：33.23km²，重点发展新一代信息技术、现代生命科学和生物技术、高端现代服务业等产业，建设高端高新产业开放发展引领区、数字商务发展示范区、金融创新先行区。

（2）正定片区：33.29km²（含石家庄综合保税区2.86km²），重点发展临空产业、生物医药、国际物流、高端装备制造等产业，建设航空产业开放发展集聚区、生物医药产业开放创新引领区、综合物流枢纽。

（3）曹妃甸片区：33.48km²（含曹妃甸综合保税区4.59km²），重点发展国际大宗商品贸易、港航服务、能源储配、高端装备制造等产业，建设东北亚经济合作引领区、临港经济创新示范区。

（4）大兴机场片区：19.97km²，重点发展航空物流、航空科技、融资租赁等产业，建设国际交往中心功能承载区、国家航空科技创新引领区、京津冀协同发展示范区。

# 第 6 章

# 持续优化的项目设计理念与创新

大兴机场总工程师郭雁池说：工程是一个持续优化的过程，也是根据当时条件下做出最优选择的过程，需要去判断哪些是必须的，哪些是可以容忍的。工程设计的过程自然也不例外。

大兴机场工程优化的目标，就是使工程达成价值最大化，兼具经济性、专业性、技术性、安全性、可持续性及人文性。大兴机场作为世界瞩目的工程，追求打造"全球标杆"的工程定位，其优化设计的重要性及必要性不言而喻。

优化设计理念与创新中的精髓与重点可以总结为：第一点"多轮优化的航站楼设计"；第二点"依托课题研究的优化设计"，包括建设与运营一体化的研究和实践、其他课题研究等；第三点"凝聚匠心的人文机场设计"，机场不是一个钢筋水泥的冰冷的建筑，这里面凝聚了设计者和建设者的用心，它会变得有人的温度。包括综合考虑旅客步行距离和机位数量最多的航站楼集中式五指廊构型，考虑区域采光均匀、提高出行感受的C形柱设计等；第四点"科技创新引领的智慧机场设计"，包括完备的基础设施、全面的业务应用、广泛的业务融合以及愉悦的旅客体验等方面；第五点"持续迭代优化的绿色机场设计"，包括绿化机场持续课题研究、绿色机场专项设计、绿色机场标杆的打造等。

全过程协同的数字化设计也是大兴机场突出的亮点和创新，因此也专题进行了阐述。主要内容和思路如图6-1所示。

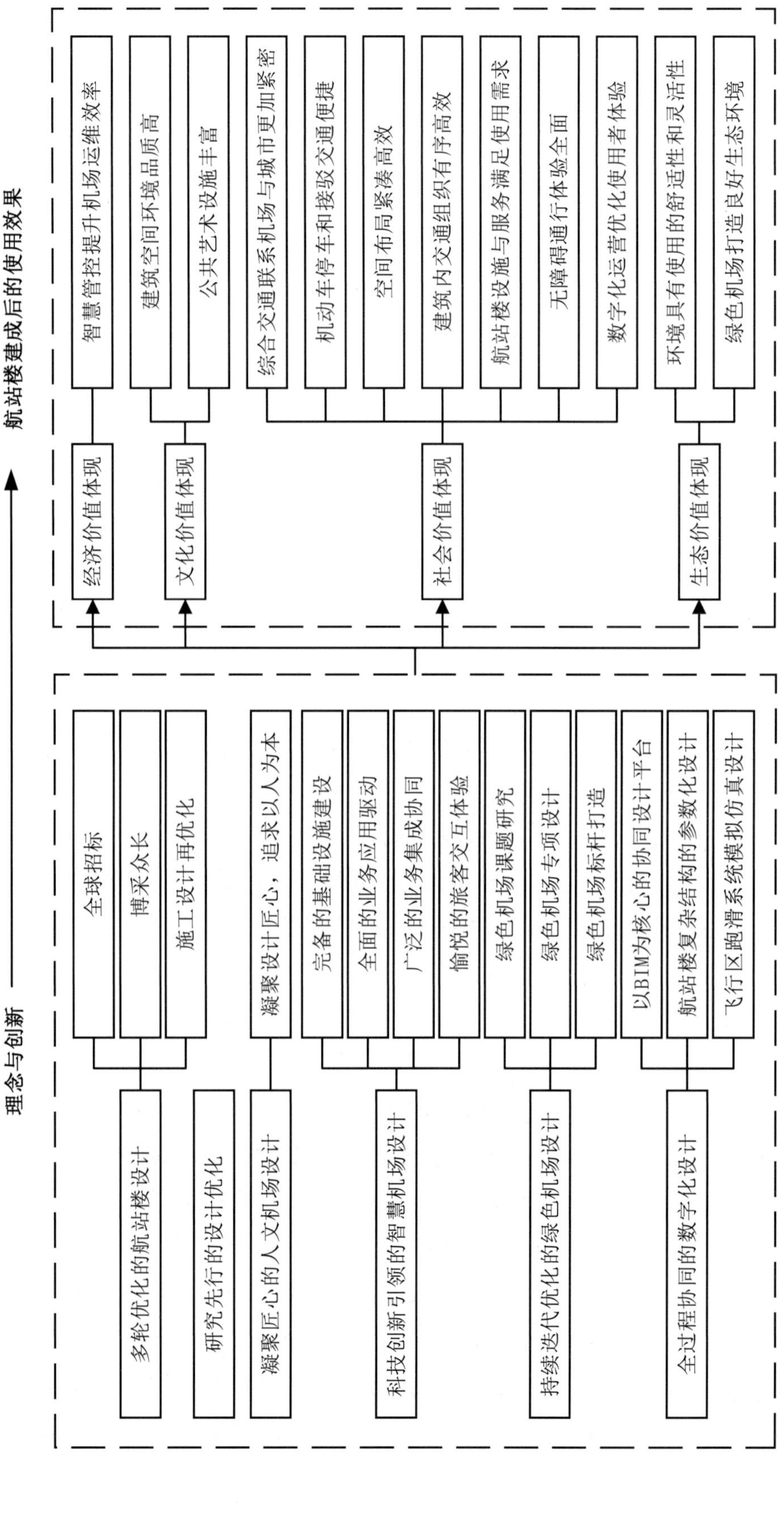

航站楼建成后的使用效果

理念与创新

| 经济价值体现 | 智慧管控提升机场运维效率 |
| | 建筑空间环境品质高 |
| 文化价值体现 | 公共艺术设施丰富 |
| | 综合交通联系机场与城市更加紧密 |
| | 机动车停车和接驳交通便捷 |
| | 空间布局紧凑高效 |
| 社会价值体现 | 建筑内交通组织有序高效 |
| | 航站楼设施与服务满足使用需求 |
| | 无障碍通行体验全面 |
| | 数字化运营优化使用者体验 |
| 生态价值体现 | 环境具有使用的舒适性和灵活性 |
| | 绿色机场打造良好生态环境 |

多轮优化的航站楼设计：全球招标、博采众长、施工设计再优化

凝聚匠心的人文机场设计：凝聚设计匠心，追求以人为本

科技创新引领的智慧机场设计：完备的基础设施建设、全面的业务应用驱动、广泛的业务集成协同、愉悦的旅客交互体验

持续迭代优化的绿色机场设计：绿色机场课题研究、绿色机场专项设计、绿色机场标杆打造

全过程协同的数字化设计：以BIM为核心的协同设计平台、航站楼复杂结构的参数化设计、飞行区跑滑系统模拟仿真设计

图6-1 本章主要内容和思路

# 6.1　多轮优化的航站楼设计

航站楼设计方案是大兴机场工程的灵魂，大兴机场航站楼采用五指廊放射构型，陆侧的综合服务楼形同航站楼的第六条指廊，与航站楼共同形成了一个形态完整、特征鲜明的总体构型。大兴机场航站楼在旅客步行距离、主要中转时间、首件行李到达时间、节能环保等方面树立了全新标杆。

为了使大兴机场航站楼方案达到最优，大兴机场设计方案经历了"先买断方案，再进行融合设计"的过程，进行分批次设计，持续优化，体现了以人为本的设计理念。

大兴机场工程作为国家重点工程，建设理念、工程质量、科技成果，都按照"创新、协调、绿色、开放、共享"五大发展理念的要求，开放共赢。指挥部本着开放心态建设大兴机场，吸收国内外先进的机场建设理念和经验，学以致用，取长补短。

## 6.1.1　全球招标

机场是重要的公共建筑，对建筑实用（功能）与审美（形式）有更高的要求。2011年4月28日，经民航局批准，新机场航站楼方案设计面向全球招标。在各家竞标单位参与投标之前，招标方根据机场近期、远期满足旅客吞吐量的要求，给出了统一的机场规划主导原则，并结合北京中轴线的特殊地理位置，要求各家竞标单位在原则框架下给出设计方案。共有国内外21家设计单位报名参加。2011年7月27日，在北京市建设工程交易中心进行了资格预审，择优确定了7家设计单位进入后续投标阶段。

2011年12月20—21日，由国内外15名专家组成的评标委员会对投标方案进行了评审。评委会推荐的三个优秀方案（不分名次）为英国福斯特及合伙人建筑设计事务所投标方案(FOSTER)、中国民航机场建设集团公司和北京市建筑设计研究院联合体投标方案、法国巴黎机场工程公司(ADPI)投标方案。

2012年9月6日，国家发展改革委、北京市、河北省、总参、民航局五方在首都机场集团参观了航站楼模型并听取了关于新机场航站楼建筑设计方案的有关汇报。会议建议将"FOSTER方案、ADPI方案作为上报的推荐方案，ZAHA方案作为备选方案"。同时要求指挥部从"使用功能、节能环保、工程造价、运营成本、建筑造型"五个重点方面对推荐方案及备选方案进行分析比较。

2013年3月1日，民航局组织召开了新机场航站楼方案专题会议，会议认为原投标方案在功能流程、建筑规模、建设投资、工程可实施性等方面存在一定缺憾。例如：英国福斯特事务所提供的方案为单元式航站楼。方案沿中轴线对称建造四座小型航站楼，以延长两侧空侧面积，增加机位，同时分散巨大的客流量，但带来的问题是客流周转效率不高。英国奥雅纳工程顾问公司、英国罗杰斯建筑事务所联合体方案为"闪亮红星"。该方案既严谨又大胆，设计体现了很强烈的中国特色，但直接的国别特征略显生硬。因此做出开展航站楼方案优化的工作部署。指挥部联系原投标的7家设计单位，在分别指出问题和进一步的要求后，请各家在自愿的前提下，考虑进行自身第一轮优化。除一家投标单位主动退出外，其余6家投标设计单位均参与了本次优化工作，并于2013年5月16日前提交了优化成果文件。

2013年6月16日，指挥部组织召开了外部专家论证会，就优化方案解决原有问题措施的有效性、主要技术指标的符合性进行了论证。

2013年6月20日，民航局局务会听取了航站楼建筑方案优化工作的汇报，综合考虑各方意见，研究后认为：法国巴黎机场工程公司（ADPI）、英国福斯特及合伙人建筑设计事务所（Foster）、英国扎哈·哈迪德事务所（ZAHA）的方案在规划理念、功能流程、运行效率、节能环保等方面相对较好，建议作为推荐方案上报，且排名不分先后。

2013年8月，各家经第一轮优化后的方案评审结果决出：ADPI方案排名第一，Foster方案排名第二，ZAHA的设计方案视觉上最具震撼力，图纸细化程度最高。

ADPI采用五指廊的航站楼与综合交通枢纽无缝对接的概念设计方案脱颖而出，成为中标方案。其设计理念包括多层布局、放射性指廊构型，对集中式航站楼的处理能力、旅客步行距离和停靠飞机的数量形成一种平衡。

最终，大兴机场航站楼呈现出具有中国特色的方案。从布局来看，北部的首都机场好比一条龙，南部的大兴机场像一只凤凰，北龙南凤，寓意"龙凤呈祥"，呈现出中国传统美，同样工程方案的性价比最优。这样，大兴机场，这个世界级的工程，汲取了世界的智慧。同时又很好地实现了外观造型和内部空间及功能的有机结合，做到了航站楼与环境、与旅客需求产生较高的融合度。

## 6.1.2　博采众长

2014年1月19日，北京新机场建设领导小组第三次会议决定：同意以ADPI的方案为基础，吸收其他方案的优点，抓紧优化形成一个博采众长、功能完善的航站楼建筑方案。指挥部通过与设计单位沟通，最终组成了由ADPI和ZAHA参与的优化设计团队，启动了第二轮优化工作。

经过多轮次的方案优化、汇报请示，2014年9月12日，经请示民航局后，指挥部向法国巴黎机场工程公司（ADPI）正式发送了中标通知书。

至2014年12月底，优化了建筑外形及内部空间设计，提升了建筑形象；完善了楼层功能布局及资源配置，提高了运行效率；形成了各种交通方式的运行流线，重点深化了轨道交通与航站楼的一体化设计方案，提高了综合交通系统效能；细化了行李系统的整体设计，提出了旅客捷运系统的预留方案；结合航站楼建筑，还深化了节能环保措施。

2015年初，经请示民航局并转报国家发展改革委同意后，指挥部委托北京市建筑设计研究院有限公司和中国民航机场建设集团公司联合体承担了大兴机场航站区初步设计、施工图设计工作。

2015年10月，民航局批复了新机场航站区工程初步设计。2015年12月，大兴机场航站区施工图设计完成。

## 6.1.3　施工设计再优化

2015年1月，航站楼的初步设计工作正式启动。施工图设计没有再继续聘请国外团队做后续服务，而由北京市建筑设计研究院与中国民航机场建设集团公司组成的主体设计单位联合体负责，依据国内规范进行方案的第三轮优化。国内设计联合体组建了由50多人组成的设计团队，同时聘请了庞大的顾问团队。国内设计团队优化所实施的设计与原概念设计相比，从建筑功能布局、建筑造型到结构方案都有较大的调整，优化了多项技术指标，如建筑规模、停机位、业务流程组织等。

C形柱是大兴机场建筑与结构一体化设计的核心亮点。所谓C形，因柱子并不封口，在每一个横截面上都形如字母C而得名（图6-2）。在最初的设计方案中，有6根C形柱，开口都朝向中心，形成合围。经过设计团队测算，扭转了C形柱的开口方向，不再朝里，而是全部朝外，并且根据结构需要增加了两根C形柱。同时，取消了原方案值机大厅内的10根立柱。调整后，室内的支撑结构更为纯粹，力学分布更加合理，也使核心区和外围区域的采光趋于均匀，进一步降低照明能耗。为此设计团队还做了全天不同光线情况下的光照模拟，天气好的

图6-2 C形柱效果图

时候，白天在航站楼内的开敞区域，可以做到不需要室内开灯。如此一来，哪怕是在底层疲惫行走的旅客，也能获得一抹自然光的照拂，提升出行感受。

实际实施的大兴机场航站楼设计方案（先后通过三次优化而形成的航站楼构型），在主体结构和运营机制上以ADPI方案为基础，建筑艺术上吸取了ZAHA方案的诸多造型元素，体现世界文化多元性，同时又融合了国内设计团队的各项优化方案。

国内设计团队在设计中突出了中国文化元素，体现北京地域文化特色，既传承古典，又融入现代创新的中国元素。作为亮点之一，在旅客进出港的五指廊指端分别建造了包括丝园、茶园、瓷园、田园、中国园在内的5座"空中花园"。

整个航站楼位于北京中轴线上，指挥部和国内设计团队反复研究，实地拍摄傍晚和早晨太阳照在天安门城楼琉璃瓦上的颜色，对照比较，最后选中了"夕阳下的紫禁城琉璃瓦"的颜色（图6-3），以在南中轴线上与中国古代最重要的皇家宫廷建筑及色彩遥相辉映。同时，也是跟首都机场T3色彩的一种呼应。

航站楼设计与优化过程和主要时间节点，如图6-4所示。

图6-3　航站楼鸟瞰实景

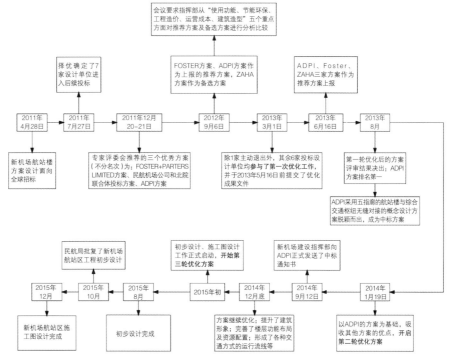

图6-4　航站楼设计与优化过程和主要时间节点
（注：黄色是三次优化的时间节点）

# 6.2　研究先行的设计优化

任宏教授曾在《巨项目管理》提及：通过前期缜密的调查研究和前期科学的证明，才能对项目设计的可行性作出明智的判断，才能及时预见项目建设中面临的技术、环境等方面的难题，保证项目的顺利建设和将来稳定的运营环境，使之长时间地发挥更大的产出效益。增加项目的科技含量，能保证巨项目的质量更为牢固，使巨项目的可持续发展更具有后劲。由此可以得出，在设计这一相对前期的阶段，进行各类专项课题研究，发挥科技力量，对于大兴机场后期的建设与运营大有裨益。在"引领世界机场建设，打造全球空港标杆"愿景下，指挥部根据工程需要，在项目各阶段适时开展了多个课题研究，为大兴机场建设提供依据，支撑各项决策。

大兴机场工程从规划到设计，先后进行了80多项课题研究或专项研究，处处凝聚着设计者的匠心，每一项重要的决策都是在课题研究的基础上经过了反复研究和充分论证，大兴机场的设计管理中不断融入新思维、新理念。

## 1. 建设与运营一体化的设计实践

按照民航局和首都机场集团公司的部署和要求，大兴机场工程的建设和运筹始终积极探讨和实践着"建设与运营一体化"的理念，而设计阶段更是践行建设与运营一体化的关键。

在以往一些机场项目建设过程中，机场的建设团队和运营团队是分割开的。建设团队专注设计施工，往往缺少从后续运营使用的角度来审视建设要求和标准；运营团队缺乏在建设阶段的深度参与，不能全面了解机场建设细节，并根据实际需要适时修正相关建设指标。这一方面导致新建机场跟不上形势及需求变化，启用便面临升级改造；另一方面导致运营团队需要更长的磨合期，以熟悉掌握机场功能。

在这种情况下建成以后容易出现问题，一是在运营团队接收后，要花大力气改造，造成了极大资金浪费和时间浪费，二是没办法改造的部分会造成使用上的不便和流程上的不顺畅。建设团队与运营团队如何进行高效的一体化协作，杜绝以往建设的痼疾，成为初始阶段必须考虑周全的重要问题。

根据这种情况，大兴机场一开始就采用了建设运营一体化模式。即在大兴机场建设伊始，从组织架构上就考虑建设和运营人员同时进入、同时配备。在建设过程中，还邀请中外专家召开新机场运营流程优化研讨会，在建设过程中做运行优化、流程优化。努力实现"一次把事情做对"，对每一项设计、每一道工序、每一件设施，不断进行审视和检验，创造"零缺陷"的工作目标。

### 2. 其他支撑性课题的研究与实践

自2011年至2019年，指挥部专门成立课题小组，依靠自身或委托专门机构，进行了诸多支撑性课题的研究。例如，绿色机场研究（绿色建设指标研究、绿色机场评价方法研究、绿色施工指南等）、航站楼建筑方案优化研究、北京新机场"智能型综合交通枢纽建设关键技术研究与应用"、除冰坪设计、航站楼钢结构系统研究、超大平面航站楼建造关键技术与研究应用、自动化的强夯系统、站坪塔台设计专项工作、道面新材料关键技术研究。

又如，新机场供热、供冷模式的研究、航站楼及综合交通中心内商业规划、机场节能减排、可再生能源综合利用、"海绵城市"建设试点、复合式地源热泵系统的设计、光伏发电、固体垃圾资源化利用。

飞行区研究课题包括全场地势设计方案、全场雨水排放方案、飞机除冰设施、多跑道助航灯光系统、空侧服务设施、全场地基处理及土石方填筑方案、周界防入侵探测系统、飞行区原材料调查、飞行区临时设施规划研究，新机场飞行区数字化施工管理的实施方案等。

此外，还有许多与大兴机场相关的国家科技支撑计划、民航科技重大专项研究工作，形成了一大批科研成果。持续开展的各项专项研究或课题研究，对工程设计起到了显著的支撑作用，切实保证了建设理念落地，有效地指导工程实践。也通过这些专项研究成果以及新技术、新工艺、新材料、新设备的应用，休现大兴机场建设的新亮点和新光彩。

## 6.3　凝聚匠心的人文机场设计

一个机场，不是像我们想象的就是一个钢筋水泥的冰冷的建筑，这里面凝聚了设计者和建设者的用心，它会变得有人的温度。例如C形柱的设计，从远处看，C形柱不仅给人以震撼的视觉冲击力，还会给人一种栩栩如生的向上生长的力量，从而让航站楼由静态变成动态，成为生机勃勃的航站楼。

"四型机场"的提出契合新时代民航发展趋势，"人文"是基本功能，人文意味着秉持以人为本，富有文化底蕴。在我国民航业快速发展的背景下，旅客对机场的需求从单一的交通属性逐步向多元化、个性化、差异化发展。大兴机场从旅客基础出行需要入手，不断深入研究品质生活需要、情感归属需要和自我实现需要，进一步解读人文内涵。

## 1. 旅客步行距离

采用集中式多指廊构型，旅客从航站楼中心到最远端登机口步行距离不超过600m，步行时间不到8min。中心放射的多指廊构型指向性强，具有良好的旅客出行体验（图6-5）。

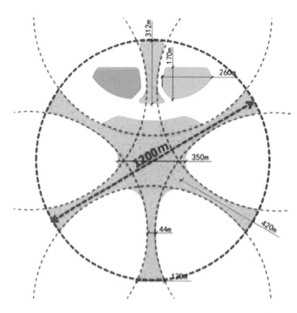

图6-5　旅客步行距离示意图

## 2. 主要中转时间

大兴机场中转流程设计高效，设计的MCT时间为国内转国内45min，国际转国际45min，国际与国内互转60min，经对比世界先进机场，中转时间居于世界前列。

## 3. 首件行李到达时间

采用创新式设计，进港行李平均运送距离为550m，首件进港行李可在13min内到达，避免旅客长时间等待。

## 4. 全球首创双层出发

为了更好地保障7 200万旅客量的陆侧交通需求，大兴机场航站楼采用双层出港车道边（四层、三层），以解决陆侧交通压力，每层车道边衔接航站楼不同的功能分区，有效保障不同类型的旅客快捷出港，提高出行效率。如图6-6所示。

（1）五层：主要功能为陆侧餐饮夹层。

（2）四层：四层出港车道边（高架桥、19.5m）；综合值机区（分三个区域，中部五座为国际值机岛（CDEFG），两边共4座为国内值机岛（ABHK，没有I和J））；国际联检区。

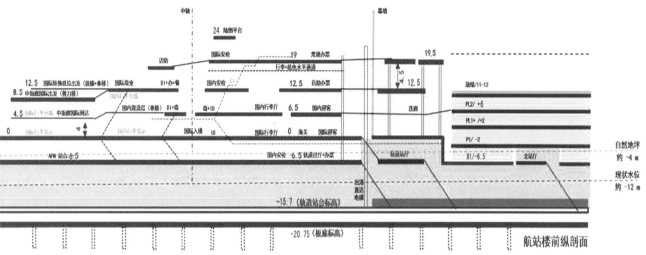

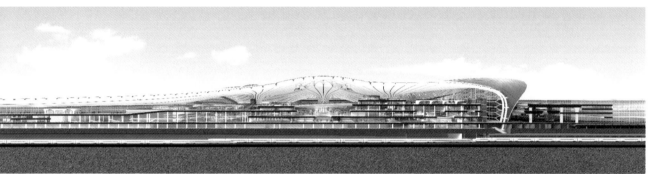

图6-6 航站楼剖面示意图

（3）三层：三层出港车道边（高架桥、12.5m）；快捷值机区；国内安检区；国际出港候机区（5组国内/国际可转换机位）。

（4）二层：国内进出港混流区（指廊最窄44m，端部宽115m）；国际进港走廊（南指廊）；中转旅客处理区、服务区；国内行李提取厅、迎客厅。

（5）首层：进港车道边；国际入境联检现场；国际行李提取厅、迎客厅；远机位出发厅；西北指廊端部为贵宾区；东北指廊端部为陆侧酒店；其他部分为机房及办公区。

（6）地下一层：主要为轨道站厅和业务用房；大厅南侧为两组值机柜台，为轨道交通的出港旅客就近提供值机条件（可满足年旅客量1 100万人次）；还设置有国内安检通道；预留未来的APM站台，以及行李通道。

（7）地下二层：轨道站台，总宽275m。

## 5. 室内环境

室内设置防霾新风过滤设备，根据二氧化碳浓度自动调节室内新风量，多方位提升空气、声、光、热等室内环境品质。

### 6. 独具特色的指廊五园和公共艺术品

玲珑精巧的八角亭，静谧清幽的廊榭……作为新"国门"，大兴机场不仅是中国首都的城市入口，也是传统文化的展示之地。为此，中方设计团队在大兴机场的设计中引入中国元素，其中最亮眼的莫过于5条指廊末端的5个室外庭院。5个庭院，在平面水平方向上呈轴线对称，在节省建筑面积的同时塑造室外候机感受，凸显绿色和人性化理念，并且营造出极具中国传统文化内涵的花园空间。

5个庭院，以传统"丝绸之路"为主题，分别为丝园、茶园、瓷园、田园和中国园。其中，中国园的文化元素最为丰富。如图6-7所示。

《丝路》位于机场一层西北指廊庭院"丝园"，以丝为主题，结合水雾装置。丝般的线条在空间中自由流淌，如空间中的草书，在秩序与不确定之间，充满东方韵味。人们穿行其间，可游、可观、可坐、可感，在候机的短暂时刻，体会现代科技与古代文明的交融。

"瓷园"主要围绕瓷器历史展开场景构建，分为三大主题场景：瓷之起航、瓷之绽放、瓷之悠长。以瓷毯为洋、瓷灯为花、瓷林导航、瓷板回味、互动展望五大表现形式，对以海上丝绸之路为契机、发展至今的"一带一路"区域合作平台进行回顾与展望，带给人们不同的视觉享受，展示中华瓷器之美。

《意园》位于机场二层西南庭院"田园"，采用亚克力管、内置音乐与LED光源、碎石制

图6-7 5个庭院位置示意图

作而成。作品创意源于唐代诗人李峤的诗句：《风》中的"过江千尺浪，入竹万竿斜"诗意情境。作品似山、似林、似雾、似云，人游走其间，似穿林驱雾，感悟"藏、息、休、游"之经验，暗含中国传统建筑园林之艺术精神。

"中国园"内，几乎涵盖了中国古建筑的所有样式，包括八角亭、六角亭、游廊、敞轩、垂花门、歇山顶、硬山顶、悬山顶等。

除指廊五园外，航站楼还设计有多种公共艺术品，如图6-8和图6-9所示。

国内A指廊（西北指廊）：①《听，天空中的感动》，②《水墨韵律》，③丝园，④《丝路》。

国内B指廊（西南指廊）：①《笔划传承》，②《花语》，③田园，④《意园》。

国内C指廊（东南指廊）：①《其名为鲲》，②《弈趣》，③《二十四节气》，④瓷园。

国内D指廊（东北指廊）：①《行云流水》，②《滴水倒影》，③茶园，④《禅境》。

国际E指廊（中南指廊）：①《时间之花》，②《舷窗》，③《形随意动》，④《爱》，⑤中国园，⑥《石径》《太湖石》。

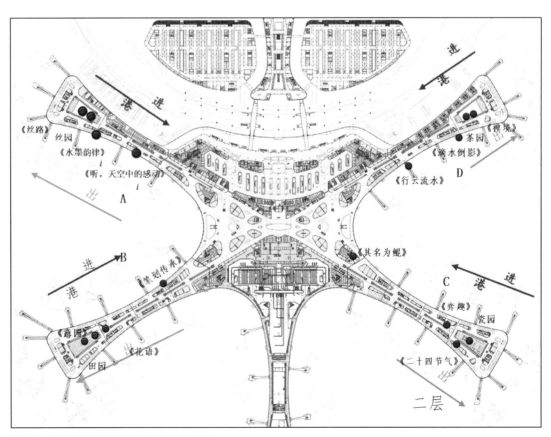

图6-8　航站楼指廊五园和公共艺术品（二层）

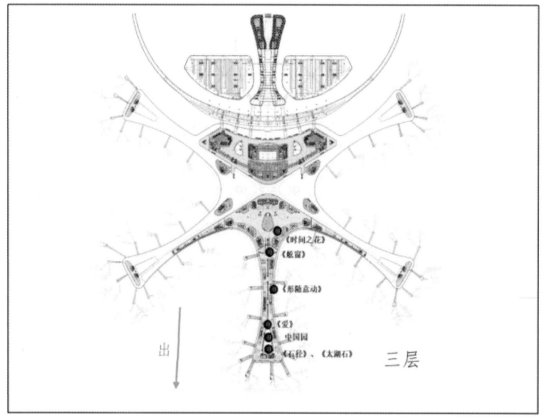

图6-9 航站楼指廊五园和公共艺术品（三层）

### 7. 无障碍设计样板

国家残联高度重视大兴机场无障碍设施建设工作，向民航局发送了《中国残联关于通报配合推进北京新机场无障碍通用设计建设有关情况的函》，民航局领导也作出了重要批示，要求将大兴机场建设成无障碍示范样板。在国家残联的指导下，大兴机场成立了无障碍专家委员会，从停车、通道、服务、登机、标识等8个系统针对行动不便、听障、视障3类人群开展了专项设计，完成无障碍设施设计通则，并在大兴机场应用示范，全面满足2022年冬残奥会要求，打造无障碍设施样板。

值得一提的是，总工程师郭雁池对于大兴机场中无障碍卫生间的设计颇为自得。因为深谙"无障碍"的核心是有尊严地出行，将"以人为本"的理念注入设计匠心，栏杆的位置与高度都会反复地进行测试，以达成最高级的人文关怀。

### 8. 近机位数量多、比例高

停靠79个近机位，所需的航站楼停靠边长度达到4 000m，这相当于沿长安街从东单到西单排满飞机。如图6-10所示。

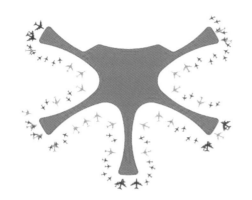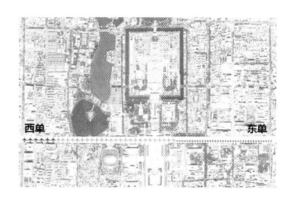

图6-10　近机位示意图

# 6.4　科技创新引领的智慧机场设计

大兴机场贯彻落实民航强国战略要求，以规划设计为引领，以技术和业务发展为导向，以科技创新为动力，以信息安全为保障，全面应用云计算、大数据、移动互联网、人工智能等技术，构建稳定、灵活、可扩展的技术架构，建设19个平台68套系统，实现对机场全区域、全业务领域的覆盖和支撑，打造多方协同、信息共享、智能决策的智慧机场。如图6-11所示。

### 1. 完备的基础设施建设

基础设施，打造机场数据底座。先进的基础设施是信息化发展的基石，大兴机场的信息基础设施遍布全场，构成了服务机场运行与发展的硬件资源平台。建成覆盖全场的3 000余公里的通信管道；敷设6 500余公里的通信线缆，连接飞行区、航站楼、公共区的重要单体建筑，形成通信"高速公路"；建成185个信息机房，保障机场所有驻场单位的信息化设备运行和网络联通；通过10 000余台摄像机、4 000多个蓝牙信标、2 300余个无线接入点、600余套客流采集设备，为各类应用系统提供实时准确的运行数据。完备的硬件资源平台为智慧触达各个业务角落提供重要依托。

云平台，搭建机场智慧舞台。全面采用云计算技术，构建智能化的云平台，为机场信息系统提供共享的基础运行平台。云平台通过200余台宿主机，提供1 200多台虚机，提升系统部署、管理的灵活性，增强系统可靠性，提升服务器和存储等资源的利用效率，节能降耗，是实现绿色机场的重要举措。云平台为机场各业务系统提供更标准、更高效、更安全的云服务，同时可为所有驻场单位提供高可靠的、随需定制的信息化平台服务。

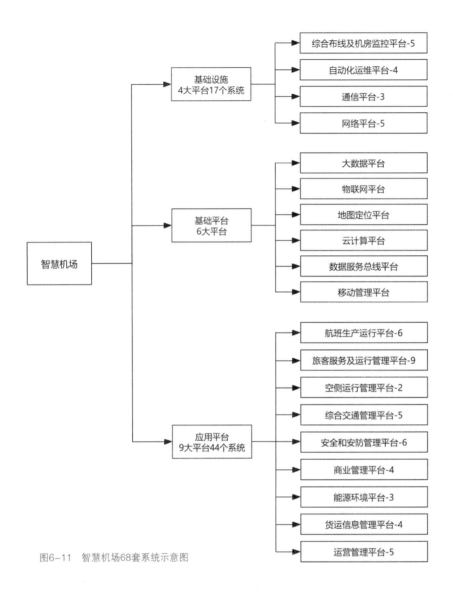

图6-11 智慧机场68套系统示意图

高速网络，构建机场中枢神经。由6 300多台网络设备构成，数据中心网、骨干网和四张终端接入网为大兴机场构建起覆盖全场的专用高速网络，成为名副其实的中枢神经，将云平台与所有信息化设备连在一起，为机场业务提供完整的网络支撑。实现航站楼、停车楼、机坪区域无线网络全覆盖，将旅客与机场连在一起，并为机场运行管理各类业务的手持终端提供服务，成为"互联网+机场"的典范。共建共享实现5G网络全覆盖，航站楼设置1 700余套微蜂窝系统，飞行区通过共享高杆灯设置93套宏蜂窝系统，廊桥区域设置60套小微站，公共区设置95套宏基站，总计可承载10万人并发通信。依托5G高速网络，在大数据、人工智能（AI）、虚拟现实（VR）、移动视频、自动驾驶、物联通信等方面为未来提供无限可能。

大数据，助力机场数据融合。建成智能数据中心，汇集航班运行、旅客服务、安全管理等近百个内外部系统的业务数据，涵盖航班、旅客、员工、车辆、环境、位置、经营、机构、货运、行李、事件、资源等全业务11个主题，为航班运行效率、旅客服务质量、安全保障水平的提升提供数据支撑能力，支持大兴机场数据资源的高效管理和深层次数据的价值挖掘。

## 2. 全面的业务应用驱动

大兴机场实现全方位、全业务的智能化建设，构建航班生产运行、旅客服务及运行管理、空侧运行管理、综合交通管理、安全和安防管理、商业管理、能源环境、运营管理、货运信息管理共九大业务平台，为机场各业务单元和相关方提供实时、共享、统一、透明的应用服务。

一是广泛便捷地协同运行。通过航班生产运行平台，围绕机场航班保障的全流程，以A–CDM为核心开展多方协同，动态优化调整机场资源。应用大数据和复杂事件处理技术，预测运行态势，支持快速地智能决策。建设统一的、开放的数据服务总线，与各单位建立灵活的数据接口，实现全方位数据共享和协同工作。融合多种通信技术构建统一通信平台、运行协调管理系统，实现各单位联动协同。

二是全面及时的旅客服务。建成旅客服务及运行管理平台，整合旅客服务信息，践行"互联网+机场"理念，旅客可通过网站、APP、微信、呼叫中心等多种渠道获得及时全面的信息、方便快捷的服务。应用高精度定位技术，为每个旅客提供量身定制的个性化导航和服务。应用旅客全流程自助设备，实现一证通关和刷脸登机，提升效率和安全。提供航站楼运行管理支持，基于电子地图，对服务设施、资源状态、客流密度等进行可视化监控管理。利用RFID技术实现行李全流程追踪管理。

三是面面俱到的飞行区业务支撑。以空侧运行管理平台为依托，全方位覆盖飞行区机坪、净空、场道、灯光等十余项核心业务。地图与高精度定位技术相结合，实现航空器、车辆、灯光、机坪等资源的动态可视化展示。深度融合各类业务流程，利用无线专网与移动互联技术，全面实现业务工作无纸化、自动化及全生命周期管理。

四是无缝衔接的综合交通服务。建成综合交通一体化信息管理平台，将高铁、城际铁路、机场快线、大巴、出租车、公路交通、停车场等各类交通信息与航班信息整合处理、统一发布，使旅客对各种交通信息一目了然，各交通管理方之间信息共享更加通畅，同时可基于旅客流量对各交通方式的车次安排进行协同调度，提升机场的综合交通枢纽作用。

五是防患于未然的安全管理。建成统一的安全和安防管理平台，整合联动各区域视频监控、门禁、围界报警、消防报警等多种安防手段，形成全面的安防保障体系。深度运用安防智能分析技术，通过图像分析、生物识别等技术，实现安全事件预测和主动预警，提升安全防范能力。为驻场单位提供安防视频共享服务，便于各单位开展全面安全管理，提升机场整体安全水平。

六是数据驱动的商业发展。以地图服务为基础，实现商业资源数字化、可视化，建立以智能销售、后台结算、客户关系管理、统一营销和商业大数据分析为一体的智能商业管理平台。全面采集商业数据，打通航空数据和非航数据关联，精准掌握商业资源的多维价值分布，为精细化管理、个性化营销及电子商务提供技术支持。

七是节能环保的绿色机场。搭建能源环境管理平台，实时感知、测量能源生产和消耗量，对能耗进行全过程管控，使生产和消耗相匹配，促进全面节能。收集机场环境信息，包括噪声、空气、水质和固体废弃物等，对机场及周边环境进行监控和态势分析，制定环保措施，提升环境质量。

八是高效协同的运营管理。建成运营管理平台，将公文、人力资源、行政办公、党群、固投、采购、财务、合同、客户关系等多类型业务进行平台化整合，实现运营管理业务的高度集成，减少业务节点，提高处置效率，加强业务一体化运作，实现"协同管理"理念。通过电脑端和移动端两个门户，为员工提供方便快捷的使用体验。

九是全面整合的货运物流服务。建成覆盖全业务链的货运信息管理平台，打通信息交互渠道，利用高效智能的数据分析引擎，实现货运业务在作业、资源调配、业务监管、内外部服务及商业营销上的业务协同和流程衔接。无纸化电子货运生产管理系统，全面支撑国内国际一级货站进出港及中转的生产运作管理。

### 3. 广泛的业务集成协调

多数据集成，实现安全信息智慧联防。将离港控制系统、行李安全检查系统、安防视频管理系统、生产运行管理系统的运行数据与安检信息管理系统进行集成，全面获取旅客及行李信息，采取科技手段，满足安检人员对旅客及行李信息的查验和处理要求。整合实现工具、商品、大宗液态等的流程审批与安全检查，与飞行区围界道口系统、货运安检系统建立接口，完善空防安全检查数据，为机场提供包含安检、海关、检疫等单位的综合信息联防手段，全面提升机场空防安全保障能力和水平。

多技术融合，打造旅客服务智慧体验。大数据构建机场统一的旅客服务数据库，融合"互联网+"服务平台，实现包括线上的机场官网、手机APP、微信生态服务及线下的旅客自助综合服务终端、智能服务机器人、呼叫中心等全渠道旅客服务。融合高精度定位与增强现实技术，为旅客提供量身定制的航站楼内个性化定位与导航服务。

一张图定位，实现机场全时监察。以地图服务为依托，建成高精度综合定位平台，综合使用GPS/北斗、ADS-B、UWB、蓝牙、WiFi等多种定位技术，展示车辆、航空器的位置信息，成为不受时间和天气影响的"监察员"，实时反映机场整体运行态势。在航站楼内，通过人员定位热力图，可判断人员高密度聚集区域，便于及时调配资源；在飞行区内，可实现车辆辅助导航功能，结合电子围栏技术，对场内车辆实现监察。

一体化协同，支持运行指挥智慧决策。构建统一信息数据标准，建成开放共享的信息数据平台，整合视频监控、飞行器轨迹、GPS和北斗定位、电子地图等多种数据，应用大数据和复杂事件处理技术，预测运行态势，打造高效的运行协同指挥平台，为机场、航空公司、地服、空管、联检单位、交管部门等业务相关单位提供智慧决策支持。

### 4. 愉悦的旅客交互体验

全流程无纸化出行。率先实现全流程"无纸化出行"，自助值机设备覆盖率达到86%，自助托运设备覆盖率达到76%，以人脸识别技术为基础，以数据共享为理念，整合国内、国际旅客流程各节点，彻底打通值机、安检、登机以及离境退税、免税购物、倒流查验等环节。在机场、航空公司官方微博、微信、机上媒体等渠道同步播放宣传片，加强旅客信息告知，中央电视台、北京电视台等主流媒体均对大兴机场"无纸化出行"产品进行了报道，旅客反响热烈。为表彰在"无纸化出行"服务推广方面所取得的突出成绩，国际航空运输协会分别于2019年12月及2020年3月授予大兴机场"便捷旅行"项目最高认证——白金标识以及"2019年度场外值机最佳支持机场"奖项。

全流程行李信息跟踪。全面采用RFID行李牌，通过离港系统、行李系统、安检系统及航空公司的行李管理系统等多系统共同配合，实现行李全流程26个节点的100%跟踪管理，旅客可以像查快递一样随时查看自己行李的状态和位置。采用电子墨水显示技术的电子永久行李牌，既能像传统纸质行李牌一样显示条形码，与现有基础设施兼容，还嵌入了RFID芯片，具备纸质RFID行李牌的全部功能。电子永久行李牌正在逐步取代纸质行李牌，持续推进无纸化进程。

全流程线上应用服务。建成以APP、小程序、公众号为基础的线上服务平台，基于微服务架构，整合航班、旅客、行李、商业、交通、地图等数据，通过线上方式向旅客提供航班动态、交通信息、爱心服务、应急服务、行李服务、停车服务、贵宾室服务、美食外送、机场商业等服务的查询和预定，不需要来到大兴机场之后再办理，覆盖旅客行前、行中，场内、场外不同服务全场景的接入需求。

# 6.5　持续迭代优化的绿色机场设计

大兴机场70%以上的建筑都按照三星级绿色建筑设计建造。其中，航站楼设计荣获中国最高等级的绿色建筑三星级和节能建筑3A级认证，是中国面积最大的绿色三星建筑，也是全国首个通过节能建筑3A级评审的项目。指挥部先后承担了国家、民航等多个科研项目的研究与示范，从"资源节约、环境友好、高效运行、人性化服务"四个方面提出了54项绿色建设指标，其中21项达到国内或国际先进水平。

大兴机场在建设初期，就明确了"低碳机场先行者、绿色建筑实践者、高效运营引领者、人性化服务标杆机场、环境友好型示范机场"五大绿色建设目标，以科技为手段提升绿色建设水平。大兴机场所秉承的绿色理念，是要在机场建设与运营的全生命周期中，以低限度影响环境、高效率利用资源的方式，在合理环境负荷、适宜经济成本的前提下，打造安全、便捷的机场体系，做到运行高效、服务人性化，满足各类旅客出行需要，实现机场可持续发展[①]。

## 6.5.1 绿色机场课题研究

为实现绿色机场建设目标，指挥部专门成立了绿色机场建设领导小组与工作组，持续进行创新研究和实践。开展了绿色建设顶层设计，并且正式印发了《北京新机场绿色建设纲要》《北京新机场绿色建设框架体系》《北京新机场绿色建设指标体系》等系列指导性文件。

2011年5月28—30日，在清华大学组织召开了北京新机场绿色建设国际研讨会。此次会议围绕大兴机场绿色建设初步研究成果，吸取国内外各界专家关于绿色机场的理念和建设举措，达成绿色机场建设实施策略的基本共识，寻找合作机会，为真正落地绿色大兴机场建设的理论和工程实践奠定了基础。遵循"节约、环保、科技、人性化"的绿色建设理念，紧密围绕"切合工程实践、指导工程建设、落实建设理念"的思路，指挥部组建了绿色机场专项研究工作领导小组，多次召开专题会议，认真梳理和确定专项课题研究的内容与方向，以做到"创新、可靠、实施性强"。

2012年上半年，指挥部专门成立绿色建设领导小组，并多次召开专题会议，确定大兴机场绿色建设纲要与框架体系，并研究绿色建设工作方案与指标体系，形成研究成果。积极落实绿色机场理念，研究国外机场绿色实践，借鉴国内绿色建筑指标，2012年编制完成了绿色机场建设指标体系和飞行区工程绿色专项设计任务书。

2013年，持续推动绿色机场建设研究，将"资源节约、环境友好、运行高效、人性化服务"等绿色理念，贯彻落实到机场设计和建设中。组织科研单位对《北京新机场绿色建设指标体系》进行了修改，完成了主要功能区绿色专项设计任务书的编制。指挥部参与的"绿色机场规划、设计、建造与评价关键技术研究与示范"和"绿色机场建设与评价标准体系研究"分别通过了科技部和民航局重大科技支撑课题评审。

2014年，持续开展绿色机场研究。推进绿色机场评价方法研究和绿色施工指南编制。依

---

① 刘丹. 碧水蓝天翩跹舞[M]. 中国民航报，北京大兴国际机场特刊，2019-09-25（T08）.

托民航科技创新引导项目及科技部课题，开展绿色机场性能与标准体系研究、绿色机场建设评价标准编制工作。列入国家科技支撑计划的"绿色机场规划设计、建造及评价关键技术研究"获得科技部立项批复。联合承担了《绿色航站楼评价标准》等4项行业标准的编制工作。

2015年，积极推进大兴机场绿色建设研究。指挥部主编的民航行业标准《绿色航站楼标准》、参编的《民用机场工程绿色施工指南》及《绿色机场规划导则》完成。完成大兴机场《绿色建设指标体系》《绿色机场评估方法》以及总体规划、飞行区、航站区及公用配套设施等绿色专项任务书的研究编制，组织研究编制《绿色施工指南》。并且在已开展的规划设计中积极落实各项研究成果。

2016年，指挥部牵头的"绿色机场建设关键技术研究与示范"被列入国家科技支撑课题，在12月6日组织召开的项目中期检查会上，顺利通过了专家组评审，取得阶段性成果。按计划推进"绿色机场评价与健康标准体系研究"年度工作，参与民航行业绿色标准的编制。其中，由指挥部牵头组织编制的《绿色航站楼标准》获得民航局批准，并于2017年2月1日正式施行。组织完成了飞行区施工图设计符合性审查，在规划设计及工程施工中，积极贯彻落实绿色研究成果。

2017年，《绿色航站楼标准》《民用机场绿色施工指南》《民用机场航站楼绿色性能调研测试报告》等获民航局正式发布，《绿色航站楼标准》入选中国向"一带一路"国家推荐的10部民航行业技术规范，影响深远。指挥部正式成立科委会，联合申报的"民航机场工程技术研究中心"获民航局批复。绿色机场课题研究、可再生能源利用等专项课题也取得阶段性成果，对工程建设发挥了重要的支撑作用。

2018年，落实绿色理念，推动海绵机场构建。实施地源热泵工程，创新浅层地源热泵利用方案，建设与集中锅炉房、锅炉余热回收系统等有机结合的地源热泵系统，供热能力250万㎡，全场可再生能源综合利用率达到16%。开展自融雪道面、光伏发电、固体垃圾资源化利用等新技术应用。

2019年上半年，完成"绿色机场评价与健康标准体系研究"项目结题申请，形成《绿色机场标准框架体系研究报告》等多部成果及专著，并做应用示范。绿色建设框架体系提出了3个层次的研究体系和7个关键环节的绿色专项工作，为开展绿色建设提供了详细的指引。如图6-12所示。

在对标国内外先进机场的基础上，结合时代发展需求，大兴机场确立了"低碳机场先行者、绿色建筑实践者、高效运营引领者、人性化服务标杆机场、环境友好型示范机场"五大绿色建设目标，将"资源节约、环境友好、高效运行、人性化服务"4个内涵体现在12个方面，对11个功能区提出具体的建设要求（图6-13），形成《北京新机场绿色建设指标体系》《北京新机场各功能区/系统绿色专项设计任务书》等成果。

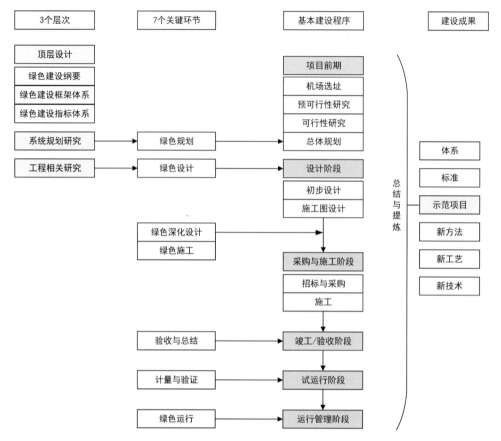

图6-12　大兴机场绿色建设总体框架体系

（注：黄色为三个层次的研究体系，蓝色为基本建设程序的主程序，绿色为建设成果的示范项目）

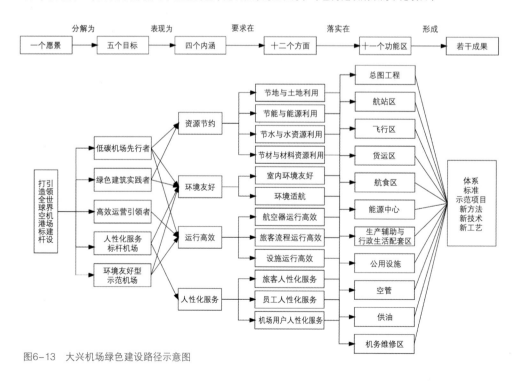

图6-13　大兴机场绿色建设路径示意图

　　其中,《北京新机场绿色建设指标体系》在对标国内外先进机场的基础上,还从"资源节约、环境友好、高效运行、人性化服务"4个方面提出了54项绿色建设指标,其中21项达到国内或国际先进水平,如图6-14所示。

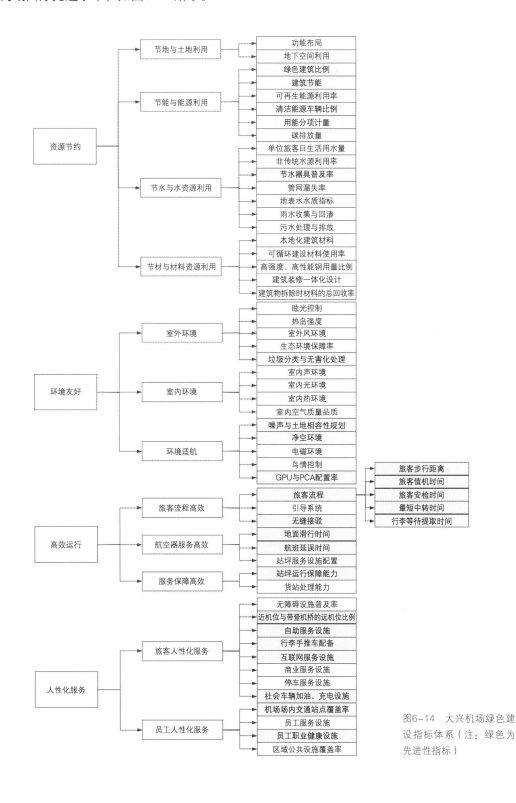

图6-14 大兴机场绿色建设指标体系（注：绿色为先进性指标）

## 6.5.2　绿色机场专项设计

为了更好地指导大兴机场的绿色建设，指挥部研究并制定了基于功能区的绿色专项设计任务书，共计8部，包括总体规划、控制性详规、航站区工程、飞行区工程、公用配套工程、货运区工程、生产辅助及办公设施工程、公务机楼工程等，设计单位在绿色专项设计任务书的基础上开展设计。下面以飞行区、航站区、公用配套、货运区工程部分绿色关键设计为例，说明大兴机场是如何在绿色设计中落实任务书要求的。

飞行区工程在助航灯光节能、APU替代设施配置、清洁能源利用、可再生能源利用、除冰液回收与处理、员工服务设施配置等方面开展了绿色专项设计。例如，大兴机场在西一、西二跑道设计中，响应了"在保证照度和稳定性"的前提下，助航灯光优先采用LED光源的要求，全部采用LED作为助航灯光光源；机场在岸电设施设计中，响应了"近机位GPU与PCA配置率100%"的要求，并开展了地井式岸电设施的创新设计。

航站区在绿色建筑、能源系统、设备设施、节水、室内外环境等方面开展绿色专项设计，将绿色任务书的指标分解落实到设计中去。例如，在暖通空调系统设计中，响应了任务书中"空调系统的末端装置设置温湿度传感器及智能调节控制系统，选择适宜的新型空调系统"的要求，设计了针对不同功能区的室内温湿度、空调系统和控制系统，局部设计了温度分控的辐射式空调，设备能效符合各项规范的要求。

公用配套工程在道路与管网设计、能源动力系统、水系统、景观绿化等方面开展绿色专项设计，将绿色任务书的指标落实到设计中去。例如，在垃圾收集、转运设计中，响应了"合理确定垃圾转运站的布局和规模，垃圾转运过程应达到国家环卫要求的标准"等要求，按照垃圾总处理能力105t/d的规模，开展了垃圾转运站土建、设备设施设计和垃圾无害化、减量化、资源化的压缩工艺设计。

货运区工程在道路系统设计、能源系统、室外环境、货运区流程等方面开展绿色专项设计，将绿色任务书的指标落实到设计中。例如，在货运作业流程设计中，响应了"合理设施布局，优化作业流程，提高货站运行效率"的要求，根据货运量开展了并行作业流程设计、货运设施设备设计，并设置货物集中作业地、货运处理、搬运设施的停放区域[①]。

## 6.5.3　绿色机场标杆打造

采用全球最大的耦合式浅层地源热泵系统。创新性地设计了一套耦合式地源热泵系统，

① 北京新机场建设指挥部. 新理念 新标杆 北京大兴国际机场绿色建设实践[M]. 北京: 中国建筑工业出版社，2022：56-61.

实现地源热泵与集中锅炉房、锅炉余热回收系统、常规电制冷、冰蓄冷等的有机结合，克服了传统地源热泵的稳定性问题，在系统集成度、可靠度、安全性、经济性上进一步提升，开创了浅层地源热泵利用的新形式，可满足250万$m^2$建筑的供暖和供冷要求。

太阳能利用。大兴机场航站楼前停车楼屋面设计安装8组250kW的太阳能光伏发电板，共2MW。货运站屋顶、公务机楼、飞行区均安装太阳能光伏发电，全场总装机容量不低于10MW。航食生产用水预热，工作区、飞行区生活用水等广泛使用太阳能热水。

创新性地将制冷站置于停车楼内。在东西两侧停车楼地下空间各设置一个制冷站，实现机场界内"零占地"。制冷站主要为航站楼供冷，充分靠近负荷中心，能源输配距离580m，可大幅减少能源传输中的能源损失。采用大温差输配，供回水温差9℃，输配能耗低。

大兴机场绿色建筑指标要求为：全场绿色建筑100%，其中航站楼、工作区内办公、商业、居住、医院以及教育等建筑100%达到三星级。全场三星级绿色建筑面积280万$m^2$以上，比例达到70%以上，远超国家《绿色生态城区评价标准》中要求的50%以上的要求。大兴机场获评为"北京市绿色生态示范区"称号（北京市2018年仅2个项目获得此荣誉），标志着机场绿色建设整体达到北京市领先水平，成为北京市绿色生态示范样板。

全场绿色率不低于30%，延续中轴文化，融合海绵系统，展现春芳秋韵。特别是在场内建成一座占地59hm$^2$的大型综合性公园，成为连接机场内部绿地系统与外部环境的一道生态绿楔。该公园还是地源热泵集中埋管区，成为绿色技术综合展示区。

大兴机场是首个民航海绵城市建设试点，获得英国政府"中国繁荣基金"的项目支持。大兴机场通过对全场水资源收集、处理、回用等统一规划，构建高效合理的复合生态水系统，通过"渗、滞、蓄、净、用、排"实现以下目标：

（1）年径流总量控制率85%，外排流量不超过30m$^3$/s。

（2）雨水收集率100%，全场设置总容积280万m$^3$的调蓄水池，雨水充分下渗，回渗率不低于40%。

（3）雨污分流100%；污水处理率100%；中水充分回用，替代市政用水，全场非传统水源利用率30%。

结合自然地理水文条件，利用渗、滞、蓄、净、用、排技术手段，构建了源、中、末全过程雨水管控系统（对140多个地块进行了源头海绵管控；对市政道路、桥梁、停车场等进行了中途海绵设计；生态池渠、调蓄公园、河道湿地构建了末端系统），海绵容积超过280万m$^3$，大约相当于1.5个北京颐和园昆明湖蓄水量，水安全、水环境、水资源、水生态4个方面共12项指标的整体优良，为乘客打造有弹性、会呼吸的水环境，为全国机场建设提供了样板和范例。

图6-15和图6-16为绿色机场主题相关的示意图。

图6-15 绿色机场相关设计示意图

图6-16 景观湖底地源热泵埋孔分布图

# 6.6  全过程协同的数字化设计

## 6.6.1  以BIM为核心的协同设计平台

与施工总承包类似，大兴机场采用设计总承包模式。设计总承包省去了很多因交接界面而产生的问题，利于保证工程的顺利进行。在大兴机场的设计工作中，不但采用了设计总承包模式，而且还采用了设计联合体总承包的模式，即由北京市建筑设计研究院有限公司和中国民航机场建设集团公司所组成的设计联合体作为航站区工程的设计总承包单位。在指挥部的组织下，整合了各个设计资源，搭建了协同设计平台，完成了整个航站区的设计工作。

设计工作的开展，需要将设计工作分为若干个系统，进行逐个系统的设计。针对每一个系统的设计，由对应领域的国内外知名专家负责，完成工程项目的设计任务。设计平台的应用框架在统一设计标准、统一管理的前提下，完成外围护体系与大平面体系的设计，专家在BIM技术的辅助下完成专项分析设计验证，协同设计平台整合设计成果，完成信息的交付，主要框架如图6-17所示。

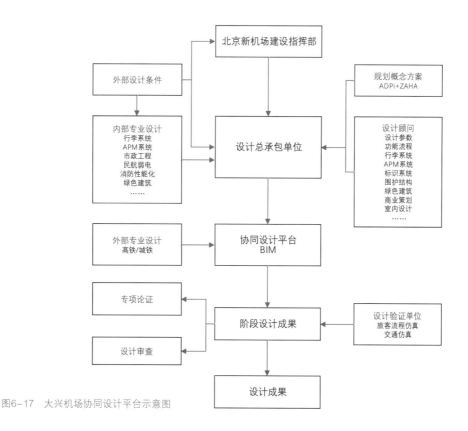

图6-17  大兴机场协同设计平台示意图

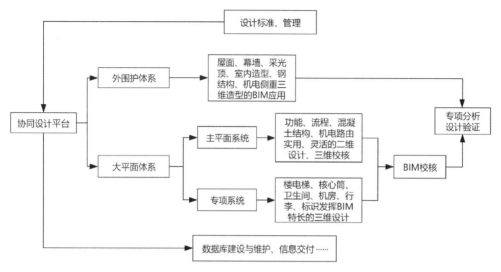

图6-18　大兴机场BIM应用框架

BIM技术在协同设计中发挥了巨大的作用，每一个设计系统都采用了相应的BIM软件，具体的应用如图6-18所示[①]。

## 6.6.2　航站楼复杂结构的参数化设计

### 1. 屋面系统

屋面系统是一个连续的自由的曲面的空间系统，网架结构如何设计是协同设计工作的重要任务。国外设计师的设计仅提供了原始的网络模型，这个模型只是粗略的外观模型，为使得整个设计模型能够真正落地，需要在这个模型的基础上进一步深化。

设计思路由最初形成到最后交付过程中，进行了大量的调整、设计与深化工作。国外设计师的设计理念与传统其他工程屋面系统设计有着巨大差异，本工程屋面系统的设计并没有遵循单一的几何逻辑，而是由多个几何逻辑交织在一起。由于设计周期较短，本工程通过基础定位点和基础定位线构成精确的几何定位，实现了不同区域的几何逻辑设计，然后再进行总体的统筹与合并。此前设计主要通过人的逻辑思维控制项目，本工程主要通过电脑和数字化进行控制。整个屋面主网格系统既要满足精确的几何逻辑，又要满足其自由曲面的结构设计，因此数字化的作用不容忽视。

生成网格需要通过参数化设计且要满足大量的约束条件，包括2条基础定位曲线、26个

① 王亦知等.北京大兴国际机场数字化设计 [M].北京：中国建筑工业出版社，2019：18-20.

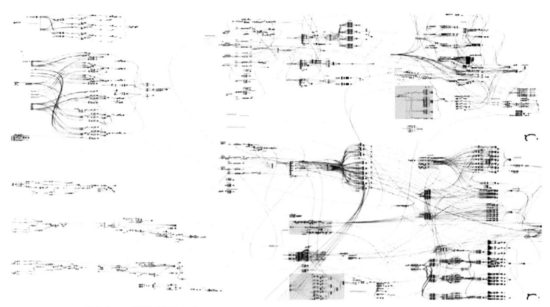

图6-19    屋面主网格的BIM设计过程示意图

图6-20    主网格各层级对位关系

基础定位点、542个幕墙中心线与屋面交点、12处大平面与屋面的交接部位、12处屋面落地柱、5个基础定位。整个过程工作量巨大，倘若按照传统手工绘图的工作模式根本无法生成。为了克服此类难题，在原有BIM技术的基础上进行了程序的开发与设计，实现了数字化设计与设计过程的协同工作，最终用时1个月经过十几次的反复完成了设计工作，极大地提高了设计工作的效率，图6-19是屋面主网格的BIM设计过程示意图。此外，通过设计的网格体系集成了屋面系统的设计、安装、吊顶等一系列的过程，保证了项目在实施的过程中更加受控。

形成的设计成果遵循了严格的对位关系，如屋面网络与屋面板的对位关系、屋面网络与采光顶的对位关系。屋面装饰板层、屋面直立锁边防水层、屋面檩条布置、屋面主钢结构和屋面吊顶5个主要构造层次统一控制在屋面的主网格下，BIM设计屋面系统的设计更集约、高效、精准，如图6-20所示。

图6-21　屋面专项深化

在屋面主网格设计的基础上，进行屋面的各个子系统的专项深化，例如杆件如何在空间中穿行、杆件的交错关系、屋面虹吸雨水系统纵向排水管的排布、屋面板的划分便于施工的进行等。如图6-21所示。

## 2. 采光顶系统

C形柱顶铝结构网络由基础定位点和定位线构成的几何定位组成，通过程序的设计实现了自动起伏和角度变动的模拟。设计工作人员通过人工智能和遗传算法等程序进行模拟和计算，最终确定了线条的收敛方向。

采光顶的设计也面临着巨大的挑战，整个采光顶是一个直径大约为50m的圆，形成一个5 000m²的采光点。为了减少光照射带来的闷热体验，展开了大量的研究，整个研究过程采用了数字化的设计理念。通过模拟太阳的直射变化，利用夏季太阳高度角，设计有方向选择性的遮阳。最终确定在采光窗中间层加一层斜向的金属网，既增加了室内的亮度，又减少了太阳直射带来的热量。为了探索网格的形成，通过计算机编程，建立遮阳网、天空和日照模型，进行参数化控制；利用遗传算法对采光顶中置遮阳进行智能优化，综合考虑遮阳和采光，选取最优解决方案。最终的设计方案能够保证67%的漫射光和37%的直射光进入，如图6-22所示。

## 3. 大吊顶系统

大吊顶系统与屋面主网络遵循对位关系，因此大吊顶系统需要在屋面主网格的基础上进行大吊顶的分缝、分板的深化设计。大吊顶系统是异形结构，每一块板的形状都不同，因此每一个块的设计、加工、安装都需要数字化手段推进，如图6-23所示。

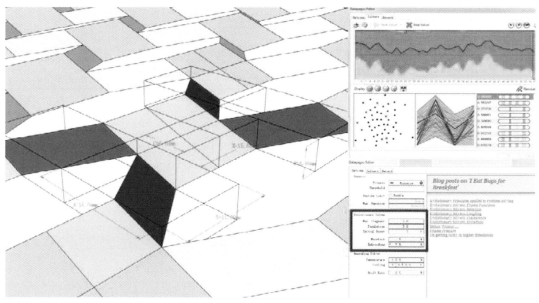

图6-22 遗传算法进行智能优化

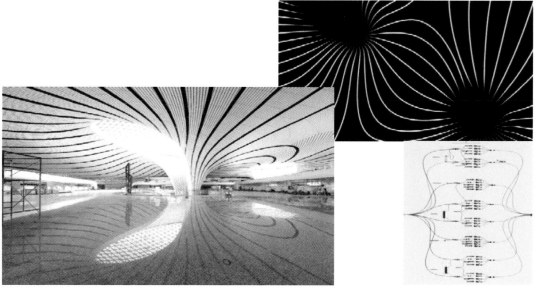

图6-23 大吊顶系统设计分析过程

## 4. 大平面系统

大兴机场的航站楼平面体系构成复杂，包括主平面系统与航站区两大部分，每一部分又包括若干子项，图6-24集中展示了航站楼大平面系统构成。

## 5. 专项设计验证

大兴机场的数字化设计是由于工程本身的客观条件所导致的。没有数字化设计，工程的

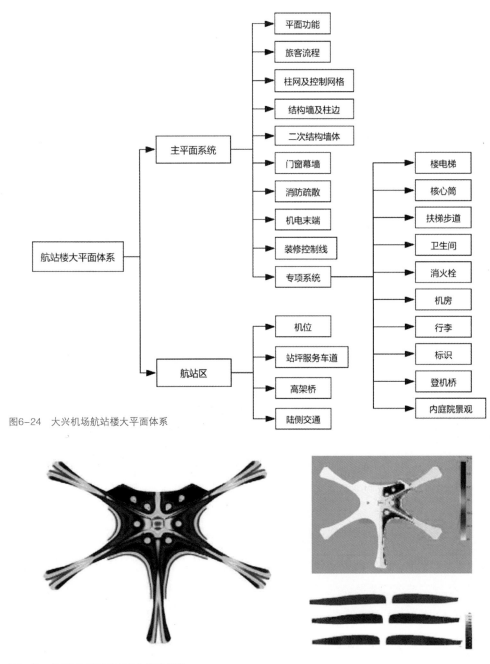

图6-24 大兴机场航站楼大平面体系

图6-25 基于BIM模型的采光与遮阳模拟

设计工作根本没有办法完成。此外由于航站楼工程的特殊性和独特性，设计过程中会出现诸多的不确定性，需要通过数字设计来完成验证。例如人流的模拟、结构荷载分析计算、光环境分析（基于BIM模型的采光与遮阳模拟，如图6-25所示）、CFD（基于BIM模型的室外风环境模拟，如图6-26所示）、基于建筑物理模型的围护结构热工参数优化分析。数字化设计提供了模拟和仿真的实验条件，为最终设计的成功奠定了基础。

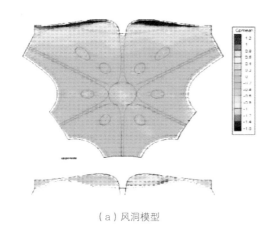

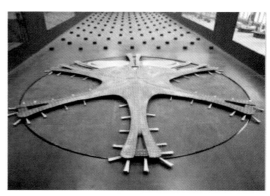

（a）风洞模型                          （b）10°风向角体型系数

图6-26  基于BIM模型的室外风环境模拟

### 6.6.3  飞行区跑滑系统模拟仿真设计

大兴机场的滑行道系统规划和设计的特点是多手段、多方参与优化，包括大量使用计算机仿真技术，加上空管、塔台等运行部门以及飞行员的深度参与。滑行道系统的多次优化、滑行道使用模式研究以及滑行道编号的设置等，都是多部门协同进行的。

采用计算机模拟仿真全过程参与滑行道系统规划和设计。

在机场规划阶段，应用计算机仿真模拟技术对机场近、远期不同跑道构型及滑行道系统、航站楼布局开展了仿真模拟论证研究，每个阶段的滑行道优化过程都与空侧地面仿真密切联系，阶段性的滑行道系统规划和设计都进行全场或关键部位的相应空侧地面运行仿真模拟予以验证，结合模拟仿真结果再进行优化设计。

在设计阶段，针对航站楼港湾运行方式及效率也进行了专门的计算机仿真模拟以及比选分析，为最终规划设计方案的决策和优化提供了有力的技术支持。飞行区滑行道系统的优化，在参考仿真模拟评估的基础上，与飞行员及空管员经多次交流和讨论，才最终形成滑行道系统优化方案，为滑行道系统让运行部门使用"顺手"提供了保证。

## 6.7  航站楼建成后的使用效果

大兴机场投运2周年时，指挥部委托专业机构对航站楼和停车楼的使用及运行情况进行了后评估，后评估报告对机场的设计从多角度提供了多方面的评估意见。

## 6.7.1 价值实现情况

### 1. 社会价值体现

（1）综合交通联系机场与城市更加紧密。大兴机场是我国目前最大的交通枢纽，采用航站楼与轨道站台、公交枢纽空铁的一体化设计，航站楼内则汇集高速铁路、城际铁路、城市轨道、高速公路等多种交通方式，并配有充足的竖向交通设施和轨道站厅内机场出港设施。这种综合交通系统可以增强机场在京津冀及雄安新区的辐射范围，也可以提升使用者进出机场的便捷性。

（2）机动车停车和接驳交通便捷。场地内陆侧区域室外停车场共4 800个停车位，两栋停车楼各4层共4 200个停车位，乘客能够根据需求选择合理高效的停车和接驳方式。停车楼内设置了无障碍停车位、电动车辆充电桩、AGV停车机器人，应对未来发展需求有必要性；提供停车服务，以及为需要长时间停留的车辆提供车罩和洗车服务；二层信息咨询台可以提供全天服务；楼内各层以不同动物图案和颜色分区的标识设计，方便乘客记忆或查找位置；楼内设置网约车的独立等候区和等候室，在满足乘客接驳需求的同时考虑了等候空间的舒适性。

（3）空间布局紧凑高效。大兴机场航站楼的空间布局符合大型国际枢纽机场航站楼使用特点，空间组织方案体现出建筑结构及构筑物布局、各层功能布局、上下楼层关系的合理性，协同航站楼屋顶和采光条件进行总体设计。航站楼内陆侧峡谷满足陆侧交通连接和楼层间转换功能，成为水平和垂直客流的交汇节点；空侧峡谷贯穿空侧各楼层，成为航站楼的中心区域和乘客的共享空间。

（4）建筑内交通组织有序高效。航站楼以双出发、双到达流线设计的立体交通组织各功能空间，并以中心区域为核心放射状布置5条600m长的登机指廊。跑道和航站楼的布局合理，大幅缩减乘客中转时间，乘客国内中转30min，国际中转45min，国际国内互转60min。对于时间紧迫的乘客，通过安检后从中央区到每个登机口之间的距离都不超过600m，步行到达最远端机位不超过8min。对于时间充裕的乘客则可以购物和漫步，感受机场空间设计和种类多样的公共艺术。

（5）航站楼设施与服务满足使用需求。航站楼设施可以满足乘客使用需求，如携儿童出行的乘客，指廊内设有儿童游乐场以及5个母婴专用候机区，内有更衣室、婴儿哺乳室等设施；布置了免费的轮椅和婴儿推车借用装置，提供免费为电动轮椅充电；考虑了电子设备的充电需求，在陆侧和空侧设置充足的插座和USB充电口，包括陆侧餐饮店桌面墙面、空侧候机区沿商业岛的吧台墙面、D指廊候机区充电专区等。楼内预留了运维设备充电区域和充电接口；保洁人员高频率使用的工具间紧邻卫生间，提升便捷性与工作效率。航站楼内信息咨询台数量充足且分布均匀，可及时解决和处理乘客遇到的问题；航站楼1~3层设置医疗站和急诊室，为乘客提供常规医疗服务、急救措施、急救药品以及可能会需要的各种医疗保健人员。

（6）无障碍通行体验全面。大兴机场的无障碍设计针对行动不便、听障、视障3类人群，在停车、通道、公共交通运输、专用检查通道、服务设施、登机桥、标识信息、人工服务共8个系统进行了专项设计，在航站楼内、外包括车道边、值机区、检查区、候机区、登机桥、远机位等区域为乘客提供全流程的无障碍服务。该专项设计在国家残联指导下成立了无障碍专家委员会，制定了无障碍系统设计导则。

（7）数字化运营优化使用者体验。大兴机场在全流程自助服务、无纸化出行、行李全流程跟踪等应用5G空港智慧出行集成服务系统，将乘客身份信息与安检系统对接，通过人脸识别，完成购票、值机、托运、安检和登机等各个出行流程；应用APP为乘客智能推送覆盖乘客的行前、行中、行后和航班变动等场景的全流程服务信息；自主行李托运程序、"电子标签"行李追踪技术、全程可视化行李运输，乘客和地服人员可以随时查询通过APP托运行李状态，提升行李处理效率，优化乘客的旅行体验。客舱服务、地服人员以及客服机器人通过人脸识别装置设备快速识别乘客，提供精准服务；其中客服机器人小兴1～10号位于迎客大厅，通过后台可以监测机器人状态，自主完成充电、待机、服务等一系列功能。机场的停车服务应用智能停车系统和AGV智能引导设备（停车机器人），加强机场的车辆停泊效率和交通枢纽的公共服务能力，提升乘客进出机场的便利性和人机交互体验。

### 2. 文化价值体现

（1）建筑空间环境品质高。大兴机场航站楼的建筑与结构一体化设计，如位于建筑内部的C形柱在陆侧值机区、迎客大厅，以及空侧中心区、候机区等空间，减少了航站楼大跨空间的落地支撑，顶部天窗引入自然光，对乘客的通畅通行、开阔视野、视线流通作用积极；核心区采用层间隔振设计，以缓解航站楼地下多种轨道车站城铁、高铁等高速穿过时产生的震动对上部功能空间的影响，该设计使航站楼核心区不设伸缩缝，增强上部空间的完整性；陆侧迎客厅的多处楼板开洞、空侧峡谷上空60m钢拱拉索结构的国际出港连桥、中心顶部延伸至各条指廊的巨大天窗等，这类建筑结构一体化的空间提供了良好的采光，丰富大尺度空间的层次。

（2）公共艺术设施丰富。大兴机场航站楼内的公共艺术项目和装置，与中央美术学院、中国美术馆等机构合作设计、布展。中心区围绕和利用C形柱独特的空间形态和采光效果进行主题丰富的室内景观布置，立体填补大型空间的层次感；中心区采光顶中心点悬挂的五星红旗，对乘客在认知放射性空间的导向性和向心性起到积极作用。指廊通过中央通道两侧的商业舱体分隔了动态的中央通道区域和静态的候机区域和装置类型，在A、D指廊利用连续的商业舱体长墙和自动人形步道，与中国美术馆联合布置书画展；5条指廊端部室外庭院分别以

"丝-茶-瓷-田-国"等为主题展现中国文化，为乘客提供绿色活动空间；入口处的装置兼具艺术性与遮阳的实用性，两侧采用单向拉索幕墙，使得室内外景观相互渗透，丰富使用者的空间体验。

### 3. 生态价值体现

（1）环境具有使用的舒适性与灵活性。指廊端部庭院作为候机区室内外空间的转换，以主题区分而不限定使用功能，成为缓解乘客旅途疲劳感、提升环境舒适感、促进空间使用自发性的集中体现。乘客可在其中静坐休憩、观景拍摄、交流互动、打太极等；植物、小品、装置等充分考虑季节、照明和艺术性，保证各个季节和时段的使用和观赏需求。

（2）绿色机场打造良好生态环境，自然资源利用合理。大兴机场在光环境节能设计中，大量应用采光顶进行自然采光，并结合结构设计中的遮阳措施，多用光、少得热；人工照明则模拟自然光照条件下的街道空间，在营造光环境舒适性的同时减少能耗。在热环境节能设计中，机场内空调根据机场大空间温度特征分层设置。在声环境设计中，噪声治理采用国内最严格的噪声治理标准，全面推广GPU替代APU，有效治理飞机起降等形成的巨大噪声。机场内空气采用三级过滤净化处理；通风沿二层幕墙底部地面开设进风口，在幕墙顶部与屋面底部之间和屋顶天窗两侧的金属封闭墙板上开设排风口，有效提供楼内大空间自然通风和消防排烟功能。对于能源利用，使用地源热泵、太阳能光伏、太阳能热水三大可再生能源系统；实现除冰液100%回收利用；设置垃圾分类设施和转运站，全航站楼内结合标识、示意图布置分类垃圾箱，在D指廊一层内部货运专用道路近出入口处设置集中的垃圾分类站与转运站，进行垃圾无害化处理。在海绵机场建设中，大兴机场全场水资源收集、处理、回用等统一规划，选择综合采取"渗、滞、蓄、净、用、排"等措施，实现雨水的自然积存、自然渗透、自然净化和可持续水循环；回收雨水用于绿化、环卫用水及景观湖补水，调节机场内小气候，营造良好的自然生态环境；雨水回渗率目标不低于40%，雨、污分离率和处理率可达100%，非传统水利用率可达30%，年径流控制率可达85%以上。

### 4. 经济价值体现

智慧管控提升机场运维效率。大兴机场采用综合管廊一体化设计并设有智慧管控系统。综合管廊总长19.9km，集中了电力、通信、供热、给水等各种工程管线，并建立监控系统，在地面综合管廊监控中心实时查看管廊的运行状态，综合管廊与航站楼B1层相连接，技术人员可以从8个管廊入口在故障点就近进入进行维修，步行不超过5min，为机场整体运行提供保障。

大兴机场货运区采用智能统一安检系统，系统采用国内首创的货运安检信息集成、条码生成、收运核查、防爆检测、认证对比、智能采集、货物安检、集中判图、开包检查、数据交换、二次单据审核与收运柜台12项新技术，通过无纸化、网络化、电子化的智能化货运安检系统，降低人为单机操作的误差，提升航空货运的安全裕度。

## 6.7.2　存在的问题及相关建议

后评估报告在调研的基础上，也给出了相应的问题及建议，包括短期建议、中期建议和长期建议。

### 1. 存在的问题

后评估工作通过实态调查、乘客问卷调查、航司人员访谈、保洁人员访谈、仪器调查等方式，也发现了一些较为典型和突出的问题，其中与工程设计有关的问题，摘要如表6-1所示。

航站楼及停车楼后评估的问题、原因分析及短期建议　　　　　　　　　表6-1

| 序号 | 主题 | 问题来源 | 位置 | 问题 | 原因 | 短期建议 |
|---|---|---|---|---|---|---|
| 1 | 卫生间的分布与数量 | 保洁人员、乘客问卷调查 | 指廊端部区域 | 指廊端部登机口集中而附近的卫生间厕位较少。当某时段多航班集中到达，大量下机后急用卫生间的乘客，因厕位不够、等待时间长，又不了解前方有空位的卫生间的位置、步行到达所需时间，容易产生不满情绪（4/354） | 卫生间侧位的分布与登机口的分布有差异；乘客对航站楼不够了解，着急情况下导致产生负面情绪 | 在指廊端部的卫生间增加示意图（电子显示面板），提供前方各卫生间的位置、距离、（空位）等信息，引导乘客去前方的卫生间 |
| 2 | 更衣室的设置 | 实态调研 | 行李提取厅 | 所乘航班跨纬度较大的乘客（尤其是有随行儿童），会在行李提取大厅拿到行李后直接更换整套服装。如调研时一对母子从海南乘机抵达北京，因儿童年幼，母亲在提取行李后就地打开行李箱，将裙装更换为冬装 | 远距离到达乘客在提取行李时有根据气候更换服装的需求；行李提取厅设有更衣室，乘客会因距离行李传送带较远或未关注更衣室标识而未使用 | 建议机场管理方有效引导该类航班的乘客到最近的更衣室更换服装，或在行李传送带就近增设临时的更衣间 |
| 3 | 温度 | 仪器调查 | 指廊末端 | 指廊末端区域易出现温度较高问题，过渡季较热时温度达到28℃以上，降低乘客对该区域热环境总体满意度 | 指廊末端区域的玻璃幕墙面积大，且靠近内部庭院 | 建议设计方增加遮阳措施；建议机场管理方在空调季针对性加强冷量供给 |
| 4 | 湿度 | 乘客问卷调查 | 指廊 | 乘客反映室内湿度较低，降低乘客对该区域热环境总体满意度（2/354） | 北京冬季采暖，室内湿度较低，空气较干燥 | 建议机场管理方在合适的区域增设加湿设备 |

续表

| 序号 | 主题 | 问题来源 | 位置 | 问题 | 原因 | 短期建议 |
|---|---|---|---|---|---|---|
| 5 | 噪声 | 乘客问卷调查 | 指廊、远机位候机区 | 乘客反映候机时人为噪声较大，影响周围乘客候机或休息（5/354） | 部分乘客通话、电子设备外放声音较大，候机休息区没有独立的通话区、声音提醒标识，或配置足够的吸声设施 | 建议机场管理方在各指廊合理分布设立独立的通话区或通话亭，设置声音控制标识 |
| 6 | 采光 | 乘客问卷调查 | 指廊临近玻璃幕墙的休息座位 | 下午时段西、南向指廊候机光照强烈，降低乘客对该区域光环境总体满意度（1/354） | 指廊设计时考虑视觉通透性和自然采光，大面积采用玻璃幕墙 | 建议设计方通过实态调查，在西、南向指廊合适的区域增加幕墙遮阳设施 |
| 7 | 标识形式 | 乘客问卷调查 | 中心区、指廊、行李提取厅、国内迎客厅、停车楼 | 出发乘客安检后进入中心区找不到去候机区、登机口的路线；到达乘客下机后找不到去行李提取厅、停车楼的路线；乘客反映机场内的地图、指示牌、图标、航空公司标志、转机服务台标识不醒目，方向迷失时产生不安全感（17/354） | 乘客不习惯大兴机场的路牌类标识，不能快速获取有效信息；现有标识信息表达不够全面；中心区指示各指廊方向的标识的位置和形式不够醒目 | 建议机场管理方提供便利手册地图，登机牌提供机场示意图，使用地面导流线、墙面标识、APP与微信小程序地图等多种导流标识相结合 |
| 8 | 标识信息 | 乘客问卷调查 | 值机大厅、中心区、指廊 | 乘客进入航站楼后较难知晓到达餐饮、商业、卫生间、登机口的时间，容易造成乘客紧张或误机，降低餐饮商业的使用率（3/354） | 现有标识系统缺少时间提示的功能，如步行到达最远登机口所需的时间 | 建议机场管理方标识增加时间信息，加强引导乘客使用电子地图 |

注：①问题排列按照交通建筑建设相关规范展开，涉及建筑设计和运营管理，共26个问题，本书只截取了与建筑设计有关的问题。

②若问题来源为调查问卷，则提及该问题的数量$n$与有效问卷总量$N$关系为$n/N$；考虑到调研问卷题量较大、填写时间长、乘客时间不足等原因，开放性问答题的完成率较低；研究团队经过整理、讨论该类问题的填写内容，认为占比虽少，但真实记录了调研现场的时情和乘客的时感，选取了乘客反映的典型问题进行分析。

③短期建议主要从管理运营的角度解决问题，后期需要设计方、运维方对问题评估后，探索和优化实际有效的解决方案

## 2. 相关建议

（1）短期建议

短期建议主要从管理运营的角度解决问题，后期需要设计方、运维方对问题评估后，探索和优化实际有效的解决方案。表6-1中后评估报告给出了使用与运营、优化改进方面的建议。

（2）中期建议

基于调研评估结果，中期价值面向业主，为项目适应性改造提供判断经验；总结经验，为未来机场建设的策划、设计乃至施工、运营等各个环节提供重要依据。主要建议包括以下几点：

1）建议在策划环节，充分调研混流模式的优缺点，支撑项目决策。

2）建议在设计环节，在空间布局及功能方面，充分考虑登机口数量与厕位数量的相关性、考虑行李提取大厅乘客的更衣需求；在空间性能及环境舒适度方面，充分考虑东、南、西向大面积玻璃幕墙采用遮阳措施，重视候机区的建筑声学设计；在空间体验感受方面，适当考虑候机区的小型绿色景观分布；关注各类人群在各种情况下的休息需求（例如短时间等候、午休、过夜等）；在标识系统方面，充分考虑不同人群的认知习惯，在重要节点进行有针对性的标识设计。

3）建议在使用和维护环节，调研乘客的出行需求，分阶段完善公共交通；提供多类型的引导方式（例如手机端、手册等）；关注对国际区特殊人群的精细化服务；持续加强机场智慧平台建设。

（3）长期建议

基于调研评估结果，长期价值面向行业，为相关后评估、公共建筑、机场建筑、绿色建筑等领域规范、标准的编制与修编提供依据。主要建议包括以下几点：

1）引领机场建筑的创新型空间、流线、功能等方面的规划与设计，优化设计方法与模式，引导使用者养成新的使用习惯，提升使用者幸福感。

2）优化交通建筑相关设计标准，例如卫生间分布、休息空间、声学设计等方面标准条文的完善。

# 第 7 章

# 四元耦合的项目总进度综合管控

鉴于大兴机场进度目标控制的特殊性和复杂性，根据"6·30竣工""9·30前开航"两大目标，以"目标"为导向，统筹平衡各项工作，指挥部构建了大兴机场建设和运营一体化的工程进度综合管控体系，为分阶段、有重点、成体系地开展大兴机场建设及运筹工作发挥了重要作用。

本章将对指挥部进度管控相关制度，总进度综合总控的必要性、组织体系、技术路线与关键技术进行介绍；分析进度计划体系的形成过程、组成部分、如何实现过程中信息化动态控制以及进度综合管控的作用和技术创新。主要内容和思路如图7-1所示。

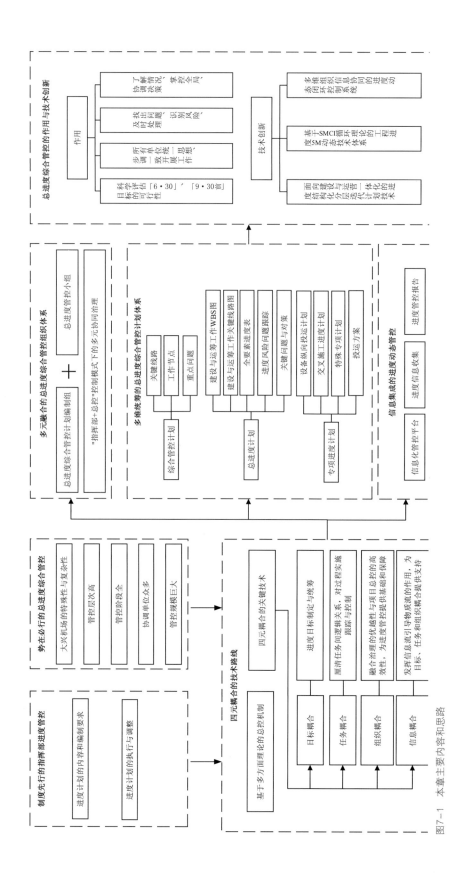

图7-1 本章主要内容和思路

# 7.1　制度先行的进度管控模式

为规范大兴机场建设工程进度控制，在成立之初指挥部就制定了相关的进度管理制度。其中规定，计划合同部为工程计划的归口管理部门，负责工程总进度计划（里程碑、工程年度计划）的管理。相应工程部门负责年、月、周工程进度计划的管理。

## 7.1.1　进度计划的内容和编制要求

### 1. 进度计划的内容

（1）工程总进度计划：计划合同部牵头组织相关部门编制工程总进度计划（里程碑），经指挥长办公会批准后，下达执行。

（2）年进度计划：各工程部按照项目总进度计划，组织编制年度计划（进度及投资计划），报计划合同部审核、汇总。经指挥长办公会批准后，下达执行。

（3）月进度计划：每月25日前，各工程部将分管项目下一月度的实施计划（进度及投资）报分管领导审批、执行，同时报计划合同部备案。各工程部在月末调度会进行分析考评。

（4）周计划根据月计划安排，由工程部、监理公司在周调度会上确定并检查落实。

### 2. 进度计划的编制要求

（1）各具体工程项目的施工进度计划，原则上执行指挥部划分的施工管理界面，按照招标合同项为基本单元，分别由相应的工程部负责编制。

（2）工程部应结合工程项目的基本情况，及早筹划进度计划预案，并应在施工合同签定后两周内，完成该合同项目的进度计划编制工作。

（3）工程部拟定的进度计划，与施工合同及施工单位投标文件载明的工期或进度计划有严重出入时，应及时会同计划合同部及相关单位协调处理。

（4）进度计划以施工工期（项目开工至竣工验收）为周期编制，并应突出关键的时间节点（如月度、季度、年度等）、形象进度节点（如基槽及基础工程、地下工程、地上结构工程、装饰工程、安装工程、系统调试、工程验收等）和里程碑目标情况。重大和特殊项目及特殊阶段，应按指挥部和工程部的管控要求，补充编制年度、季度或月度工程进度计划。

（5）进度计划主要包括网络图、横道图和必要的文字说明等。

（6）进度计划要统筹考虑工程进度相关的配合保障条件，周密安排施工工序，并兼顾相关的各种交叉影响因素。

（7）工程部编制进度计划时，既要综合考虑项目实际情况和工程管理目标，也要结合施工单位的相关计划和监理单位的基本意见。

（8）工程部编制的进度计划，应及时征询相关部门的意见，经由指挥部领导审定后施行。

## 7.1.2　进度计划的执行与调整

### 1. 进度计划的执行

进度计划的执行由相应的工程部组织实施。为保障总体进度计划的落实工作，工程部结合项目的具体情况，编制分解进度计划，或局部和阶段性计划，并实行动态管理、科学调控。

在具体工程项目实施过程中，工程部门科学管理工程进度，强化施工单位和监理单位的主体责任，形成合力，统筹管控。定期召开会议分析项目进度计划执行情况，并把进度问题作为日常工程例会的重要议事内容。

过程中鼓励施工单位和监理单位，通过科学管理、精心组织、优化工序等有效和有利的方式，提高工程进度，提前达成建设目标。

### 2. 进度计划的调整

里程碑进度计划和年度进度计划是纲领性文件，不得随意突破或调整。因受不确定性因素影响而必须调整年度进度计划的，各工程部应及时提出可行的调整方案，并及时会同相关的监理及施工单位，研究拟定切实可行的调整方案，上报指挥部审批执行。

# 7.2　势在必行的总进度综合管控

### 1. 大兴机场的特殊性与复杂性

大兴机场工程的特殊性与复杂性可总结为"12345+N"。

"1"就是指机场是一个整体的系统工程。机场、航司、空管、航油等民航设施，地铁、高铁、高速公路等交通配套设施，水、电、气、热等能源保障设施均需在2019年9月30日前完成建设并投入运营，缺一不可。

"2"就是指机场地跨北京、河北两个省级行政区，规划建设手续办理和日常的沟通协调对接均需和两方分别或共同商议，工作量倍增。

"3"就是指机场主体、民航配套、外围配套三大方面协调推进。

"4"就是指前期手续办理、建设、验收和移交、运营筹备四个阶段按建设运营一体化理念同时开展。

"5"就是指机场快线、城市地铁、城际铁路、高速铁路、机场捷运5种轨道交通在航站楼下设站。这5种轨道交通方式的站台、站厅与机场航站楼统一规划、统一设计，在同一建筑结构内布置，共涉及4个业主单位。

"N"就是指公共区内所有驻场单位不计其数的办公及生活设施。

### 2. 管控层次高

民航新机场建设及运营筹备领导小组办公室代表民航局直接参与管控工作，是大兴机场建设和运营筹备工作中的最高管控单位，参加现场巡查、审核管控月报、及时准确向局领导报告各类重大风险等工作，以提高决策效率。

### 3. 管控阶段全

大兴机场进度综合管控计划在编制时已经融合建设和运营一体化理念，管控内容包括前期、建设、验收和移交、运筹4个阶段。管控过程中也体现建设和运营一体化理念，为机场运筹争取大量宝贵时间。此外，还针对暴露出的多项交叉施工进行专项计划及管控。

### 4. 协调单位众多

本工程管控不仅包括主体工程、民航配套工程和外围配套工程的各业主单位，还包括指挥部各部门（航站区、飞行区、工作区相关建设和运筹部门27个）、总计管控的部门和单位等多达51个。从机场企业层面来看，集团公司、相关直属单位、成员企业和各专业公司与机场建设指挥部，组成审议、研究重大事项的重要决策机构，下一层级的机场建设指挥部各部门则进行日常建设运营工作，有效推进工程建设与运营筹备相关问题的解决。总的来说，大兴机场工程组织结构复杂，参与方众多，需要多重统筹协调机制进行管理，才能有效实现工程目标。为此，民航局成立了新机场总进度综合管控计划编制组，组长、副组长分别由民航局和民航新机场建设及运营筹备领导小组办公室、首都机场集团、机场建设指挥部和机场有关主要领导亲自挂帅担任。

### 5. 管控规模巨大

大兴机场是我国规模最大的空地一体化交通枢纽，近期规划占地规模为2 830hm$^2$，远期规划占地规模按4 500hm$^2$控制，航站楼单体建筑面积70多万平方米，航站楼综合体总面积超过143万m$^2$。大兴机场配套设施齐全，且复杂程度高，规划设计在确保工程质量的前提下，广泛采用了各种新材料、新技术、新设备和新工艺，其规模和功能超前。另外，大兴机场集成铁路、地铁、长途巴士等多种交通方式于一体，形成了以航空交通为核心的综合交通枢纽。

## 7.3　总进度综合管控机制和关键技术

### 1. 基于多方面理论的总控机制

指挥部在深入分析大兴机场这一超巨型复杂系统工程的内生特征、组织模式、管理过程及制度与经济环境的基础上，结合复杂性理论、系统理论、控制理论和信息理论，形成了进度管控的总控机制，如图7-2所示。基于系统认识论解构复杂性和本体论降解复杂性的总控机制，从系统理论视角出发，通过工程、工作和组织系统还原机制实现工程分解结构、工作分解结构和组织分解结构；从控制理论和信息理论视角出发，通过信息系统整合和控制系统整合机制对应形成面向建设与运营一体化的进度结构化分层迭代计划技术、进度总控五环模型及5M动态控制技术、"指挥部+总控"组织模式及三元协同治理机制，最终通过基于多维组织信息协同的闭环控制系统实现大兴机场进度计划科学统筹与动态管控。

### 2. 四元耦合的关键技术

总控技术应用"系统之系统"思维，综合系统论、控制论、组织论、信息论，实现了目标耦合、任务耦合、组织耦合和信息耦合，破解了大兴机场工程进度管控难题，技术方案如图7-3所示。

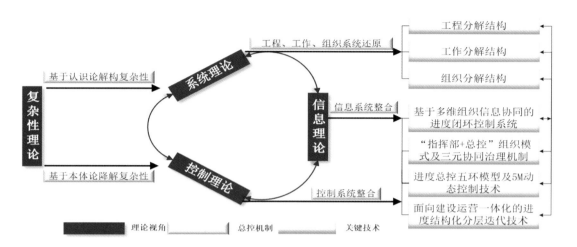

图7-2　基于多种理论的总控机制

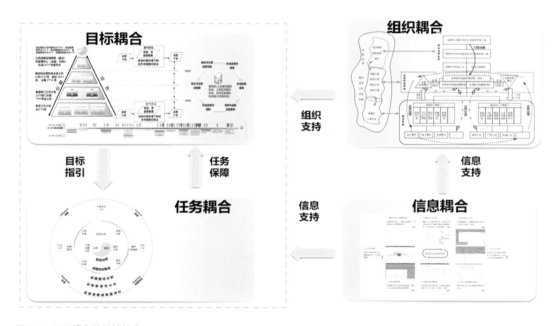

图7-3　四元耦合的关键技术

　　目标耦合实现了进度目标制定与统筹；任务耦合厘清了任务间逻辑关系，对过程实施跟踪与控制；组织耦合融合了中国情境下重大工程治理的优越性与项目总控的高效性，为进度管控提供组织基础和保障；信息耦合作为进度管控的信息底座，发挥信息流引导物质流的作用，为目标、任务和组织耦合提供信息支持。

# 7.4 多元融合的总进度综合管控组织体系

### 1. 总进度综合管控计划编制组

民航局专门成立有北京新机场总进度综合管控计划编制组。由民航北京大兴国际机场建设及运筹领导小组办公室牵头，在首都机场集团公司、航空公司、航油、交通、电力、燃气、供水等十余家投资主体、建设单位、运营单位及相关部门的配合下，总进度综合管控计划编制组编制完成了《北京新机场建设与运营筹备综合管控计划》。

### 2. 总进度管控小组

根据民航局要求，指挥部成立了总进度管控小组，管控小组成员为工程建设管理者、学术界、工程界的专家教授、博士后、博士研究生、硕士研究生等。管控小组在《北京新机场建设与运营筹备综合管控计划》基础上编制了《北京大兴国际机场工程建设与运营筹备总进度计划》，并驻场对总进度计划进行跟踪管控。在管控工作过程中，管控小组邀请了建设领域的专家加入，增强管控小组对工程建设实际情况的分析和判断。管控小组高度融入指挥部、集团部门及专业公司的管理过程中，列席参加指挥部会议，并对指挥部工作进度信息进行实时跟踪、分析与反馈，管控平台成为指挥部管理大系统中的一个子系统。后台支撑团队则以远程工作形式负责每月进度计划执行情况数据的后台统计和处理分析。

管控小组驻场管控的主要工作包括收集各部门和专业公司的总进度计划执行情况、参与指挥部的重要工作会议、组织现场踏勘、与业主方各部门保持沟通、编制月报等。通过对工程的全方位跟踪，及时准确地掌握各单位、各部门的计划执行情况，暴露矛盾并解决问题。同时，进度管控小组持续跟踪进度风险情况，坚持把握重难点事项，通过有效分析明确各项工作间的逻辑关系，为机场建设与运营工作提供预警并提出解决建议，做到及时检查调整。

### 3. "指挥部+总控"组织模式下的多元协同治理

协同治理机制可以概括为："指挥部+总控"组织模式下的纵向行政、横向合同和嵌入式关系多元融合的协同治理机制。

大兴机场进度控制系统涉及国家、省部级、行业、企业、指挥部等多个层面，涉及政府、投资主体、建设单位、施工单位、设计单位、咨询单位、供应单位等多种属性组织。在工程项目全生命周期组织系统中，组织构成错综复杂且多样，组织间相互作用、相互影响关系复杂，进度管控中面临着外部协调和内部协同的双重挑战。在大兴机场治理层级控制系统的构建过程中，基于中国特色社会主义制度情境下工程及社会管理方式的巨大优势，项目团

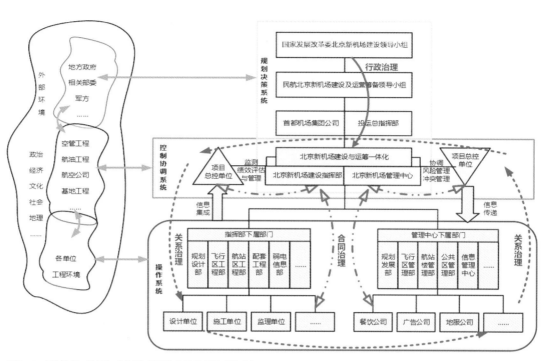

图7-4  "指挥部+总控"控制模式下的多元协同治理机制

队基于二阶控制论及活力系统VSM模型（Viable System Model）构建了"指挥部+总控"组织模式，并聚焦于正式化的行政治理机制、合同治理机制及非正式化的关系治理机制，设计了"指挥部+总控"控制模式下的纵向行政、横向合同和嵌入式关系多元融合的协同治理机制，关键技术思路如图7-4所示。

## 7.5  多维统筹的总进度综合管控计划体系

2014年，《民航局关于推进京津冀民航协同发展的意见》中明确，确保大兴机场在2019年建成通航。2018年3月13日，民航北京大兴国际机场建设与运筹领导小组第一次会议要求项目在2019年10月1日前投入使用，经过反复论证，最终确定"2019年6月30日前竣工、2019年9月30日前投运"的总进度目标。

为保证总进度目标实现，民航新机场建设及运营筹备领导小组办公室、指挥部编制完成了《北京新机场建设与运营筹备总进度综合管控计划》。根据民航局要求以及项目进展情况，指挥部又先后编制了《北京大兴国际机场工程建设与运营筹备总进度计划》和《北京大兴国际机场工程建设与运营筹备专项进度计划》。

## 7.5.1 进度计划层级

大兴机场建设与运筹进度计划系统主要分为民航建设与运筹领导小组层级的《北京大兴国际机场工程建设与运营筹备总进度综合管控计划》、指挥部层级的《北京大兴国际机场工程建设与运营筹备总进度计划》和实施层级的《北京大兴国际机场工程建设与运营筹备专项进度计划》。分别对应图7-5所示的第二、三、四层级计划。

不同层级的计划范围不同。综合管控计划、总进度计划和专项进度计划的范围对比如表7-1所示。

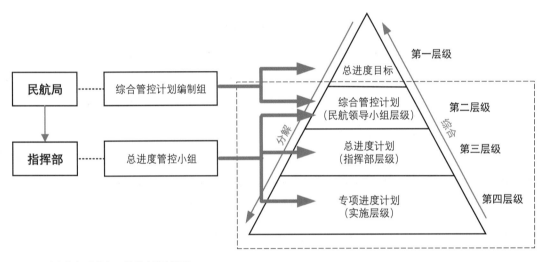

图7-5　大兴机场建设与运筹进度计划层级

综合管控计划、总进度计划和专项进度计划的范围对比　　　　　　　　　表7-1

| 计划<br>范围 | 综合管控计划 | 总进度计划 | 专项进度计划 |
|---|---|---|---|
| 组织范围 | 与本项目相关的所有组织 | 主要包括指挥部、管理中心及首都机场集团下属专业公司 | 与本项目相关的所有组织，尤其是存在工作界面交叉的组织 |
| 工程范围 | 机场、空管、航油及航空公司基地等机场直接相关工程及外国配套工程和其他相关工程 | 机场工程，主要包括飞行区工程、航站区工程、货运区工程及工作/公共区工程 | 与机场竣工验收和开航相关的所有工程 |
| 工作范围 | 前期报批、工程建设、验收及移交准备、运营准备及接收等不同性质的工作 | 机场主体工程建设工作及正式投入运营前各项准备工作的统筹安排 | 设备纵向投运计划、交叉施工进度计划、特殊专项计划、投运方案 |

## 7.5.2　综合管控计划

《北京大兴国际机场工程建设与运营筹备总进度综合管控计划》指对机场、空管、航油及航空公司基地等机场直接相关工程及外围配套工程（包括供电、供水、排水、排污、高速公路、地面道路、高铁、地铁等）和其他相关工程的本身及其所在环境的集成计划。综合管控计划涵盖"民航北京大兴国际机场建设及运营筹备领导小组"所负责的工作，能统筹平衡大兴机场工程系统内外各投资主体、指挥部、运营单位及其他相关单位和部门建设、验收、移交、运营准备等各项工作。该计划包括前期报批、工程建设、验收及移交准备、运营准备及接收等不同性质的工作。

### 1. 关键线路

综合管控计划以总进度目标为基础，倒排各项关键工作节点，形成主关键线路。分关键线路由某类关系密切的工作组成，便于了解该类工作的相互制约关系。主关键线路和分关键线路相互补充和制约，主关键线路主要包括三类工作：①具有里程碑意义的工作，如工程竣工、试飞、综合模拟演练等；②不同单位的界面的工作；③重要报批或审批工作。大兴机场综合管控计划中，用于桌面推演的主关键线路如图7-6所示，一根时间轴贯穿建设工作和运筹工作，图中灰色方格代表当时尚未平衡的关键节点，白色方格代表当时已经平衡的关键节点。此外，根据主关键线路确定分关键线路16条，表7-2列出了部分分关键线路。

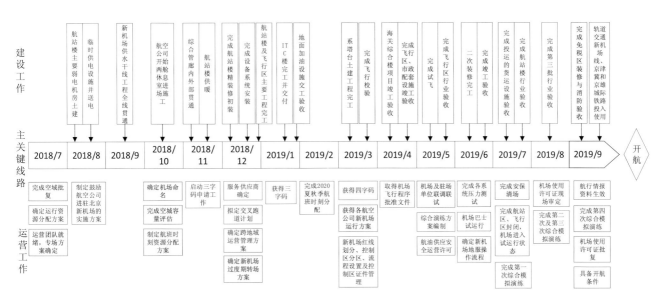

图7-6　大兴机场综合管控计划主关键线路图

大兴机场综合管控计划分关键线路（部分）　　　　表7-2

| 序号 | 分关键线路名称 | 分关键线路相关节点 | |
| --- | --- | --- | --- |
| | | 关键节点 | 完成时间 |
| 1 | 供水、供电和供气等市政衔接分关键线路 | 完成临时供电设施并送电 | 2018.8 |
| | | 新机场供水干线工程全线贯通，具备通水条件 | 2018.9 |
| | | 开始与临时供暖相关的冬季施工 | 2018.10 |
| | | 综合管廊内外部贯通 | 2018.11 |
| | | 完成正式供电、供暖、供水、排污配套工程 | 2019.1 |
| 2 | 飞行区验收与飞行校验、试飞分关键线路 | 完成飞行区校飞相关工程竣工验收 | 2019.1 |
| | | 完成飞行校验 | 2019.3 |
| | | 完成飞行区竣工验收（部分） | 2019.4 |
| | | 完成试飞 | 2019.5 |
| | | 完成飞行区行业验收 | 2019.5 |
| 3 | 空管塔台与飞行区站坪塔台工程分关键线路 | 西塔台土建工程完工 | 2019.3 |
| | | 东机坪塔台具备指挥条件 | 2019.6 |
| | | 完成空管必备设施竣工验收 | 2019.6 |
| 4 | 航站区、配套区与轨道交通新机场线分关键线路 | 完成市政配套竣工验收 | 2019.4 |
| | | 轨道试运行（试轨） | 2019.5 |
| | | 轨道交通新机场线投入使用 | 2019.9 |
| 5 | 航站区与两舱施工分关键线路 | 航空公司开始两舱休息室进场施工 | 2018.8 |
| | | 航空公司西舱休息室竣工验收 | 2019.6 |
| | | 完成航站楼竣工验收 | 2019.6 |
| 6 | 航站区与商业进场二次装修分关键线路 | 完成商业招租，启动二次装修 | 2018.10 |
| | | 完成航站楼竣工验收 | 2019.6 |
| | | 完成免税区装修与消防验收 | 2019.9 |
| …… | …… | …… | …… |

## 2. 工作节点

工作节点表将综合管控计划里的所有关键节点进行梳理，是民航局进行综合管控以及其下属单位操作实施的工作依据。综合管控计划共包括374个工作节点，其中动拆迁及前期报批工作节点41个、建设工作节点111个、验收及移交工作节点45个、运营筹备工作节点177个。大兴机场主体工程建设与运筹工作WBS如图7-7所示。表7-3为大兴机场综合管控计划工作节点表（部分）。

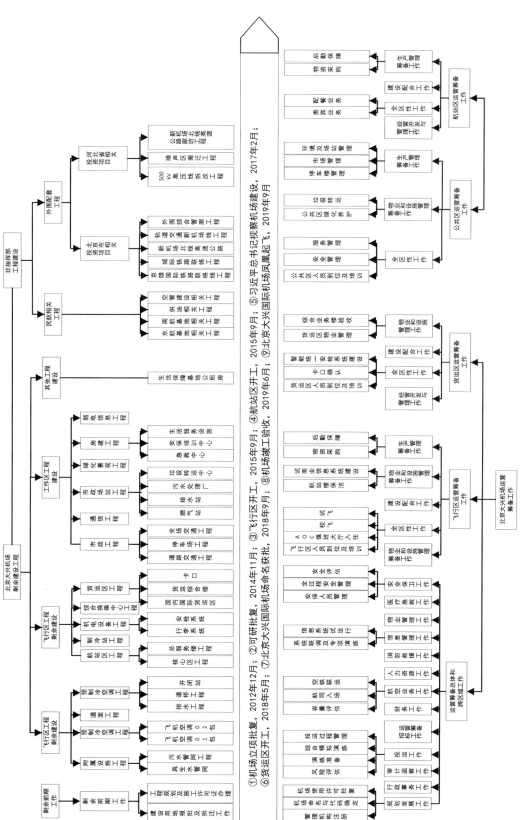

图7-7  大兴机场主体工程建设与运筹工作WBS图

北京大兴国际机场综合管控计划工作节点表（部分） 表7-3

| 编号 | 投资主体 | 工程名称 | 动拆迁、前期报批工作计划 | | 总编号 |
|---|---|---|---|---|---|
| | | | 工作名称 | 计划时间 | |
| 1 | 首都机场集团公司 | 北京新机场建设工程 | | | |
| | | 总体工作 | 协调完成与新机场工程施工相关动迁工作 | 2018年7月 | 1 |
| | | | 办理完成新机场地区建设用地正式用地手续 | 2018年10月 | 2 |
| | | 航站区 | 完成航站楼及附属业务用房工程建设工程规划许可证办理 | 2019年1月 | 3 |
| | | | 完成航站楼及附属业务用房工程施工许可证办理 | 2019年2月 | 4 |
| | | 工作区 | 完成工作区各单体建设工程规划许可证办理 | 2019年1月 | 5 |
| | | | 完成工作区各单体建设工程施工许可证办理 | 2019年2月 | 6 |
| | | 货运区 | 完成货运区工程建设工程规划许可证办理 | 2019年1月 | 7 |
| | | | 完成货运区工程施工许可证办理 | 2019年2月 | 8 |
| | | 其他工程 | 完成其他相关项目建设工程规划许可证办理 | 2019年1月 | 9 |
| | | | 完成其他相关项目工程施工许可证办理 | 2019年2月 | 10 |
| 2 | 民航华北空中交通管理局 | 北京新机场空管工程完成施工许可证办理 | 完成建设工程规划许可证办理 | 2019年1月 | 11 |
| | | | 完成施工许可证办理 | 2019年2月 | 12 |
| 3 | 中国航空油料集团有限公司 | 北京新机场航油工程 | | | |
| | | 津京第二输油管道工程 | 完成新城镇征地拆迁补偿确认，具备进地条件 | 2018年6月 | 13 |
| | | | 完成胡家园征地拆迁补偿确认，具备进地条件 | 2018年6月 | 14 |
| | | | 办理完成廊坊市4座阀室国土、规划手续，自然资源部先行用地手续 | 2018年7月 | 15 |
| | | | 完成天津警备区、天津军事物流基地中心仓库征地补偿确认，具备进地条件 | 2018年8月 | 16 |
| | | | 完成后续6处铁路征地及报批手续 | 2018年8月 | 17 |
| | | 地面加油 | 完成北京市、河北省区域施工、监理招标 | 2018年7月 | 18 |

### 3. 重点问题

重点问题是与进度密切相关的突出矛盾及风险问题。综合管控计划共梳理出重点问题41项，其中综合协调类6项、前期工作类3项、建设工作类6项、验收工作类6项、运筹工作类20项。表7-4是重点问题一览表（部分）。

重点问题一览表（部分）　　　　　　　　　表7-4

| 序号 | 类别 | 问题名称 |
|---|---|---|
| 1 | 综合协调类 | 空域方案批复对新机场运行有重要影响，建议尽快协调解决 |
| 2 | | 机场命名时间目前暂定2018年10月，因是后续多项工作的前置条件，建议越早越好 |
| …… | | …… |
| 7 | 前期工作类 | 协调推动河北省域红线内4条道路、若干线路、线杆拆除，北跑道东侧1400米范围地块移交事宜 |
| 8 | | 协调推动津京第二输油管道建设规划路由、征地拆迁事宜 |
| …… | | …… |
| 10 | 建设工作类 | 供水、供电和供气等市政配套衔接问题 |
| 11 | | 2018年11月综合管廊内外部贯通，其中场外综合管廊按期贯通存在不确定性 |
| …… | | …… |
| 18 | 验收工作类 | 校飞、飞行程序批复、竣工验收、试飞等工作的时间矛盾 |
| 19 | | 关于新机场民航专业工程消防审批问题 |
| …… | | …… |
| 25 | 运营工作类 | 完成飞行程序批准的要件涉及环节多、审批主体多、难度大，需加强各个环节的衔接和协调（要件涉及空域批复方案、四字码、新机场障碍物、跑道测绘数据、导航台数据等） |
| …… | …… | …… |

## 7.5.3　总进度计划

《北京大兴国际机场工程建设与运营筹备总进度计划》是指挥部层面的统领机场工程建设与运营筹备一切工作的总进度计划，是对机场主体工程建设工作及正式投入运营前各项准备工作的统筹安排。总进度计划聚焦于机场工程，主要包括飞行区工程、航站区工程、货运区工程及工作/公共区工程。该计划的组织范围主要涉及指挥部及首都机场集团下属专业公司，也包括与机场工程交叉较多的组织。

### 1. 建设与运筹工作分解

对机场主体工程建设与运筹工作进行工作结构分解，是进行总进度计划编制的基础。总进度计划基于"建设运营一体化"理念，首先根据机场不同区域对建设与运筹工作进行分解，建设工作划分为前期工作、飞行区建设工作、航站区建设工作、货运区建设工作、工作区建设工作和其他建设工作；运筹工作划分为跨区域整体运筹工作、飞行区运筹工作、航站区运筹工作、货运区运筹工作、公共区运筹工作和其他运筹工作。在此基础上，考虑分类的科学性与实用性，针对不同的专业继续进行细分，如建设工作可根据不同单项工程进行进一步划分，运筹工作则根据不同部门职责进行进一步划分。

### 2. 建设与运筹工作关键线路

总进度计划是在综合管控计划的基础上，进一步挑选出对机场工程影响比较大的关键节点，经过修订补充后，最终形成建设与运筹工作关键线路图，包含267个节点，其中飞行区建设工作关键节点38个、航站区建设工作关键节点43个、货运区建设工作关键节点10个、工作区建设工作关键节点29个、跨区域运营筹备工作关键节点56个、飞行区运营筹备工作关键节点30个、航站区运营筹备工作关键节点31个、货运区运营筹备工作关键节点12个、公共区运营筹备工作关键节点18个，图7-8和图7-9为飞行区关键线路图的示例。

### 3. 全要素进度表

在建设与运筹关键线路的基础上，总进度计划对每个关键节点进一步细化，最终得到作业项4585项。

### 4. 进度风险问题跟踪

采用专家咨询和经验比较法，总进度计划最终梳理进度风险跟踪问题31个，包括综合协调、交叉施工、建设进度滞后、成品保护、运营需求改善和其他6类，并根据对2019年9月开航目标的影响程度，将风险分成三级，级别越高，风险越大。例如，在综合协调类问题中，"土地手续批复"和"跨地域管理方案批复"等进度风险被定为三级风险，属于影响2019年9月机场开航的重大风险；交叉施工类问题中，"航站楼区域交叉施工"进度风险被定为二级，属于影响机场整体联调联试、试飞、竣工及后续演练等关键节点的重要风险；在建设进度滞后类问题中，"呼叫中心土建装修进度滞后"进度风险被定为一级，属于影响机场后续工作，但不影响"2019年6月竣工和2019年9月开航"总进度目标和关键节点的次要风险。

### 5. 关键问题与对策

采用专家咨询法和经验比较法，总进度计划梳理出大兴机场建设与运筹工作中的10个关键问题，并给出应对措施及建议。表7-5是关键问题与对策表（部分）。

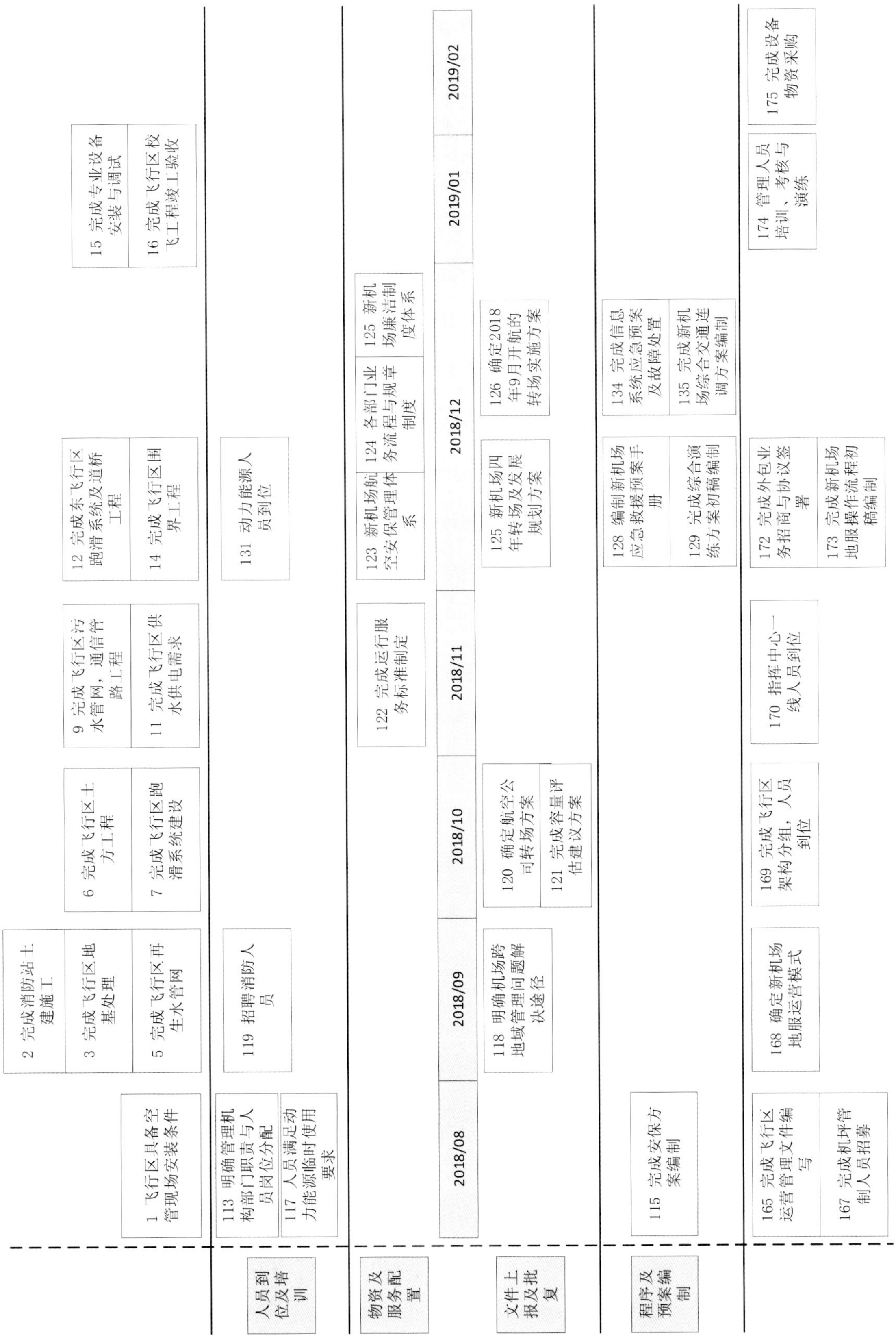

| | 2018/08 | 2018/09 | 2018/10 | 2018/11 | 2018/12 | 2019/01 | 2019/02 |
|---|---|---|---|---|---|---|---|

**人员到位及培训**

- 1 飞行区具备空管现场安装条件
- 2 完成消防站土建施工
- 3 完成飞行区地基处理
- 5 完成飞行区再生水管网
- 6 完成飞行区土方工程
- 7 完成飞行区跑滑系统建设
- 9 完成飞行区污水管网，通信管路工程
- 11 完成飞行区供水供电需求
- 12 完成东飞行区跑滑系统及道桥工程
- 14 完成飞行区围界工程
- 15 完成专业设备安装与调试
- 16 完成飞行区校飞工程竣工验收

- 113 明确管理机构部门职责与人员岗位分配
- 117 人员满足动力能源临时使用要求
- 119 招聘消防人员
- 131 动力能源人员到位

**物资及服务配置**

- 115 完成安保方案编制
- 122 完成运行服务标准制定
- 123 新机场航空安保体系
- 124 各部门业务流程与规章制度
- 125 新机场廉洁制度体系

**文件上报及批复**

- 118 明确机场跨地域管理问题解决途径
- 120 确定航空公司转场方案
- 121 完成容量评估建议方案
- 125 新机场四年转场发展规划方案
- 126 确定2018年9月开航的转场实施方案

**程序及预案编制**

- 165 完成飞行区运营管理文件编写
- 167 完成机坪管制人员招募
- 168 确定新机场地服运营模式
- 169 完成飞行区架构分组、人员到位
- 170 指挥中心一线人员到位
- 172 完成外包业务招商与协议签署
- 173 完成新机场地服操作流程初稿编制
- 128 编制新机场应急救援预案手册
- 129 完成综合演练方案初稿编制
- 134 完成信息系统应急预案及故障处置
- 135 完成新机场综合交通连调方案编制
- 174 管理人员培训、考核与演练
- 175 完成设备物资采购

图7-8 飞行区建设与运筹工作关键线路图（一）

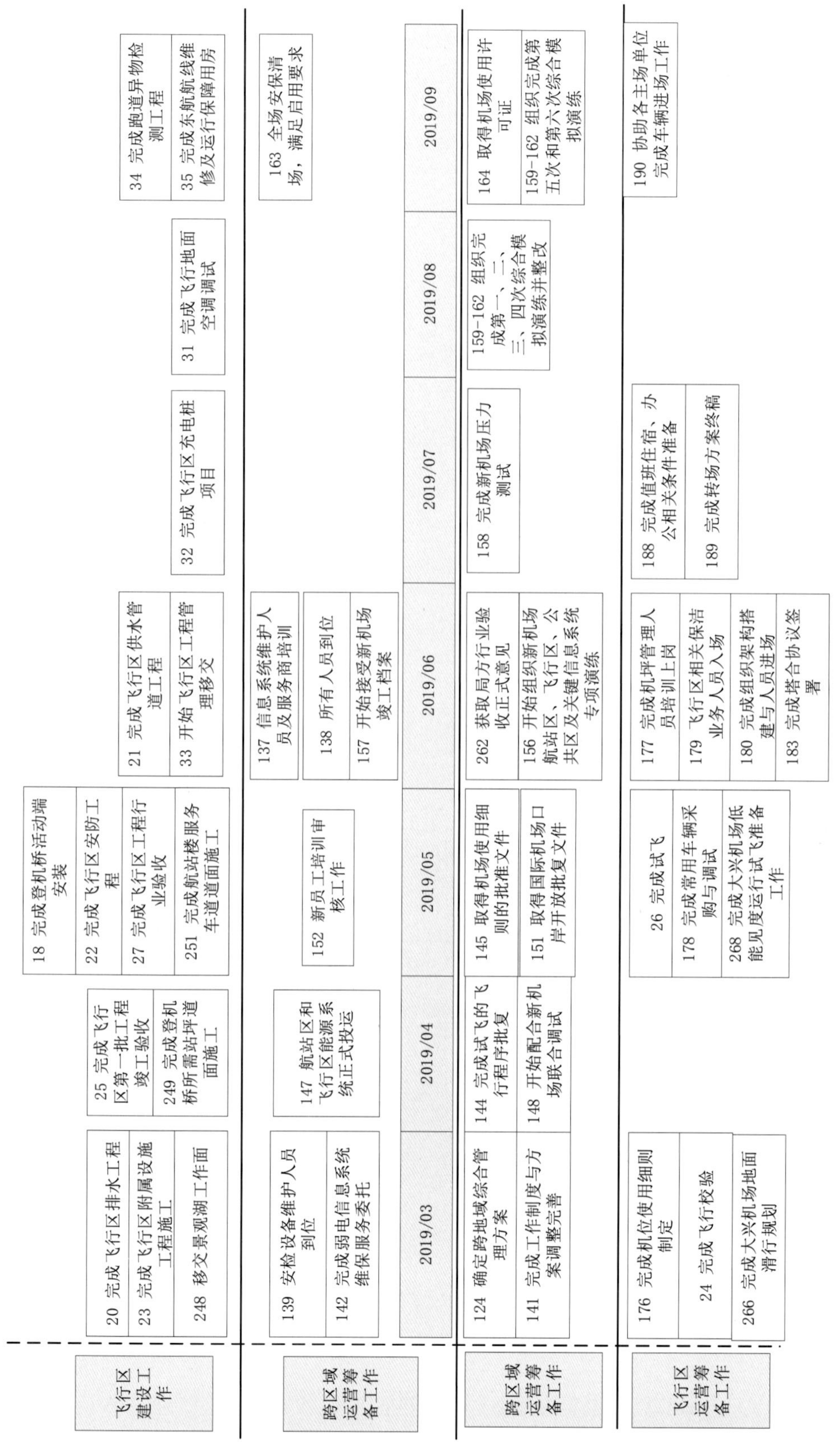

| | 2019/03 | 2019/04 | 2019/05 | 2019/06 | 2019/07 | 2019/08 | 2019/09 |
|---|---|---|---|---|---|---|---|
| **飞行区建设工作** | 20 完成飞行区排水工程；23 完成飞行区附属设施工程施工；248 移交景观湖工作面 | 25 完成飞行区第一批工程竣工验收；249 完成登机桥站坪需车道路面施工 | 18 完成登机桥活动端安装；22 完成飞行区安防工程；27 完成飞行区工程行业验收；251 完成航站楼服务车道路面施工 | 21 完成飞行区供水管道工程；33 开始飞行区工程竣工移交 | 32 完成飞行区充电桩项目 | 31 完成飞行区地面空调调试 | 34 完成跑道异物检测工程；35 完成东航航线维修及运行保障用房 |
| **跨区域运营筹备工作** | 139 安检设备维护人员到位；142 完成弱电信息系统维保服务委托 | 147 航站区和飞行区能源系统正式投运 | 152 新员工培训审核工作 | 137 信息系统维护人员及服务商培训；138 所有人员到位；157 开始接受新机场竣工档案 | | | 163 全场安保清场，满足启用要求 |
| **跨区域运营筹备工作** | 124 确定跨地域综合管理方案；141 完成工作制度与方案调整完善 | 144 完成试飞的飞行程序审批；148 开始配合新机场联合演练 | 145 取得机场使用细则的批准文件；151 取得国际机场口岸开放批复文件 | 262 获取局方行业验收正式意见；156 开始组织新机场、公共航站区、关键信息系统专项演练 | 158 完成新机场压力测试 | 159-162 组织完成第一、二、三、四次综合模拟演练并整改 | 164 取得机场使用许可证；159-162 组织完成第五次和第六次综合模拟演练 |
| **飞行区运营筹备工作** | 176 完成机位使用细则制定；24 完成飞行校验；266 完成大兴机场地面滑行规划 | | 26 完成试飞；178 完成常用车辆采购与调试；268 完成大兴机场低能见度运行试飞准备工作 | 177 完成机坪管理人员培训上岗；179 飞行区相关保业务人员入场；180 完成组织架构搭建与人员进场；183 完成塔台协议签署 | 188 完成值班住宿、办公相关条件准备；189 完成转场方案终稿 | | 190 协助各主场单位完成车辆进场工作 |

图7-9 飞行区建设与运筹工作关键线路图（二）

总进度计划梳理的关键问题与对策表（部分）　　　　　　表7-5

| 序号 | 问题类型 | 问题描述 | 应对措施及建议 |
|---|---|---|---|
| 1 | 总进度管控计划执行问题 | 总进度管控计划实施过程中存在进度信息填报不实、落后责任推诿、计划工作量有意低报、落后工作纠偏力度不够、数据填报不认真等问题，此类问题将会导致管控效果变差 | ①强化谁填报、谁审批、谁担责的制度体系。②进度计划修订时进行多次确认并签字，每项工作有确定的责任主体。③各部门应合理安排每月计划量，保证任务在计划完成时间之前全部完成。④对于滞后节点及作业项，每月月中重点突出，相关部门应重点关注，研究解决办法，推进滞后工作纠偏。⑤每月填报内容、填报提交时间进行统计并评比，对填报不及时或填报不认真等现象进行通报批评 |
| 2 | 建设交叉计划实施问题 | 航站楼北侧区域市政工程与人防工程、东航核心区工程、南航核心区工程等共五个交叉点，该区域施工主体多，施工作业面分散，施工进度慢，存在突破"6·30"风险 | ①提高政治站位，强化大局意识、节点意识，对于交叉工作应敢于担当、勇于担当，共同推动交叉工作的如期完成。②交叉施工专项计划要有监督执行的可靠措施，防止施工计划流于形式、纸上谈兵。③建立健全交叉施工风险责任制，明确各方职责。重视因施工计划落实不到位引起的未知风险的控制和管理。交叉专项计划执行过程中，对风险等级较高的工作提前制定应急预案 |
| | | 环航站楼区域站坪道路和服务车道与登机楼活动端安装、飞机空调设备安装、制冷机房设备安装、航泊监控系统等8个交叉点，需要对交叉界面划分明确，防止整体进度滞后 | |
| 3 | 建设各部门间协作问题 | 距离"6·30"和"9·30前"目标越来越接近，工程进入收尾和冲刺阶段，需各部门间沟通协调解决的问题数量增加。各部门间如不能顺畅沟通及高效地协调解决问题，最终将会导致组织整体运行效率降低，任何一个小问题都可能成为影响最终目标实现的巨大风险 | ①思想上转变对工作模式的认识，由分散到集成，分管领导统筹各区域间工作内容，系统性整合区域间交叉工作。②部门间加强沟通及交叉工作对接，共同推进问题解决，从功能性上保障机场建设、运行一体化。③各层级工作遇到问题，通过加强沟通协调争取将一般问题在本层级解决，重要问题及时上报领导，任何问题都不疏忽、不放过 |
| …… | …… | …… | …… |

## 7.5.4　专项进度计划

《北京大兴国际机场工程建设与运营筹备专项进度计划》是在综合管控计划和总进度计划指导下，对影响机场竣工验收和开航的重要工作进行专题研究而编制的进度计划，包括设备纵向投运计划4项、交叉施工进度计划5项、特殊专项计划5项和《北京大兴国际机场投运方案》。其中，《北京大兴国际机场投运方案》是在综合管控计划和总进度计划指导下编制而成的投运工作细化方案。专项进度计划作为综合管控计划和总进度计划的进一步深化和补充，是指挥部以及其他相关组织的重要工作依据，协助抓取整体工作中的重点问题，进行专项突破。

### 1. 设备纵向投运计划

设备纵向投运计划是为保障机场重点项目中机电、弱电系统按时到货、安装，调试、接管与培训的专项进度计划。大兴机场设备纵向投运计划共4项，包括"飞行区设备纵向投运计划""航站楼设备纵向投运计划""停车楼及综合服务楼设备安装调试培训计划"和"工作区场站设备安装调试培训计划"，表7-6是北京大兴国际机场飞行区设备纵向投运计划（部分）。

### 2. 交叉施工进度计划

交叉施工专项计划是针对大兴机场项目中不同区域、不同单位由于存在工作面交叉导致施工矛盾突出的工作面制定的专项施工计划。该计划通过全面梳理交叉内容、交叉部位、交叉单位的作业名称和起止时间以及交叉界面的移交时间，确保交叉区域顺利施工。大兴机场交叉施工进度计划共5项，包括"环航站楼交叉施工进度计划""航站楼前北侧人防工程，市政工程（道路、东南航管道）交叉施工进度计划""航站楼弱电机房土建与设备安装交叉施工进度计划""音视频系统集成项目土建施工与设备安装交叉施工进度计划"和"商业店面精装修与航站楼装修交叉施工进度计划"，表7-7是北京大兴国际机场环航站楼交叉施工进度计划（部分）。

### 3. 特殊专项计划

特殊专项计划是针对大兴机场特殊重要事项的专项进度计划。大兴机场特殊专项计划共5项，包括"地下人防空间上部中央景观轴绿化施工专项计划""开航程序批复重要事项专项计划""商铺装修专项计划""应急消防演练专项计划"和"消防站接收专项计划"。在此仅列示北京大兴国际机场开航程序批复重要事项专项计划，如表7-8所示。

### 4. 投运方案的编制

为保证大兴机场2019年9月顺利投运，指挥部联合内外保障单位共同编制了《北京大兴国际机场投运方案》。"投运方案"在综合管控计划和总进度计划的牵引下，突出强化机场投运工作备战、临战、决战三个阶段的重点任务和时间节点，持续细化投运工作的路线图、时间表、任务书和责任单。

备战阶段为方案编制日起至2019年6月30日，是投运全面开展的策划关键阶段，大兴机场投运备战阶段具备"建设与运营一体化""天合地分军民融合""地跨两域协同三地"的特点，对管理人员和保障人员要求高，是临战阶段测试演练的基础条件。该阶段重点工作为"四个到位"，分别是人员能力及培训考核到位、设施设备及资源配置到位、标准合约及程序预案到位、风险防控及应急机制到位。"四个到位"的关键节点图如图7-10所示。

　　临战阶段是2019年7月1日至9月9日，该阶段是各项投运筹备工作收口完成的阶段。此阶段以单项演练、专项演练和综合演练为抓手，是检验投运工作的重点和核心阶段，也是投运工作的冲刺阶段。此阶段重点为完成"四项检验"，即检验设备设施完备性、检验流程顺畅性、检验程序预案适用性、检验人员熟知度。图7-11为"四项检验"关键节点图。

　　决战阶段为2019年9月10日至项目开航日，是大兴机场开航试运行阶段，该阶段既面临航空公司转场、南苑机场搬迁，又面临冬季运行保障，还需协同"一市两场"正式开始运行，是投运工作的决战决胜阶段。决战阶段重点是整改临战阶段发现的问题，并不断优化改进，以此强化安全管控、强化运行效率、强化服务品质、强化整体协同联动。图7-12为决战阶段关键节点图。

大兴机场飞行区设备纵向投运计划（部分）　　　　　　　表7-6

| 设备/系统组成 | 飞行区标段 | 设备/系统概况 | 供应商/生产商 | 到货时间 | 安装单位 | 安装完成时间 | 调试完成时间 | 接管单位与联系人 | 培训时间 | |
|---|---|---|---|---|---|---|---|---|---|---|
| | | | | | | | | | 开始时间 | 结束时间 |
| 综合管廊排水、消防系统 | 场道4标 | 8台水泵 | | 2019.3.8 | | 2019.3.20 | 2019.4.5 | 飞行区管理部负责人 | 2019.5.30 | 2019.6.30 |
| | 场道5标 | 自动搅匀潜水排污泵50WQ/E242-1.5PJ 44台 | | 2019.4.15 | | 2019.4.25 | 2019.4.30 | | 2019.5.30 | 2019.6.30 |
| | 场道6标 | 自动搅匀潜水排污泵36/超细干粉灭火器135 | | 2019.3 | | 2019.4 | 2019.4 | | 2019.5.30 | 2019.6.30 |
| | 场道7标 | 潜水排污泵40台；系统概况：按防火分区设置集水坑，再由自动搅匀潜水排污泵排出管廊 | | 2019.3.8 | | 2019.3.30 | 2019.4.15 | | 2019.5.30 | 2019.6.30 |
| | 场道11标 | 潜水排污泵8台/超细干粉灭火器29具 | | 2019.4 | | 2019.4 | 2019.5 | | 2019.5.30 | 2019.6.30 |
| | 场道14标 | 水泵24台 | | 2018.12 | | 2019.1 | 2019.6 | | 2019.5.30 | 2019.6.30 |
| 下穿道排水及消防系统 | 场道2标 | 4台 | | 2019.3.20 | | 2019.3.30 | 2019.4.10 | 飞行区管理部负责人 | 2019.5.30 | 2019.6.30 |
| | 场道3标 | 潜污泵4台，手提式灭火器42套 | | 已到货 | | 2019.3.20 | 2019.4.1 | | 2019.5.30 | 2019.6.30 |
| | 场道6标 | 提升泵3台 | | 2019.3 | | 2019.3.20 | 待定 | | 2019.5.30 | 2019.6.30 |
| | 场道7标 | 潜水排污泵共10台（南北侧泵站各5台），系统概况：下穿通道雨水引入泵站集水池，经由雨水提升泵站将雨水排入拟建排水沟 | | 2019.3.8 | | 2019.3.20 | 2019.4.10 | 飞行区管理部负责人 | 2019.5.30 | 2019.6.30 |
| | 场道14标 | 水泵12台 | | 2018.12 | | 2019.1 | 2019.6 | | 2019.5.30 | 2019.6.30 |

续表

| 设备/系统组成 | 飞行区标段 | 设备/系统概况 | 供应商/生产商 | 到货时间 | 安装单位 | 安装完成时间 | 调试完成时间 | 接管单位与联系人 | 培训时间 | |
|---|---|---|---|---|---|---|---|---|---|---|
| | | | | | | | | | 开始时间 | 结束时间 |
| 下穿道泵房监控摄像机 | 场道2标 | 1台 | | 2019.3.20 | | 2019.3.30 | 2019.4.15 | 飞行区管理部负责人 | 2019.5.30 | 2019.6.30 |
| | 场道3标 | 高清快球形网络摄像机 | | 2019.3.20 | | 2019.3.31 | 2019.4.10 | | 2019.5.30 | 2019.6.30 |
| | 场道6标 | 摄像机1台 | | | | | | | 2019.5.30 | 2019.6.30 |
| | 场道9标 | 高清快球形网络摄像机 | | 2019.5 | | 2019.5 | 2019.5 | | 2019.5.30 | 2019.6.30 |
| | 场道14标 | 室内型变焦高清快球形网络摄像机2台 | | | | | | | 2019.5.30 | 2019.6.30 |

大兴机场航站楼交叉施工进度计划（部分）　　　　　　　　　表7-7

| 序号 | 交叉内容 | 工作部位 | 交叉单位1：航站区工程部 | | | | 交叉界面 | 交叉单位2：飞行区工程部 | | | |
|---|---|---|---|---|---|---|---|---|---|---|---|
| | | | 序号 | 作业名称 | 开始时间 | 完成时间 | 界面工作及时间 | 序号 | 作业名称 | 开始时间 | 完成时间 |
| 1 | 飞行区服务车道道面施工与航站楼周边施工材料运输平台及临设拆除 | 环航站楼周边排水沟外侧 | 1 | 拆除东港湾砂浆罐、上料口及城建上料运输平台、43号桥北京城建临设项目部 | | 2019/3/31 | 3月31日移交飞行区作业面 | 1 | 服务车道外侧道面施工 | 2019/4/1 | 2019/4/30 |
| | | | 2 | 拆除其他临时设施 | | 2019/3/10 | 3月10日移交飞行区作业面 | 2 | 服务车道外侧道面施工 | 2019/3/11 | 2019/4/11 |
| | | | | | | | | 3 | 航油监控同步施工 | 2019/3/11 | 2019/4/30 |
| | | 环航站楼周边排水沟内测 | 1 | 移除临时材料，土方回填到位 | | 2019/4/30 | 陆续移交，4月30日完成全部作业面移交 | 1 | 服务车道内侧道面施工 | 2019/5/1 | 2019/5/31 |
| 2 | 飞行区近机位道面施工与登机桥附近临时设施拆除 | 2号、39号和50号登机桥 | 1 | 航站区工程部拆除39和50号登机桥附近临时消防水井 | | 2019/3/31 | 3月31日移交飞行区作业面（3月31日完成航站楼供水） | 1 | 水泥道面施工 | 2019/3/5 | 2019/4/30 |
| | | | 2 | 航站区工程部拆除2号登机桥位置临时供电电杆和高压线灯杆 | 2019/3/5 | 2019/4/10 | 4月10日移交飞行区作业面 | 2 | 航油部油栓井同步施工 | 2019/3/5 | 2019/4/30 |

大兴机场开航程序批复重要事项专项计划（部分）　　表7-8

| 时间轴 | 序号 | 重要事项 | 批复单位 | 主责单位 | 大兴机场对接部门 | 结束时间 | 备注 |
|---|---|---|---|---|---|---|---|
| 2019年5月 | 1 | 完成试飞工作 | 华北管理局 | 华北管理局 | 飞行区管理部 | 2019年5月20日 | 建议近期由华北管理局主持召开有关方试飞准备工作的汇报会，检查试飞工作进展 |
| | 2 | 获取《机场使用细则》批准文件 | 华北管理局 | 飞行区管理部 | 飞行区管理部 | 2019年5月30日 | |
| | 3 | 获取《大兴机场飞行程序》《机场运行最低标准》和《进离场航线》批准文件 | 华北管理局 | 规划设计部 | 规划设计部 | 2019年5月30日 | |
| | 4 | 获取《空域调整》批复文件 | 空管委 | 华北空管局 | 运行指挥中心 | 2019年5月30日 | |
| | 5 | 获取《航路航线划设调整和开放》批复文件 | 中部战区华北管理局 | 华北空管局 | 规划设计部运行指挥中心 | 2019年5月30日 | |
| | 6 | 获取《北京首都机场飞行程序和进离场航线调整》批复文件 | 华北管理局 | 首都机场集团股份公司 | 规划设计部 | 2019年5月30日 | |
| | 7 | 获取《天津机场飞行程序和进离场航线调整》批复文件 | 华北管理局 | 首都机场集团天津机场 | 规划设计部 | 2019年5月30日 | |
| | 8 | 获取《北京大兴国际机场和首都机场以及天津机场的班机航线调整》批复文件 | 华北管理局 | 华北空管局 | 运行指挥中心规划设计部 | 2019年5月30日 | |
| …… | …… | …… | …… | …… | …… | …… | …… |

编制单位：北京新机场建设指挥部
牵头部门：计划合同部
参与部门：规划设计部、规划发展部、运行指挥中心、飞行区管理部

| | 2018/07 | 2018/10 | 2018/12 | 2019/01 | 2019/02 | 2019/03 | 2019/04 | 2019/05 | 2019/06 | 2019/09 |
|---|---|---|---|---|---|---|---|---|---|---|
| 人员能力及培训考核到位 | | | *人员编制 *培训方案 | | *组建培训师队伍 *完成培训师培训 *完成培训教材 | *人员陆续招聘到位 *服务商招标 *维保商招标 | *服务商培训 *维保商培训 | *服务商入场熟悉感 *维保商入场熟悉感 | *人员培训完成 | *人员准入考核 |
| 资源配置设施设备到位 | *供配电系统到位 *空域容量评估 *跨地域经营问题解决路径 *机场营业执照 | *机场命名 *时刻容量评估标准 | *污水处理厂 | *飞行区校飞相关工程—市两场资源配置方案 *国际口岸批复 | *ITC机场启用 *设备物资采购 | *安检设备 *供冷系统试运行 *各单位资源配置方案 *供水供电供气 | *飞行区其他必要工程 *能源系统 *机场程序批准 *甚高频系统 | *飞系统项目验收 *能源系统 *飞行区车辆进场 *飞行区车辆调试 | *停车楼 *东航、南航一期工程 *场内供油工程 *各单位设施备接收 *信息系统联合调试 | |
| 程序标准合约预案到位 | | | *机场使用手册 *机场投救运行规划 *交叉跑道运行规划 *航站楼流程手册 | *时刻协调标准 | *流程手册发布 | *红线划分 *获得四字码 *运行标准发布 | *消防安全管理制度 *临时性飞行程序 *入场手续办理 | *交通运输保障方案 | *准入协议签署 *商业开户手续 | |
| 应急风险防控机制到位 | | | | | *各单位风险因素调研 *编制风险清单 | *制定风险对应方案 | | | *风险管控措施 | |

图7-10 备战"四个到位"关键节点

| 2019.7.19前 | 2019.7.19 | 2019.8.2 | 2019.8.16 | 2019.8.23 | 2019.8.30 | 2019.9.6 | 2019.9.6 |

| *单项演练　*专项演练 | *第一次综合模拟演练（国内流程） | *第二次综合模拟演练（夜间保障） | *第三次综合模拟演练（国际流程） | *第四次综合模拟演练（场外驰援） | *第五次综合模拟演练（压力测试） | *第六次综合模拟演练（无脚本） | *最后一次综合模拟演练（综合应急） |

图7-11　临战阶段"四项检验"关键节点

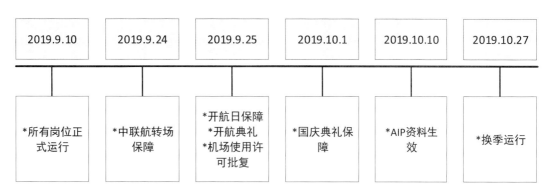

| 2019.9.10 | 2019.9.24 | 2019.9.25 | 2019.10.1 | 2019.10.10 | 2019.10.27 |

| *所有岗位正式运行 | *中联航转场保障 | *开航日保障　*开航典礼　*机场使用许可批复 | *国庆典礼保障 | *AIP资料生效 | *换季运行 |

图7-12　决战阶段关键节点

# 7.6　信息集成的进度动态管控

指挥部在项目进度管控的过程中实施动态控制，并建立了高效的信息化管控平台。管控小组定期收集并处理各部门本月计划完成量、本月实际完成量、下月计划完成量等数据，整合形成项目进度管控报告，供管理层和实施层制定和优化进度控制策略。

## 1. 信息化管控平台

为更好、更科学地提升管控工作效率，指挥部为总进度计划量身定制了信息化管控平台。信息化平台主要用于帮助收集建设项目的现场信息和执行工程进度计划，管理层通过信息化平台接收下级上传的工程信息，执行层通过信息化平台了解下一步的工作计划，该平台可实现当月填报表单自动化生成、进度偏差自动判定、线上流程审批、可视化管控，切实推动管控工作高效实施。信息化管控系统将进度计划中的工作项按照时间关系排列，并在此基础上建立补充联系，如信息审核机制、进度问题跟踪、重难点分析，对可量化作业项自动计

进度问题跟踪表

| 飞行区工程部 | | 制单人 | | 制表日期 | |
|---|---|---|---|---|---|
| 删除全部　　导入数据 | | | | | |
| 问题描述 | | 责任单位/部门 | 最晚解决时间 | | 完成与否 |
| 综合业务楼内用厨房、餐厅的工艺流程影响隔墙位置。该标段负责隔墙施工，但目前图纸被甲方暂停，希望甲方尽快提供适用方案，避免后期拆改 | | 飞行区工程部 | 2018-12-12 | | 未完成 |
| 通往南辛庄沥青路和多条土路，影响场内安全及土方施工 | | 飞行区工程部 | 2018-12-15 | | 未完成 |
| 该地段内跑道东头道槽下有天然气管道，影响土方运输及强夯施工 | | 飞行区工程部 | 2018-12-20 | | 未完成 |
| 该标段站坪道面施工区域内部分临时供电线杆和原航站楼东环路未拆除，致使标段该区域的道面工程及D3、D3-1线排水沟工程排水工程无法施工，希望尽快拆除 | | 飞行区工程部 | 2018-12-15 | | 未完成 |

图7-13　指挥部信息化管控系统的进度问题跟踪界面（截屏）

算工程实际进度，减少人工计算工作量。系统允许将报告和图片以附件形式上传，对工程实际进展进行补充说明。系统分为网络版和移动版两个版本，用户上传、审核、修改工程信息可以不受时间、地点的限制。系统中表单信息的处理流程，包括分包与总包间的信息流程、总包与工程部间的信息流程、工程部与进度管控项目团队间的信息流程和领导层对工程信息的反馈处理流程。管控平台根据系统中总进度计划的工作条目，自动向各单位下发进度问题跟踪表，如图7-13所示。

此外，管控小组还配备了专业的硬件和软件设备为信息化总控平台的应用提供相应的支撑。主要硬件包括：服务器、台式电脑、笔记本电脑、投影仪、A3彩色激光打印机、照相机、摄像机等；主要软件包括：大型数据库Microsoft SQL Database、基于大型复杂工程的项目管理软件Oracle's Primavera P6、风险管理软件Risky Project、基于Internet的项目信息门户平台Bentley Project Wise等，高性能远程网络视频会议系统，以及为机场建设进度总控开发的专用软件和知识库。

### 2. 进度信息收集

线上数据填报是管控小组最基础、最核心的数据收集方式，进度统计信息的数据来源即为各部门每月定期通过进度管控信息化平台填报的线上数据。每个部门每月需要填报的条目依据《总进度计划》确定，由数据库根据系统规则自动生成，涵盖《总进度计划》中所有本月计划开展的工作，以及所有本月实际正在进行中的工作。针对每一条目，各部门需要填报的维度包括本月计划完成量、本月实际完成量和下月计划完成量，量化指标可以是施工人员的实际人数、建筑材料的实际使用量、工程设备的实际数量、实际成本、施工现场环境等。除了作业项完成情况统计表以外，各部门每月还需要提交关键节点完成情况统计表、进度风险跟踪进展情况统计表和本月重难点问题统计表。对于专项计划完成情况、关键节点每月中期预警等灵活度较高的进度信息，则通常由管控小组预先制作好 Excel 表格下发给各部门进行填报，如图7-14所示。

北京大兴国际机场建设工作进度月度表（12月）

| 工程或标段 | 作业代码 | 作业名称 | 本月计划（可量化作业） | 本月实际（可量化作业） | 本月实际（不可量化作业） | 当月完成 | 下月计划（可量化作业） | 下月计划（不可量化作业） | 备注 |
|---|---|---|---|---|---|---|---|---|---|
| 场道1标 | DIJ0020 | 冲击碾压 | 99% | | | | | | |
| | DIJ0030 | 土方填方 | 99.48% | | | | | | |
| | DAM0020 | 道面混凝土 | 85% | | | | | | |
| | PSG0010 | 排水工程 | 99% | | | | | | |
| 场道2标 | DGC0070 | 道面标志线 | 0% | | | | | | |
| 场道3标 | XCT0020 | 水电安装 | 100% | | | | | | |
| | FWS0010 | 2-1, 2-2除雪车库 | 100% | | | | | | |
| | FWS0020 | 2-3, 2-4除雪车库 | 100% | | | | | | |
| | FWS0030 | 2号通用车库 | 100% | | | | | | |
| | FWS0060 | 地块电力工程 | 100% | | | | | | |
| | FWS0070 | 地块弱电工程 | 100% | | | | | | |
| | FWS0080 | 地块道路工程 | 100% | | | | | | |
| | DMG0030 | 道面标志线 | 100% | | | | | | |
| 场道4标 | FGC0050 | 飞行区绿化 | 80% | | | | | | |
| | PSC0030 | 除冰液收集池 | 90% | | | | | | |
| | PSC0040 | 预制块沟 | 100% | | | | | | |
| | DMC0060 | 道面标志线 | 40% | | | | | | |

图7-14  大兴机场建设工作进度月度表（截屏）

### 3. 进度管控报告

在项目进度管控的过程中，通过全面收集项目进度控制信息，并将这些信息整合处理，形成项目进度管控报告。报告的形式通常包括纸质版和电子版，向组织内的所有成员公开。报告的直接输出对象是管理层和实施层，在接收到管控小组出具的报告后，管理层和实施层积极利用其中信息，制定和优化进度控制策略。

（1）建设与运筹进度管控月报

进度管控报告以总进度计划为基础，客观、真实反映指挥部和集团专业公司总体工作进展情况，具体包括各部门、专业公司工作进展并给予分析、评价，指出当下工程建设与运营筹备的重难点工作。月度管控报告主要内容包括：总体进度分析、本月工作完成情况、关键节点完成情况、建设与运筹工作完成情况、下月关键节点计划、下月建设与运筹工作计划、进度风险、跟踪进展情况、近期重难点工作及建议等。分析、提炼出当下重点、难点工作，提出重难点工作建议，为指挥部采取控制措施提供支持。对指挥部各部门、集团各专业公司的建设与运营总体进度、各部门（公司）工作完成情况、关键路线重要节点、所有作业项进行由浅入深逐级管控。

（2）专项进度计划双周管控报告

《专项进度计划双周管控报告》通过数据填报、现场踏勘、访谈、调研等方式客观反映交叉施工点位和重要开航程序批复工作的最新进度。协调不同单位和部门之间的施工作业面交叉，为推动交叉部位的作业施工提供切实可行的建议。

《专项进度计划双周管控报告》包括两部分内容，分别是交叉工作和重要开航程序批复事项的总体进展分析和具体完成情况。总体进展分析的部分对《工程建设与运营筹备专项进度计划》内应在本期完成的各专项计划分析其整体完成情况（当期完成、累计完成）和偏差（当期偏差、累计偏差）。具体完成情况部分，通过相应的证明材料如图片、文件等形式对各项工作的进度予以充分展示。

（3）专项报告

月报依据总进度计划，整体统筹机场建设与运筹进度；双周报依据专项计划，针对性更强，解决工程建设上存在较多的交叉施工问题和机场开航面临的程序批复问题。与此同时，管控小组还制定了节点预警报告、月报讲评报告、民航局汇报、"6·15"专项报告等多种专项报告，涵盖工程状况、计划预测、偏差分析、控制措施建议等功能，完善整个管控报告体系。

# 7.7 总进度综合管控的作用和技术创新

大兴机场工程总进度综合管控对整个工程的按期投运起到了关键作用，总进度综合管控从多个方面进行了技术创新。

## 7.7.1 总进度综合管控的作用

项目进度管控工作的作用体现在四个方面。

### 1. 科学评估"6·30""9·30前"目标的可行性

"2019年6月30日前全面竣工验收""2019年9月30日前投入运营"是大兴机场的总进度目标。总进度综合管控工作对两个总进度目标进行深化细化和科学评估,首先提出需要对飞行区工程进行拆解,争取飞行区工程提前竣工验收,满足校飞试飞及后续一系列开航审批流程的要求。接着再把总进度目标按照实施阶段进行降解,通过多层次、多角度、全覆盖的结构化降解体系编制总进度综合管控计划,从而得出了总进度目标可以按期实现的指导性意见。

### 2. 所有单位统一思想、步调一致开展工作

大兴机场涉及的规模庞大,受管控的部门和单位多达51个,界面问题非常复杂。总进度综合管控计划通过关键线路和关键性控制节点明确各单位主体的任务书和时间表,厘清各工作计划在工程推进过程中的界面问题,保证不同工作计划之间的无缝衔接。同时,还将总进度计划与组织分解结构(OBS)配合使用,明确每项工作的责任部门和配合部门,推动各单位相互沟通配合,积极解决跨主体、跨界面的协调问题,从组织上有效地解决了多部门参与工作的互相配合问题。管控工作协调推动所有单位共同朝着"6·30前竣工""9·30前投运"目标前进。

### 3. 找出问题、识别风险、及时处理

管控小组首先定期对总进度综合管控计划中的关键节点进行分析,全面、精确地测量进度状况,对可能滞后的工作进行预警;其次,通过月中、月末多次现场联合巡查发现潜在的隐患和风险,分析影响进度的关键问题;最后基于其他机场建设经验,指出各阶段可能存在的问题。在工程建设和运营筹备的过程中,总进度综合管控工作持续不断地利用多种手段对问题和风险进行梳理,引起各相关部门领导重视,及时反映,及时处理,有效规避风险,加快进度,为大兴机场的顺利开航提供强有力的保障。

### 4. 了解情况、掌控全局、协调决策

管控小组通过每月一期的月报和重大问题的直通车报告制度,及时准确向民航局及投运总指挥部报告目前工程各方面的进展情况、存在的问题,以及应当采取的相应措施。这有助于决策者全面了解情况,清楚掌握全局重点,为后续的协调和决策提供基础支撑,使工程整体进展始终处于可控状态。

## 7.7.2  总进度综合管控的技术创新

大兴机场进度动态总控关键技术应用范围广,社会影响深远,既实现了指挥部层面工程

系统进度的科学统筹，提高了设计、施工、运营、咨询和供货等组织系统的生产效率和进度绩效，又实现了空管、航油和航司基地工程等民航工程系统的进度统筹，提高了组织系统的生产效率和绩效。同时，该技术具有前瞻性和引领性，关系整个交通运输行业的发展与未来。大型航空交通枢纽工程作为国家和区域发展的重要推动力，融合航空、高铁、城市轨道和公路等多种交通方式于一体，已成为未来发展的新趋势。该技术既实现了当下机场工程和民航工程进度管控和生产效率提升的要求，又保证了未来更复杂的多种交通工程融合的枢纽工程进度管控和生产效率提升的要求。在该技术的支撑保障下，基于大型航空交通枢纽工程的临空经济和空港经济及其社会潜能将得到进一步的激发和释放，并将持续助力交通运输行业的发展与提升、助推国家和区域的社会经济发展。

### 1. 面向建设与运营一体化的进度结构化分层迭代计划技术

大兴机场工程是一个多工程、多组织、多界面的超巨型复杂系统工程，不同工程和组织具有不同的进度目标，但各目标间密切关联，相互制约，共同影响工程整体目标的实现，牵一发而动全身。大兴机场工程中仅指挥部负责的机场主体工程就包括110个单体工程，不同工程均有相应的设计、施工、监理、供货和咨询等单位（总计561家），不同单体工程具有不同的项目报批、设计、招标、施工、竣工移交和运营准备等进度目标安排。加之，机场工程外围大量的民航工程、配套市政工程、高铁工程、公路工程等加大了指挥部协调和统筹的难度。面对如此复杂的超巨型复杂系统工程，如何科学地制定各工程子组织系统的进度计划目标，统筹空间、专业、工程、组织间界面等约束关系，梳理各进度计划目标间逻辑关系，科学统筹所有进度计划目标，实现工程进度计划目标耦合，充分发挥进度计划的"龙头"指引作用成为首要挑战。

为此，项目团队创新性地研发了面向建设与运营一体化的进度结构化分层迭代技术，科学制定与统筹多进度目标，实现了进度计划体系的目标耦合，为进度管控提供科学基准，为工程实施与控制提供关键基础。

### 2. 基于SMCI循环理论的工程进度5M动态技术体系

综合交通枢纽作为超巨型复杂系统工程，工程系统间密切关联、相互制约，既要满足民航系统的各工程间建设与运营的任务统筹，又要实现民航系统与外围配套工程及多种交通运输工程的任务衔接与协调。加之，综合交通枢纽工程设计复杂，工程技术含量高，建设程序复杂，不同工程、不同区域、不同组织间的任务高度关联，特别是在时空、界面等多要素资源条件的共同约束下要兼顾建设与运营一体化要求，科学统筹各工程系统和组织系统的任务极具挑战性。大兴机场的建设和运营筹备工作计划包含了2831项建设任务和2716项筹备任务，工程系统涉及航站区、飞行区、货运区和工作区等110个单体工程、5 000多项任务。既有在同一时空资源约束条件下牵一发而动全身的工程系统安排，又有作业任务和企业资源的自我内部约束。工程任务还要面临来自外部宏观环境和组织系统内部不确定性、复杂性带来的进度风险。因此，要实现综合交通枢纽工程的任务全面统筹，做好任务的及时跟踪与控制是进度管控的另一挑战。为此，项目团队进一步优化了基于SMCI（Standard，标准：制定进度标准——Measure；测度：测度实际工程进度——Control；控制：采取纠偏措施——Improve；持续改进：不断总结螺旋上升）五环总控模型和进度5M动态控制技术，综合系统分析、界面分析、关键路径分析、进度敏感性分析和进度管理成熟度评价5个维度，分别采用多源数据报告和集成（Multi-source Data Reporting and Integration Technology）、多界面进行协调（Multi-interface Coordination Technology）、关键节点和路径分析（Milestone and Critical Path Analysis Technology）、多维度全周期风险评估与管理（Multidimensional Lifecycle Risk Management Technology）、进度管控成熟度（Mega Construction Project Management Maturity Model Assessment Technology）共五个技术，实现了工程系统与组织系统在工程全生命周期的任务耦合，为建设和运营筹备任务进度的动态控制提供了科学方法和工具，整体技术以进度总控五环为指导框架，优化形成了5M技术体系，致力于解决不同的管控任务难题。

### 3. 多维组织信息协同的进度动态闭环控制系统

科学计划与动态管控过程是大量信息输入、处理与输出的综合信息管理过程。信息系统作为进度总控的数据底座，是实现科学计划与动态管控的关键所在。由于工程信息具有数量庞大、来源分散、类型多样且动态变化等特点，工程间、组织间、任务间形成的"信息孤岛"致使目标信息冲突、任务碎片化、组织沟通割裂、管控效率低下等问题愈加严重。因此，计划信息的规范化与标准化、状态信息的及时性与准确性、统计信息的全面性与集成性以及控制信息的共享性和科学性是实现进度管控的核心问题。因此大兴机场研发的面向工程全过程的多维组织信息集成的协同平台技术，规范统一进度信息结构和表达方式，实现进度计划信息的集成表达；通过移动端和线下信息输入，实现状态信息的及时获取与更新；通过建筑信息模型(Building Information Modeling, BIM)、物联网（Internet of Things，IOT）和人工智能（Artificial Intelligence，AI）技术，实现统计信息的高精度可视化与集成性、控制信息的及时共享与反馈，整个工程实现了进度的闭环控制。

# 第 8 章

# 信息化驱动的全过程投资财务管控

　　大兴机场工程投资主体多、投资数额大、参建单位多的背景下，投资控制成为项目管理的重点和难点。为此指挥部从一开始就制定了一系列严格的投资控制制度，包括概算控制、招标采购管理、合同管理、工程计量与支付控制、工程变更与签证控制、竣工结算控制等。

　　由于大兴机场工程投资数据及信息处理工作量巨大、管理难度高等特点，需要建立一套科学有效的管理方法、流程和体系，以帮助进行项目的投资和财务管理。指挥部以三峡工程管理系统平台为基础进行深化设计、开发、优化，建立了能够满足大兴机场工程概算、合同、财务、物资设备等关键性业务处理需求的北京大兴国际机场工程项目管理信息系统。

　　本章主要介绍了项目招标采购与监督、合同管理、计量支付控制、变更签证控制、竣工结算控制；项目管理信息系统的开发和应用、系统的应用效果、作用及创新点。主要内容和思路如图8-1所示。

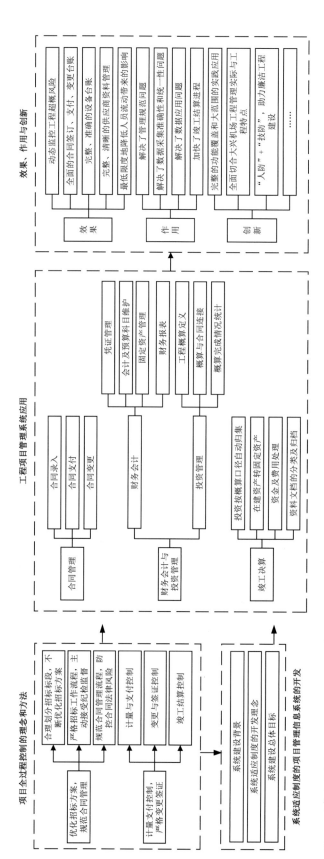

图8-1 本章主要内容和思路

# 8.1　优化招标方案，规范合同管理

招标是项目控制投资过程非常重要的一环，通过招标可以获得合理价格的同时还可以获得优良的有实力的承包单位。而招标方案就是关键中的关键，指挥部通过不断优化招标方案，从而获得合理的报价，并通过合同锁定价格。

## 8.1.1　合理划分招标标段，不断优化招标方案

大兴机场工程建设工期短、工程量巨大，众多参建单位均需要通过招标的方式进行优选。如何将工程划分成不同的标段，既要考虑按期完成建设任务的第一要务，还要考虑通过招标获得最具实力、最优质和最价廉的承包单位，标段的划分尤为重要。

### 1. 航站区标段划分及发包情况

航站区工程主要包括航站楼工程、停车楼及综合服务楼工程、核心区及航站区地下人防工程、货运区工程和公务机楼工程。

其中，航站楼工程、停车楼及综合服务楼工程施工分为4个标段。其中，一标段为航站楼及综合换乘中心核心区基础工程，二标段为旅客航站楼核心区工程，三标段为旅客航站楼指廊工程，四标段为停车楼及综合服务楼工程。标段划分如图8-2所示。

航站楼工程量大、技术复杂，因此施工采用了"大总包管理模式"，所谓"大总包管理模式"，是指每个标段包含图纸范围内的地基与基础、主体结构、建筑装饰装修、建筑屋面、给水、排水及采暖、通风与空调、建筑电气、智能建筑、电梯工程、节能工程以及室外工程等图纸显示的全部工程。这样可以调动承包的积极性，减轻业主的工作量，有利于提高管理效率，控制工程质量和工期。

值得指出的是，航站区地下二层的轨道交通部分，因为同一结构涉及多个投资主体共用，不可能由多家施工单位施工，因此本工程创新性地采用了代建模式，即红线内的工程

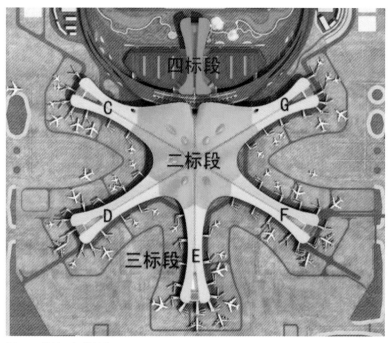

图8-2　航站区标段划分图

均由指挥部作为建设单位，纳入总承包施工合同范围，涉及的投资主体承担的费用，按照协商比例的办法进行分摊，代建费用转给指挥部，再由指挥部以业主身份支付给总承包单位。因此航站区地下二层的轨道交通部分也称为结构代建工程。

另外货运区分为二个标段，核心区及航站区地下人防工程分为一个标段，公务机楼工程分为一个标段。

### 2. 飞行区标段划分及发包情况

飞行区与航站区的特点不同，飞行区专业划分与航站区相比较为单一，但工程量大，适合采用平行发包方式，以获得优秀承包单位的同时，取得工期的最大优势，多家单位同时施工也可进行综合分析比较，发挥各承包单位的积极性。每个工程招标，都在大量专题研究的基础上，招标方案经过精心策划、反复研究，最终确定。

以飞行区场道招标方案的策划为例，标段的划分首先应考虑标段金额的大小，标段金额太少，投标方没有积极性。权衡大小，要结合工程部位、工期要求、场地的要求等。其次要考虑施工交叉，最好自下到上，如果同一时间有的做下面，有的做上面，就可能出现争议。基于以上原则，当时共策划了五种标段划分的方案，分别是12个、14个、15个、16个、19个标段，经分析比较并请示领导决策，最后确定飞行区场道工程分为14个标段。

大兴机场飞行区工程主要包括飞行区场道、目视助航、全场雨水排水、飞行区道桥、飞行区消防、飞行区安防、飞行区服务设施、飞行区附属设施等工程。施工标段划分为28个标段。

### 3. 配套工程标段划分及发包情况

配套工程主要包括市政工程、场站工程、房建工程以及工作区绿化工程。市政工程主要包括工作区道路、桥梁、给水、再生水、热力、燃气、雨水、污水、电力、通信等工程，共分8个施工标段。市政场站工程主要包括给水站、燃气调压站、污水处理厂、10kV监控中心，共分为4个施工标段。大兴机场工作区房建工程包括车辆维修中心、物业及物资仓库工程，生活服务设施工程，公安、武警、急救用房，安防中心、绿化基地，空防安保培训中心，信息中心及指挥中心，航食配餐一期工程及非主基地航空公司生活服务设施工程，共分8个施工标段。绿化工程主要分为7个施工标段。

## 8.1.2　严格招标工作流程，主动接受纪检监督

为使整个工程招标能够依法依规，并做到分开、公平和公正，指挥部特别制定了与招标投标相关的管理制度，包括《北京新机场建设指挥部招标采购管理规定》《北京新机场工程建设项目施工承包暂估价招标采购管理办法》《北京新机场建设指挥部内部审计管理规定》和《招标采购工作监督实施办法》等。

### 1. 明确招标采购管理规定

招标采购管理规定中明确了组织机构和职责、招标方式和范围，以及招标工作流程等内容。

### 2. 招标采购全过程的纪检监督

指挥部所有招标采购活动均主动接受纪检监察组织的监督，重大或特殊敏感的招标采购活动还邀请民航局、集团公司纪检监察组织共同参与监督。

## 8.1.3　规范合同管理流程，防控合同法律风险

为规范和加强合同管理，维护合同双方合法权益，有效规范指挥部合同的全流程管理，防范合同风险，减少和避免合同纠纷，指挥部依据《中华人民共和国合同法》《首都机场集团公司合同管理规定》等相关规定，结合指挥部实际制定了《北京新机场建设指挥部合同管理规定》。

### 1. 合同管理流程

指挥部合同管理规定将合同管理流程分为合同立项、合同会签、合同执行等阶段，并通过合同管理系统串联整个系统业务流程的核心。

### 2. 合同法律风险防控

指挥部合同法务管理工作包括合同管理、风险管理、授权管理、诉讼纠纷管理等方面。为了降低指挥部合同管理风险、维护指挥部权益，处理指挥部相关诉讼纠纷案件，增强法律风险防控工作可操作性，指挥部特聘请了两家国内专业律所提供专业服务，并编制了《北京新机场建设指挥部法律风险防范手册》，日常风险管控均以手册为基础开展工作。

# 8.2  计量支付控制，严格变更签证

为有效控制工程投资，经过招标并通过合同锁定了工程价格后，施工过程中最重要的就是控制好工程变更和工程签证，并按合同约定进行工程计量、支付与结算工作。为此指挥部分别制定了相关的管理制度，包括《北京新机场建设指挥部工程计量、支付及结算管理规定》《北京新机场建设指挥部变更、索赔及费用审批管理规定》和《北京新机场建设指挥部工程变更及现场签证管理实施细则》等。

在工程价款计量支付相关制度基础之上，指挥部又分别制定下发了施工类和设备类《北京大兴国际机场工程竣工结算管理实施细则》，并在发布实施后对各施工、设备安装和监理单位进行分批宣贯交底，规范细化了竣工结算文件及相关资料上报基本要求参考格式，提高了各施工单位上报结算文件的效率。

指挥部对工程款计量支付及变更、签证的审核工作严格按照以上制度规定的程序执行，通过各相关部门密切协作，做到多级审核，严格把关。

## 8.2.1  计量与支付控制

《北京新机场建设指挥部工程计量、支付及结算管理规定》对计量、支付及结算均做了明确的规定。

### 1. 计量、支付条件

（1）承发包双方已按招标文件或委托书的规定签订了合同，且按照约定提交了符合要求的履约保函或担保。

（2）计量、支付内容符合合同条件，在BJJCPMS（北京大兴机场工程项目管理系统，下同）中完成了计量、支付清单项明细的审核，并已打印相关报表（物资设备采购需附设备验收单）。

（3）新增、变更项目已履行相关批准手续。

（4）最终结算支付：完成工程竣工资料归档、竣工结算报告经指挥部审核通过、通过国家审计、缺陷责任期（质保期）满。

### 2. 支付程序

以施工合同为例，进度款的支付程序如下：

（1）依据合同约定，每个计量周期由承包人在BJJCPMS中申报本期已完工程清单项明细，监理单位在BJJCPMS中审核，指挥部主办部门在BJJCPMS中复核，计划合同部最终核准并确认生成支付单，相应主办部门将核准后的清单项明细返回承包人。

（2）承包人填写计量支付申请一式陆份（附清单项明细）报监理单位审核，监理单位审核后开具支付证书，报指挥部主办部门审查。

（3）指挥部主办部门在BJJCPMS中打印《计量与支付会审单》，提交计划合同部、财务部、审计监察部审核、会签后，按程序报主办部门分管领导、财务总监、总指挥审批，批准后由财务部按程序支付。

（4）审批后的《计量与支付会审单》由财务部作为工程付款的依据存档。

## 8.2.2　变更与签证控制

### 1. 变更会程序

（1）各工程部为工程变更的主办部门，负责对每项变更提出审查意见，按程序组织召开变更会。

（2）限额以下变更会由各工程部门分管领导主持召开，规划设计部、计划合同部、财务部、招标采购部、审计监察部、相应工程部、设计单位和监理单位参加；限额以上变更会由常务副指挥长主持召开，规划设计部、计划合同部、财务部、招标采购部、审计监察部、相应工程部、设计单位和监理单位参加。

（3）各工程部根据会议情况对所管项目的变更形成纪要，报指挥部领导批准后，正式下发。

（4）各工程部根据会议纪要通知监理单位签发变更令，规划设计部通知设计单位出具变更设计图纸（如需），承包人执行变更。

### 2. 变更签证程序

（1）若引起分部分项工程中单个清单子目或某一单位工程投资变动在限额以下的，由相应工程部门分管领导主持召开变更会议审定；若引起分部分项工程中单个清单子目或某一单位工程投资变动在限额以上的，由常务副指挥长主持召开变更会审定。形成变更会议纪要后由工程部通知监理单位，其中，承包人提出变更，需书面上报监理单位审查。承包人书面申请应详细阐明变更原因、变更工程的数量及其费用估算，以供审查。

监理单位应在收到承包人书面申请资料14日内对变更申请进行全面、仔细的审核，包括变更的原因、必要性、工程量和费用，并附详细资料，将审核意见报送指挥部相应工程部门审核。指挥部的内部审查流程由相应工程部具体经办，负责对变更必要性、合理性的初步审查，审查通过后报相应变更会审定。

（2）监理单位根据指挥部变更会议纪要向承包人签发变更令，并督促实施。

承包人在收到监理单位发出的变更指令后的7日内，应立即实施变更工作。

（3）变更通过后，需要设计单位出具设计变更通知单及变更图纸的，由相关工程部门负责通知设计单位出具相应资料；需完成合同清单项以外零星项目的，承包人应填写《现场签证》，报监理单位审核。监理单位在收到书面文件的14日内予以确认或提出修改意见并上报指挥部。指挥部相应工程部门负责审核工程量的正确性。

## 8.2.3　竣工结算控制

大兴机场工程投资巨大，工程复杂，单项、单位工程多，仅施工类合同和设备类合同近200个。

施工图纸版本及工程变更资料较多，相应的竣工结算工作难度大。结算工作主要的重点和难点有：一是承包人商务能力有限，不能及时上报结算；二是整理和确认施工图纸、工程变更、签证等技术资料的工作量较大，耗时较长；三是重大争议事项较难达成一致意见（深化图纸、材料价差调整、安全文明施工费调整、部分工程量争议、部分新增单价争议等）。为此，指挥部采取了系列措施，以推进竣工结算工作。

### 1. 编制各工程的竣工结算计划

督促各工程部门完成竣工结算上报计划的编制，以统筹安排各工程竣工结算审核工作的进行，同时组织各施工单位梳理工程结算上报存在的问题，汇总后形成结算计划管控台账，以便于后续动态跟进竣工结算上报及审核工作。

### 2. 梳理确认结算依据的施工图纸

大兴机场工程复杂，施工图纸版本及工程变更资料较多，而且依据施工合同条款约定，承包人提供的深化图纸不能作为结算依据，指挥部按照经指挥部委托的设计单位出具的施工图纸加工程变更和签证的方式进行结算，梳理确认结算依据的施工图纸及工程变更等技术资料时间较长，工作量较大。

各工程部门和设计、监理、施工单位对各工程用于实际施工的图纸目录签署确认后，方可作为竣工结算审核的依据资料。

### 3. 定期召开结算例会

结算依据的施工图纸和工程变更等技术资料有相互矛盾、理解有歧义或缺少尺寸无法准确计算工程量的相关问题，由造价咨询单位以结算图纸疑问的形式提出，经设计、监理、施工单位答复、工程部进行确认，四方签字盖章后作为结算审核依据的资料。并在每周定期召开大兴机场工程结算例会，集中沟通结算审核过程中遇到的量价争议等商务和施工图纸疑问等技术问题，必要时邀请工程部、设计、监理以及施工单位一同参会，当面沟通解决竣工结算各种争议事项和图纸疑问。

### 4. 跟踪审计单位二次审核把控

指挥部委托的造价咨询单位出具竣工结算审核报告初稿后，由首都机场集团委托的跟踪审计单位进行竣工结算复核，待各方对审定金额达成一致意见，跟踪审计单位出具审核意见，指挥部指挥长办公会议确定通过审定结果后，由承包人、监理人、咨询人和指挥部共同签署确认竣工结算定案表，造价咨询机构出具总金额与审定结果一致的最终结算审核报告，跟踪审计向集团公司出具审核意见。

## 8.2.4　第三方造价咨询的委托和项目管理信息系统的依托

### 1. 委托第三方造价咨询单位

指挥部共委托了四家工程造价咨询单位进行全过程造价咨询服务，要求咨询单位有专人长期驻场服务，对进度款、变更及竣工结算进行审核，同时出具月度服务报告做出现状分析及风险提示，对于专业问题及争议事项出具专题咨询意见，有效提高了造价审核的工作效率，确保了工程全过程造价管理的依法依规性、真实有效性和合理准确性。

### 2. 依托项目管理信息系统

为提高计量支付效率，增强计量支付流程的透明化，指挥部特开发了北京新机场项目管理信息系统。该系统的使用，不仅方便了计量支付审核部门在日常工作中对相关材料进行审核记录，也方便了国家审计署、集团公司审计对指挥部工作的监督和检查，同时也可有效记录工程的计量支付情况及明细内容。

项目管理信息系统在造价管理方面的作用主要有：

（1）强大的报表功能支持各级审计组快速查阅和汇总工程计量支付数据及合同文本信息。

（2）规范工程项目管理。系统中合同、财务、设备、竣工决算等模块均实现线上流转，合同支付、财务制证、设备验收等关键业务流程实现在系统中处理，降低人为意志和行政干预的可能。

（3）提供涉及工程项目管理清晰的数据明细，减少施工单位虚报、超量报送风险。系统实现合同清单项的管理，合同支付也精确到清单项，每项清单均锁定单价，且支付工程量不能超过每条清单的数量。在建设工程中杜绝了合同总量超付和单项超付的情况，降低了工程超付的风险。

# 8.3  系统适应制度的项目管理信息系统的建设

### 1. 系统建设背景

民航机场作为重资产行业的代表，每年均保持较大规模的固定资产投资，且总体呈增长态势。中国民用航空局发布的《民航行业"十二五"规划》中明确提到70个新建机场项目，民航"十三五"期间还启动了一批机场工程项目，其中包括30个续建机场项目、44个新建机场项目、139个改扩建机场、19个迁建机场，可以说中国民航机场进入了一个高速发展期和集中建设期。大兴机场工程作为其中的代表，是首都重大标志性工程，国家发展的新的动力源，具有投资大、涉及面广、工作界面宽、投资主体多、周期短、数据及信息处理工作量大、管理难度高的特点，建设一套科学有效管理的方法、流程和体系对工程建设项目管理尤为重要。因此，2012年10月指挥部经过严格采购程序，从众多供应商提供的工程项目管理信息系统产品中，采购了已在长江三峡工程及昆明长水机场工程有过成功实施经验的三峡工程管理系统平台，并在此平台上进行深入设计、开发、优化，建设北京大兴机场工程项目管理系统（BJJCPMS）。2013年6月至2014年10月期间，BJJCPMS分三批将全部功能模块上线，正式投入使用。

### 2. 系统适应制度的开发理念

一般使用项目管理信息系统多采用制度适应系统的模式，导致在使用系统的过程中系统应用与工程业务无法紧密联系，往往会因此出现工程中出现实际业务无法使用系统的问题。大兴机场基于三峡工程管理系统平台优化开发的北京新机场工程项目管理系统（BJJCPMS）创新性地采用了系统适应制度的开发模式，先明确工程中关键性业务的处理需求、业务规范及建立相关规章制度，再根据工程需求在三峡工程管理系统平台的基础上进行优化改进，确保BJJCPMS的功能完全满足大兴机场的业务需求。这一理念在机场应用项目管理信息系统方面具有创新性、进步性和指导性。

### 3. 系统建设总体目标

（1）建立一套能够满足大兴机场工程概算、合同、财务、物资设备等关键性业务处理需求和具有统一性的工程管理业务规范；

（2）通过对概算、合同、财务等业务环节有效数据的采集、结构化、整合，实现工程数据的沉淀和共享；

（3）实现大兴机场建设管理中财务的集中控制，有效地进行资金管理，将工程数据和财务数据进行紧密关联；

（4）利用该系统在工程建设过程中陆续进行的在建资产登记，实现工程后期清晰、快捷地进行资产移交并辅助工程竣工决算。

## 8.4　项目管理信息系统的应用

大兴机场管理信息系统包括合同管理、财务会计与投资管理、竣工决算、设备物资、资料档案等多个功能模块。贯穿投资概算、招标直至竣工决算、财务档案管理的全过程。

### 8.4.1　合同管理

合同管理是BJJCPMS中最关键、复杂的模块，是串联整个系统业务流程的核心。

BJJCPMS把整个大兴机场工程划分为一个个合同，同时所有合同组成整个工程。合同管理模块主要实现合同信息管理、合同执行、合同变更三方面的功能，对应系统中的合同录入、合同支付、合同变更三个操作页面。

合同录入环节中，BJJCPMS将合同分为工程施工类合同、设备采购类合同、技术服务类合同、其他类合同和虚拟类合同五类，大兴机场工程建设过程中发生的所有费用均通过五类合同在系统中完成支付。虚拟合同是五类合同中的特例，用于处理工程建设过程中建设单位管理费等报销类费用。除虚拟合同外，其他均为实体合同，有正式的合同文本。录入系统的合同被分解出4个层次的数据信息，分别是合同基本信息、清单项分级定义信息、合同报价单项信息、合同挂接设备信息。其中合同基本信息包括承包人、监理单位、合同总金额、签订日期、银行账号等。清单项分级定义信息确定了清单项的层级结构及描述。合同报价单信息则对应了清单项的主要信息，它包括付款项、施工量清单项、物资设备项等，是合同的重要组成部分，它记录了合同包含的清单、条目，是合同的最基础数据。每条报价单都清晰地反映了该项清单的价格，同时每个报价单项都对应了概算代码，实现了合同的按概算分类。而报价单项的下一层显示着该清单项挂接的设备信息，如果没有信息则表明该报价单项下没有设备。

合同支付。该操作界面分为三层进行处理。第一层是填写合同支付的基本信息，如合同号、支付单号、扣预付款、其他扣款等，通过合同号自动链接出合同签订单位等信息。第二层为合同支付内容，通过选择已在合同录入的报价单项，确定支付数量和金额，支付项的单价是由录入时的单价确定不能更改，每次支付的数量均不能超过合同报价单项录入时的数量。第三层为支付打印报表。在前两项完成后，经过系统合同审批用户批准后可以从系统中打印支付会审单和工程量清单等报表，由此从系统外进行签字流转。

合同变更。如果出现合同的金额、项目等变更，则需要在系统中进行合同变更，否则将无法完成合同支付。因为合同支付需要严格按照合同录入时的数据进行，所以任何涉及合同金额、项目的改变都需要进行合同变更。通过系统中的合同变更能清晰地记录合同变更的内容、数据，实现了变更的统计。

## 8.4.2　财务会计与投资管理

财务会计功能主要包含4个模块，分别是凭证管理、会计及预算科目维护、固定资产管理、财务报表。凭证管理主要用于进行凭证处理、凭证审核、凭证过账、结账等日常会计记账流程。会计及预算科目维护则主要包括会计科目和预算科目的建立、编码、增加、删减等。会计科目的设置遵循合法性、全面性、实用性的原则，而预算科目的设置相对于会计科目则更有自由度，可以根据实际情况进行设置。固定资产的管理主要包括台账的建立、与BJJCPMS设备模块的关联，这样就与合同、设备建立了联系，更方便地追踪到固定资产的采购来源、原始价值和设备实物信息等。同时借助该模块的折旧功能，能够在任意时间段准确统计出整个工程固定资产折旧情况。工程建设的财务会计报表弱化企业管理过程中三大报表中利润表、资产负债表等报表，更多地体现在资金状况表、资金平衡表、科目余额表、管理费明细表中。

投资管理在系统中用于管理工程概算以及管理与之对应的投资完成情况，是BJJCPMS管理的重点，通过工程概算定义、概算与合同连接、概算完成情况统计实现对大兴机场工程投资的管理。大兴机场工程概算经过国家有关部门的批复，包括工程项目、规模和费用等内容，在工程建设前期得到确认。国家批复的概算强调了宏观层面的管理需要，如果在微观层面还有统计需求，则需要自行进行概算的细分。BJJCPMS系统投资管理模块提供了概算定义的模板和编码规则，并能够自动形成概算的树状结构，树干部分最终组成了国家批复的工程概算。通过将概算编码与合同的清单项进行连接，实现工程概算与合同的关联。这样做的目的是在工程建设初期就将合同的每个支付项都分配了概算，每一笔合同支付的发生意味着概算的执行。在工程建设过程中，建设单位就能随时掌握概算执行情况，减少出现工程超概的风险。在工程建设最后，能够快速实现投资的统计，形成概算执行情况表。

## 8.4.3　竣工决算

基于BJJCPMS的大兴机场工程竣工决算模式与传统工程竣工决算的主要区别就是应用了竣工决算日常化的概念。现阶段，一般工程竣工决算都是到工程后期，或者工程完工投用以后开始竣工决算工作，使得工程竣工决算的时间过于漫长，同时也很难在工程建设过程中发现问题并及时纠正。而竣工决算日常化主要特点是将竣工决算的一部分工作放在工程建设过程中来进行，大大缩短了工程竣工决算的时间。竣工决算日常化概念的核心内容就是借助信息技术规范工程项目管理，将工程竣工决算所需数据在工程建设阶段逐步积累、分类，在工程完工后能快速厘清资产、资料、投资，支撑竣工决算快速完成。基于BJJCPMS的大兴机场工程竣工决算模式的构建核心就是利用系统实现对工程项目管理过程中重要数据的积累，实现对工程竣工决算各类报表的自动生成，其构建主要通过构建资产模式、构建资金及费用处理模式、构建概算及投资完成自动归集模式、资料文档的分类及归档模式的构建共四个方面实现。

## 1. 投资按概算口径自动归集

大兴机场工程的投资估算在可行性研究阶段随"可研报告"上报国家发展改革委批复，其后，由民航局进行初步设计概算的批复，机场工程在竣工决算阶段的一项很重要的任务就是将决算与概算进行对比。大兴机场工程的建设不仅靠几家单位或者建设单位自身就能够完成。它需要施工单位、监理单位、造价单位、设计单位、咨询单位等数以百计的企事业单位通力合作，数以万计的技术人员、管理人员、设计人员等参与进来，消耗大量的材料、安装各类设备，应用大量机械作业。而将这些单位、人员、材料、物资设备联系起来的是什么，就是合同。合同则由一条条清单项及报价组成，BJJCPMS将每一条报价单项（清单项）都对应了概算代码，概算可以根据实际需求拆分为建筑工程、安装工程、设备投资、其他费用等内容。合同的支付也是按照清单项计量，支付单被批准后，则该项清单项对应的概算代码和金额将自动累计进投资，形成与概算的对应关系，从而支撑竣工决算一览表的生成。

## 2. 在建资产转固定资产

工程竣工决算关于资产的清查是一项重要工作，同时，固定资产的清查盘点又是一项极为困难的工作。固定资产的管理分实物管理和财务管理两个部分，实物管理的结果也体现在账面和记录数据上。工程建设过程中，将固定资产称为在建资产，待工程验收和结算后，能够达到预期使用状况在建资产可以转为固定资产。竣工决算过程中，在建资产转固定资产，关键在于资产的分类、资产的台账登记和资产的价值确认。关于资产的分类，大兴机场工程遵循着国标《固定资产分类与代码》GB/T 14885-2010、《民用机场专用设备使用管理规定》以及《首都机场集团有限公司固定资产分类指导规则》的相关要求。物资中类似于钢筋、混凝土、电缆、水管等等诸多物资最终都要分摊到航站楼、飞行区跑道、机坪、停车楼、锅炉房等各类资产中。一般情况下价值较高的设备，很多机场要求单独形成固定资产，也就是说要形成竣工决算最后的移交资产表。

BJJCPMS处理固定资产的关键点在于合同和设备的管理。BJJCPMS处理合同将一条一条的工程量清单录入成结构化数据，其中就包含了编码、计量单位、数量、单价等信息。BJJCPMS中的设备模块会记录设备的完整台账，包含设备的编码、品牌、所属系统、安装位置、价值、型号、出厂编号等。设备编码通过与合同模块中报价单项的挂接实现设备台账与合同的关联。设备一旦验收则自动形成投资，相关联的合同报价单项插入合同支付单。同时，该设备转入在建资产，自动生成资产编号并登记到在建资产中。非设备类的，比如建筑物、构筑物、需安装的大型设备、工具等则单独在系统中建设资产编码，将包含的工程量清单的价值按比例分摊至资产价值中。同时，系统实现监理费、勘察费、设计费等分摊规则，将资产相关的费用二次分摊累加至资产价值。最后，全部合同结算完成后，将工程建设其他费等全部二类费再次进行分摊，确定最终的资产价值。

### 3. 资金及费用处理

竣工决算的财务清理包括合法合规性清理、资金来源清理、建设成本费用清理、债权债务清理及货币资金清理等。对项目资本金及银行借款进行清理。项目资本金应按投资人进行登记，并与概算批复项目资本金进行对比，并说明未到位资金的原因。银行借款按照借款单位对历年贷款、还款情况进行清理。BJJCPMS的应用使得财务与合同、设备物资等相互之间的数据交换变得更为高效、准确。同时，由于财务制度的相对标准化，在做账及记账准确的情况下，很多报表能够自动进行提取，并且数据也较为准确。在会计科目设置合理，并且定期对账务进行了核对，很多涉及竣工决算的财务类报表则可自动生成。

### 4. 资料文档的分类及归档

文档的管理相对于其他模块比较简单，最重要的就是文档的分类管理和文档的文本管理。文档怎么进行分类，哪些文档是在竣工决算过程中需要的。在日常的机场工程建设过程中，通常把文档分为五类，其中包括合同类文档、财务类文档、设计类文档、工程类文档、管理类文档（表8-1）。就竣工决算要求来讲，大部分资料都要求纸件存档，但电子化的文档提高了归档的效率和查询的速度。因此，对于电子文档的处理，直接扫描带印章的原件较流转的电子文件更为理想。指挥部采购了一套专门的档案管理系统，因此BJJCPMS只存储了合同文件、合同立项文件的扫描件。支撑竣工决算的资料归档更多的是由档案管理系统来完成，BJJCPMS仅作为补充。

项目文档分类表                                                                 表8-1

| 文档分类 | 包括内容 |
| --- | --- |
| 合同类文档 | 招标文件、投标文件、评标资料、合同谈判文件、合同文本、合同变更文件、工程量文件、合同结算文件、完工决算文件、审计文件、价差、奖惩、索赔文件等 |
| 财务类文档 | 打印的凭证、签字的支付单、履约保函、预付款保函、发票复印件、年度财务报表、审计报告等 |
| 设计类文档 | 设计图纸、技术报告、设计修改通知单、联系单、技术标准等 |
| 工程类文档 | 施工现场质量管理检查记录、设备验收单、施工许可证等 |
| 管理类文档 | 行政文件、党群文件、其他单位来函来文、各种批复件（立项、可研、总规、初设等各种文件）、会议材料等 |

# 8.5 项目管理信息系统效果、作用和创新

北京新机场工程项目管理系统BJJCPMS，成功地对投资、资金、资产、材料设备、档案等进行了管理，并辅助工程结算、竣工决算。将全部支出纳入合同管理，投资按细项对应到概算，代建项目分账套管理，支撑竣工结算报表，实现大兴机场建设管理中财务、资金的集中控制，形成对投资的精细化管理，厘清投资、资金、资料和资产的关联关系。形成明显的预见性和动态性特征的成本控制系统与监管方案，对大兴机场投资和账务等全过程管控发挥了重要作用。

## 8.5.1 系统应用的效果

（1）对比完成投资与工程概算，动态监控工程超概风险。BJJCPMS系统将民航局批复的共四批初步设计概算分层以树状结构录入系统，概算项目和金额均严格与批复内容保持一致，并实现了与合同清单项的一一对应。大兴机场工程的所有资金支付、合同执行、变更、设备验收都通过BJJCPMS系统，所有数据都从系统中产生，所有流程都是一环扣一环的闭环管理。实体合同之外的报销类的支出，也通过虚拟合同来进行处理。这样的做法就保证了所有的资金都按照统一的流程支出，严格规范了管理，使得管理不留缺口。资金来源、资金支出都有非常明细的数据支撑，且是实时统计，对财务决算表的最终编制将产生巨大帮助。投资方面，实现了与概算的完整对应，且所有概算都区分了建筑工程、安装工程、设备投资，因此，将能够很快地形成竣工决算一览表。所有层级的工程概算、合同发包数、投资完成均有清晰的数据展示。

（2）全面的合同签订、支付、变更台账。BJJCPMS系统支持查询合同的基本信息、清单项信息，支付单的详细信息以及任意一次变更前的合同清单项状态。

（3）完整、准确的设备台账。按照《集团公司固定资产分类指导规则》的要求，BJJCPMS系统将所有限额以上设备纳入单独管理，按照单台（/个）设备开展台账登记，并与合同清单项进行挂接。登记的设备采集了金额、品牌、型号、单位、安装位置、分类、所属系统，所有采购设备从合同支付的源头进行控制，系统中登记设备且进行验收后才能生成支付细项，由此有效地控制了设备台账的完整性。同时，所有设备验收后均自动进入固定资产台账，且每台/套设备均登记了位置，有助于最终竣工决算的固定资产盘点、清查。

（4）完整、清晰的供应商资料管理。BJJCPMS系统登记了与指挥部签订合同的单位，

按照政府机构、承包单位、设备供应商、监理、设计等单位进行了分类，录入了单位所在地区、地址、开户行、银行账号等信息。

（5）最低限度降低了人员流动带来的影响。指挥部从筹备期、建设高峰期及竣工后期，部门机构和人员的变动很大，工程管理的各项业务变动也很大，连续性存在很大的风险。BJJCPMS系统从用户、权限的配置，有效地降低了人员流动带来的各项影响，将各项数据存放在服务器端，老用户自转岗之日起及时做好用户注销。同时，由专人负责进行新用户的使用培训，让新用户能够更快熟悉并查询到合同、财务、设备等各类数据，保证业务的连贯性、数据的安全性、管理流程的稳定性。

## 8.5.2　系统发挥的作用

总体来讲，BJJCPMS的应用在大兴机场工程项目管理中发挥了以下几个方面的作用。

（1）解决了管理规范的问题。提供了一套完整、成熟的工程项目管理解决方案，把系统化的思路融入了实际合同支付、财务会计、设备验收等业务流程，将工程建设过程中承包商、监理单位、设备供应商、技术服务单位纳入系统的管理中，推进了大兴机场工程项目的精细化管理。

（2）解决了数据采集准确性和统一性的问题。通过对工程有效数据的采集和结构化，将各业务环节的有效数据进行串联和整合，形成大兴机场工程完整、清晰、标准的工程管理全过程的数据体系，实现工程数据的沉淀和共享。BJJCPMS应用于工程项目管理的关键环节，可以有效减少人为错误，同时保证数据的准确性和统一性。

（3）解决了数据应用的问题。BJJCPMS的使用积累了大量工程管理数据，经由专业人员进行数据挖掘、分析后得到了很好的应用。借助实时的工程概算完成情况统计，解决了工程建设过程中的一个重要难题，使得建设人员能够准确掌握防止出现超概算投资。而合同、财务、设备物资等数据的应用辅助了管理人员了解合同支付情况、投资完成和实际支付情况。

（4）加快了竣工决算进程。通常情况下，工程竣工决算包括竣工财务决算说明书、竣工财务决算报表、工程竣工图和工程造价对比分析共4个部分，需要在所有合同结算以后开始进行。借助BJJCPMS系统的竣工决算功能，能在工程建设过程中进行在建资产登记、资金来源登记，大大提高了竣工决算的速度，解决了工程建设中普遍面临的竣工决算周期过长的问题。

## 8.5.3　系统主要创新点

### 1. 完整的功能覆盖和大范围的实践应用

国内首次应用工程项目管理系统管理近900亿元投资的大型机场工程项目。主要包含大兴机场工程800亿元，轨道代建项目、集团单独批复的共20多个项目近90亿元。国内大型机场建设过程中首次利用信息系统实现对合同、财务、工程概算、设备物资、文档、竣工决算等全过程统一管理控制。

### 2. 全面切合工程管理实际与工程特点

系统管理流程与实际业务高度融合，将系统思路融入工程管理的主要方面。坚持以实践管理指导技术开发，技术开发服务于管理体系。践行"建设运营一体化"的思路，系统中的固定资产编码的设计以及分类都严格遵守了现行集团固定资产管理规定，设备管理等均考虑到了与今后机场运营的对接。同时，系统整合了多方面数据，依托其他多个模块的基础数据，大力支持各类报表的输出，辅助工程竣工决算的快速开展。

### 3. "人防"+"技防"，助力"廉洁工程"建设

全部资金支出纳入合同管理。办公费、交通费、会议费、专家费等报销类费用以及员工工资、社保等费用支出，虽然没有实体合同，但是为了统一管理，统一流程和数据。系统采用虚拟合同的形式，将所有报销类支出纳入了合同支付，填写了支付单，录入了支出明细。严格的系统管理流程和透明、详细的数据开放，减少了人为干预可能，特别是脱离于系统外的可能存在的批条子、打招呼几乎没有操作空间。合同条款约束施工、监理等单位全面按照系统流程开展计量、支付等操作。招标阶段将使用工程项目管理系统写入合同专用条款，要求所有施工单位使用系统开展计量支付、设备验收等工作。发布制度约束指挥部各部门严格按照系统要求规范使用。全面开放数据权限支持国家审计。国家审计期间，工程项目管理系统向审计组开放全部数据查询权限，数据库按要求全部拷贝给审计组技术员作为电子文档备查。民航局和首都集团组织开展的各类审计、巡察期间，均主动开放全部系统数据查询权限。

### 4. 其他关键创新点

其他关键创新点汇总，如表8-2所示。

关键创新点汇总                                    表8-2

| 序号 | 关键创新点 | 主要内容 |
|---|---|---|
| 1 | 跨地域问题 | 分北京、河北投资单独统计，按施工标段所在区域进行地域划分 |
| 2 | 代建项目的投资分摊 | 新机场线地铁、廊涿城际、京雄高铁等代建项目，铁路和民航按照商定比例进行分摊，每次计量支付按照到账情况进行投资分摊 |
| 3 | 多账套管理 | 包括大兴机场工程与概算外其他项目按单独系统进行管理，概算外的航食配餐项目、FOD项目、充电桩项目等全部项目按数据分组隔离，每个项目建立自己的数据组，凭证单独编号，按项目单独形成账套及财务报表 |
| 4 | 科技项目单独流程 | 科技项目通过辅助科目记录资金来源（分集团补贴及新机场工程资金），资金支出对应资金来源。分主合同、辅合同处理，避免重复计入 |
| 5 | 贷款合同的处理 | 贷款合同记录本金，利息计入投资，实现每笔利息对应到每笔贷款本金 |
| 6 | 报销处理 | 通过虚拟合同记录报销的各类费用，将监管费进一步细化成工资、社保、办公费、差旅费等 |

# 第 9 章

# 高标准、严要求的质量安全与环境管理

　　百年大计,质量第一。在大兴机场工程的建设过程中,保证其质量和安全是重中之重。本章主要介绍了大兴机场质量安全与环境管理的特点和指导思想、质量管理体系、过程监督与管理、安全管理体系、安全管理措施、安全培训模式、安全管理成效、环境管理,以及数字化信息化手段的应用。主要内容和思路如图9-1所示。

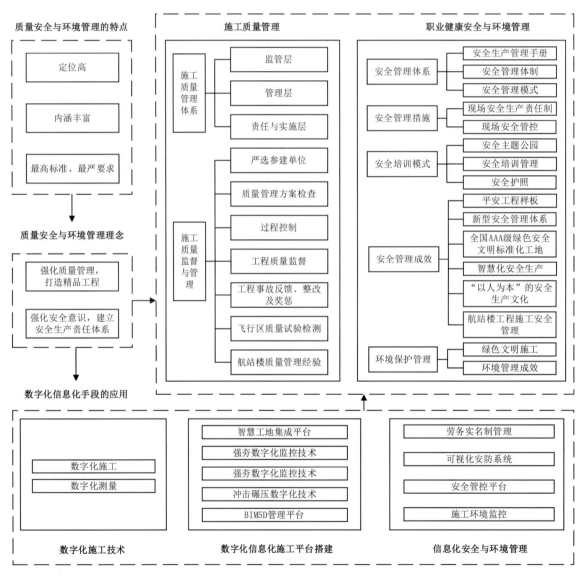

图9-1 本章主要内容和思路

# 9.1　质量安全与环境管理的特点

大兴机场工程质量安全与环境管理的特点，可以总结为定位高、内涵丰富、高标准和严标准。

（1）定位高

习近平总书记在2018年9月会见"中国民航英雄机组"全体成员时指出，要将非凡英雄精神体现在平凡工作岗位上，为实现民航强国目标、为实现中华民族伟大复兴再立新功。建成保障有力、人民满意、竞争力强的民航强国，既能更好服务国家发展战略和更好满足人民群众对美好生活的需要，也为全面建成社会主义现代化强国、实现中华民族伟大复兴提供重要支撑。民航强国以高质量发展为目标方向、以八个基本特征[①]为判断依据、以"一加快、两实现[②]"为战略进程，着力推进民航发展质量、效率和动力变革。大兴机场的建设则为民航高质量发展提供了生动案例。

"四个工程"是大兴机场建设的基本要求和总体目标。民航局党组全面把握"四个工程"的深刻内涵，把高标准、严要求细化实化在大兴机场工程建设中。精品工程突出品质，本着对国家、人民、历史高度负责的态度，始终坚持以"国际一流、国内领先"的高标准和工匠精神来推进精细化管理，精心组织，精益求精，全过程抓好工程质量，打造经得起历史、人民和实践检验的，集外在品位与内在品质于一体的新时代精品力作。

---

① 　民航强国的八个基本特征：一是具有国际化、大众化的航空市场空间；二是具有国际竞争力较强的大型网络型航空公司；三是具有布局功能合理的国际航空枢纽及国内机场网络；四是具有安全高效的空中交通管理体系；五是具有先进、可靠、经济的安全安保和技术保障服务体系；六是具有功能完善的通用航空体系；七是具有制定国际民航规则标准的主导权和话语权；八是具有引领国际民航业发展的创新能力。

② 　"一加快"：2018年至2020年是决胜全面建成小康社会的攻坚期，也是新时代民航强国建设新征程的启动期。民航发展要瞄准解决行业快速发展需求和基础保障能力不足的突出矛盾，着力"补短板、强弱项"，重点补齐空域、基础设施、专业技术人员等核心资源短板，大幅提高有效供给能力，加快实现从航空运输大国向航空运输强国的跨越。
"两实现"：2021年起到21世纪中叶，分两个阶段推进民航强国建设。从2021年到2035年，实现从单一的航空运输强国向多领域的民航强国跨越。在这一阶段，预计我国人均航空出行次数超过1次，民航旅客周转量在综合交通中的比重超过1/3；运输机场数量达450座左右，地面100km覆盖所有县级行政单元。从2036年到21世纪中叶，实现由多领域的民航强国向全方位的民航强国跨越，全面建成保障有力、人民满意、竞争力强的民航强国。

为此，大兴机场的质量方针确定为"百年大计、质量第一"；环境管理目标为建设"节约型、环保型、科技型、人性化"的现代化绿色机场。

工程施工质量创优目标确立为：争创"詹天佑奖"、航站楼工程争创"鲁班奖"；航站楼和飞行区勘察设计争创国家"优秀勘察、优秀设计奖"。

（2）内涵丰富

从以人为本、满足相关方需求的角度出发，大兴机场工程质量的内涵是丰富的，不仅局限于工程的质量，也在于最终交付成果、最终使用者的体验以及工程对于经济、环境和社会的影响等。贯彻建设运营一体化的理念，需要以全生命周期的角度来进行质量的策划和控制，在项目规划、项目设计、项目建设、运营筹备过程中都需要进行质量的管理与把控，因此大兴机场的质量管理是从最终功能需求出发的多目标、可持续的过程。

（3）高标准、严要求

大兴机场工程体量大、交叉作业多、协调难度高、工期计划紧，为保证施工质量，指挥部科学组织、周密安排、严格要求，对工程质量进行全过程控制与监督。秉承"百年大计、质量为本"观念，弘扬工匠精神，始终坚持以最高标准、最严管理抓工程质量。从工程材料、建造工艺、施工组织、质量监督等方面入手，在建设质量上强调一个"高"字，把质量摆在首位，在招投标、原材料采购、施工监理、试验检测等环节严格把关；在监管措施上突出一个"严"字，加强监管，督促监理单位负起管理责任，施工队伍负起主体责任，试验检测单位负起把关责任，严把工程质量关，科学管理，建立健全质量控制体系。加强对一线岗位管理，强化过程管理，做好事前、事中、事后控制，锻造经得起历史和实践检验的精品工程。

下面以大兴机场航站楼石材的供货、加工、安装和验收为例，大兴机场航站楼对石材工程质量有着最严格的质量要求和专门的管理办法。建设过程中要求石材加工按优等品①进行加工验收②，石材安装质量达到了北京市竣工"长城杯"、国家最高优质奖"鲁班奖"的质量要求。

---

① 石材规格板优等品的质量要求：没有缺棱掉角，厚度没有负偏差，允许偏差0~3mm，长宽偏差不超过1mm，对角线偏差不超过2mm，平整度偏差不超过0.5mm，正面和侧面的夹角不大于90°。
② 验收的标准依据：《天然花岗岩建筑板材》GB/T 18601-2009；《天然饰面石材试验方法》GB/T 9966；《建筑长城杯工程质量评审标准》DBJ/T 01-70-2003；《建筑装饰装修工程质量验收规范》GB 50210-2018；《建筑工程施工质量验收统一标准》GB 50300-2013。

1）加工质量控制和要求

根据合同要求和设计要求，石材荒料使用必须是指定地点的石材，在切割打磨前，将石材荒料毛坯在自然状态下放置3个月以上，充分释放内部应力。用料必须进行荒料和板材的选配，进行规格板的排版编号，标注石材的花纹走向，保证成品色差均匀，使颜色和纹路过渡自然、协调一致。石材规格板基层清理干净并充分干燥后才可严格按照使用说明书进行防护剂的涂刷，规格板六面均匀满涂不漏刷，涂刷遍数在石材表面形成的保护膜厚度和深度满足要求，晾干和风干保证6h以上。加工过程中对石材进行充分的打磨抛光，磨抛光洁度要求90度以上，不得低于85度，检测大于90度的点位应不小于70%。

2）规格板出场检查验收要求

总包和分包单位派驻人员驻厂监造，监督厂家加强石材加工进度和质量管理，对各个环节进行监控，对出厂材料进行验收，将所有加工质量问题最大限度地消除，没有验收人员签字，所有材料不得运输出厂。检查完成后工作人员填写出厂验收单，要求厂家、分包、总包签字齐全，并张贴出厂验收单和合格证进行标识。

3）包装运输要求

根据吊装、运输、搬运的要求，制定可靠的包装方案和方法保证规格板不发生二次损害，保证板材不翘曲变形，棱角不发生损害，不破坏防护层，将损耗率降到了最低。

4）规格板进场验收要求

严格控制石材的进场验收关，确保质量证明文件齐全，查看外观质量，进行尺寸偏差、平整度、光洁度等重点检查，检查验收率不低于30%。外观质量合格后进行取样复试，同批进场石材取样一次，对石材的放射性和相关物理指标进行检测。

5）安装质量控制及验收要求

对石材规格板进行严格挑选，挑选指标合格①的板材，并对不合格的板材进行标识及退场处理。严禁现场切割加工石材，所有的开槽打洞必须根据现场做好定位，采取成熟先进的工艺进行，保证边缘平齐顺直。

铺装前现场应对基层轻集料垫层进行验收，保证基层不空鼓，平整度满足要求，表面清理干净，充分湿润基层，并涂刷界面剂。对石材铺贴控制标高和控制线进行检查验收，保证各部位位置标高正确，保证标段内、标段外的无缝对接、偏差可控。

严格按照铺装交底控制结合层的砂浆铺装范围、密实度以及水泥胶浆厚度、均匀性和

————————————

① 表面平整洁净光亮，缝格顺直，缝宽均匀，镶嵌密实，图案清晰均匀、色泽调和一致，板块无裂纹、无缺棱掉角、无翘曲、无磨痕以及无水斑、泛黄、泛碱、泛锈、污迹等病变和缺陷。

水灰比，控制板材铺装和锤击方法正确。在结合层初凝后及时自检，如果由于结合层收缩变形而导致的板材空鼓、平整度和高低差等超标现象，及时进行返工重做。石材铺设时及时清理缝隙进行灌浆擦缝。石材铺装完成后进行至少7天的养护工作，石材养护期内禁止上人踩踏。

# 9.2 质量安全与环境管理理念

百年大计，质量为本。确保建设质量和安全，是最基本也是最重要的任务和使命。

首先，严格、科学地组织好招投标管理。切实筛选出技术过硬、管理严格的施工队伍，切实采购到技术先进、质量卓越的设备、材料。严格项目经理的人选资质能力要求与管理，严格要求其现场履职，建立有效的激励约束机制，充分发挥各方力量实现质量安全建设目标。其次，建立健全质量安全管理机构，制定质量安全管理制度体系，并严格执行，注重动态督促、检查和及时整改。

## 1. 强化质量管理，打造精品工程

要打造精品工程，就要在关乎大兴机场生命线的高度认识工程质量。首先，要遵循工程设计要求，科学制定施工计划，精密组织、精心施工，以严谨细致、一丝不苟的工作作风，把机场建设成经得住历史考验的精品工程。

严格要求施工单位高标准高质量施工，组织精兵强将，调用充足设备，坚持"标准化、规范化、程序化"作业，确保工程质量。精心组织、周密安排，严把工程质量关，确保不在质量上出问题，把样板工程落实在质量安全建设上。在工作中要追求一丝不苟，精益求精，切不可做泥瓦匠，"齐不齐一把泥"。

同时，监理单位切实负起责任，加强施工监管，严把工程质量安全关。经典工程、精品工程都是靠精雕细刻、精工细作实现的。

## 2. 强化安全意识，建立安全生产管理体系

施工单位众多，入场人员和设备数量庞大，作业面交叉广，露天和高空作业多，生产流动性大，机械化程度高，导致安全形势非常严峻，安全防控压力极大。

大兴机场面临着严峻的工期压力，在确保后墙不倒的前提下，坚持安全底线不动摇，始终绷紧安全这根弦，严格按章操作，坚持安全第一，强化安全生产责任体系，突出主体责

任，形成建管同责、一岗双责、齐抓共管的安全生产工作机制，签订安全生产责任书，印发《安全生产管理手册》，积极开展安全生产月活动。同时成立了新机场建设安全委员会，按照"谁建设，谁管理；谁施工，谁负责"的管理原则，制订了《北京新机场建设工程安全生产监督管理办法》；设立了安全质量部，配备了专职的安全管理人员，承担起安全管理职责。此外，组织参建单位开展安全生产专题培训，召开安全生产工作会议，听取施工、监理单位安全生产工作汇报，传达部署安全生产重点注意事项。

指挥部严格落实民航局工作部署，强化红线意识、底线意识和系统意识，将质量和安全作为大兴机场工程建设第一要素，不断加强建设期间的质量安全管理，确保安全投入、安全培训、安全管理、安全文化、应急救援"五到位"。严格落实安全生产各项措施，认真排查整治各类隐患，有效防范和遏制各类事故，大力推进工程管理体系建设，细化工程建设标准，逐步建立并完善工程监察责任机制，完善巡视督查制度、信息反馈制度、情况通报制度，及时掌握工作进展情况，及时发现带有苗头性、倾向性的问题，找出薄弱环节，采取有效措施，排除工作中的障碍和困难。

严格落实大兴机场《建设工程安全生产监督管理办法》的要求，确保建设区域安全生产平稳有序，杜绝因违章作业导致一般以上生产安全事故。定期召开安全生产工作例会，组织专项安全检查，督促并参与监理和施工单位开展安全事故应急预案的演练，督促参建单位开展《安全生产法》等相关法律法规的宣传教育培训，持续提高参建单位安全生产意识和安全常识，确保安全工作不留死角全覆盖。

## 9.3　施工质量管理

### 9.3.1　施工质量管理体系

大兴机场工程建设参与单位多，重要性强，技术含量高，因此需要在严把工程质量关上下足功夫。加强实际验证确保方案科学，加强控制措施确保工程质量。严把原材料质量关，引入第三方检测单位，对工程质量做到事前控制。严把工序规范关，督促施工单位强化管理，坚持"标准化、规范化、程序化"作业。严把质量验收关，督促施工单位及时履行工序报验手续，按要求开展取样检测。对关键部位和关键工序，重点发挥监理单位、第三方检测单位、民航专业工程质量监督总站的监督作用，做到检查检测资料规范齐全、质量检查记录和隐蔽工程检查记录规范留痕，多措并举，精益求精，确保验收合格。创新质量管理形式，推行混凝土驻站监理、首段及首料工程质量控制和样板引路等措施，采用数字化施工技术，实现施工质量、进度的高效控制，全面创优。

大兴机场对工程质量实施三个层次的管理，三个层次各负其责，如图9-2所示。第一层次是监管层，包括民航局质量监督机构、地方质量监督机构，对整个工程的建设过程进行质量监督；第二层次是管理层，是大兴机场质量管理的核心，包括指挥部安全质量部、飞行区工程部、航站楼工程部、配套工程部、机电设备部、弱电信息部、规划设计部、计划合同部，对工程实体的形成过程实施系统的支持、控制和管理；第三层次是责任与实施层，包括监理单位，具体实施工程的勘察、设计、施工、检测单位等实体单位，对各自产品按照规范组织实施，确保提供优质产品。

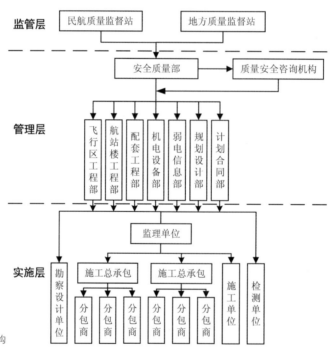

图9-2 大兴机场质量管理架构

## 9.3.2 施工质量监督与检查

指挥部通过对各合同标段质量管理方案检查、工程质量检查、工程质量监督、工程事故反馈、质量奖惩，以此来做到在事前、事中和事后对项目质量进行控制。

### 1. 严选参建单位

大兴机场所有参建单位必须通过国家质量体系认证，并使各自相关管理体系在工程建设中有效运行。围绕大兴机场的质量方针、质量目标，各参建单位必须建立覆盖工程设计、采

购、加工制作、施工、试运行全过程的质量管理实施方案及质量创优计划，并在大兴机场的
建设中贯彻落实。

在工程实施过程中，要求各参建单位按"横向到边，纵向到底"的原则设置组织机构，
组建一个强大的质量管理团队，建立完善的规章制度和流程，抓住质量控制点，创建良好的
内外沟通与协调机制，通过"目标管理、创优策划、过程监控、阶段考核、持续改进"，推行
"过程精品"的管理理念，运用"计划、执行、检查、处置"（PDCA）循环工作方法，不断改
进过程的质量控制，实现本工程的质量目标和创优目标。

## 2. 质量管理方案检查

指挥部对各合同标段质量管理方案的检查涵盖质量管理体系、方案、组织机构、规章制
度和保障措施，如表9-1所示。

指挥部对各合同标段的质量管理方案检查　　　　　　　　　　　　　　　表9-1

| 序号 | 检查内容 | 检查要点 | 终审人 | 检查实施 |
|---|---|---|---|---|
| 1 | 质量管理体系 | 是否通过国家质量管理体系认证；体系是否正常运行 | 工程部会同监理共同审核 | ①ISO 9000认证证书；<br>②质量管理手册；<br>③实施过程中的质量文件是否及时、真实、有效 |
| 2 | 质量管理方案 | 质量管理实施方案（计划）是否编制、是否实施 | 工程部会同监理共同审核 | ①质量管理实施方案、质量创优计划是否编制并通过审核；<br>②方案（计划）的针对性、可实施性；<br>③是否按方案（计划）实施 |
| 3 | 质量管理组织机构 | 组织机构是否健全、合理 | 工程部会同监理共同审核 | ①组织机构是否满足工程管理的需要、是否符合投标承诺；<br>②专业齐全、到位及时、岗位职责是否有效 |
| 4 | 规章制度 | 规章制度是否建立、健全 | 工程部会同监理共同审核 | ①要求规章制度上墙并得到良好执行；<br>②制度齐全并覆盖项目管理全过程；<br>③管理人员熟悉相关制度，并在工程实施中得到执行 |
| 5 | 保障措施 | 保障措施是否健全、到位 | 工程部会同监理共同审核 | ①每个方案、每道工序必须有针对性质量保障措施；<br>②保障措施是否切实实施到位 |

## 3. 过程控制

（1）过程控制的方法

指挥部对于安全质量工作高度重视，积极组织。设置了安全质量部负责牵头安全质量管
理工作，各工程部相互配合，共同完成工程日常的安全质量管理工作。

安全质量部和各工程部，分二级对工程的现场安全、质量进行管理，分别编制了安全质
量管理规定和规程。每周组织参建各方进行质量、安全检查和整改。每月组织参建各方进行
质量、安全讲评和通报，及时跟进和对接主管部门各项最新工作要求，积极稳健落实到位。

（2）过程控制的主要内容

指挥部对于工程质量控制的主要内容，如表9-2所示。

指挥部对于工程质量控制的主要内容 表9-2

| 序号 | 要素 | 管理控制内容 |
|---|---|---|
| 1 | 重大技术方案的审查 | ① 重大技术方案或特殊操作工艺等，监理就方案的可行性审核后，由规划设计部、工程部共同会审，最后分管领导审批；<br>② 需专家论证的，由施工单位组织实施，监理、业主的人员参加；<br>③ 方案经审批确认后依次施工，禁止随意更改已审批确认的方案、措施或工艺等 |
| 2 | 程序的管理控制 | 施工单位根据程序组织施工，逐级检查、逐级报验，禁止出现越级或瞒报，各管理部门依据程序对各合同段进行程序管理及监督 |
| 3 | 检验批、分项工程的管理控制 | ① 实行人员挂卡制，并注明各区的负责人，涉及特殊工种人员的还需特别注明，针对分项工程须进行技术交底；<br>② 隐蔽验收、检验批检查、性能测试是否合格；材料、半成品、成品检测是否合格等 |
| 4 | 分部工程的管理控制 | 每一分部结束后按规定程序进行分部验收，包括现场实体实测数据、外观、工程技术资料等 |
| 5 | 重点、难点的管理控制 | ① 飞行区搭接面处理、边坡、强夯、铺筑厚度等；<br>② 航站区、工作区人工挖孔桩、人体积混凝土、高架支模、清水混凝土、超长结构、网架加工安装、预应力工程、隔震支座安装、防水施工等是本工程施工的重点和难点，须重点监控，要求监理单位明确具体负责人，严格方案审核、过程控制，对施工过程中可能出现的质量问题或可行性做出充分的预测，制定相应的对策措施，并做好跟踪检查、检测 |
| 6 | 资料的管理控制 | ① 不定期地检查资料的真实性、完整性、及时性等；<br>② 资料要及时进行归整，分单位、分类列码摆放 |
| 7 | 工程或工程验收的管理控制 | ① 确保各合同段在分项分部工程验收合格的基础上，对单位工程进行验收；<br>② 监理单位组织相关单位共同对工程进行检查，包括专项检查、资料汇总等，检查中出现的质量问题由相关单位负责整改，复验合格后报业主组织验收 |
| 8 | 保修阶段的管理控制 | 进入保修阶段后，按照招标文件和合同有关规定，由监理单位组织各施工单位制定保修阶段的措施，并明确保修阶段负责人和联系电话 |

（3）过程控制的重点难点

工程施工过程中，质量管理控制的重点难点，如表9-3所示。

质量管理控制的重点难点 表9-3

| 序号 | 关键工序、特殊过程项目 | 控制重点、难点 |
|---|---|---|
| 1 | 地基处理、土石方填筑 | 不良体处理监控、地基承载力监控、强夯监控、搭接面处理、边坡处理、填筑层厚度及填料控制、检测控制 |
| 2 | 基础工程 | 人工挖孔桩深度、扩底宽度、桩芯混凝土浇筑、桩基检测监控 |
| 3 | 超长混凝土结构 | 混凝土原材料控制、各类变形缝处理、温度应力的检测、混凝土养护 |
| 4 | 预应力混凝土结构 | 预应力钢筋、张拉应力、分段张拉的控制 |
| 5 | 清水混凝土结构 | 模板控制、混凝土原材料控制、浇筑、振捣 |
| 6 | 隔震支座 | 隔震支座材料、安装精度、保护、检查与验收的控制 |

续表

| 序号 | 关键工序、特殊过程项目 | 控制重点、难点 |
|---|---|---|
| 7 | 模板工程 | 支设方案的计算书、总监理工程师签字、审批方案与现场搭设一致的监控 |
| 8 | 钢结构制作安装 | 原材料理化试验、焊接工艺、吊装方案选择、安装精度和焊接残余应力控制 |
| 9 | 爆破工程 | 爆破当量控制、位置点控制 |
| 10 | 测量工程 | 标高控制、测量网的闭合 |
| 11 | 大体积混凝土 | 混凝土原材料控制、温度检测、浇筑、养护控制 |
| 12 | 防水混凝土 | 混凝土原材料控制、混凝土浇筑、养护控制 |
| 13 | 各机电专业系统预留预埋、调试 | 预留预埋方式、补漏埋；机电设备、系统运行的各项性能参数的测定、调整 |
| 14 | 机电系统联合调试 | 各机电系统间自动控制、协调联动状态的测试和调整 |
| 15 | 其他有关专业关键工序、特殊过程项目 | |

### 4. 工程质量监督

指挥部对于工程质量监督分为：质量行为监督、实体质量监督、工程验收监督三方面。

（1）质量行为监督

质量行为监督主要指指挥部工程部门（飞行区工程部、航站楼工程部、配套工程部、机电设备部、弱电信息部）、安全质量部对各参建单位是否履行国家法律法规的质量职责和义务进行监督检查和管理，监督检查工作贯穿于工程建设全过程，分为静态质量行为检查和动态质量行为监督。监督检查重点内容为：

1）核查勘察设计单位、监理单位、施工总承包单位、施工单位和检测单位的资质及执行法律法规和强制性标准情况。核查各有关单位管理人员资格证书、特殊工种人员上岗证书及持证有效性情况。

2）检查参建单位是否认真履行投标承诺、合同约定和执行指挥部质量管理文件要求情况。

3）检查参建单位质量管理体系、质量管理制度、质量技术文件（包括设计图纸会审交底记录；监理规划、实施细则的编制和审批；施工组织设计、施工方案的编制和审批）等是否满足指挥部质量目标要求。

4）检查参建单位是否建立质量管理活动的质量管理记录台账。如各个质量控制点是否做到事先有交底、事中有检查落实、事后有总结改进等。检查其质量管理措施是否到位，是否符合指挥部总体质量目标要求，并做出阶段性的评估或评价。

（2）工程实体监督

工程实体监督主要指上级质监部门和指挥部工程部等相关部门抽测、抽检、抽查建筑实体施工是否按照施工图设计文件和合同要求进行施工，是否符合工程建设强制性标准。抽查须填写《质量监督抽查记录》，发现严重质量问题时，直接下发《质量整改通知书》。检查施工、监理单位涉及结构安全和使用功能的主要材料、构配件和设备出厂合格证、试验报告、见证取样送检资料及结构实体检测报告。检查其同步性、完整性和真实性。抽查实物质量，即采用目测、测量、仪器检测等方式，对关键工序和部位的施工作业面质量进行随机检查。

　　1）地基基础工程的监督：对各施工单位的地基验槽和对基础钢筋施工质量验收情况进行检查；审查相应的检测报告、验收记录和验槽记录；抽查地基基础子分部、分部工程的验收情况。

　　2）主体结构工程的监督：对各施工单位的钢筋施工质量及有特殊要求部位验收情况进行检查；审查相应的主体结构实体检测报告、验收记录；抽查主体结构子分部、分部工程的验收情况。

　　3）装饰装修及设备安装工程的监督：对各单位工程的装饰装修、设备安装工程验收情况进行检查；对装饰过程中的结构变更部位、吊顶、隔断、幕墙构架及设备安装进行质量监督检查；审查相应的安装工程使用功能检测报告、验收记录及工程观感质量的验收；抽查主体结构子分部、分部工程的验收情况；抽查设备安装验收情况。

　　4）工程施工过程中，重点抽查地基基础、主体结构等影响使用功能的重要部位质量情况。根据工程特点，未经隐蔽验收或验收不合格的不得进入下道工序施工；当施工单位施工到质量监督控制点时，施工单位、监理单位必须通知质量监督人员到现场进行监督检查。

　　5）现场抽查拌制混凝土、砂浆配合比和预制构件的质量控制情况；抽查结构混凝土及承重砌体施工过程的质量控制情况；抽查搅拌站及计量设备的设置及计量措施能否保证工程质量。

　　6）现场抽查各种原材料、构配件、设备的采购质量及进场验收过程等情况是否符合国家标准和合同约定；检查产品供应单位资质及操作人员是否按照工艺操作规程施工和有无违章、偷工减料的行为。

　　（3）工程验收监督

　　工程验收监督主要指上级质监部门和指挥部安全质量部对工程建设参建各方组织的工程质量验收活动进行监督检查，包括地基基础工程、主体工程、建筑节能、设备安装和单位（子单位）工程质量验收的监督。验收须填写《工程质量验收监督记录》。监督主要包括：

　　1）监督工程竣工验收的组织形式、验收程序；检查验收组的成员组成和验收人员资格及竣工验收方案合法合规情况。

2）检查验收过程提供工程质量控制资料的完整性和功能性检测结果的合格情况；检查施工过程中发现的质量问题整改报告。

3）检查勘察设计单位出具的工程质量检查报告、监理单位出具的工程质量评估报告等质量评定文件是否符合规定；检查施工单位的工程竣工报告。

4）检查指挥部工程部形成的工程质量验收报告。

5）当参加验收的各方意见不一致时，提出协调验收意见，待验收意见一致后，重新监督质量验收。

### 5. 工程事故反馈、整改及奖惩

（1）工程事故反馈

重大事故的背后是一次次被忽视的小事故，做好小事故的记录、反馈与总结是防止重大事故发生的重要手段。因此规定，一旦发生质量事故，相关单位必须立即向指挥部主管工程部门和安全质量部汇报，并在24小时内写出书面报告。一般质量事故，由指挥部按照事故原因不查清不放过、责任人员未处理不放过、整改措施未落实不放过、有关人员未受教育不放过的"四不放过"原则，组织设计、监理和专家进行检查，认真调查事故原因，研究处理措施，查明事故责任，研究补救方案，作好事故处理工作。

（2）工程质量整改措施落实及复核

对于出现的质量问题，监理单位做到追踪、检查落实、纠正措施、确认过程。在工程抽查过程中，监理单位针对出现的质量问题下发质量整改通知单，只有回复后才能进行质量的复查，实行销项制。监理单位建立质量整改记录台账，做到具有可追溯性、可复核性。如图9-3所示。

（3）工程质量奖惩

在对工程计量、支付和奖励时实行质量否决制。对未经工程质量评定认可的分项工程、分部工程和单位工程不予计量；按工程量支付时，对质量不合格工程不得支付。在各种评奖表彰活动中，对施工或监理的单位工程（或分部工程）达不到合同要求的单位和个人，或同期发生过一般质量事故的个人和较大质量事故的单位，不得奖励或表彰。

指挥部根据需要可设置质量奖励，根据阶段性目标，指挥部定期或不定期组织评奖，凡项目施工检查评比达到质量要求的先进单位，可以予以奖励。奖励分为：

1）质量管理奖，奖励质量检查控制中认真负责、坚持原则，善于发现质量缺陷和质量管理问题的质量监督检查人员；质量管理中方法得当、措施有力、效果显著的质量管理人员或单位。

2）工程优质奖奖励分部工程或单位工程达到优质工程标准，合格率达到100%，优良率达到90%以上的施工单位或监理单位。

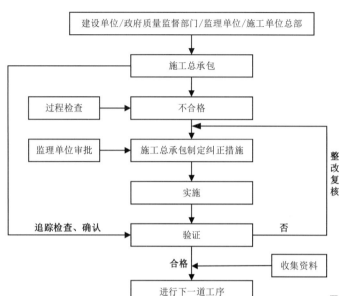

图9-3　质量整改措施落实和复核流程图

## 6. 飞行区质量试验检测

指挥部采用招标方式确定了飞行区工程质量检测服务单位及监理单位，并成立北京新机场飞行区工程中心实验室，监理单位按合同约定负责平行试验抽检10%的工作量，其余的工作量由中心实验室来实施，以满足《民航专业工程施工监理规范》MH5031—2015规定抽检量的要求。

指挥部采用施工单位自检、监理和中心实验室平行试验检测的模式进行飞行区工程质量管理。施工单位自检、监理单位及中心实验室平行检测均需符合国家及行业相关规定。指挥部对飞行区工程质量容易产生问题的部位和关键部位可根据情况增加抽检。中心实验室协助指挥部对飞行区各参建单位实验室在资质、管理制度、人员设备、试验室建设等方面进行监督管理。试验检测的基本流程见图9-4。

施工、监理和中心实验室按照指挥部要求统一安装工程质量信息管理软件。施工、监理和中心实验室完成现场和室内试验检测工作后，在工程质量信息管理软件中填写试验检测数据，通过网络或拷贝(无网络时)实时上传到工程质量信息管理平台。监理和中心实验室按照指挥部要求定期对所有汇总数据进行统计、分析、评价，完成总结报告，提交指挥部。指挥部通过工程质量信息管理平台实时监控工程质量状况，管理平台流程图图9-5所示。

## 7. 航站楼质量管理经验

航站楼这一工程规模浩大、施工复杂的工程要做好质量管理离不开以下四个方面的成功。

第一，0偏差，即保证工程的建设质量精益求精、确保精品工程。

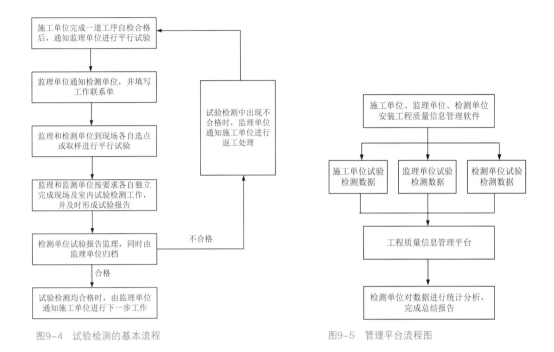

图9-4　试验检测的基本流程　　　　　　　　　　　　　　图9-5　管理平台流程图

　　第二，抓好4个重点，重在领导、重在意识、重在全过程精细控制与精心标准化、重在精品水准把握。

　　第三，5个大奖，鲁班奖、钢结构金奖、钢结构金奖杰出工程大奖、建筑长城杯金质奖、结构长城杯金质奖。

　　第四，6个100%，进场材料检查、验收率100%；原材料检验与试验准确率为100%；检验批、分项、分部工程一次验收合格率100%；资料收集及时、准确、完整，归档率100%，合格率100%；测量、试验等仪器设备的送检、鉴定率和合格率为100%。

# 9.4　职业健康安全与环境管理

　　由于工程量大、工期紧张、施工安全环境复杂、协调难度艰巨、各项标准高等特点，使得机场指挥部安全治理能力面临着前所未有的严峻考验。指挥部始终坚持以"提高政治站位、强化系统思维、筑牢安全防线"为安全工作主线，不断探索安全新技术，大力推行安全管理体系建设，构建安全文化体系，致力于成为"平安工程""平安机场"建设的最佳实践。

　　绿色发展不仅是事关我国经济社会发展全局的一个重要理念，也是衡量机场国际竞争力的重要指标。大兴机场作为我国重大标志性工程，从选址伊始就将绿色可持续发展理念引入。通过"理念创新、科技创新、管理创新"确保绿色理念，从选址、规划设计、招标采购、施工管理到运行维护等，在机场实现全寿命期、全方位地贯彻落实。明确了大兴机场绿色建设的五大目标，即低碳机场的先行者、绿色建筑实践者、高效运营引领者、人性化服务标杆机场、环境友好型示范机场，为全球机场业的发展提供了绿色机场的"中国智慧"。

## 9.4.1　安全管理体系

### 1. 安全管理体系设计

（1）安全管理体系设计原则

1）符合法律法规的要求

在建设过程中必须遵守相关法律法规，履行法规规定的安全主体责任。指挥部在建立安全管理体系时严格按照《安全生产法》《建筑法》《消防法》等相关法律法规和标准的要求，紧密结合国家、北京市及行业的相关规定，保证安全管理工作的标准要求，全面落实安全生产责任制。

2）坚持"规范化履责"

在落实施工方安全主体责任的同时，指挥部还坚持"规范化履责"原则，在制定安全目标、开展安全绩效考核、安全检查、安全教育培训等方面，必须留存书面资料，加强规范化文档资料的日常管理，健全档案资料，存档备查。

3）符合"闭环管理"的现代安全管理方法

大兴机场工程建设的安全管理工作，以危险源控制为重点，计划(Plan)阶段制定操作规程、落实安全权责；实施(Do)阶段给出危险源的防范措施；检查(Check)阶段开展各类检查，及时发现问题；改进(Action)阶段做好安全施工效果评估。通过PDCA（Plan, Do, Check, Action）的全过程管理，实现良性循环，预防安全生产事故发生。

4）符合大兴机场建设工程特点

指挥部安全管理体系的设计不仅考虑大兴机场建设工程的特点，而且还结合实际管理需要，建立针对性强、实效性高的安全管理体系和架构，不断促进指挥部的安全管控水平。

（2）安全管理体系设计思路

安全管理体系建设以全面贯彻落实建设单位法定职责，预防安全生产事故为核心内容，以PDCA循环为中心思想，以安全风险管控、隐患排查治理为主线，以参建各方安全生产绩效考核为手段，以安全生产教育培训为保障，对工程项目实施动态的监督管理，督促各参建单位履行安全生产主体责任。

### 2. 安全管理体系实施

指挥部安全管理体系的实施，通过体系建设的初始阶段→策划→实施→评估→改进→正式运行→策划→实施→评估→改进的不断循环，实现与时俱进、改进提高，不断确保体系建设的合理性与适宜性。实施的流程如图9-6所示。

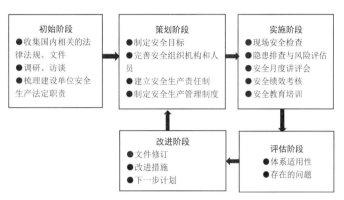

图9-6　安全管理体系实施的流程图

### 3. 安全管理体系建设

（1）安全生产管理手册

为了明确指挥部的安全管理组织机构和职责，保证各参建单位有统一的安全生产管理准则，实现大兴机场建设安全管理工作规范化，指挥部组织编制了《北京新机场建设工程安全生产管理手册》。该手册作为大兴机场建设阶段安全管理的实施导则，主要包括安全管理机构设立、安全生产责任制建设、安全管理制度建设等内容。

（2）安全管理体制

大兴机场建设工程安全管理体系实行"五级监控"的管理机制，安全管理体制如图9-7所示。第一级监控是指挥部安全管理委员会对成员实施监控，主要通过层层签订安全生产管理责任书、召开安全生产会议、现场监督检查等形式，直接管理各工程项目的安全生产管理状况。第二级是安委会职责落实机构（质量安全部和各工程部）对所管辖工程参建单位实行监控，主要通过安全生产协议、现场监督的方式。第三级是安全专业咨询机构，协助安全质量部和工程部负责大兴机场建设的安全管理工作，达到安全生产的目的。第四级是监理单位根据法律法规和工程建设强制性标准的相关要求，承担建设工程安全生产监理责任，对施工单位进行监督管理。第五级是各施工单位(总包单位)对所属工程项目及分包项目的安全施工实行监控。

（3）安全管理模式

针对建设工程项目多、参建单位多、安全管理水平参差不齐等难题，综合施工阶段和季节性特点等因素，指挥部提出"1+2+3"安全管理模式，以规范大兴机场建设各阶段的安全

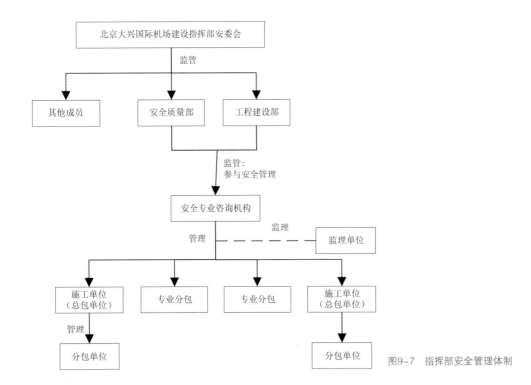

图9-7 指挥部安全管理体制

管理，努力提升建设工程安全管理水平。"1+2+3"主要是指1个总体目标，2个层级的双重预防机制，3个安全管理保障机制。具体可表述为：以安全管理总体目标为中心，以风险分级管控与隐患排查治理双重预防机制为核心，实施建设单位、施工单位两个层级的管理，共同掌握大兴机场建设工程安全风险动态；以安全绩效考核机制为标准，监督审查各参建单位安全生产职责落实情况；以安全教育培训机制为保障，提升各参建单位安全管理人员的素质和能力，以安全文化为补充，营造大兴机场建设工程的安全氛围。

## 9.4.2 安全管理措施

### 1. 现场安全生产责任制

指挥部聘请国家机构结合工程实况制定了《北京新机场建设指挥部安全生产管理手册》，并贯彻落实。其核心之一是建立安全生产责任制，成立了指挥部安全委员会（以下简称安委会）。

（1）成立安委会，明确各级人员安全生产职责。在安全管理手册的指导下，指挥部建立了涵盖各工程部、各职能部门、安全质量部与各承包单位的安委会。其构架如图9-8所示。在安全生产管理手册中，明确划分了安委会各级人员的安全生产责任，指挥部安委会各级成员自上而下签订了安全生产责任书或承诺书。

（2）结合政府监督申报进一步完善安全生产责任制。政府监督申报是安全生产体系构建

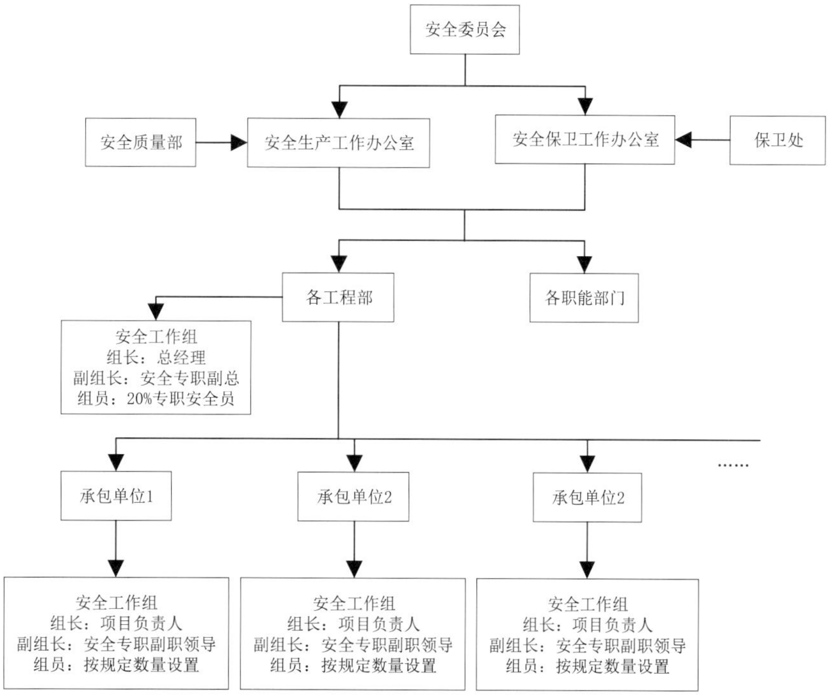

图9-8　安全委员会构架

的重要一环。在申报政府监督过程中，结合安全生产管理手册与政府监督机构的要求，签订安全管理相关协议，将工程安全质量监管责任明确到人，构建起覆盖建设、设计、监理、施工的全方位安全生产管理体系。

## 2. 现场安全管控

将安全管控划分为进场施工前和施工期间两个阶段，其划分的界限是工人进入施工场地开始施工作业。

（1）进场施工前的安全管控

在施工单位正式进场施工前，机场指挥部安全质量部、工程部、监理单位对施工单位的安全生产条件进行审核。主要包括如下几个方面：

1）审查施工单位施工现场安全管理制度；

2）审查施工单位安全管理组织机构建立情况；

3）审查施工单位项目管理人员、专职安全管理人员、特种作业人员及监理单位安全监理人员持证上岗情况；

4）审查施工作业人员安全教育和安全技术交底情况；

5）审查项目经理带班记录；

6）审查施工组织设计、施工方案审批资料及各项应急预案；

7）审查施工单位的安全风险辨识评估记录。

（2）施工期间安全管控

1）通过建立安全管理平台，记录、统计现场风险，分析风险发展趋势，有针对性地采取预控措施。

2）根据每周施工计划开展明察暗访。周施工计划中需要体现施工日期、施工内容与施工地点三类信息。质监总站与安全质量部根据周施工计划对现场施工进行明察暗访。

3）召开月度安全质量讲评会。政府监管部门、指挥部领导、指挥部工程部、指挥部安全质量部、监理单位、第三方检测单位与施工单位参会。

4）强化安全检查。工程部与监理单位定期组织所有在施工工程的内业资料与施工现场检查，组织并审查施工单位的月度安全隐患排查工作，督促其及时发现并消除安全隐患。根据《北京市施工现场检查评分记录》与工程施工实况，每月进行一次施工单位间的交叉检查，检查的主要内容包括安全管理、文明施工、安全防护、临时用电、起重吊装等。

5）组织进行安全生产应急演练。根据《北京新机场建设指挥部安全生产管理手册》要求，每半年组织所有在施工工程施工单位进行一次综合性应急演练。演练内容主要针对近期在隐患排查中发现的主要危险源。

6）深入落实安全生产管理体系文件。为深入贯彻落实《北京新机场建设指挥部安全生产管理手册》要求，指挥部安全质量部每月组织一次涵盖建设单位各工程部、监理与施工单位的安全生产培训。培训内容包括安全生产管理手册的进一步宣贯、事故案例分析、法律法规培训等诸多方面；每季度进行一次全场性的安全大检查，督促施工单位对于发现问题及时整改，并在季末安全生产例会中通报整体检查结果，分析整体安全形势等。

7）向政府监督机构报送建设信息月报。为便于监督工作，指挥部每月向民航质监总站报送建设信息月报，主要包括本月工程进展与下月工作计划、安全管理检查活动情况以及安全隐患排查处理情况。

（3）特殊安全问题解决方案

大兴机场工程本期建设中，工程施工作业面广，交叉作业的单位多。交叉作业管理是安全监管的重中之重。为强化交叉作业安全管理，主要采取如下措施：

1）相关施工单位与交叉作业单位签订安全生产管理协议，明确在交叉作业过程中双方的责任与义务；

2）在交叉作业过程中，重点关注周边环境中存在的危险源及与之进行交叉作业施工单位有可能带来的安全风险。为了防止事故发生，各施工单位对施工作业人员的安全技术交底做出针对性强化，并强化对安全防护设施配备以及使用情况的检查；

3）强化对施工作业中重点部位和重点工序的旁站监督。

## 9.4.3　"安全公园+安全护照"的安全培训模式

### 1. 安全主题公园

北京新机场安全主题公园，坐落于大兴机场建设施工现场主航站楼东北方位，总占地面积约4 700m²，建筑面积3 700m²。安全主题公园旨在大力倡导安全文化，提高全民安全素质。主题公园内共设计和建造了个人安全防护体验、现场急救体验、安全用电体验、消防灭火及逃生体验、交通安全体验及VR安全虚拟体验等9大类约50项安全体验项目和观摩教学点。如表9-4所示。

主题公园安全体验项目组成 表9-4

| 项目分类 | 体验内容 |
| --- | --- |
| 个人防护装备（8项） | 眼部防护展示、耳部防护展示、手部防护、腿部防护、足部防护、口鼻部防护、头部防护、特殊工种装备模特展示 |
| 高处坠落（9项） | 洞口坠落体验、安全带使用体验、标准马道行走体验、劣质马道行走体验、安全网防护体验、移动脚手架倾倒体验、爬梯体验、护栏倾倒体验、高空平衡木行走体验 |
| 物体打击（5项） | 安全帽撞击体验、安全鞋冲击体验、重物搬运体验、脚手架系统坍塌体验、模板系统坍塌体验 |
| 机械安全（6项） | 塔式起重机安全吊装体验、吊具索具安全使用体验、钢筋切断机安全使用体验、钢筋弯曲机安全使用体验、无齿锯安全使用体验、木工锯安全使用体验 |
| 安全用电（6项） | 个人安全用电防护装备展示、安全用电标识展示、正确接电线路展示、合格/不合格线缆展示、合格/不合格电气设备展示、人体触电体验 |
| 生命急救（4项） | 紧急救治中心集结点、骨折急救体验、止血急救体验、心肺复苏急救体验 |
| 交通安全（3项） | 交通标识展示、交通信号教育、长车内轮差体验项目 |
| 消防安全（8项） | 消防器具综合展示、数字模拟灭火器、消防实战演习场、烟雾/火场逃生体验、干粉灭火器使用体验、消防栓使用体验、新型消防器材使用体验 |
| 其他类（2项） | 有限空间作业体验、VR安全体验舱 |

安全主题公园内安全培训师驻场，担负了整个新机场工程建设期间所有参加施工从业人员的体验式安全教育培训任务。未参加体验式安全培训教育及安全教育考核不合格的施工人员均不得上岗，进一步加强了大兴机场建设期间安全生产工作。培训流程如图9-9所示。

通过体验式安全培训让安全培训更有针对性，施工从业人员学习建筑工程施工过程中的安全隐患时，能够切身感受和体验到安全事故的发生过程，避免了"纸上谈兵"导致的轻视。将施工安全教育与体验式安全培训相结合，安全理念更深入人心，切实增强了从业人员的安全生产意识，让每个工人把安全的红线意识放在心底，真正做到防患于未然。在很大程度上增强了参建工人的自我安全意识，提高其整体安全素质，有助于全面提高大兴机场建设的安全管理水平。

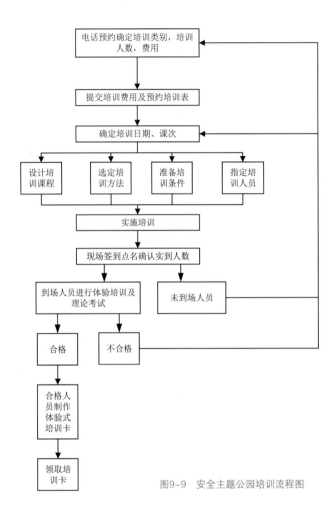

图9-9 安全主题公园培训流程图

## 2. 安全培训管理

为提高参建单位管理人员、技术人员和从业人员的能力和安全意识，必须加强这三类人员的安全培训，确保每个安全相关的人员均经过培训后上岗，并在工程建设过程中持续强化管理意识和管理能力。

安全管理人员培训包括建设单位、监理单位、施工总包单位等参与工程建设的主要项目管理和安全管理人员，目的在于重点提升管理人员的安全管理意识、防灾避险意识和安全风险管理能力，培训的内容以相关法律法规、事故案例、应急管理、业务技能为主，特别加强政府有关主管部门颁布的规范性文件的培训，要求管理人员跟上形势、了解政策，能"管住人、保住人、带好人"。

## 3. 安全护照

安全护照是代表建筑工人培训合格的证明。只有获得安全护照的建筑工人才能进入大兴机场的施工现场。每个建筑工人不仅都有安全护照，而且还要及时更新，确保了施工人员的安全状况可追溯、可查询、可监督。

随着现代信息技术与数字化的发展，数字安全护照也提上了日程，这种护照类似于二维码。这种随着施工人员入场参加培训后就随身携带的护照，可以随时记录施工人员的信息，如违章记录或者培训记录，从而统一对建筑工人进行信息化管理。

## 9.4.4 　安全管理成效

### 1. 平安工程样板

习近平总书记高度重视民航安全工作，要求"首先要坚持民航安全底线，对安全隐患零容忍"。在接见民航英雄机组时总书记再次强调"安全是民航业的生命线，任何时候任何环节都不能麻痹大意"。大兴机场始终把总书记关于民航工作的重要指示批示精神作为一切工作的出发点和落脚点，施工期间坚持把"安全第一"贯穿始终，坚守安全"四个底线"①，夯实"三基"②建设。结合安全工作的需求，大力强化安全管理，加强风险识别和管控能力，深入贯彻落实《北京新机场建设指挥部安全生产管理手册》要求，组织安全生产培训和生产应急演练，严密开展消防安全隐患排查，推动智慧消防建设，强化重点场所治安防范，确保万无一失。

### 2. 新型安全管理体系

一是为了适应大兴机场建设工程安全管理的需要，指挥部成立了安全委员会，建立了以总指挥、分管安全的领导、各部门领导以及参建单位项目负责人为安全生产第一责任人的安全管理机构。形成了横向到边、纵向到底的安全责任组织。

二是按照"统一领导、综合协调、分级监管、全员参与"的原则，落实"一岗双责"安全生产责任制。以"逐级一把手"为核心，分岗位分系统履行安全职责，落实全员安全生产责任制。根据安全管理主体的不同，明确不同主体的安全生产职责。建立健全各类人员的安全生产职责，主要包括：指挥部安委会主任、副主任以及各成员的安全生产职责；安委办主任的安全生产职责；指挥部各部门负责人的安全生产职责。

三是进行安全管理制度建设。通过梳理《安全生产法》《建筑法》等19项相关法律、法规、标准、规程及重特大事故案例追责情况的梳理，筛选总结出指挥部相关职责，汇总出整体要求类、建设工程施工程序类、工程发包及合同履约安全管理类、施工现场管理类、事故与应急类、资料管理类、经费管理类共 7 大类涉及安全生产合同履约、各类安全资质的审

---

① "四个底线"是指空防安全、运行安全、消防安全和群体事件，坚守这四个底线是首都机场集团公司平安机场建设的一个根本目标。
② 抓基层、打基础、苦练基本功。

查、隐患排查、督促整改等方面的107条法定职责。制定了具有指挥部自身特点,包含控制程序、各类制度以及相关附表的安全管理制度。

四是每季度通报安全生产绩效考核与评比情况,对优秀单位及个人进行表彰,对不合格的进行约谈,同时,工程部门、总承包单位、监理单位也要有针对性地采取必要管理手段。

### 3. 全国AAA级绿色安全文明标准化工地

大兴机场飞行区工程、航站区工程及市政工程多个标段先后被评为"北京市绿色安全样板工地""国家AAA级安全文明标准化工地"。

### 4. 智慧化安全生产

大兴机场积极推进新科技的运用,施工期间搭建统一的大安防平台,整合联动视频监控、门禁、飞行区围界、消防报警等多种安保手段,形成全面的安防保障体系;深度运用安防智能分析技术,通过图像分析、生物识别等手段,实现安全事件预测和主动预警,提升安全防范能力;可以为各驻场单位提供安防视频共享服务,便于各单位进行全面的安全管理。

### 5. "以人为本"的安全生产文化

大兴机场工程施工过程中一直在贯穿习近平总书记"以人为本""人民至上"的安全思想和安全理念,体现出人的生命在整个项目建设过程中得到了尊重和升华,得到新的塑造。特别是对工人群体的生命安全保障,安全培训正是体现了这一理念。

在大兴机场建设全过程牢固树立安全发展理念和安全生产"红线"意识,保持安全隐患"零容忍",以"安康杯"竞赛为载体,积极开展群众性隐患排查和安全文化普及教育活动,推进安全文化建设,增强指挥部全体职工安全健康意识和技能素质,同时在大兴机场建设中落实"五化"[①]。

## 9.4.5 航站楼工程施工安全管理

### 1. 航站楼工程安全管理的特点

（1）施工队伍多,施工人员素质参差不齐

主体结构高峰作业期间施工人数有近8 000人,装修装饰阶段劳务分包单位、专业分包单

---

① 发展理念人本化、项目管理专业化、工程施工标准化、管理手段信息化、日常作业精细化。

位有60余家，施工单位管理水平及施工人员素质参差不齐，"人的不安全行为"和"组织管理上的缺陷"给安全管理工作带来较大难度。

（2）参建单位多，安全文化水平差异明显

参建单位数量多，各单位参建人员对安全生产的认识水平、行为习惯等安全文化方面存在明显差距。由于参建单位和人员的流动性大，如何在进入项目后就能短时间内形成统一的、安全的认识，具有较大难度。

（3）工程体量巨大，工期紧，施工范围广，交叉作业多

庞大的施工任务避免不了交叉作业的产生，施工现场作业范围广、作业点分散、存在动态变化，导致现场不可控因素较多，一时疏忽，未监护到位，就可能发生生产安全事故。

（4）工程结构复杂，难度大，危险性较大工程较多

基础结构、主体结构、钢结构及屋面施工多为危险性较大工程，造型新颖、结构独特与传统的房建结构形式有较大不同之处，大大增加安全措施的设置难度，给现场安全监管带来很大难度。

（5）起重吊装设备多，钢结构安装难度大

高峰期塔式起重机有27台，汽车起重机有160余台。违章作业、防碰撞、防物体打击及塔式起重机司机、信号工安全管理尤为重要。除此之外，钢结构杆件多为超大、超高等异形结构，给起重吊装管理带来很大难度。

（6）高处作业管理难度大

现场高支模、屋面施工多为大跨度超高作业、同时作业人数较多，危险程度大，再加上机电、二次结构施工阶段现场结构临边及预留洞口有3 000多处，如果没有可靠的安全措施和管理手段，极易造成高处坠落事故的发生。

（7）临时用电管理难度大

施工现场用电范围大，用电设备多、流动性大，供电设施、电缆很难合理布置。电工、用电人员违规操作给临时用电管理带来很大难度。

（8）消防管理难度大

因超大钢网架结构多为焊接拼装施工，高峰期日用火作业点有1 500处，存在点多、面广的特点。装修装饰阶段施工单位多，用火作业隐蔽性强，容易造成管理盲区，再加上易燃易爆等危险品大量进场，给消防管理带来很大压力。

（9）治安保卫管理难度大

施工现场分包单位多，施工人员流动性大，外来人员复杂，贵重物品大量进场，并且在装修阶段受施工影响封闭围挡被陆续拆除，给施工现场保卫工作带来一定影响。

## 2. 施工总包单位的特色做法

（1）高标准配备专职管理人员

从专职管理人员配备上，总承包单位设置了1名安全经理、2名安全总监、1名安全部长、3名安全副部长，另设专职机械、临时用电、防护、环保、消防保卫管理人员。高峰期专职职业健康安全管理人员达30余人。分包单位按照施工人数50∶1的原则配备专职安全管理人员，并单独设置机械、临时用电、防护、环保、消防保卫管理人员，与总承包单位形成对口管理。高峰期分包单位专职安全管理人员有170余人，其他职业健康安全管理人员有800余名。另设专职保洁人员、消防纠察队、治安保卫队、成品保护队，高峰期共有700余人。

总承包单位配备4名注册安全工程师，他们都参与过国家重点大型工程建设工作，有丰富的管理经验。分包单位安全管理人员实施面试考核准入制度，分包单位安全管理人员必须经总承包安保部面试考核通过后才可从事管理工作，并保留辞退权力，对于不具备相应经验、责任心不强，不能满足本工程管理要求的人员，随时予以清退。

（2）设施投入巨大

在安全培训方面：在施工现场设置大型安全体验基地、安全设施展示基地、大型安全培训基地，提升施工人员安全意识和专业技能。

在劳保防护用品方面：使用的劳保防护用品全部在国内、国际标准内选取，要求所有进入现场的人员除必须佩戴安全帽外，还需穿反光背心、劳保鞋，在安全带的使用上，全部采用双钩五点式安全带，确保高处作业人员安全。

在安全防护方面：结构阶段全部采用强度高、可靠性强的定型化临边防护。在外防护架、模板支撑体系施工阶段，采用盘扣式、承插式脚手架，保证了架体的施工安全。

在机械选用方面：项目采用全自动加工机械、焊接机器人，减少了人工投入，从根本上降低了安全风险，特别是在装修装饰、机电安装、大吊顶施工等阶段，从安全角度优化施工工序，升降车平台、曲臂车等安全性能较高的机械，降低了高处坠落、机械伤害的风险。

在消防管理方面：现场每个重点区域设置灭火器集中存放处、"五五配置"消防架、微型消防站、多台消防水车，实现了临时消防水系统全覆盖，确保了消防安全。

在信息化运用方面：开发了安全管控平台，使用塔式起重机防碰撞系统、全覆盖监控系统扬尘噪声自动监控系统、人脸识别系统等信息化手段，提升管理水平。

在临时用电管理方面：临时用电设施全部采用3C认证高标准配电设施，100%采用LED照明，自主设计电缆线标准化支架，全面推广使用。

在环境保护管理方面：建立污水处理厂、购置16t雾炮车、16t洒水车，充分采用固尘剂、空气热泵系统、废料利用一体化系统等，确保"四节一环保"的目标整体实现。

（3）全方位教育培训

从业人员的培训重点是提升从业人员"干好活、保安全、避危险"的安全意识。依托体验式安全教育基地进城务工人员夜校，利用多种形式，开展教育培训工作。同时，在巨大的工程面前，员工面对着来自身体和心理的巨大压力，为此工程项目实现从物业部、工会联欢会、妇女之家三个方面，通过举办一系列活动缓解内心压力，提高团队的凝聚力和使命感，充分展现人文关怀。

在"硬件"上，总包单位设立了可以容纳700余人的安全培训室，从"软件"上配备1名专职安全培训师，专职负责日常安全培训工作，制订月、周安全培训计划，分包单位按照培训教育课程，每日开展各类安全培训，确保每一位施工人员都能够接受全面的安全生产教育培训。

1）职业健康安全培训频次及对象：特殊工种(电工、架子工、电焊工、司索工等)培训，每周一次；环境保护培训，每周一次；班组长每周轮训一次；全员安全教育，每十天一次。通过不断灌输安全思想的形式，使得工人安全意识得到较大提升。

2）安全体验式教育：为了让工人亲身参与、亲自体验，提高职工安全认识和安全技能，总包单位将体验式教育作为三级教育主要组成部分，建立安全体验区包括安全帽撞击、综合用电、消防设施、安全带体验、洞口坠落体验、防护栏倾倒等体验设施。

3）其他形式教育：

①安全警示案例教育：安全警示案例是最直观、最触动的安全教育，总包单位为了更好地实现安全警示，特别购置了《安全事故警示教育合集》宣传片，定期为施工人员播放。

②季节性教育：针对不同的季节变化，人对环境的适应能力变得不灵敏，做好季节性教育是十分必要的。

③总包单位实行老工人带新工人制度。新入场工人进场后必须与经验丰富、有较强操作技能且在本工程施工两周以上的班组长签订师徒协议，新工人必须在老工人的带领下上岗作业。没有老工人的带领，禁止新工人单独作业。要求新工人进场时穿戴新工人安全反光马甲，在现场工作满3个月后，方可更换马甲。

（4）建立特色巡查小组

总包单位在施工过程中根据不同阶段的管理难点，成立各类专业巡查小组，由职业健康安全部门统一管理、调动，为现场安全保卫管理提供了有力保障。

1）起重吊装巡查小组

在主体结构及钢结构施工高峰期间、塔式起重机共有27台，流动式汽车起重机有160余台，仅凭总承包机械管理人员数量不能满足全覆盖管理要求，总包单位抽调7名年轻保安人员，进行集中培训、考核，成立起重吊装巡查小组，不间断对吊索具及吊运违章进行专项检查，重点加强对塔式起重机司机、司索信号工的监管，对不合格人员进行教育。

2）消防检查队

针对钢结构期间用火作业数量多、装修期间易燃物大量进场，消防风险突出等特点，总包单位设立消防检查队，专职负责现场看火、消防巡查及应急处置工作。

3）专职保洁队

施工现场配备80余名专职保洁人员，除做好施工现场公共区保洁工作外，重点捡拾现场的易燃可燃垃圾，减少消防隐患。

4）治安保卫队

施工现场、生活区及办公区封闭式管理尤为重要，施工高峰期施工现场出入口有10余个。在装修期间受施工因素影响，原有封闭围挡被陆续拆除，给现场保卫管理造成很大的压力，总包单位组建100余人的治安保卫队，负责出入口的看护、治安巡逻、人员的检查及突发事件的处理，减少了偷盗事件的发生。

5）成品保护队

在机电设备安装阶段，电缆、进口设备等大量贵重物品进场，如发生偷盗现象将对成品和施工进度造成很大影响，因此总包单位成立了成品保护队，制定了严格的领料收发管理制度，负责现场贵重物品的看护。

（5）最严格的现场安全监管

最严格的现场管理措施，包括但不限于以下方面：全场严禁使用任何材质的自制登高工具；所有人、材、机进场必须履行进场审批程序；严格实行安全旁站制度，所有施工作业点必须有一名人员始终旁站监督，负责安全监管工作。

实行全员安全管理理念，对于漠视安全管理、不服从总承包单位管理的单位及个人，清退处理。如安全管理人员在现场发现严重违章行为，将立即采取停工措施，最长时限为3天，分包单位需提交各种整改材料、培训资料。经验收合格后才可进行施工作业。安保系统的独立监管职能不受其他部门的约束。

## 9.4.6　环境保护管理

为配合绿色机场建设，结合绿色机场前期研究和设计成果，确保绿色建设指标的落地与工程建设基本程序的实施相融合，指挥部编制了《北京新机场绿色施工指南》《北京新机场绿色验收方案》，其中明确了绿色施工组织框架，确保绿色理念在机场施工阶段的各功能区全方位贯彻落实。

### 1. 绿色文明施工

为认真贯彻落实国家、北京市、河北省关于大气污染防治工作要求，坚决打赢蓝天保卫战，指挥部成立了施工扬尘治理工作领导小组，明确职责分工及主要任务，制定并严格落实施工扬尘治理工作管理方案，组织施工总承包单位编制实施方案，报北京市住房和城乡建设、环保部门备案管理。按照环评批复要求，组织环境监理单位进驻现场并开展常态化巡视，建立扬尘治理视频在线监控系统，建立环境保护月度讲评会制度，定期报送扬尘治理信息专报。

为提升大兴机场绿色施工水平，指挥部还参与并编制了《民用机场绿色施工指南》AC-158-CA-2017-02，组织施工单位、监理单位、设计单位、勘察单位、环境检测单位、水土保持监测单位等参建单位及第三方咨询单位共同开展绿色施工。在建设过程中，航站区工程在全国首次引入集雾炮降尘、水枪消防、强力清扫于一体的多功能雾炮车，同时引入抑尘剂、车辆自动冲洗等新型技术或设备。各项扬尘治理措施基本落实到位，整治效果显著。

### 2. 环境管理成效

大兴机场工程全面践行新发展理念，将绿色建设作为实现"引领世界机场建设，打造全球空港标杆"的重要手段，通过理念创新、管理创新、技术创新，推进绿色理念在项目全寿命周期的贯彻落实。

大兴机场飞行区工程、航站区工程及市政工程多个标段先后被评为"住房和城乡建设部绿色施工科技示范工程""全国建筑业绿色施工示范工程"。大兴机场施工工地多次获得各类"绿色文明施工"称号并获得通报表扬。其中大兴机场旅客航站楼及停车楼工程是全国获得绿色建筑三星级认证的最大单体建筑，也是全国首个节能3A级认证建筑。工程建设紧紧围绕"四节一环保"绿色施工理念，采用最先进措施实现全方位绿色建造。项目从降尘、降噪、控光、定型、除污、回收和供暖等方面实现绿色环保。

## 9.5   数字化信息化手段的应用

### 9.5.1   数字化施工技术

施工发展水平的直观表现就是施工过程中机械化、自动化程度，在大兴机场航站楼施工过程中充分体现了工程施工技术水平的进步。工程在施工的过程中实现了全面系统数字建造，有效地降低了工程成本，提高了效率并确保了质量。

## 1. 数字化测量

测量工作是工程施工最基本也是最重要的一项工作，航站楼工程占地规模大，工程定位、施工测量的工作量大、精度要求高。

大兴机场航站楼施工期间，测量仪器设备的数字化程度跨越性提升。工程定位控制网应用GNSS(全球卫星导航系统)静态定位，实现长距离、高精度、全天候作业，通视限制少，数据自动采集。航站楼工程全部采用混凝土灌注桩基础，在核心区的1万多根基础桩施工过程中，应用CORS（连续运行参考站）系统移动站测量方法，仅1个测量组就完成了以往需要5个、6个测量组的工作量，在实现高精度、高效率的同时显著降低了劳动强度。结构施工期间，全站仪测量机器人被广泛应用，可实现施工放样的自动化、自动测量、记录并计算整理数据和遥控测量等。

大兴国际机场的钢结构屋盖为自由曲面设计，核心区工程的屋面钢结构达到了18万$m^2$，由12个构造层组成、安装工序多达18道。在钢结构分区施工、合拢及卸载后都需要对钢结构进行变形观测以对成型的节点及杆件进行定位，保证工程安装精度并为后续屋面、吊顶施工提供依据。整个工程包括了12 000多个焊接球、6 000多根工程杆件，没有数字化技术的辅助，工程建设是无法完成的。在这个过程中，项目团队借助采用基于网络RTK技术的CORS系统、高标网的建立和应用、数字测量设备应用、精密测量控制技术、BIM技术和三维激光扫描技术，进行了节点和构件的定位测量。其工作方法为在现场建立多个基站，对钢结构进行多角度的三维扫描仪作业，得到数据经软件处理后拟合成点云模型，与设计模型比对，可直接得到安装的偏差和变形结果。

混凝土结构施工过程中应用测量机器人（高端全站仪），现场自动测量、记录并计算整理数据，测量数据批量传输，可遥控测量。

## 2. 数字化施工

钢筋加工：在混凝土结构施工过程中，钢筋加工是一项劳动强度非常大的工作。航站楼施工期间，普遍应用了软件翻样，现场加工配备了自动化设备，如自动弯箍机、直螺纹接头加工生产线等，降低劳动强度的同时提高了效率。

复杂自由双曲面漫反射吊顶板反吊施工技术：采用该技术借助三维扫描技术逆向生成数字模型、通过BIM技术深化设计形成施工模型，作为板块加工和安装的依据，可有效解决自由曲面安装的难题，有效缩短工期，实现工作面和空间的有效分配和协调。

数字化复杂机房设备装配式安装技术：在航站楼工程的施工过程中，将功能和结构复杂的机房划分为单元，采用数字化工程装配式安装的方法，解决了工程复杂机房设备安装的难题。

机电安装综合技术：机电专业错综复杂，门类多、专业容易冲突，机电安装的过程超级复杂，机电系统数字化安装调试技术、核心机房机电设备管线预制数字化安装技术、IBMS智能数字楼宇管控系统施工，有效地减少了施工过程的专业冲突碰撞等难题。

机电系统涵盖了108个子系统，采用和推广了建筑业10项新技术中的"机电安装工程技术"9个子项，实现全过程全模型的机电管线和机房BIM综合技术。

## 9.5.2　数字化信息化施工平台搭建

### 1. 智慧工地集成平台

数字化项目管理与集成化信息管理平台是复杂工程项目管理的重要基础，为此开发了智慧化材料加工和运输管理系统、智能安全管控平台、可视化安防监控系统、基于BIM5D项目管理平台、基于二维码的信息管理系统、环境自动检测系统、冬季施工温度自动检测系统。工作人员可以查询工程的施工进度和现场状况，在无网络的情况下也能使用，实现了项目管理的数字化和集成化管理。

大兴机场施工期间，智慧建造水平发展迅速，施工现场建立了智慧平台，在人员管理、现场安全隐患排查、机械管理、物资管理、造价管理等方面取得良好效果。

### 2. 强夯数字化监控技术

强夯数字化施工监控主要是通过在工地设置GPS基准站，在强夯机械上安装GPS接收机以获得强夯作业的精确定位信息，在强夯机上安装监控元器件，获得工作状态信息，最终将所有信息整合，并传递回服务器，施工信息可以直接反馈回操作手、施工管理人员以及监管人员。

为了能够随时查看强夯施工记录以及实时施工情况，工程施工中，建立了一套强夯数字化施工平台。该平台可以通过电脑、手持电脑、手机等终端登录，并对各用户提供不同的操作权限。通过强夯数字化系统平台，可以命名强夯机名称，设定施工区域，查看施工记录，查看施工状态，统计施工进度信息，统计已完工程量信息，对于施工进度、质量、造价等的管理提供重要的信息手段。通过上述监控设备、监控平台、监控终端、通信设备的安装使用，能够精确取得影响强夯施工的关键参数，对强夯施工的质量可实现数字化控制，解决传统施工方法带来的施工管理难题。

### 3. 冲击碾压数字化技术

由于传统冲碾施工方法存在对工程量的把握停留在猜测层面、对机械的使用停留在经验操作阶段等问题，为提高施工效率和准确性，同时保证施工过程和质量可控，避免留下隐患，需要借助必要的现代化工具和手段，因此研究开发了冲击碾压施工监控系统。通过该系统，实现了机场工程施工的数字化解决方案——实现非破坏性、大面积连续跟踪监测和实施反应施工的压实情况，可更方便高效地管理冲击碾压的工程质量。

冲辗施工监控系统包括前端数据采集设备、数字化施工系统服务器和后端管理平台。数据采集端设备在冲击压路机工作时，通过DTU（Data Transfer unit，数据传输装置）把实时获取的GPS数据和传感器数据，按照设计采样频率发送至数字化施工系统服务器（两样数据独立发送）；数字化施工系统服务器存储着包括强夯施工工艺，振动辗压施工工艺和冲击辗压施工工艺的施工监控数据。服务器先判别采集端是何种工艺，然后把采集端传来的数据和代表该采集端的标识存储至数据库，并实时转给相应后端管理平台；后端平台通过对数据的实时接收和处理，完成对每台冲击压路机的主要参数的监控、分析和预警，方便施工人员、监理、业主查看和监测施工情况，实现精准有效的施工和管理。

在冲击碾压机上装备地基连续动力承载力检测系统可以实现非破坏性、大面积连续跟踪检测和实时反应施工和压实的情况。通过数据分析，即可了解工程的碾压速度、厚度和遍数。通过在碾压设备的安装压实质量检测系统，即可了解工程的压实度分布情况。

### 4. BIM5D管理平台

大兴机场航站楼工程施工过程中建立了基于BIM模型的BIM5D管理平台，为项目的进度、成本、物料控制及时提供准确信息，帮助项目管理人员基于数据进行有效决策。

将模型直接导入BIM5D管理平台，软件会根据所选的条件，自动生成土建专业和机电专业的物资计划需求表，提交物资采购部门进行采购。

通过将模型构建与进度计划相关联，实现对施工进度的精细化管理，可将工程实际进度与计划进度进行模拟比对，并进行资金、资源曲线分析。

基于BIM模型的管理平台可根据工程实际进度同步进行模型数字化、同步虚拟施工，在现场人员巡查过程中可对模型中的构件或部位赋予相应的检查记录信息，形成安全与质量巡检记录，并提示相关部门进行工作跟进。

## 9.5.3 信息化安全与环境管理

### 1. 劳务实名制管理

在大兴机场航站楼工程施工阶段，建立了劳务实名制管理系统，通过在办公区、生活区、施工区设置闸机系统，工人进场安全培训教育考核合格、保险生效后一次录入，可实现行动轨迹、作业时间的统计以及工人性别、年龄、籍贯、工种的大数据分析，很大程度上避免了劳务纠纷的产生。

## 2. 可视化安防系统

通过在办公区、生活区、施工区布置摄像头实现公共区域全覆盖，同时通过手机可实现移动端的实时查询，动态掌握现场实际情况。塔式起重机是施工物料运输的主要设备，航站楼核心区工程1个标段就布置有27台塔式起重机，中心区域塔式起重机会与周边相邻的6台塔式起重机存在大臂交叉，通过在塔式起重机上安装传感器可实现塔式起重机状态的自动监控，对运行状态进行监测，可实现吊重、变幅、高度等预警，并在达到设定临界状态自动停机，预控作业风险。

## 3. 安全管控平台

施工总包单位开发应用了安全管控平台，邀请软件公司协同开发本工程的安全管控平台，通过数据分析，了解每日安全重点管控内容，确定下一阶段的管控重点，系统有效地开展日常安全管控。

## 4. 施工环境监控

大兴机场施工现场建立了环境监测系统，动态记录现场噪声、粉尘等信息，实现现场环境的自动监控，可根据需要调用数据。

# 第 10 章

# 紧张有序、全力推进的运营筹备

大兴机场工程是国内首次采用建设运营一体化理念建设的机场工程，该理念对大兴机场按期完成建设和投运起到了重要作用。

本章从建设和运营一体化理念出发，介绍一般机场工程运营筹备工程内容、大兴机场建设运营一体化理念的践行、运营筹备管理组织、投运方案、投运管理工作机制、过程推进、投运演练直至开航投运。主要内容及思路如图10-1所示。

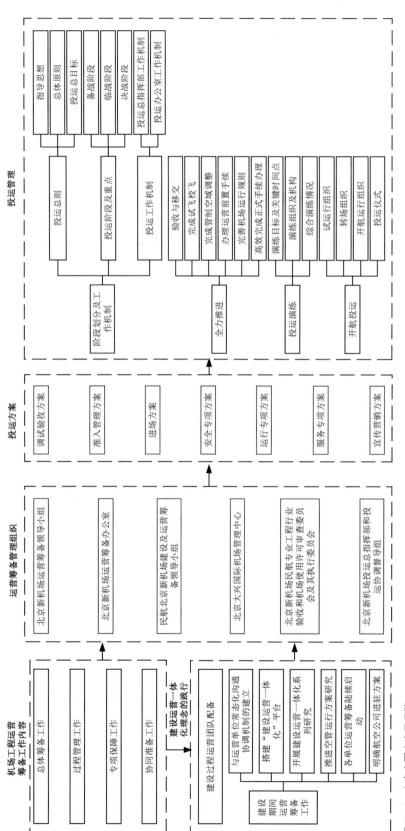

图10-1 本章主要内容及思路

# 10.1　机场工程运营筹备工作内容

机场工程运营筹备工作主要包括总体筹备工作、过程管理工作、专项保障工作和协同准备工作，如图10-2所示。

## 1. 总体筹备工作

总体筹备工作是指全场性运营筹备工作，主要包括组织准备工作、管理文件与投运方案编制工作和开航报批工作。

组织准备工作是指运营单位的组织成立，通过编制运营大纲、梳理运营模式、确定组织的职能架构与人员设置。

管理文件与投运方案编制工作是指与机场开航相关的运行规则和投运方案编制。机场运行规则主要有《机场使用手册》《航空保卫方案》和《应急救援预案手册》，《投运方案》是各成员单位的运营筹备重点任务的重点任务、线路图、时间表和责任书。此外还有针对旅客流程、行李流程、航空器流程、工作人员和机组流程、交通流程、物料流程、垃圾清运和货物

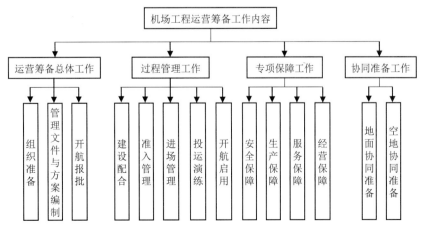

图10-2　机场工程运营筹备工作内容

运输流程、信息流程八大流程所制定的运行程序、标准等一系列公司级和各部门层级的管理制度的编制工作。

开航报批工作是指为满足开航需要进行的报批工作，如机场命名、确定三字码、四字码、国际机场口岸批复等。

### 2. 过程管理工作

过程管理工作包括建设配合工作、准入管理工作、进场管理工作、投运演练工作和开航启用工作。

建设配合工作是指在工程建设过程中，机场运营单位与建设施工单位的工作配合，确保建设施工单位工作计划的顺利开展，达到预期要求，满足机场运营需求的同时，符合竣工验收的标准。按工程各阶段时间顺序，可将工作梳理为设计阶段的图纸审核与需求确认，施工准备阶段的招标配合，施工阶段的工艺审核和参与安装调试，以及竣工阶段的配合验收和管理移交等。

准入管理工作是通过建立机场准入标准，以规范进入机场的工作单位基本资质和人员基本要求的管理工作。包括安全准入、运行准入、服务准入、环保准入、经营准入。

进场管理工作指为保障场内人员和设施平稳、安全、有序进场，并落实民航安全、效率和服务工作要求，提前做好人员培训方案、设施设备进场计划和物资物料进场方案，分阶段实施，确保投运工作的高质高效。

投运演练工作是在机场正式运行前人为模拟运行环境，提前检验机场运行状态、查找运行风险的一项工作。形式方面，投运演练可包括桌面推演和实地演练，内容方面，投运演练需要做到全面考虑机场的安全、生产、服务、经营等各项业务，涵盖机场的所有功能区域，可包含各调试演练方案的编审工作，验证供电，供水和旅客信息等关键系统设备之间的接口功能是否满足设计的要求，检验各系统设备在机场、地铁和高速公路正常运营和事故应急等不同情况下的协调性和中央调度功能等工作。

开航启用工作是指各驻场单位在正式入驻机场工作前需要做的启用准备工作，包括成立各单位入驻前的领导小组工作，以及开航保洁、安保清场和试运行等全场性的运行前准备工作等。

### 3. 专项保障工作

专项保障工作包括安全保障、生产保障、服务保障和经营保障四大方面。

安保工作涵盖了机场运营过程中对于机场安全的保障工作，以及机场对于紧急情况的救援保障工作，具体包括各区安全风险评估、清场控制、成品保护、航空安保、运行安全管控、治安反恐、信息与消防安全、海关边防管控。

机场的主要生产任务是为各类航空器运输旅客和货物提供条件，生产准备工作指的就是为机场运行后能够完成此类任务而进行的准备工作，主要包括航空器保障、人员保障、行李与货物保障、交通保障、物资保障和信息保障。

服务保障工作主要涵盖了机场为旅客提供的各项服务所需的准备工作，包括旅客信息保障、服务设施保障、便利服务保障、商业服务保障、人文服务保障、环境服务保障、服务标准保障和非常态服务保障等。

经营保障工作是与机场的经营业务相关的保障工作。机场的经营业务包括机场主业经营和辅业经营。主业经营是指与航空器和客货相关的运行以及资源保障，包括客货安检服务、停机坪管理服务、机场候机厅管理服务、飞机清洗消毒服务、空中飞行管理服务、飞机起降服务、飞行通信服务、地面信号服务、飞机安全服务、飞机跑道管理服务、空中交通管理服务等；辅业经营指围绕机场不断发展扩大的非航空性业务，包括广告服务、餐饮服务、住宿服务、休闲服务、购物服务、商务服务、金融服务以及租赁服务等。

### 4. 协同准备工作

协同准备工作指机场方需与场内外多家单位协同完成的工作，主要分为空地协同准备和地面协同准备工作。

## 10.2　建设运营一体化理念的践行

2010年4月28日，大兴机场首次筹备会议上就提出了建设运营一体化机制，以此系统地解决一般机场建设与运营严重脱节的深层次矛盾问题。在前期阶段，建设运营一体化机制按照一个程序，搭建包括以建设单位和投资单位的业主平台和相关运营单位组成的用户平台在内的两个平台，夯实数据库、问题库、课题库3个基础。在建设实施阶段，建设运营一体化机制以"四个工程"为标尺，博采众长，持续优化，多方参与，统一协调。实现了依法合规，分批启动建设，同步建成，广受好评。在运营筹备阶段，建设运营一体化机制践行"四型机场"理念，运营提早介入，与工程同步开展运营筹备，全力投入，高效率、高水平实现完美投运。

大兴机场在国内机场建设过程中首次采用建设与运营一体化模式，集中工程建设、设施设备、人力资源、科技力量等关键要素，克服了传统建设与运营脱节的问题，统筹推进；实施科学的总进度综合管控，把控节点、抓住关键、及时预警、压茬推进；打造超越组织边界的管理平台，各单位同心协力，确保了工程按期投运。

## 10.2.1　建设过程运营团队配备

实现建设运营一体化的根本着力点就在于人才，必须要有懂建设的人和懂运营的人同时参与到建设团队当中。基于建设运营一体化理念，指挥部组建队伍分为两个部分：第一部分是建设人才，主力是中国民航机场建设集团；第二部分是运营人才，主力是首都机场股份公司。在可研和立项阶段就把运营中可能存在的困难、未来运营方面的思考带入初期的规划中。

指挥部成立之初，就安排建设和运营人员，兼收并蓄，运营人才参与建设全过程工作。在建设初期，建设人才为主体，运营人才为辅。当建设进入后期，逐渐过渡到运营筹备阶段，则以运营人才为主体，建设人才逐渐调整到其他建设岗位。在整个项目过程中，根据工程项目规模、周期及运营的实际需求，落实建设和运营管理两个团队人员的交互介入和动态有序流动机制，大胆尝试两个团队管理人员交叉挂职，培养复合型人才，提升建设运营总体管理效能。

## 10.2.2　建设期间运营筹备工作

### 1. 建立与运营单位常态化沟通协调机制

指挥部先后与三大航、空管局、集团公司内专业公司、"一关两检"等各驻场单位对接，注意吸纳各方对北京航空市场、机场规划、经营和运营管理等方面的意见和建议，并将这些意见和建议融入规划文件和建设方案中，使规划和建设符合运营实际需求。与未来的运营主体更是建立了制度化、常态化的沟通协调机制，梳理确定了"一套程序、两个平台、三个数据库"的工作指导思路，建立起联合工作组并固化定期例会和交互督办制度。

指挥部将实际运营需求融入规划设计工作中，并将其作为评估规划设计文件的一项重要要求，坚持动态评估和指导规划设计文件，如有不符合要求之处，尽快修改，避免了后期返工，造成工期延误和资源浪费。

### 2. 搭建"建设运营一体化"平台

指挥部加强了与各专业公司的协调沟通，股份公司、动力能源、博维、旅业、地产等单位相继成立了与大兴机场对接的工作小组，确定了相应的工作机制，为大兴机场规划设计和工程建设的开展提供了技术支持。例如，指挥部为做好运营筹备的前期工作，通过多次走访调研飞行区管理运行经验，结合首都机场空调系统的应用情况，对大兴机场航站楼空调系统潜在需求进行前期调研。

股份公司为大兴机场提供了如货运物流预测、综合交通需求预测、空军空域仿真的基础数据和相关参数，并就航站楼建筑方案中商业规划、行李系统、捷运系统设计提供了相应的建议方案等。各项前期工作在各专业公司的帮助下得以顺利开展。

### 3. 开展建设运营一体化系列研究

指挥部与股份公司积极对接，进一步拓展"建设运营一体化"平台，重点开展了"新机场航空特许经营""标杆机场货运经营模式""飞行区运行服务需求及投资经济性""飞行区运行安全关键技术""新机场应急救援规划""土地资源管理""一市两场，航空公司及联盟分配""智慧空港模型研究(E-AIRPORT)""人力资源储备"等一系列课题研究。此外，指挥部还与地产集团、贵宾公司、旅业公司等集团专业公司积极沟通，形成了关于大兴机场生活保障基地、贵宾服务专区、旅客过夜用房等事项的专题报告，并纳入可研报告中。指挥部还提请集团公司尽早研究大兴机场运营主体和入驻大兴机场的各专业化公司，确保指挥部与未来运营主体在项目投资、规划设计、建设运行等关键环节深入合作，紧密配合。强化指挥部项目法人责任制，确保指挥部在项目投资、规划设计、建设运行等关键环节以及临空经济业务发展等方面的核心和主导作用。加强对资源的管控，以集团价值最大化为原则，以市场化发展为导向，落实集团公司对大兴机场运行中各类资源的合理配置要求，配合集团公司实现专业化公司业务的可持续发展。

### 4. 推进空管运行方案研究

为满足大兴机场运行需要，科学规划华北地区空域结构，加快推进北京终端管制区建设，空军成立北京终端管制区规划研究领导小组。指挥部深度参与并配合相关工作。

### 5. 各单位运营筹备陆续启动

按照民航局要求，各单位陆续启动运营筹备工作。2016年3月至7月，中国航油集团公司完成航油工程三个项目运营公司注册，支撑大兴机场航油工程建设及运营筹备工作。2017年初，南航、东航、中联航等陆续成立北京新机场建设运营领导小组；华北空管局提出实现无缝过渡、创新过渡、协同过渡、平稳过渡的工作目标。至此，机场、航油、空管、航空公司运营筹备工程全面启动。

### 6. 明确航空公司进驻方案

随着航站楼等主体工程陆续开工，运营筹备工作也逐步开展。2016年3月26日，民航局党组会议审议通过了关于航空公司进驻大兴机场建设运营的相关支持政策和进驻航空公司的相关优惠条件。2016年7月19日，民航局、国家发展改革委联合发文，明确了东航、南航作为主基地航空公司进驻等有关事项。

# 10.3 运营筹备管理组织

2016年10月11日，指挥部印发成立北京新机场运营筹备领导小组，设立运营筹备部具体负责运营筹备各项工作筹划并组织落实，标志着指挥部正式启动大兴机场运营筹备工作。后续各方根据需要及时成立了相应的运筹管理组织。

### 1. 北京新机场运营筹备领导小组和运营筹备部

为了落实集团公司推进大兴机场运营筹备工作的指示精神及总体工作安排，切实加强对大兴机场运营筹备工作的统筹规划和组织领导，2016年10月11日，指挥部成立了北京新机场运营筹备机构，其主要由领导小组和运营筹备部构成。其中领导小组是大兴机场运营筹备工作的决策机构，其成员由指挥部领导组成。运营筹备部是领导小组的日常办事机构，具体负责运营筹备各项工作筹划并组织落实。运营筹备部最初由3名同志牵头组织开展工作。2017年6月，指挥部在集团公司第一批选调40名人员基础上，成立运营筹备部，专职开展运筹相关工作，并持续补充人员。

### 2. 北京新机场运营筹备办公室

2016年10月20日，首都机场集团公司成立了北京新机场运营筹备办公室，机构设置在指挥部，以统筹负责大兴机场运营筹备工作。运筹办实行在集团公司新机场工作委员会领导下的指挥长负责制。指挥部总指挥兼任新机场运营筹备办公室主任。其组织机构如图10-3所示。

### 3. 民航北京新机场建设及运营筹备领导小组

为圆满完成党中央、国务院交给民航的重大历史使命，举全民航之力支持和推动大兴机场运营筹备各项工作，实现大兴机场由建设阶段向运营阶段顺利切换，根据实际工作需要，2018年3月5日，民航局在原"民航北京新机场建设领导小组"基础上成立"民航北京新机场

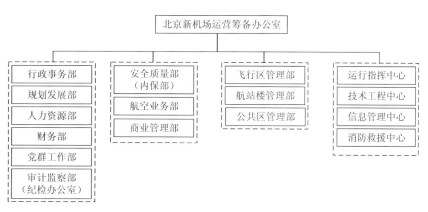

图10-3　北京新机场运营筹备办公室组织机构

建设及运营筹备领导小组"。领导小组在民航局党组的统一领导下，全面负责组织协调地方政府、相关部委以及民航局机关各部门及局属相关单位，全力做好大兴机场建设和运营筹备等各项工作，确保大兴机场如期顺利投入运营。领导小组下设安全空防、空管运输、综合协调三个工作组。安全空防工作组主要负责协调大兴机场飞行安全、空防安全、应急救援等相关工作；空管运输工作组主要负责协调大兴机场空域规划、空管保障、航权航线等相关工作；综合协调工作组主要负责大兴机场工程建设和运营筹备相关工作。

### 4. 北京大兴国际机场管理中心

为保证如期实现投运目标，在进行机场建设的同时，北京新机场运营筹备办公室于2018年7月改名为北京大兴国际机场管理中心，随着运营筹备工作的不断推进，其组织机构也在不断地完善。

管理中心由4个模块组成（图10-4），分别是：

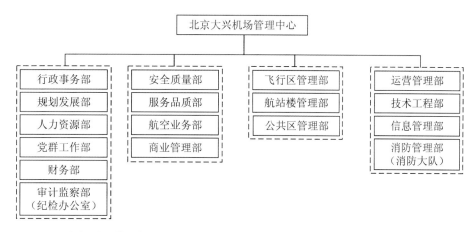

图10-4　北京大兴机场管理中心组织机构

（1）模块一：行政事务部、规划发展部、人力资源部、党群工作部、财务部、审计监察部（纪检办公室）；

（2）模块二：安全质量部、服务品质部、航空业务部、商业管理部；

（3）模块三：飞行区管理部、航站楼管理部、公共区管理部；

（4）模块四：运营管理部、技术工程部、信息管理部、消防管理部（消防大队）。

在各管理部门的协同管理下，包括有关行政批复、履行法律程序、制定投运方案、完善运行规则、对外协调联系等在内的有关工作都得以顺利进行。大兴机场的运行保障能力通过校飞和3个阶段的试飞得到了充分的验证。各类机型飞机的安全运行得以顺利保障，意味着大兴机场能够成功保障当今世界上所有机型客机的安全运行。此外大兴机场还进行了7次综合演练和应急联动，为大兴机场开航投运，包括机场管理机构、航空公司、专业公司、联检单位等各运行保障单位到位并进入常态运行做好了准备。

### 5. 行业验收和机场使用许可审查委员会及其执行委员会

2018年8月28日，民航局召开北京新机场建设及运营筹备领导小组第二次会议，宣布成立北京新机场行业验收和机场使用许可审查委员会及其执行委员会，下设北京新机场民航专业工程行业验收工作组、北京新机场使用许可审查工作组。其中，行业验收工作组下设11个专业组：飞行区场道工作组、飞行区目视助航设施及供电工程组、航站楼及货运站工艺流程组、航站楼行李弱电信息系统组、公安消防安检工程组、供油工程组、空管工程组、东航南航北京新机场基地工程组、航空卫生组、工程概算组、工程档案组；机场使用许可审查工作组下设8个专业组：航空安全组、飞行区场地管理组、目视助航设施及供电系统管理组、机坪运行管理组、应急救援管理组、运输管理组、空中交通管理组、航空安保组。

### 6. 北京新机场投运总指挥部和投运协调督导组

为切实充分发挥首都机场集团公司在大兴机场建设及运营筹备的主体作用和民航华北地区管理局的行业监督、协调和指导作用，确保大兴机场顺利按期投运，民航局在2018年8月成立北京新机场投运总指挥部和协调督导组。

总指挥部由首都机场集团公司、北京新机场建设指挥部（管理中心）、东航、南航、华北空管、中航油和联检等单位组成，总指挥由首都机场集团公司主要领导担任，副总指挥由北京新机场建设指挥部（管理中心）、东航、南航、华北空管局、中航油和联检等单位领导担任。协调督导组设在华北管理局，组长由民航华北地区管理局主要领导担任。

运营筹备各管理组织设立的时间点如图10-5所示。

图10-5　运营筹备各管理组织设立的时间点

# 10.4　投运方案

投运工作进行的前提是投运方案的编制。只有良好的投运方案，投运工作才能有条不紊、井然有序地进行。大兴机场投运方案包括调试验收方案、准入管理方案、进场方案、安全专项方案、运营专项方案、服务专项方案、宣传营销方案等。

### 1. 调试验收方案

工程建设过程中，机场运营单位要配合建设施工单位的相关工作，确保建设施工单位的工作计划能够顺利开展。在运营筹备阶段，运营单位需要做好竣工阶段的配合验收和管理移交等相关工作。在校飞试飞方面，应预先制定好飞行程序，做好相关准备工作，并进行校飞和试飞。调试验收方案包括验收方案、接收方案和校飞试飞工作，具体见图10-6。

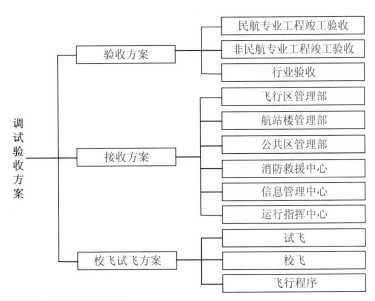

图10-6　调试验收方案内容

### 2. 准入管理方案

准入管理工作是通过建立机场准入标准，以规范进入机场的工作单位基本资质和人员基本要求的管理工作，包括安全准入、运行准入、服务准入、环保准入、经营准入，具体见图10-7。

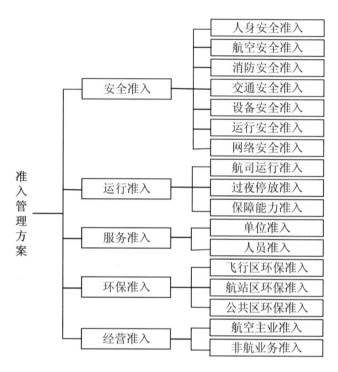

图10-7 准入管理方案内容

### 3. 进场方案

进场管理工作指为保障场内人员和设施平稳、安全、有序进场，并落实民航安全、效率和服务工作要求，提前做好人员培训方案、设施设备进场计划和物资物料进场方案，分阶段实施，确保投运工作的高质高效。进场方案主要包括飞行区进场方案、航站楼进场方案以及公共区进场方案，具体见图10-8。

### 4. 安全专项方案

为实现到2019年9月30日开航前安全资源全面到位、安全体系全面搭建、安全防线全面构建，确保开航后为航空公司、驻场单位提供高效的安全平台，为旅客提供顺畅、便捷、无感式安全运行环境的安全总体目标，将安全总体目标进行分解，提炼为零事故、零伤害、零遗漏、零失效几项具体的工作指标，制定了安全专项方案。其涵盖了机场运营过程中对于机场安全的保障工作以及机场对于紧急情况的救援保障工作，具体包括各区安全风险评估、清场控制、成品保护、航空安保、运行安全管控、治安反恐、信息与消防安全、海关边防管控等。具体见图10-9。

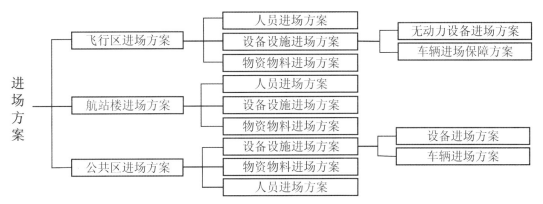

图10-8　进场方案内容

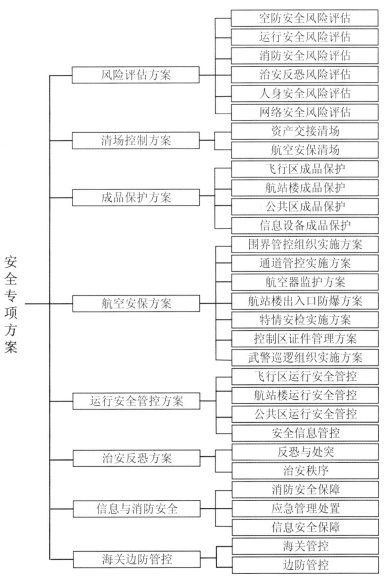

图10-9　安全专项方案内容

## 5. 运行专项方案

为实现以"便捷、高效"为运行理念,以"始发航班正常率100%、放行正常率100%"为开航运行目标,以超前冗余资源配置为策略,以持续定量效率提升为抓手,以机场AOC协同联动为平台,为旅客、航司、驻场单位提供良好运营环境和优质运行保障的总体目标,以目标导向、分工协作,资源冗余、效率优先,精化流程、统筹管理,品质运行、深度融合为总体原则,制定了运行专项方案,具体内容见图10-10。

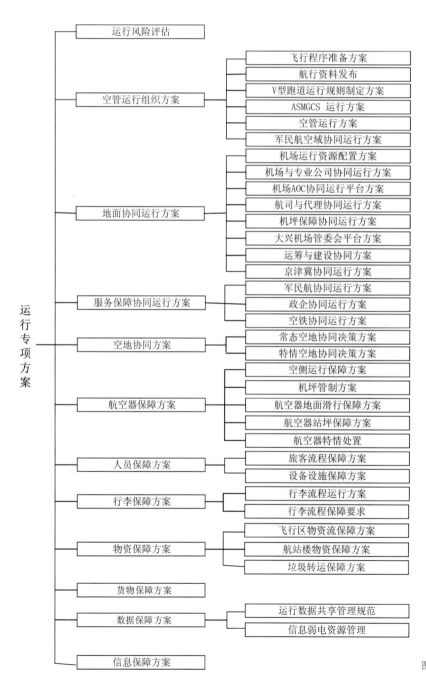

图10-10 运行专项方案内容

### 6. 服务专项方案

服务保障工作主要涵盖了机场为旅客提供的各项服务所需的准备工作，包括旅客信息保障、服务风险评估、服务设施保障、便利服务保障、商业服务保障、人文服务保障、环境氛围保障、服务水平保障、非常态服务保障和特殊旅客保障等，具体内容见图10-11。

### 7. 宣传营销方案

为将大兴机场打造成为大型国际航空枢纽，吸引航空公司、联盟加入机场，开辟更多航点与优质长航线，完善航线网络，打造枢纽航班波，提高机场通达性和便捷性；培育旅客市场、避免旅客错走机场；实现信息发布、话题营销、舆论引导的原则目标，大兴机场应做好宣传营销工作。宣传营销方案主要包括航司营销方案、旅客营销方案、媒体宣传方案以及为应对紧急特殊情况的危机公关方案。

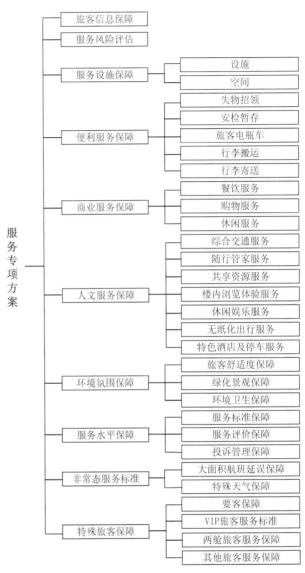

图10-11　服务专项方案内容

# 10.5　投运管理

进入2018年后，指挥部的运营筹备工作开始逐渐增多，民航局以及各有关单位也相继成立组织来配合指挥部运营筹备工作的进行。2018年7月6日，民航局发布《北京新机场建设与运营筹备总进度综合管控计划》，明确建设与投运的两个最终目标节点。2018年7月23日，集团公司召开北京新机场干部大会，首都机场集团公司北京新机场管理中心正式成立，指挥部与管理中心两套班子成员确立，标志着大兴机场工程建设和运营筹备进入新阶段。2018年10月11日，大兴机场正式进入投运阶段，北京大兴国际机场投运总指挥部执行办公室按照备战、临战、决战三个阶段，编制了5 800余页、197万字的《北京大兴国际机场投运方案》，明确了"四个到位""四个检验""四个强化"的阶段性目标，各单位紧紧围绕"6·30""9·30"两个时间节点目标，全力推进运营筹备各项工作。指挥部督办落实投运重点任务，分秒必争、加班加点、甘于奉献、勇于争先，在工程竣工后87天即实现了完美投运，创造了大型枢纽机场投运史上的奇迹，展现了投运筹备的高效率和高水平。

# 10.5.1　阶段划分及工作机制

为保证投运工作顺利进行，首先要做好投运组织方面的工作，包括投运总则、投运机构及机制、投运阶段及重点，之后按投运方案和综合管控计划全力推进，直到开航投运。

## 1. 投运总则

为确保大兴机场"9·30"前顺利开航、平稳投运，需要按照大兴机场投运指导思想制定投运总体原则以及投运总目标，并按照原则和目标制定工作。

（1）指导思想

深入贯彻习近平总书记对民航工作的重要指示精神，落实北京大兴国际机场投运总指挥部的总体工作要求，以综合管控计划为牵引，持续细化投运工作的路线图、时间表、任务书和责任单，突出强化备战、临战、决战三个阶段的重点任务和时间节点，以投运方案为统领，联合内外、协同各方、共同推进，确保大兴机场"9·30"前顺利开航、平稳投运。

（2）总体原则

投运工作总体原则可概括为五个"统一"，即统一思想、统一目标，统一方案，统一指挥，统一行动。

1）统一思想：强化大局意识、合作意识、责任意识，积极推动投运工作顺利开展。

2）统一目标：以确保"6·30"工程验收，"9·30"前顺利开航、平稳投运为统一目标，全力配合达成目标。

3）统一方案：以综合管控计划为牵引，联合内外各保障单位共同编制，形成统一的《投运方案》。

4）统一指挥：以"联合办公室—现场指挥部—机场AOC"为过渡平台，实现各阶段无缝衔接，统一指挥。

5）统一行动：以《投运方案》为统领，协同各方、统一行动，实现决战决胜。

（3）投运总目标

深入贯彻习近平总书记指示精神，全面落实民航北京大兴国际机场建设及运营筹备领导小组对大兴机场投运工作要求以及投运总指挥部工作要求，以综合管控计划为牵引，以投运方案为统领，全力推进《北京大兴国际机场投运方案》重点任务落地，坚决打赢大兴机场投运攻坚战，保证2019年9月30日前顺利开航。

## 2. 投运阶段及重点

大兴机场投运工作划分为三个关键阶段：备战阶段、临战阶段和决战阶段。三个阶段的划分及各阶段的特点、难点和重点，如表10-1所示。

投运阶段划分及特点、难点和重点                                      表10-1

| 阶段名称 | 特点 | 难点 | 重点 |
|---|---|---|---|
| 备战阶段<br>（2018年11月8日–2019年6月30日） | 投运全面开展的策划关键阶段，大兴机场投运备战阶段特点突出，建设与运营一体化，天合地分军民融合，地跨两域协同三地，对管理人员和保障人员要求高，是临战阶段测试演练的基础条件 | ① 工程建设时间紧，联调联试任务重；<br>② 投运单位多、业务范围广、工作接口杂；<br>③ 两场运行协调难，资源配置利益杂；<br>④ 地跨两域协调困难，政府协同法规缺失；<br>⑤ 新人多，能力不足，培训压力大；<br>⑥ 军民融合规模大，天合地分协同难；<br>⑦ 综合交通模式新，人员密集流程杂 | ① 人员能力及培训考核到位；<br>② 设备设施及资源配置到位；<br>③ 标准合约及程序预案到位；<br>④ 风险防控及应急机制到位 |
| 临战阶段<br>（2019年7月1日–9月9日） | 各项投运筹备工作收口完成的阶段。此阶段以单项演练、专项演练和综合演练为抓手，是检验投运工作的重点和核心阶段，也是投运工作的冲刺阶段，关系到能否顺利开航 | ① 演练时间短，演练项目多，组织难度大；<br>② 暴露问题多，短期整改难度大 | 完成四项检验，即检验设备设施完备性、检验流程顺畅性、检验程序预案适用性、检验人员熟知度 |
| 决战阶段<br>（2019年9月10日起） | 即大兴机场正式开航运行，既面临航空公司转场、南苑机场搬迁，又面临冬季运行保障，还需协同"一市两场"正式开始运行，是投运工作的决战决胜阶段 | ① 一市两场模式新，两场协同难度大；<br>② 开航仪式规格高，安全保障压力重；<br>③ 国庆协同单位多，运行组织要求高；<br>④ 南苑转场任务重，军民融合协同难；<br>⑤ 开航天气条件杂，冬季保障考验多 | 整改临战阶段发现的问题，并不断优化改进，以此强化安全管控、强化运行效率、强化服务品质、强化整体协同联动 |

## 3. 投运工作机制

大兴机场投运总指挥部下设总指挥、执行总指挥、副总指挥以及投运总指挥部联合办公室。

（1）投运总指挥部工作机制

投运总指挥部工作机制分为联席会议机制和工作报告机制。其中，联席会议机制可分为总指挥部联席会、例行联席会以及专题联席会，具体见表10-2。

投运总指挥部联席会议机制                                          表10-2

| 会议名称 | | 召开频次 | 工作重点 |
|---|---|---|---|
| 总指挥部联席会 | | 不定期召开 | 协调解决重大问题,评审投运、转场及演练方案并协调内部组织落实 |
| 例行联席会 | 备战阶段(2018年11月8日-2019年6月30日) | 每月召开一次,平时由执行总指挥例行会议召集召开,可以由北京大兴国际机场建设指挥长例会替代 | 督办并协调各单位按照综合管控计划和投运方案完成各项关键工作 |
| | 临战阶段(2019年7月1日-9月9日) | 每两周召开一次 | 统筹组织协调各阶段的调试、测试和运行应急演练计划,并督促各单位按计划实施 |
| | 决战阶段(2019年9月10日起) | 每周召开一次,从投运总指挥部例行联席会议向大兴机场管理委员会会议过渡 | 统筹组织开展各单位开航前各项问题的整改工作 |
| 专题联席会 | | 不定期召开 | 集团公司对接民航北京新机场建设及运营筹备领导小组四个专项工作组召开会议,协调解决投运期间各单位需专项解决的问题及突发问题 |

工作报告机制在备战阶段、临战阶段以及决战阶段有不同的实施机制,具体见表10-3。

（2）投运办公室工作机制

投运办公室工作机制主要是联席会议机制。其中,联席会议机制由投运办公室主任、副主任或联络人组织召开投运办公室例行联席会,可由大兴机场运行筹备工作沟通协调会代替。联席会根据不同阶段,召开频次和会议重点有所差异,具体见表10-4。工作报告机制和问题管理机制与投运总指挥部相关机制相同。

投运总指挥部工作报告机制                                          表10-3

| 工作阶段 | 报告频次 | 报告内容 |
|---|---|---|
| 备战阶段<br>(2018年11月8日-2019年6月30日) | 月报 | 运营筹备、投运关键工作进展、需协调解决问题及进展等方面 |
| 临战阶段<br>(2019年7月1日-9月9日) | 周报 | 工程验收、设备测试调试、专项演练、综合演练、需协调解决问题及进展等方面 |
| 决战阶段<br>(2019年9月10日起) | 日报 | 投运前流程、程序、规则优化进展,关键问题的解决情况,开航前准备情况 |

投运办公室联席会议机制                                          表10-4

| 工作阶段 | 召开频次 |
|---|---|
| 备战阶段<br>(2018年11月-2019年6月30日) | 隔周召开(航空公司、驻场各保障单位和集团公司直属单位、专业公司交替参会) |
| 临战阶段<br>(2019年7月-9月9日) | 每周召开(航空公司、驻场各保障单位和集团公司直属单位、专业公司参加) |
| 决战阶段<br>(2019年9月10日起) | 每日一次,从投运办公室会议向大兴机场日生产讲评会过渡 |

## 10.5.2　全力推进

投运方案关键时间节点以"9·30前顺利开航"为目标，以民航局总进度综合管控计划为基础，是民航局总进度综合管控计划投运阶段的核心内容及深化，同时是投运总指挥部各单位业务的综合联系纽带，是各单位安排投运工作的依据和指南。总进度综合管控计划拥有推进机制、进度控制机制以及风险管控机制。因此，在总进度综合管控计划的指导下，依照投运方案，投运工作顺利进行，并且指挥部对于可能遇到的问题有了一定的预先了解，所以在遇到问题后能够及时反应，采取措施予以解决。

### 1. 验收与移交

为顺利实现"6·30"竣工、"9·30"前投运的总进度目标，指挥部认真细致做好各项目的验收和整改工作，不留死角、不留盲区，精益求精，抓好细节。严格落实规定，按照"验收一批、盘点一批、接收一批"的原则分步实施，清晰"谁使用、谁接收、谁管理"的职责界面，建立资产移交方和接收方的全面对接，分批次、分类别、分系统、分区域开展资产盘点确认。借助信息管理手段，确保账实相符、账账相符，实现管理权责的有序移交。

（1）飞行区工程

自2018年12月—2019年7月共进行了133次工程预验收，在第1~47次预验收基础上进行了第一批竣工验收，在第48~132次工程预验收基础上进行了第二批竣工验收，在第133次预验收基础上进行了机坪塔台竣工验收。预验收过程的外观、实测和资料等工作均按照竣工验收范围和频次进行开展。

2019年4月28—30日、2019年6月26—28日、2019年8月22日飞行区工程分别进行了三批次竣工验收。民航专业工程质量监督总站全程参加，并出具了工程质量监督报告。

（2）航站楼旅客服务设施

2019年8月2日，在各标段完成了全部的分部分项验收和专项工程预验收的情况下，指挥部召开了北京大兴国际机场航站楼旅客服务设施项目竣工验收会。

2019年8月5日，指挥部进行了大兴机场航站楼旅客服务设施项目竣工验收的补充验收，并在验收前得到了民航专业工程质量监督站的指导。

（3）弱电信息工程与机电工程

2019年6月27—28日，指挥部对已完成的弱电信息工程开展竣工验收工作，民航专业工程质量监督总站对竣工验收全过程进行了监督，并出具工程质量监督报告。民航华北地区管理局参加验收。弱电信息工程与机电设备工程竣工验收一并进行。

（4）航站楼工程行业验收（初验）

2019年8月5—8日，受民航局委托，民航华北地区管理局组织实施了大兴机场航站楼工程行业验收（初验）。行业验收委员会在听取了建设、设计、施工、监理、第三方检测、质量监督等单位有关工程建设、竣工验收、质量监督的汇报后，审查了竣工资料和竣工验收报告，对民航专业机电工程建设、概算执行及档案收集整理情况进行了现场检查并形成了各专业组验收意见。

（5）货运区工程

大兴机场货运区工程货运处理系统、智能统一安检系统、货运信息系统竣工验收，在民航专业工程质量监督总站监督、指导下，经各专业验收小组现场检查和资料检查，于2019年8月22日通过工程竣工验收。

（6）行业验收

在民航局的领导下，大兴机场工程建设工作有序推进，飞行区工程和航站楼民航专业工程先后于7月11日和8月8日分两批顺利通过行业验收初验。

2019年8月28—30日，民航局组织华北局、各地监管局、行业专家等赴大兴机场进行行业验收总验和机场使用许可审查终审。其中行业验收总验分为10个专业组开展民航专业验收工作。2019年8月30日，大兴机场顺利通过行业验收总验。2019年9月16日，华北局组织对总验终审问题进行了复查。

## 2. 校飞试飞

2019年1月22日，飞行校验中心开始校验飞行。2月24日，历时34天的校验飞行结束，结果显示所有设施运转正常，为航空公司真机验证试飞创造了先决条件。2019年5月13日，南航A380、东航A350-900、国航B747-8、厦航B787-9四架飞机先后降落在大兴机场4条跑道上，首次真机验证试飞取得圆满成功。2019年5月13日到9月17日，共8家航空公司、10种机型、13架飞机参加了三个阶段的试飞，对导航设备性能、A-SMGCS四级功能等进行了充分验证。东航、南航和首都航的多个机型取得了CAT Ⅲ B类运行资质，使得大兴机场开航即具备世界最高等级的低能见度运行能力。

## 3. 完成管制空域调整

依据国家空管委《关于北京终端管制区空域规划方案的批复》，2019年4月24日，民航局下发《关于新辟并调整北京终端管制区及外围航路航线的通知》。6月18日，民航局批复北京终端管制区外围机场进离场航线及华北地区班机航线走向调整方案。此次空域调整以北京区域为中心，向东南西北四个方向辐射，涉及华北、华东、中南、东北、西北五个地区空管管辖范围。这是中国民航史上涉及范围最大、协调单位最多、实施难度最大的一次管制空域调整。

### 4. 办理运营前置手续

经党中央、国务院批准，民航局2018年9月确定机场命名有关事宜，北京新机场定名为"北京大兴国际机场"，英文名称为"BEIJING DAXING INTERNATIONAL AIRPORT"。2018年10月12日、2019年3月5日，民航局空管局、国际航协（IATA）分别确认大兴机场四字码ZBAD、三字码PKX。国务院于2019年1月批复同意大兴机场对外开放，3月又同意了大兴机场跨地域运营管理方案，机场红线范围内地方行政事权交由北京市一方管理。

### 5. 完善机场运行规则

2019年1月，大兴机场完成《北京大兴国际机场使用手册》编制，并开展"投运差异化及特征""综合演练风险""人身伤害风险""开航及转场"以及"投运开航重大（颠覆性）风险"共5类专项风险评估，为机场安全平稳投运提供保障。

### 6. 高效完成手续办理

2019年7月23日，民航局局长主持召开民航北京新机场建设及运营筹备领导小组会议，要求全力冲刺、决战决胜，以9月15日前具备投运条件为目标节点，加快手续办理、综合演练，万无一失做好投运筹备。

民航局统筹协调北京市、廊坊市创新建立联合工作平台，采取现场办公、节假日不休的特殊工作方式，确保了短时间内高效完成开航必备的35个项目的正式手续办理，顺利实现了9·15前具备投运条件的目标。

## 10.5.3  投运演练

### 1. 演练目标和关键时间点

（1）演练目标

结合大兴机场定位，围绕开航投运全流程测试，以大兴机场综合演练为核心，以发现问题并解决为导向，通过多次单项、专项演练和7次大型综合演练，全方位评估检验大兴机场各类设备设施完备性、功能系统的稳定性、各航空运输流程顺畅性、各单位程序预案适用性、工作人员熟知度及协同联动的有效性，确保实现开航安全顺畅运行。

（2）关键时间节点

围绕演练目标，其投运演练关键时间点如图10-12所示。

图10-12　投运演练关键时间点图

## 2. 演练组织及机构

为保证演练的顺利进行，不同的组织需要履行各自的职责并相互配合。演练组织机构的划分及组成和职责如图10-13和表10-5所示。

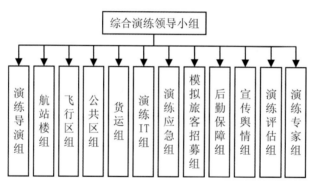

图10-13　演练组织机构

演练组织机构及职责　　　　　　　　　　表10-5

| 演练机构 | 组成 | 职责 |
|---|---|---|
| 演练领导组 | 联合民航局、民航华北局及投运总指挥部各相关单位组成演练指挥领导小组，明确责任分工，细化演练方案，开始演练各项组织和筹备工作 | ①对演练方案给予总体要求和指导；<br>②演练涉及的重大事项的决策；<br>③演练中发现重大问题的整改措施及改进措施确认 |
| 演练导演组 | 大兴机场运行指挥中心牵头，空管、各国内航空公司、AOC协会，油料公司、新BGS、新配餐公司、机务公司等地面代理等运控部门，大兴机场消防救援中心、首都机场公安局、安保公司、机场医院、武警等指挥中心构成 | ①负责演练总体组织协调；<br>②负责演练方案的细化制定和组织实施；<br>③负责制定演练筹备工作计划并协调落实；<br>④负责演练实施方案、流程设计、航班及模拟旅客分配；<br>⑤负责演练过程指挥、控制和资源调度；<br>⑥负责突发事件的应急处置；<br>⑦负责组织综合演练总结、讲评；<br>⑧负责完成领导小组交办的其他任务 |

续表

| 演练机构 | 组成 | 职责 |
|---|---|---|
| 演练专家组 | 大兴机场安质部牵头，民航局（华北地区管理局）、集团公司、首都机场股份公司、各专业公司、各航空公司等行业内不同业务范围组成 | ① 负责提供各类专业指导与现场支持；<br>② 负责提供行业内各类标准的制定、解释；<br>③ 协助其他组完成演练计划制定、方案评估、演练实施和总结讲评工作；<br>④ 负责完成领导小组交办的其他任务 |
| 航站楼专项组 | 大兴机场航站楼管理部牵头，大兴机场商业管理部、航空公司地服、联检单位、博维公司、动力能源、物业公司、餐饮公司、商贸公司、贵宾公司等集团相关专业公司构成 | ① 负责航站楼区域内演练的组织保障；<br>② 负责相关流程单项方案的收集整合；<br>③ 负责相关流程专项方案的编制调整；<br>④ 负责模拟旅客的组织保障；<br>⑤ 负责组织清场及楼前防爆、红线控制等空防安全保障；<br>⑥ 负责组织行李等系统的运行保障；<br>⑦ 负责组织商业、餐饮、保洁服务；<br>⑧ 负责组织水、暖、电、气能源供应保障；<br>⑨ 负责模拟旅客行李发放和回收；<br>⑩ 负责突发事件的应急处置；<br>⑪ 负责组织单项和专项演练总结、讲评；<br>⑫ 负责完成领导小组交办的其他任务 |
| 飞行区专项组 | 大兴机场飞行区管理部牵头，东航地服、东航配餐、东航机务、南航地服、南航配餐、南航机务、新BGS、新配餐公司等地面代理，油料公司，安保公司、博维公司、动力能源、物业等集团相关专业公司构成 | ① 负责飞行区区域演练的组织保障；<br>② 负责相关流程单项方案的收集整合；<br>③ 负责相关流程专项方案的编制调整；<br>④ 负责提供模拟涉及的相关特种设备、设施；<br>⑤ 负责飞行区区域空防安全保障；<br>⑥ 负责突发事件的应急处置；<br>⑦ 负责组织单项和专项演练总结、讲评；<br>⑧ 负责完成领导小组交办的其他任务 |
| 公共区专项组 | 大兴机场公共区管理部牵头，首都机场公安局、京雄城际、地铁大兴机场线、大兴机场高速、机场巴士等单位构成 | ① 负责公共区域演练的组织保障；<br>② 负责相关流程单项方案的收集整合；<br>③ 负责相关流程专项方案的编制调整；<br>④ 负责组织各种交通方式演练保障；<br>⑤ 负责为接送模拟旅客提供车辆包租等保障；<br>⑥ 负责突发事件的应急处置；<br>⑦ 负责组织单项和专项演练总结、讲评；<br>⑧ 负责完成领导小组交办的其他任务 |
| 演练IT组 | 大兴机场信息管理中心牵头，空管、各国内航空公司，地面代理，油料公司、安保公司等相关单位负责IT信息部门构成 | ① 负责提供网络环境，离港系统、航显、安检信息系统等运行保障；<br>② 负责提供各单位系统间航班信息处理；<br>③ 负责提供其他相关信息技术支持；<br>④ 负责完成领导小组交办的其他任务 |
| 综合保障组 | 行政部牵头，党群工作部、人力资源部、空管、各国内航空公司、集团各专业公司、联检单位、油料等单位相关部门组成 | ① 负责模拟旅客的招募、前期组织和安全告知；<br>② 负责演练的公示、宣传营销；<br>③ 负责演练期间餐饮提供、纪念品准备和发放等后勤保障；<br>④ 负责完成领导小组交办的其他任务 |

续表

| 演练机构 | 组成 | 职责 |
|---|---|---|
| 演练评估组 | 安质部牵头，空管、航空公司、地面代理、集团各专业公司质量安全部门、运行服务标准部门不同业务范围行业专家，邀请局方、IATA、机场协会、AOC协会、北上广等枢纽机场行业专家、神秘旅客共同组成 | ①负责模拟旅客问卷设计、调查及分析；②负责演练安全、运行、服务等关键服务保障过程评估；③负责演练问题收集及报告；④负责演练问题整改和跟进；⑤负责完成领导小组交办的其他任务 |

### 3. 实战演练

2019年8月2日至9月17日，通过高度仿真贴合实际、逐次提升压力测试、正常与应急相结合，民航局组织地方支持单位、航空公司、首都机场集团、驻场保障单位、联检单位在60天内密集开展了7次大规模综合演练，包括6次综合演练、1次应急演练和1次投运仪式重大保障演练，来发现可能出现的问题并及时解决，确保大兴机场能够顺利投入运营。演练从模拟旅客规模、飞行区站坪及跑滑、航站楼指廊开放、综合交通及城市航站楼、昼夜运行保障、国内国际流程等方面由简入繁、由浅入深、循序渐进地逐次开展，包含主流程48个、子流程255个。模拟航班513架次、旅客2.8万余人、行李2万余件，演练科目722项，发现并解决各类问题1 133项。采集值机、安检、登机口、地面保障等核心数据1 806个。第一时间组织复盘与总结，形成《大兴机场综合演练评估报告》，为安全平稳投运做好充分准备。

（1）演练计划

各次演练计划如表10-6所示，各次综合演练重点关注事项如表10-7所示。

各次综合演练计划 表10-6

| 批次 | 演练时间（周五） | 演练规模 | | | 演练科目数量 | 演练范围 |
|---|---|---|---|---|---|---|
| | | 航班(架次) | 旅客(人次) | 进出行李(件) | | |
| 第一次 | 7.26(白天) | 22 | 2 200 | 960 | 103 | 国内东北、西北指廊 |
| 第二次 | 8.9(夜间) | 44 | 4 600 | 2 000 | 118 | 国内东南、西南指廊；国际指廊 |
| 第三次 | 8.16(白天) | 82 | 6 200 | 4 560 | 135 | 全区域含中转流程 |
| 第四次 | 8.23(白天) | 104 | 9 322 | 5 240 | 130 | 全区域含地铁 |
| 第五次 | 8.30(白天) | 138 | 17 020 | 13 460 | 130 | 运行压力测试 |
| 第六次 | 9.6(白天) | 110 | 12 642 | 9 050 | 130 | 检验前五次演练问题整改效果及人员熟知程度 |
| 汇总 | | 500 | 51 984 | 35 270 | 751 | |

各次综合演练重点关注事项表    表10-7

| 演练 | （八大流程）正常运行重点关注 | | | | | | | | 运行异常重点关注 |
| --- | --- | --- | --- | --- | --- | --- | --- | --- | --- |
| | 航空器 | 人员 | 行李 | 交通 | 货物 | 物料 | 数据 | 信息 | |
| 第一次 | 进出港 | 国内进出港 | 国内进出港 | 出租车巴士 | 国内 | 工具进出控制区 | ACDM | 运行信息传递 | 行李含违禁品（各次均有） |
| 第二次 | 港湾运行 | 国际进出港 | 国际进出港 | 轨道交通 | 国际 | 商品进出 | 地面保障进程数据 | 运行信息传递 | 离港故障行李故障 |
| 第三次 | 航空器故障 | D-D中转D-I中转 | D-D中转D-I中转 | 轨道交通巴士 | 中转 | 大宗物料进出 | 行李保障进程数据 | 突发事件信息传递 | 航显故障航空器地面故障 |
| 第四次 | 故障救援 | I-I中转I-D中转 | I-I中转I-D中转 | 轨道交通巴士 | 中转 | 垃圾转运 | 旅客保障进程数据 | 突发事件信息传递 | 轨道交通故障应急救援集结与驰援 |
| 第五次 | 全流程压力测试 | | | | | | | | 安检信息系统故障无纸化通行异常 |
| 第六次 | 压力、全流程、无脚本 | | | | | | | | 大面积航班延误统一通信平台故障 |

（2）演练问题处理

每次演练结束后，指挥部会对演练中发现的问题进行统计，并进行分类和分级。其中分类是将所有的问题整合后分为安全、运行和服务三大类。分级是将问题按照影响程度分为三级：一级问题为严重问题，将影响开航投运；二级问题为一般问题，对开航投运影响较小，但影响运行效率和质量的问题；三级问题为轻微问题，对局部可能造成干扰。

然后进一步按照问题清单进行任务分解到相应部门限期解决，并对每次演练需解决的问题进行专项研究。

其中演练问题统计分类分级情况如图10-14所示。

以第一次综合演练为例，评估组从专家、航空公司、驻场单位、各属地部门以及其他参演单位共收集到749条问题，整合涉及安全、运行、服务三个大类共计473条问题，这些问题集中于设备设施、标志标识及信息系统三大类，占比约82.6%。其中又包括一级问题0条，二级问题134条，三级问题339条，其具体情况见图10-15、图10-16及图10-17。

在通过各专项小组演练总结会、演练讲评会、问题整改会，对遇到的问题进行汇总讲评，研讨重点问题，提出整改措施，明确整改单位责任及完成时限跟踪整改结果，演练遇到的问题都得到有效解决。

注释：1. "涉及流程"下拉选项中包括：航空器流、货物流、人员流、行李流、物流流、交通流、信息流（主要指生产运行信息传递方面、信息系统类问题属于数据流）、数据流；
2. "具体及类别"下拉选项中包括：设备设施、人员操作、人员调度、标志标识、程序方案、应急预案、网络系统、其他；
3. "分级"下拉选择：一级问题为严重问题、移影响正式开航运作；二级问题为一般问题，对开航影响较小；三级问题为轻微做的问题，影响局部运行；
4. "类别"下拉选择：分为安全、运行、服务；
5. 问题描述要精准、具体，并尽量配问题照片（问题照片主要设置随单元格改变位置和大小），如问题描述还不清，将视为无效问题。
6.标黄色为提出问题单位对接部门填写、标绿为问题单位对接部门填写。

第一、二次综合演练问题反馈表（运行）

| 序号 | 类别 | 分级 | 涉及流 | 具体分类 | 提出单位 | 提出日期 | 问题照片 | 问题描述 | 整改建议 | 管理中心对接部门 | 问题主责部门/单位 | 整改措施及整改计划 | 完成时间 | 当前进展 | 是否完成 |
|---|---|---|---|---|---|---|---|---|---|---|---|---|---|---|---|
| 1 | 运行 | 三级 | 航空器流 | 标志标识 | 南航 | 2019年8月2日 | | 197机位出线没有推传点编码 | 对未画设推出等待点编码的机位画加等待传点编码 | 飞行区管理部 | 飞行区管理部 | 对未画出现有推传点编码的机位播加等待传点编码 | 8月30日 | 正在整改 | 否 |
| 2 | 运行 | 三级 | 航空器流 | 标志标识 | 南航 | 2019年8月2日 |  | 441机位有两条 A330-300 停机线。 | 核实后修改 | 飞行区管理部 | 飞行区管理部 | 图纸上核实后现现场修改机位型编码 | 8月15日 | 正在整改 | 否 |
| 3 | 运行 | 二级 | 航空器流 | 设备设施 | 南航 | 2019年8月2日 |  | 441机位指示牌距离停机线太近，在此处看指挥飞机，可能导致飞行员现角不够。 | | 飞行区管理部 | 飞行区管理部 | 现场测试，研究机位应在的位置可行性 | 8月30日 | 正在整改 | 否 |
| 4 | 运行 | 三级 | 交通流 | 标志标识 | 南航 | 2019年8月2日 |  | 机位应牌设置在行车道内的两之部分机位，但由于标牌仅在在面向飞机一侧有机位编号显示，导致保障人员在在车道另一侧无法识别具体机位 | | 飞行区管理部 | 飞行区管理部 | 话机位应在上增加机位应信息，统计数据标识牌数量 | 8月30日 | 正在整改 | 否 |
| 5 | 运行 | 三级 | 航空器流 | 标志标识 | 南航 | 2019年8月2日 |  | 摩桥限高标志只在一侧摩桥张贴，无法保证行车通两个方向的船能识别摩高 | | 飞行区管理部 | 飞行区管理部 | 1、8月4日已完成对所有摩桥高度外车车量限制的张贴；2、限高标志再将摩蚀牌厂制新张贴，标识牌数量 | 8月30日 | 正在整改 | 否 |
| 6 | 运行 | 三级 | 货物流 | 设备设施 | 东方航空 | 2019年8月2日 | | 进港摩桥无以开无标识 | | 飞行区管理部 | 飞行区管理部 | 1、8月4日已完成对监控摄像头高度的测量；2、针对不同高度区域进行张贴提示；3、联合相关部门调整监控位置可行性 | 8月30日 | 正在整改 | 否 |
| 7 | 运行 | 二级 | 交通流 | 设备设施 | 东方航空 | 2019年8月2日 | | 摩桥下加装了监控摄像头，不知道摩低度是多少，希望机场相机提供数据 | | 飞行区管理部 | 飞行区管理部 | 联合相关部门调整监控位置 | 8月30日 | 正在整改 | 否 |
| 8 | 运行 | 三级 | 交通流 | 标志标识 | 东方航空 | 2019年8月2日 | | 去近远机位的行驶线不清晰 | | 飞行区管理部 | 飞行区管理部 | 重新施划 | 8月30日 | 正在整改 | 否 |
| 9 | 运行 | 三级 | 交通流 | 标志标识 | 东方航空 | 2019年8月2日 | | 远机位号码牌只有背面可见，背面没有行的指示在正面前进以找到 | | 飞行区管理部 | 飞行区管理部 | 统计数据、申报项目、完成机位应标识牌数量 | 8月30日 | 正在整改 | 否 |
| 10 | 运行 | 三级 | 航空器流 | 设备设施 | 运行评估组 | 2019年8月2日 | | 132等机位对应的系统效应率无以使用 | | 飞行区工程 | 飞行区管理部 | 对出位系统进行调试修复 | 8月15日 | 正在整改 | 否 |
|  |  |  |  |  |  |  |  | 地井问题：1. 197机位地井打开阻力大，操作困难；...... | 调整197机位地井提升机械模块；...... | | | 1、8月2日 | | 否 |

演练问题统计表（示例）
运行　　服务　　安全　　＋

第1页

图10-14 演练问题统计表（示例）

## 10.5.4 开航投运

### 1. 试运行

（1）试运行目标

试运行时间为决战阶段2019年9月10日至25日。试运行期间，各类运行设备设施持续磨合、各项工作程序不断改进，各单位运行业务深度融合，强化安全管控、运行效率、服务品质及协同联动，确保"9.25"开航运行万无一失。

（2）试运行关键节点

围绕试运行目标，试运行关键事件时间节点如图10-18所示。

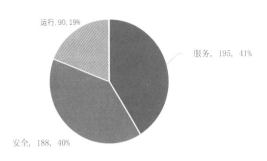

图10-15 第一次综合演练问题类别划分图

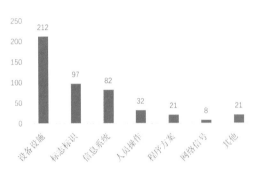

图10-16 第一次综合演练问题按涉及类别分类图

### 2. 转场

（1）转场目标及转场关键节点

1）转场目标

2019年9月25日是大兴机场开航运行日，大兴机场需要在开航前组织中联航及其他航空公司相关航空器和保障人员、设备、物资陆续转场运营，各单位要协同配合，确保转场过程的顺畅、平稳和经济。

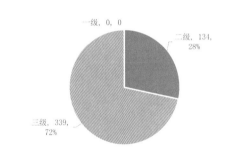

图10-17 第一次综合演练问题分级图

图10-18 试运行关键事件时间节点

2）转场关键节点

围绕转场目标，转场关键事件时间节点如图10-19所示。

（2）转场指挥机制

转场指挥机制包括综合会商、AOC联席值班、转场安防控制、中联航物资设备转场、运行保障人员转场、生产系统转场、航空器转场等内容，均需在其规定时间内做好各自相应的职责。

图10-19 转场关键事件时间节点

### 3. 开航运行

（1）开航目标

2019年9月25日是大兴机场开航运行日，是落实国家赋予"一个新的动力源"的使命，践行"服务于京津冀协同发展、服务于'一带一路'建设、服务于雄安新区"等国家战略，向中华人民共和国成立七十周年献礼的关键里程碑。各单位全力保障开航投运，力保大兴机场开航万无一失。

（2）开航关键节点

围绕开航目标，开航关键事件时间节点如图10-20所示。

图10-20 开航关键事件时间节点

### 4. 投运仪式完美呈现

初秋的北京，秋高气爽，艳阳高照，阳光洒在古铜色的航站楼顶，闪耀出熠熠光彩，大兴机场犹如一只金凤凰展翅欲飞。2019年9月25日上午，在新中国成立70周年之际，北京大兴国际机场投运仪式在北京举行。民航局负责同志向首都机场集团公司颁发北京大兴机场使用许可证。中共中央总书记、国家主席、中央军委主席习近平出席仪式，宣布："北京大兴国际机场正式投运！"。中共中央政治局常委、国务院副总理韩正出席仪式并致辞。韩正在致辞中表示，大兴机场是习近平总书记特别关怀、亲自推动的首都重大标志性工程。这一重大工程建成投运，对提升我国民航国际竞争力、更好地服务全国对外开放、推动京津冀协同发展具有重要意义。要着力构建运行顺畅、组织高效的集疏运体系，提升运行效率和管理水平，充分发挥辐射带动作用，将大兴机场打造成国际航空枢纽建设运营新标杆、世界一流便捷高效新国门、京津冀协同发展新引擎。大兴机场能够在不到5年的时间里就完成预定的建设任务，顺利投入运营，充分展现了中国工程建筑的雄厚实力，充分体现了中国精神和中国力量，充分体现了中国共产党领导和我国社会主义制度能够集中力量办大事的政治优势。

中央政治局委员、中央书记处书记丁薛祥，中央政治局委员、国务院副总理刘鹤参加了仪式。中央政治局委员、北京市市委书记蔡奇，民航局局长冯正霖，河北省省委书记王东峰出席仪式并致辞，全国政协副主席、国家发展改革委主任何立峰主持仪式。中央电视台现场直播，全景式、全过程地向全球呈现了这个高光时刻，吸引了全世界的目光，受到各方高度评价，是全体中国民航人的骄傲。"中国人民一定能、中国一定行"的豪迈宣示，激励着全体中国人为中华民族伟大复兴拼搏奋斗。

# 第 11 章

# 面向建设运营一体化的队伍建设和综合保障

要想打胜仗，武器很重要，既要有利刃，也要有强盾，能做到进可攻、退可守。大兴机场的建设正如一场"战斗"，其顺利建成离不开指挥部这一投身建设的"急先锋"队伍，以及保障后勤的"大后方"。追根溯源，其又离不开指挥部优良的队伍建设、人才招纳、行政管理以及内外宣传。从领导班子到基层队伍，从制度体系建设到精神文化建设，从人才招纳到人才培养，指挥部逐步加强自身队伍建设，同时辅以全面"后勤"服务，让成员没有后顾之忧，专心投入工作，奠定了大兴机场工程建设和运筹的成功。

本章从队伍建设、人才培养、行政管理以及宣传管理四个方面展开介绍，主要内容和思路如图11-1所示。

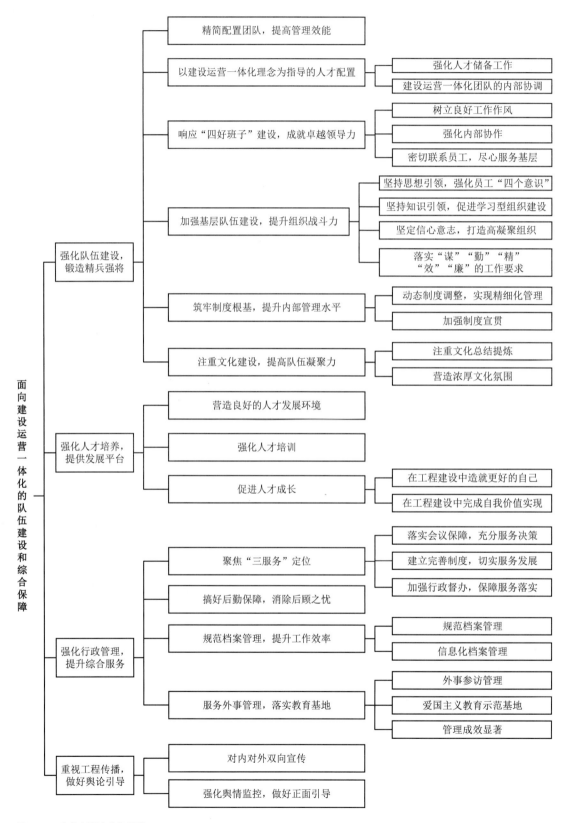

图11-1 本章主要内容和思路

# 11.1  强化队伍建设，锻造精兵强将

工程是由人建造的，更准确地说，工程是由一群人建造的，故而建造队伍对于工程建设的影响可想而知，要想保障工程目标的实现，最根本的就是要强化队伍建设。

## 11.1.1  精简配置团队，提高管理效能

《隋书·杨尚希传》中记载的"十羊九牧"说道："当今郡县，倍多于古。或地无百里，数县并置，或户不满千，二郡分领；县寮以众，资费日多；吏卒又倍，租调岁减；精干良才，百分无二……所谓民少官多，十羊九牧。"资料显示，一个官吏，汉代管理7 945人，唐代管理3 927人，元代管理2 613人，清代管理911人，而如今，一个干部所管理的人数已经大大缩减，这些数字的可靠性也许值得研究，但官冗之患确实日渐其甚了。

《三个和尚》的故事说道：一个和尚挑水喝、两个和尚抬水喝，三个和尚没水喝。

苛希纳定律也说道：如果实际管理人员比最佳人数多两倍，工作时间就要多两倍，工作成本就要多四倍；如果实际管理人员比最佳人员多3倍，工作时间就要多3倍，工作成本就要多6倍。

以上均阐述了这个道理：人多必闲，闲必生事；民少官多，最易腐败。由于实际的人员数目比需要的人员数目多，诸多弊端由此产生，形成恶性循环。要想避免"十羊九牧"的现象，必须精兵简政，寻找最佳的人员规模与组织。这样的话才能构建高效精干、成本合理的经济管理团队。

目前，很多工程建设过程中仍然存在这个问题，管理队伍人数较多，分工过细，同时管理人员的管理意识相对薄弱，导致管理团队整体效能低下，团队凝聚力薄弱。

汲取了以往工程管理经验，指挥部在人员配置上充分体现了"精"、"强"、不求数量、追求质量的原则。

2010年12月1日，民航局党组下发了《关于成立北京新机场建设指挥部的批复》，标志着指挥部正式成立。批复中提到：北京新机场建设工程是国家"十二五"规划的重大基础设施建设项目，该工程规模大、投资多、工期长，为确保工程规划、设计和建设的顺利开展，同意成立北京新机场建设指挥部。指挥部领导班子成员由民航局党组在批复中明确，指挥部设总指挥1名、执行指挥长1名、常务副指挥长1名、副指挥长1名、总工程师3名、财务总监1名。在整个建设期间，指挥部人员始终保持在100多人的规模。

为了发挥出精简团队的最大优势，在人员的选拔上，指挥部成立以来始终秉承"内引外

调、择优选用、锻造提高"的原则，从集团公司、股份公司、建设集团和动力能源公司等单位精心选拔和抽调管理和专业技术人员，形成了一支年轻化、能干事、总体素质良好的建设管理团队。2011年，指挥部成员平均年龄仅38岁，本科以上学历成员占比98%。

为了进一步提高团队工作能力，更好地助力大兴机场工程建设和运营筹备，指挥部一直以来都很注重团队建设，通过打造具备卓越领导力、高强凝聚力、创新型的团队来保障大兴机场工程项目的顺利推进。

## 11.1.2　以建设运营一体化理念为指导的人才配置

2010年3月，国家发展改革委批复同意首都机场集团公司作为大兴机场项目法人单位。同月，民航局调整首都机场集团公司领导班子，要求新班子将大兴机场建设纳入重要议事日程，明确提出按照建设运营一体化理念，从首都机场集团公司建设、运营及专业公司三个板块中广泛考察、精挑细选一批具有丰富机场建设和运营经验的骨干人员，谋划启动立项论证等前期工作。

2010年4月，民航局决定开始北京新机场筹备团队的组建工作。在经过对首都机场T3航站楼的经验复盘后，首都机场集团公司最终确定了在大兴机场建设工程中要用建设运营一体化的方式推进建设和运营和谐发展，而实现建设运营一体化的根本着力点在于人才，故而指挥部在人员配置上就充分贯彻了建设运营一体化的理念。

2010年12月，民航局批复成立北京新机场建设指挥部，任命新机场建设项目管理、总体规划、航站楼建筑、航站楼流程、飞行区设计等方面的专业领军人才作为指挥部领导班子成员，全面加强大兴机场建设工作的组织领导。

2011年3月8日，民航局成立北京新机场民航工作领导小组，标志着大兴机场建设进入实质推进阶段。

一直以来，首都机场集团公司把建设大兴机场作为锻炼培养干部的重要战场，同时"举全集团之力，聚全集团之才"是大兴机场人才建设的基本方针。首都机场集团为指挥部提供的人才支持是团队得以起步的基石。

### 1. 强化人才储备工作

指挥部在工程建设期间的人才招储不是一成不变的，它依据建设阶段变动，最终形成了"在建设的初期，建设人才为主体，运营人才为补充；在建设进入后期、接续运营筹备阶段，运营人才逐渐担任主角，建设人才逐步调整到其他岗位"的模式。

2013年起，指挥部逐步启动了人才储备工作，强化队伍建设。根据不同阶段工程建设推进的需要，及时完成好下一阶段的人才补充工作。

2013年，指挥部为适应工程进展需要，修订了《薪酬管理办法》及《员工晋升管理办法》，出台了《新员工职级对位办法》，优化了《绩效考核办法》，接收了28名新员工到岗工作。此外，根据民航局的整体部署，指挥部有11名员工通过增选续聘的方式进入了民航专家库，成功助推专业技术人才计划实施。

2014年，完成第三批人才储备，共32名人才被接收、招聘，进一步充实了指挥部人才队伍，同时还对部门设置及人员编制进行了优化。

2013年到2014年间，指挥部办公还是在首都机场附近，主要压力在于大兴机场工程能否得到政府的正式批复，此时指挥部规模保持在几十人的规模，在人才规划方面也仅是做了一些初步思考。

从2015年开始，建设进入了现场施工阶段，指挥部整体搬到大兴区，人才工作进入持续发力阶段，集团公司在北京的其他成员单位，包括股份公司和其他专业公司——安保公司、动力能源公司、商贸公司、地服公司、博维公司（航空设施管理）、物业公司等，都对大兴机场提供了人才方面的支持。早期几十人的队伍持续了几年，直到2015年工程全面铺开后才扩大到150人左右的配置，并一直持续到2017年。

2016年，指挥部成立了大兴机场运营筹备办公室，全集团范围内抽调骨干，让运营筹备办公室能够收集到后期实际运营所需要的各方面意见。运营筹备队伍一直保持精干。

2017年，指挥部启动运营人才储备工作，落实了2017年应届毕业生招聘计划。同时，指挥部选调40名骨干作为班底，成立了北京新机场运营筹备部，专职开展运筹相关工作。

2018年，北京新机场管理中心成立并完成了领导班子搭建。截至2018年，累计完成运营人才储备373人。筹备工作开展过程中，指挥部划分了多个业务小组，并根据"建设运营一体化"的模式，安排中层管理人员在工程建设和运营筹备方面双跨任职，为将来建设、运营的良好过渡做好铺垫。

截至2019年中，通过集团内外部借调及招聘、校园和社会公开招聘，多批次、多渠道累计补充员工729人。2019年末统计，为保障开航人员储备，多渠道、多方式累计补充管理岗位、操作岗位共407人。

指挥部在建设期间，坚持"以用人为本、人岗匹配"原则，不断强化人员招募针对性。扎实推进"三定"工作。通过定量、定性手段，全面科学了解、评价各岗位及编制情况，提出岗位设置合理性与饱和度评价意见、编制调整意见、定员工作指导意见，制定岗位与编制管理长效机制及配套措施。

## 2. 建设运营一体化团队的内部协调

在大兴机场工程建设过程中，建设人才和运营人才在同一个指挥部中，各自代表自身角度发出声音，难免会有分歧。在建设当中更多考虑运营方面的要求，在有些细节上会加大建设的难度，工期也会加长，但如果没有充分考虑运营方面的要求，最终一定会造成很多运营上的问题。

针对上述的矛盾，指挥部设立了多类沟通协调机制，通过开展各种协调会议让建设方和运营筹备方进行协调，其中存在不同意见的情况很多，但是双方争吵过后，可以迅速达成一致，尽快推进工程建设进度。指挥部成员一致认为，解决分歧的唯一途径就是多沟通，尽量通过商讨和妥协的方法，使每个人都能够站在对方的角度、站在国家利益的角度、站在旅客利益的角度，而不是仅站在自身角度思考问题，这样才能避免分歧上升为冲突。例如，建设团队必须考虑将来运营的需要，响应国家对节能环保的号召，势必需要对绿色节能增加一部分投入，施工工艺也会更加复杂一些。这样，作为一个整体的指挥部，必须要克服困难，进行深入探讨，最终达成一致。又例如，建设航站楼，理想的方式不仅包括按照图纸施工，还要考虑未来为不同的航空公司收费的问题，收费和便利性要成正比，这已经完全是提升运营水平的问题，而不是单纯建设的问题了。如果要在建设中考虑这个问题，这就要考虑给不同的航空公司分区，同时能源管道和计费系统等也要分开。

指挥部每天都会面临大量的决策，为了加快决策效率，指挥部内最常见的沟通方式是"串门"沟通，即你到我的办公室，或者我到你的办公室，相互之间沟通想法，迅速达成一致。针对一些复杂问题，指挥部则通过举行专题会进行讨论和研究，在各种声音都抒发之后，形成最终决策意见。

## 11.1.3　响应"四好班子"建设，成就卓越领导力

领导是团队的核心，是团队的灵魂，一个优秀的领导班子能带领团队迅速达成目标。因此在团队建设中，首先要做好领导班子的建设。领导班子建设好了，团队建设也就成功了一半。

自指挥部领导班子创建以来，指挥部就积极响应首都机场集团公司要求，开展"四好班子"创建活动，努力将指挥部的领导班子打造成为一个"政治素质好、工作业绩好、团结协作好、作风形象好"的优秀团队，为保证指挥部有品质、高效率地完成上级各项工作任务提供坚强的引领力。大兴机场建设期间，指挥部连续7次获得首都机场集团公司"四好"领导班子，连续2次获得"四好"标杆领导班子称号。

### 1. 树立良好工作作风

正所谓"作风正则人心齐，人心齐则事业兴"。大兴机场建设能够取得如此优异的成绩，很大程度得益于指挥部领导班子持之以恒的思想作风建设和一直以来所保持的优良工作作风。

党的十八大后，中央政治局出台改进工作作风、密切联系群众的"八项规定"。指挥部依

照该规定要求，从4个方面进行了领导班子工作作风建设。

一是增强成员工作的主动性，要求指挥部各成员要把大兴机场的事情当作是自己的事，在过程中不管遇到什么困难，都是推不走、甩不掉的。因此，要想顺利把大兴机场建成，就不能墨守成规，等着困难自己找上门来，要能够提前思考，主动而为，积极行动，将各项任务落实到位。

二是提高成员工作的执行力，要求指挥部成员对待确定的目标、决议的事项、明确的重点，要雷厉风行，一抓到底，务求实效。

三是增强成员攻坚克难的能力，大兴机场建设面临重重困难，需要指挥部成员在遇到困难时能够充分利用问题管理的方法，深入调查问题、分析问题和解决问题。

四是强化组织的预算管理并严格执行，控制成本支出。要求指挥部的计划财务部门要管好钱、用好钱，提倡勤俭节约，反对铺张浪费。

### 2. 强化内部协作

领导班子成员之间一直坚持集体领导和个人分工负责相结合，以事业为重，强化补位意识，在抓好业务工作的同时注重抓好分管领域的党风廉政建设，认真履行"一岗双责"，最终，在班子内部形成了沟通顺畅、合作默契的良好局面。

### 3. 密切联系员工，尽心服务基层

各部门领导是员工思想政治工作的第一责任人，指挥部要求各部门领导主动关心员工在工作、生活中遇到的实际问题，部门能解决的立即解决，部门解决有困难的，主动向指挥部反映问题，让员工切实感受到在指挥部工作有发展、有快乐、有品质，能够以更加饱满的工作热情投入大兴机场建设工作中。在建设期间，指挥部领导班子为全体员工营造了一个良好的工作环境，让员工用心工作，专心工程建设。

## 11.1.4　加强基层队伍建设，提高组织战斗力

### 1. 坚持思想引领，强化员工"四个意识"

指挥部要求广大员工强化"四个意识"，即政治意识、大局意识、核心意识和看齐意识。

指挥部通过强化员工的政治意识和大局意识，帮助员工树立坚定的理想信念。在工作中，要求员工进行自我检查和反省，检查自己是否坚定了正确的政治方向，是否与党中央保持政治上的一致，如果保持一致，是否始终保持，是否达到了党要求的高度还是有所降低。指挥部一直认为只有坚定了员工的政治意识，大家在心中才会把党和国家放在首位，才会有大局意识，才会有将大兴机场建设好的毫不动摇的决心。只有员工具备了政治意识和大局意

识，才会摒弃个人主义、分散主义、自由主义等歪风邪气，才能避免把个人利益凌驾于集体利益和国家利益之上，这是做好各项工作和事业的思想前提。

指挥部通过强化员工的核心意识和看齐意识，帮助员工规范行为模式。指挥部要求员工在实际建设过程中，要避免盲目行动，否则这样会背离将工作做好的初衷，偏离事业的方向。要求员工围绕行为的核心，毫不动摇地维护、发展和巩固党在大兴机场建设事业中的核心领导地位，更加自觉地在思想上、政治上、行动上同以习近平同志为核心的党中央保持高度一致。在工作中还要求员工具有看齐意识，时不时地检查自己是否偏离了核心、是否降低了高度，鼓励员工自觉主动地以高标准严格要求自己，向党中央看齐、向党的领袖看齐、向党的决策看齐，跟上步伐，保持一致，确立标准，不能偏离，用科学理论武装头脑，切实提高思想理论水平。只有广大员工都具备了核心意识和看齐意识，才能在行为方面动态地团结在党中央的周围，在思想上保持应有的高度，保证大兴机场建设事业稳步向前。

根据习近平总书记要求，指挥部的广大员工还需要牢固树立严的意识，增强从严治企的责任感和紧迫感，只有从思想上严起来，才能坚定理想信念，满腔热情干事业，才能抛弃私心杂念，一心一意谋发展，才能抵制腐朽思想，淡泊名利守规矩。只有切实掌握严的方法，以严格的标准管工程，以严密的措施保质量，以严肃的纪律带队伍，营造从严治企的文化氛围，才能保证工程建设伟大目标的实现。

### 2. 坚持知识引领，促进学习型组织建设

大兴机场工程属于超大型建设项目，其管理难度之大前所未见。虽说指挥部组建时人员都是从各个组织机构调过来的精兵强将，但是面对这样的超大型工程建设管理，仍然缺乏组织和管理经验。这就要求团队成员在建设过程中不断地去学习、去创新，要从书本中学、从实践中学、从其他项目中学，通过不断的学习提高自身综合素质。

在建设期间，指挥部一直有计划、有针对性地安排团队业务培训工作，广泛开展内外部技术交流，推动知识共享，促进学习型组织建设。在指挥部内部形成了全员学习、全程学习、全面学习以及班子成员和中层管理人员带头学习的良好氛围。

为了更好地助力大兴机场工程建设，指挥部先后组织多批人员奔赴各地进行考察学习。例如，为了充分借鉴国内先进机场在绿色机场建设方面的经验，推进大兴机场工程的绿色机场建设，指挥部指派人员跟随集团公司领导一同前往广州白云机场和深圳宝安机场等地进行学习考察，重点围绕大气治理、水质保护、节能降耗、新技术应用等方面深入学习、探讨、交流，进一步清晰了大兴机场绿色机场建设的努力方向。指挥部还组织成员赴天津机场二期扩建指挥部进行学习交流。赴上海、香港等地，和上海机场集团公司及香港国际机场学习机场运营筹备、运营模式、组织架构设计等的管理经验，同时也有成员赴法国、英国、日本等

多个国家就机场各部分的建设经验进行学习。

除了外出考察学习，指挥部还会组织成员进行内部培训学习、经验分享，例如指挥部经常组织开展外语学习和课程培训，利用午休时间组织"天天向上"英语学习俱乐部，平日里组织大家观看英文原声电影，学唱英文歌曲，仅在2011年该俱乐部就开展了16次活动，不仅加深了成员们之间的交流，也为大兴机场成为全球空港标杆、使用国际语言提前发掘人才和培育人才。同时指挥部还组织了成员"招标投标新法规解读""计算机辅助设计实操""公文写作管理""国际项目管理师"等课程培训，以此来提升团队成员的综合素质。

### 3. 坚定信心意志，打造高凝聚组织

正所谓"百心不能成一事，百人一心万事成"，指挥部一直以来提倡的都是大事讲原则、小事讲风格，珍视团队团结、和谐的工作氛围。

大兴机场的建设是民航业的盛事，是京冀两地的喜事，也是国家发展的大事，绝非仅依靠某些部门、某些人就能完成。因此需要指挥部的全体成员坚定信心、团结协作、紧密配合，做到凝聚成员意志，凝固成员决心，凝结情谊与缘分，提高团队的凝聚力和协同力，达到心往一处想、劲往一处使的良好状态。只有指挥部全体上下一心、齐心协力，牢记同一个身份，坚守同一个梦想，才最终成就了这项宏伟事业。

指挥部内部采取了下列措施来加强指挥部的凝聚力：

一是加强沟通，互相理解，换位思考、互相补台，加强部门之间和部门内部的主动配合和相互协作。

二是处理好分工与合作的关系，杜绝"谁牵头是谁的事""多一事不如少一事"的思想，任务中明确的牵头部门要主动沟通，协办部门要主动承担，任务少的部门要主动分担任务多的部门的工作。大家共同努力，才能真正把事情做好。

### 4. 落实"谋""勤""精""效""廉"的工作要求

指挥部成立伊始，就要求全体成员在工作中把"谋、勤、精、效、廉"作为检验工作的标准，并用它来指导各项工作的推进和落实，真正提高组织的管理能力和效率，最终将其转变为管理成果和效能。

（1）"谋"，讲的是策划和谋略，良好的策划、谋略是取得成功的先决条件。指挥部要求全体成员从个人职业生涯发展和责任使命双重角度出发，做一个能谋善断、能文能武的复合型指挥员、战斗员。在具体工作中，要着力拓展管理视野，想问题、做事情要有预见、有远见、有高度、有深度，这样才能做出符合长远发展的、科学正确的决策。

（2）"勤"，则要求的是指挥部内要形成勤奋的工作作风，勤奋是迈向成功的基石。古语

讲，一勤天下无难事、勤能补拙。成功没有捷径，只有脚踏实地、勤奋肯干。面对大兴机场建设过程中遇到的困难和问题，需要指挥部成员发挥特别能吃苦、特别能战斗的勤勉、扎实的工作作风。同时也要求成员们要坚决抵制慵懒思想，讲求积极主动、不等不靠，提倡勤学勤用勤思考，鼓励开拓创新、奋发进取，提高发现问题、分析问题和解决问题能力，要敢于突破惯性思维，在开拓创新中寻找破解工作难题的办法。

（3）"精"，则说的是精益求精的态度，精细工作是走向成功的保证。大兴机场作为一个举世瞩目的重大工程，各项工作都必须精益求精。故而指挥部成员要树立一丝不苟、细致入微、精益求精的优良作风。在思考问题时，既要统筹全局，更要关注细节，从大处着眼，从小处入手，把大事做好，把小事做细，把细节做精；在处理问题时，要善于汲取教训和归纳总结，举一反三，牢记责任使命，容不得粗枝大叶、浅尝辄止。

（4）"效"，即要求成员要有高效的工作能力，高效是早日迈向成功的关键。指挥部作为一个新建单位，在过程中面临着建设任务重、建设时间紧、各类困难此起彼伏、层出不穷等严峻形势，因此，高效是加快建设步伐的关键所在。

要提高指挥部工作效率，就要加强各个部门之间、成员之间的协同力和凝聚力，真正构建出一部零件精良、整体高效的运转机器。大家在共同的愿景和目标引领下，讲求积极配合、互相补位、互相提醒、互相促进、共同提高，遇事不搁置、不扯皮、不推诿，积极应对、从速解决。

要实现上述目标，除了讲求协同力和凝聚力之外，还要求加强成员的个人能力建设：

一是要切实加强执行力，对于部署的工作要抓紧研究解决并及时反馈；

二是要加强问题管理能力，善于发现问题、分析问题和解决问题；

三是要加强时间管理能力，面对事情，要分清轻重缓急，统筹好自身或一个部门的日常安排，要有"时不待我、只争朝夕"的紧迫感和抢抓机遇的进取精神。

（5）"廉"，则要求成员在建设过程中，秉承廉洁的工作原则，廉洁办公是衡量成功的重要标准。近几年来，随着国家经济社会的不断发展，"楼建起来了，干部倒下去了"的案件屡见不鲜。指挥部吸取了其他工程的腐败教训，要求成员必须按照国家、行业和集团公司"廉洁自律九条[①]"的要求，抱着对自己负责、对家庭负责、对事业负责、对党和人民负责的态度，严格要求自己，时刻提醒自己防微杜渐、谨慎从事，时刻保持如履薄冰、如临深渊的警觉，做到不徇私情、不谋私利，坚持职业操守，筑牢思想防线，经得起诱惑，耐得住寂寞，每一

---

① "廉洁自律九条"：1）不该交的朋友不交；2）不该去的地方不去；3）不该进的圈子不进；4）工作中，保持正常上下级关系，不存私心；5）交往中，保持平常心态，不存侥幸；6）思想中，保持道德底线，不放纵弱点；7）坚持分散权利的原则，既是制约权力滥用，也是分散权利风险；8）坚持按制度办事的原则，既是保护自己，也是保护领导；9）坚持重大问题报告的原则，既是对企业负责，也是对领导负责。

个同志，都要提交一份经得起查、经得起问、经得起历史检验的廉洁答卷，确保"政治安全"。

## 11.1.5　筑牢制度根基，提升内部管理水平

俗话说得好，"没有规矩，不成方圆"。邓小平同志也曾指出"制度好可以使坏人无法任意横行，制度不好可以使好人无法充分做好事，甚至走向反面""制度问题带有根本性、全局性、稳定性和长期性"。

根据根系原理，一棵树的枝叶出现各种毛病甚至是死亡，缘由便在于根系不够茁壮。根系是深深地埋在土地里的，远不如枝叶来得引人注目，很难被关注到，通常，枝叶有问题，人们就会去治疗枝叶，这是治标不治本的行为。对于一个组织来说，制度便是根系，组织的表象便是枝叶，表象的问题很容易被发觉，也容易被治理，但是没有找到问题源头，就无法从根本上解决各类问题。因此，一个组织的制度如果能够真正地扎根在日常各项管理中，而不是仅作为一个摆设，才能真正助力组织各项工作，提高组织的管理水平，这要求制度的制定不仅要从组织本身实际出发"贴身定做"，同时在过程中还需动态调整，使其在任何时候都能够符合组织管理要求，助力组织管理工作。

2011年，指挥部在成立初期就立足于规范运作和风险防控，以整章建制为着眼点和切入点，明确机构设立与部门职责，建立和规范财务独立核算体系，制定内部核心制度，为指挥部平稳高效运行奠定基础。

指挥部一经成立就开始了核心制度的订立工作。到2012年初，核心制度的订立基本完成，指挥部内部正式发布了46项管理规定，确立了指挥长办公会和党委会议事规则、招标管理规定、工程计划管理规定、资金支付管理规定、质量安全管理规定等一大批重点核心制度。

### 1. 动态制度调整，实现精细化管理

建设期间，指挥部每年都会立足自身实际，持续建立健全指挥部制度体系，做到制度建设不遗漏、无死角，确保指挥部高效、安全、顺畅运转。在核心制度体系框架下，指挥部还研究制定了有关工作细则和流程，不断创新工作方式，优化各项工作流程，切实保障各类行为有章可循、有据可依。通过以下几方面具体措施，实现了指挥部精细化管理：

（1）细化责任，指挥部经过反复分析研究，逐年将任务进行梳理细化，逐一落实战略重点任务、时间安排、评价标准、责任部门和责任领导，并在过程中不断调整和补充完善，实现关键指标与重点任务紧密结合、战略任务与重点工作同步推进。

（2）规范运行，指挥部立足于规范运作和风险防控，努力提高运行效能，规范管理流程，完善核心制度。建设期间持续颁布了多项基础性管理制度，使指挥部内部管理责任更加

明确，使日常运行更加规范。

（3）财务管理，指挥部要求有关部门严控开支，规范会计核算，夯实各项会计基础工作，确保会计信息质量。同时加强税务管理，通过减免涉外企业合同所得税等优惠政策，降低建设环节税收成本。此外，指挥部还全面开展了部门预算管理和资金预算管理，严格控制各部门的行政开支，提高资金使用效率。

（4）严格程序，指挥部要求相关部门合规招标，严格按照招标和合同管理规定，组织各类招标工作并进行合同谈判及签署。

### 2. 加强制度贯宣

指挥部每年都会按计划组织制度宣贯会，真正做到人人学习制度、人人掌握制度、人人执行制度，切实提高制度的适应性和可操作性。此外，还会定期开展内部培训学习、外部交流和经验分享，为建设学习型组织、拓宽建设视野和思路起到推动作用。

## 11.1.6　注重文化建设，提高队伍凝聚力

文化是一个团队的灵魂，一个团队只有有了自己的文化，才具有真正的核心竞争力，否则，就是一盘散沙。一个团队，只有在优秀团队文化的指引下，才会具有前行的力量，每个人才能找到在团队中的地位和价值，只有如此，团队成员才能齐心协力，才能共同达成团队的目标，才能积累文化的能量，不断地创造新的辉煌，可见团队文化建设非常重要。团队文化是指团队成员在相互合作的过程中，为实现各自的人生价值，并为完成团队共同目标而形成的一种潜意识文化，包含价值观、最高目标、行为准则、管理制度、道德风尚等内容。

在大兴机场工程建设过程中，指挥部始终注重指挥部文化的建设，最终形成了较为完备且具有自身风格的文化体系，为组织高效运行和科学发展提供持续的精神动力和智力支持。

### 1. 注重文化总结提炼

指挥部刚建立时，人员来自四面八方，为营造和谐奋进的组织文化，发挥员工的聪明才智，举办了各类主题活动，加强了团队成员之间的沟通交流，强化了成员的组织认同感和归属感，最终实现大家齐心协力，为共同建设好大兴机场的伟大目标而努力奋斗。

指挥部在建设、运筹的不同阶段，根据面临的不同形势任务以及队伍实际，通过全员征集、专家咨询、领导访谈、集中研讨等方式，形成了系统的文化理念体系。

在建设阶段，总结出"引领世界机场建设，打造全球空港标杆"的愿景、"建设精品国

门，助推民航发展"的使命和"诚效知行、和谐共赢①"的核心价值观，提炼出"勇担重任，团结奉献，廉洁务实，追求卓越"的精神和"安全第一，质量第一，科技优越，诚信至善"的管理理念，以上都汇总为"天地之道、大国之门"的文化主旨，这是指挥部的思想基础和文化灵魂所在。

在运营阶段，总结出"成为全球最受欢迎的国际航空枢纽"的企业愿景和"助力国家发展，服务美好出行，展示国门形象"的企业使命，提炼出"精诚团结，精益求精，敢于攻坚，敢为人先"的企业精神和"安全为基，服务为本，协同高效"的管理理念。

建设期间，指挥部致力于团队文化建设。指挥部通过开展一系列活动及主题教育，形成了以勇担重任、团结奉献、廉洁务实、追求卓越为核心的指挥部精神以及和谐、团结、奋进的指挥部文化。

（1）勇担重任：大兴机场建设举世瞩目，对国家、社会、民航的战略发展、经济效益等多方面都会产生深远影响，意义重大。要想成功铸造精品、样板、平安、廉洁工程，就需要工程参建人员能够勇担重任，践行承诺，实现使命。

（2）团结奉献："同心山变玉，协力土变金"，同心同德、上下求索，团结协作、同舟共济是成就大业的必要条件。只有齐心才能干大事。奉献是机场建设者固有的品质，是大公无私、是信念坚定和不懈追求，是成就千秋伟业的前提。奉献铸就辉煌，奉献成就美好未来。

（3）廉洁务实：指挥部一直以严以修身、严以律己为准则，其内部所有人员都必须遵纪守法，道德高尚，言行端正，牢筑拒腐防变的坚固防线，永葆浩然正气，反对空谈，以谋事要实、创业要实、做人要实为行动指南，崇尚实干，本着对大兴机场建设事业高度的责任感和使命感，求真务实，艰苦奋斗，锲而不舍，誓把大兴机场建设成为廉洁工程。

（4）追求卓越：非卓越无以成就辉煌，指挥部将追求卓越定为目标，要求追求卓越的质量、人才、技术与管理。要立足于"引领世界机场建设"的伟大事业，开拓创新、奋勇拼搏、永不懈怠。要以强烈的责任心和高度的责任感，不断向着"全球空港标杆"的目标奋进。

## 2. 营造浓厚文化氛围

指挥部一直以来都非常注重内部的文化宣贯，在指挥部内部形成独特的指挥部文化氛围，达到用文化凝聚人心的效果。

指挥部采取环境布置、释义撰写、手册制作、故事征集、专题宣讲等方式，加强文化理

---

① "诚效知行、和谐共赢"："诚"为立身之本，"效"为立业之基；经营讲诚信，服务讲真诚，事业讲忠诚。运营讲效率，经营求效益，管理求效果。以效助诚，义利共生。知行合一，建立学习型组织，改善心智模式，培育系统思维，提高执行能力。"和"为形象之魂，"谐"为发展之翼。和善修身，和衷共济，配合得当，协调得宜，营造稳定和谐的内外环境。要奉献国家、社会，要与客户、合作伙伴、员工以及利益相关者建立利益共同体，共创共享，共同发展。

念落地推广，通过多层次的文化载体、多形式的传播渠道、多途径的展示平台，将指挥部在建设、运筹及开航后的宝贵经验和成果转化为推动企业高质量发展的不竭精神动力，不断夯实企业发展实力、构建适应并引领世界级航空枢纽的企业文化体系。同时，指挥部还充分利用集团公司报刊、《指挥部之窗》等宣传媒体，宣传工作亮点、典型人物及先进事迹，营造积极向上的文化氛围。

# 11.2 强化人才培养，提供发展平台

指挥部以大兴机场工程的实践为契机，强化人才培养的同时，也为人才发展提供了良好环境和平台，促进人才成长。

## 11.2.1 营造良好的人才发展环境

一直以来，指挥部都很重视对青年员工的培养，通过搭建平台、制定方案、推动落实等系列措施，聚焦干部队伍建设，鼓励适度人才竞争，促进和培养青年员工成长成才，激发人才潜能和组织活力。在建设期间，指挥部不断优化薪酬制度和人力资源政策、举措，盘活人才存量，促进队伍融合，大力营造一种"人人渴望成才、人人努力成才、人人皆可成才、人人尽展其才"的良好局面。

（1）细化大兴机场人力资源规划，并通过研究与大兴机场运营业务、组织模式相适应的人员资质及专业需求，拓展人员招募渠道，形成人力资源整体组织方案，妥善制订大兴机场运营筹备期间应届毕业生的委托培养及后勤保障方案。

（2）建设绩效考核体系及薪酬福利制度。对于建设绩效考核体系及薪酬福利制度，指挥部主要有以下两点举措：一是优化人才激励机制。推进企业年金、自助性福利建设，持续优化职工福利保障体系，切实保障职工生产生活。二是推动员工职业发展。持续加强管理人员队伍、专业技术人才队伍建设，适时开展员工选拔晋升工作，补充亟须的专业人才，选对人、用好人、引导人、管住人。

为了更好助推员工职业发展，指挥部搭建了符合指挥部工作特点的员工绩效考核管理体系，实现了员工绩效全流程管理。目标导向与压力传导并重，多维度加强人才激励，严格规范干部选用，积极鼓励支持员工申报职称，实施薪酬福利制度、保障员工落户，增强员工幸福感和获得感。并在建设过程中，结合现场工程进度以及指挥部的实际情况，探索建立员工

职业发展通道，助推管理人员、专业技术人员职业发展。在建设运营过渡阶段，指挥部制定运营筹备人员补充及过渡期薪酬福利管理办法，制订新机场薪酬福利方案。

2012年，指挥部制定了《绩效管理办法》《员工晋升管理办法》，员工职业发展通道得到了初步建立；2013年，为适应项目进展需要，指挥部修订了《薪酬管理办法》及《员工晋升管理办法》，出台了《新员工职级对位办法》，进一步筑牢员工职业发展通道；2014年，指挥部进一步加强人才队伍建设，落实员工选拔晋升工作。根据《晋升管理办法实施细则》和《2014年员工选拔晋升实施方案》，认真做好组织工作，做到人尽其才、才尽其用；2015年，指挥部落实民航局的绩效考核要求，配合集团公司细化管理办法，优化考核体系。同时补充制定《员工加班工资支付办法》并落实了工地补贴和交通补贴，完善了职工薪酬福利制度；2016年，指挥部为强化人才激励，组织开展了各层级管理人员的选拔及聘任，并推进指挥部企业年金制度建设。

## 11.2.2　强化人才培训

在建设过程中，指挥部一直以培养建设运营一体化复合型人才为目标，针对员工队伍知识、技能短板，制订专项培训计划并实施，满足工程建设需要，持续提升队伍战斗力。各年度都需要按计划完成员工上岗培训、英语提升学习、经营管理人员培训、档案业务培训等学习培训工作，以及计量支付、变更索赔、跟踪审计、安全管理等专业培训，提升员工业务水平，聚焦人才培养重点，强化培训管理效能，提升员工队伍能力素质。

除了综合能力的培养，指挥部还根据不同专业、不同岗位知识技能需求，有针对性地实施新员工、一线操作岗位员工、机坪管制人员培训，开展各层级管理人员能力提升和国际化、精细化管理培训，同时加强培训深度，扩大培训视野，建立培训梯度，在工程建设运营各阶段发挥了重要作用，也为民航行业培育和储备了一批"建设运营一体化"优秀复合型人才。

此外，指挥部还充分利用各类专业培训平台，切实提高员工的素质能力。强化专业技术人员和高技能人才培养。落实各年度培训计划，推进各项培训项目实施，落实工程承包管理、建筑施工管理、工程建设安全生产等培训项目。

针对招募的应届大学生，指挥部还会推进大学生培养计划的组织与实施，出台高校毕业生薪酬等配套制度。落实年度培训计划，建立大兴机场管理公司培训体系，深化大学生培养工作。做好落户、职称评审等相关工作。同时指挥部也鼓励员工积极考取各类职称及资格证书，持续加强"建设运营一体化"人才培养。

### 11.2.3 促进人才成长

#### 1. 在工程建设中造就更好的自己

指挥部的人才双跨机制,一方面帮助大兴机场培养了复合型人才队伍,另一方面也让参建人员能够在过程中得到充分的培训和实践锻炼,切实提高了自身能力,为今后参与更多重大工程建设奠定较强的能力基础及丰富的实践经验。

同时大兴机场工程还能让参建人员站在一个更加宏观的角度、更高的层次去看待工程建设。大兴机场工程建设的高要求还倒逼参建人员提高自身标准,严格自身要求,建设过程中,参建人员不断实现自我提升,造就了更好的自己。

此外,参与大兴机场工程建设对于每一位建设者来说都是一段非常光辉的履历,这对于参建人员之后的职业发展无疑是有益的。

#### 2. 在工程建设中实现自我价值

大兴机场作为我国的一项重大基础设施项目,很多建设者都表示能参与大兴机场工程建设,既是一份责任,也是一份光荣,能亲自见证这个伟大工程的顺利竣工和开航,再苦再累也值得。正如前面所提到的,大兴机场工程的参建人员均来自各领域的优秀人才,大兴机场建设和运筹过程中,指挥部为所有参建人员提供了充分发挥自身才能的机会与平台,让他们能够全心投入,共同见证这一伟大工程的诞生。大兴机场建设和运筹过程及建成后获得了多领域的多个奖项,这些都成为所有建设者无形的"功勋章"。

大兴机场建成投运后,站在航站楼内,有参建人员曾感慨全程参与了大兴机场的建设,前后提出了大量的意见和建议,这些意见和建议中有的变成了现实,这是一件非常值得自豪的事情。

## 11.3 强化行政管理,提升综合服务

指挥部的行政管理工作包括"三服务"、后勤保障、档案管理,以及外事管理等综合服务工作。

### 11.3.1 聚焦"三服务"定位

指挥部的行政管理工作始终聚焦于"三服务"定位,即"服务决策、服务发展、服务落实"。

### 1. 落实会议保障，充分服务决策

指挥部作为大兴机场建设的统筹管理部门，建设过程中的很多问题都需要指挥部给出决策或者是由指挥部与其他机构协商得出结果，故而每年指挥部要召开的会议次数多达数百次。其中会议的保障是指挥部行政管理的一项重要业务，关乎大兴机场建设问题的决策成效，因此指挥部行政管理部门一直都非常重视会议服务水平的提升，以保障决策过程的顺利和决策结果的高质量。同时，指挥部还建立、健全了总经理及分管领导召集的业务专题会机制，很大程度提升了指挥部决策效率。

仅2019年上半年，指挥部共召开办公会25次、研究议题150多个，周例会13次、解决重点难点问题86项，每一次会议的顺利召开都离不开行政管理部门强有力的服务保障。

### 2. 建立完善制度，切实服务发展

一直以来，指挥部行政管理工作都以构建现代企业行政管理体系为总目标，制度的建立和完善是行政管理的重要工作板块之一。从指挥部成立伊始，各职能部门就开始筹备订立指挥部的核心制度以及部门工作规范，以建立健全指挥部的核心制度体系来保证各职能部门按规办事，内部管理有章可循、流程规范，有序推进大兴机场建设。

### 3. 加强行政督办，保障服务落实

大兴机场建设和运筹期间，行政管理部门持续完善督查督办机制，强化工作督办，确保各项任务分解到部门，层层落实到具体岗位和人员，重点工作落到实处。

## 11.3.2　搞好后勤保障，消除后顾之忧

后勤保障工作是指挥部行政管理重要职责之一，只有做好后勤保障工作，才能够让指挥部的工作开展没有后顾之忧。

首先，妥善解决新增建设和运营筹备人员办公、住宿和通勤等问题。制定住宿保障工作方案，推动落实无房员工住房补贴工作，按计划启动有房员工房改工作，合理配置宿舍资源，推进宿舍管理工作改革，开展了基地环境秩序整治行动和办公区清洁清理整顿活动，维护良好的办公秩序，改善员工倒班宿舍住宿环境和办公环境，持续优化通勤班车线路和密度，改造员工健身房，增设蜂巢快递箱，多维度为广大员工提供贴心服务。

其次，在日常工作中加强员工关爱，优化员工用餐保障。即使是在资源极为紧张的情况下，办公室也积极统筹，为直属单位、专业公司员工后勤保障提供有力支持，努力提升食堂保障能力，多手段强化员工餐食供给，狠抓食品安全和品质。大力推进员工子女就近入学，

让员工没有后顾之忧，全身心投入工作。

同时，还持续加强精细化行政管理，优化重要接待方案，建立公共关系资源库，做好重大接待保障，促进公共关系、国际事务、机要保密等提质增效。

## 11.3.3　规范档案管理，提升工作效率

### 1. 规范档案管理

（1）保存工作素材，宣传中国新名片

大兴机场在建设过程中，指挥部始终端正态度，以"少说话，多做事"为行为准则，因此相关宣传比较少，很多对外的宣传工作都是在建设完成后才重点推进。这就要求在建设过程中，保存好宣传素材，做好记录，梳理大事记，为建设完成后的工作总结、回顾与宣传提供较为完整的素材资料。

（2）依照档案总结，传递成功经验

档案管理是指挥部行政管理中的另一个重要的工作业务板块。从大兴机场建设愿景——"引领世界机场建设，树立全球空港标杆"可以看出，其属于前所未有的重大民航工程，其工程建设及管理经验对于后续很多大型工程建设的管理来说具有较大的借鉴作用，故而从大兴机场建设开始所有档案资料都需要留档做好保存。一方面，留存好自身建设过程中的各类文件材料，方便之后查阅；另一方面，依照档案材料提炼总结得出的管理经验成果也会对其他大型工程建设管理起到良好的借鉴作用。

### 2. 信息化档案管理

在建设过程中，行政管理的相关职能部门为了更好地做好指挥部档案管理工作，创新实施了档案的数字化管理。各职能部门将档案上传指挥部统一的OA系统，极大地提升了指挥部档案管理的效率和质量。

针对财务档案的管理，指挥部专门编制了《北京新机场建设指挥部基本建设项目财务档案整理实施办法》，其明确了财务档案编制部门的岗位职责、归档范围和要求以及编制规范等，用来规范指挥部基本建设项目财务档案管理，确保财务档案的完整、准确、有效和安全。

## 11.3.4　服务外事管理，落实教育基地

大兴机场是习近平总书记亲自决策、亲自推动、亲自宣布投运的国家重点项目，受到多方瞩目，因此在大兴机场建设过程中少不了外事工作，这既是指挥部引以为傲的地方，同时也是

为之费心费力的地方，为此，指挥部在建设过程中不断摸索经验，规范外事工作的管理。

### 1. 外事参访管理

在大兴机场建设过程中，指挥部面对各方的参访，既要保证各参访人员能够更全面了解工程进展进而鼓励所有一线工作人员，又要将参访对工程建设的影响降到最低，指挥部相关职能部门往往都会提前规划好参访的路线，并完成路线搭建，一方面提高了参访的效率，另一方面也降低了对工程建设的影响。

在这个过程中指挥部以不浪费，避免形式主义，一切服务于大兴机场建设为原则进行路线设计，如在线路规划以及路宽、路面抗压的设计会考虑到后期场内的运输需求。避免出现耗时耗力搭建的线路在参访完毕后就荒废的情形。除了规划线路外，指挥部还要求线路两侧的施工单位规整周围施工环境，以保障参访的安全和质量。

在建设后期，工期十分紧张，在外事接待方面，指挥部也是积极同上级协商，尽量减少一些意义不大的参访活动安排，集中精力完成大兴机场建设。在建设后期，参访活动数量已经减少很多，直至开航投运之后指挥部才鼓励宣传部门统一安排参访活动。

对于一些由参建单位自行邀请的参访单位，指挥部考虑到此类参访没有纳入指挥部的具体外事管理范围中，参访都是由参建单位自己安排，秩序不受控，同时，参建单位忙于对外宣传工作，会导致不能全身心投入大兴机场建设工作，因此在建设中后期，指挥部明确规定，参建单位不能自行接待非参建单位的参访，要求各参建单位在大兴机场建设完成前要"少说话，多做事"，专心踏实干工程，减少在宣传方面的精力消耗，保证大兴机场如期完工。

### 2. 爱国主义教育示范基地

在中国共产党成立一百周年之际，大兴机场被正式命名为全国爱国主义教育示范基地，是我国民航业首个全国爱国主义教育示范基地。民航局对于大兴机场的全国爱国主义教育示范基地的建设给予了高度重视，要求大兴机场要认真落实好《新时代爱国主义教育实施纲要》，落实好党中央关于全国爱国主义教育示范基地建设的部署要求，充分发挥大兴机场作为示范基地的功能作用。在爱国主义教育示范基地建设过程中，大兴机场充分考虑到人民群众的需求，围绕旅客、游客和青少年来到大兴机场后"看什么、听什么"，进行认真研究思考，精心谋划部署。从三个方面推进了爱国主义教育示范基地建设工作：第一，切实提高大兴机场的政治站位，从国之大者、国之大计和国之大器的高度，切实增强建设好、管理好、使用好大兴机场作为全国爱国主义教育示范基地的自觉性和坚定性。第二，准确把握好示范基地展览展示内容，着力强化宣传教育功能和作用。第三，优化参观路线，在大兴机场航站楼内，专门设计了全国爱国主义教育示范基地，为人民群众提供更方便、更直观、更美好的感受和体验。

### 3. 管理成效显著

据不完全统计，在大兴机场建设期间，指挥部共完成了80余次的参访接待工作。每次接待都能够保证参访实效，同时将参访对工程建设影响降到最低，这一点从完成多达80余次的接待活动后，仍然实现了大兴机场的按时开航投运就可以看出，可以说指挥部在外事接待管理层面的工作成效显著。

# 11.4 重视工程传播，做好舆论引导

大兴机场工程为备受瞩目的国家重点工程，其工程传播工作也因此受到高度重视。指挥部在做好对内对外宣传的同时，也非常重视舆情的监控，做好正面引导。

## 11.4.1 对内对外双向宣传

指挥部一直以来都很注重加强与新闻媒体的沟通交流，并根据工程需要及时进行宣传报道，充分发挥内部宣传和外部媒体的积极作用，做到对外树立形象，对内凝聚人心。

### 1. 对内宣传

早在2011年，指挥部就制定了《新闻宣传管理规定》，以此规范了新闻宣传管理流程，加强宣传工作和舆论引导，为指挥部工作营造了良好的内外部环境。建设筹备初期，指挥部才刚刚成立，还没有创建自身的宣传媒体和平台，前期指挥部多是借用集团公司媒体进行宣传，仅2011年全年，指挥部在集团公司媒体上发布图文报道多达109篇，其中《中国第一国门》31篇、集团网站78篇，扩大了指挥部影响力。

自2012年起，指挥部开始着手打造自有宣传平台——《指挥部之窗》，通过对宣传内容的精心策划、编辑与制作，充分发挥其鼓舞士气、凝聚人心的积极作用。后续指挥部开拓了办公网新闻栏目等的自有宣传阵地，多线并行，推动内部宣传工作。

在对内宣传方面，指挥部不仅充分发挥办公网新闻栏目、《指挥部之窗》等宣传阵地作用，同时还会在指挥部办公楼、食堂、宿舍等区域的宣传文化展板布置，营造具有指挥部特色的文化氛围。

同时指挥部还致力于编制《北京新机场建设指挥部文化手册》，使指挥部积极向上的精神文化在指挥部内部得到充分贯宣。在2017年党的十九大胜利召开之后，指挥部依照会议精神

梳理和丰富了指挥部文化理念体系内容，适时修订了文化手册，帮助指挥部营造出积极、健康、向上的文化氛围。

### 2. 对外宣传

自成立以来，指挥部一直与社会媒体保持良好沟通，以赢得各方关注、理解与支持。在建设过程中，指挥部持续围绕工程进展、工作亮点推出相关报道，把握好"时""度""效"，做好事件报道、热点引导、主题宣传、典型宣传、成就宣传，为大兴机场建设营造良好舆论环境。

2014年指挥部构建了新型宣传工作格局。推进宣传资源整合，推动与相关方共同建立新闻宣传协作机制。完善新闻发言人制度，把握"时""度""效"，做好新闻发布工作，开展骨干通讯员培训，增强危机应对水平，努力发挥新闻宣传的正面引导作用。同时致力于打造新闻宣传协同平台，着力构建参建方、地方政府共同组成的新闻宣传协同平台，扩大宣传范围，提升宣传影响力。

随着大兴机场建设的不断推进，指挥部逐步加强对外宣传力度，在各类媒体刊稿逐年递增，很多稿件被报刊头版、专栏选用。

2016年，指挥部印发了《北京新机场项目新闻宣传工作规则》，进一步规范了内外的宣传工作。

2017年，指挥部开始加强主题策划和重大成果宣传，通过配合相关媒体完成《运行中国》《超级工程》《砥砺奋进的五年》等专题片摄制，组织境外媒体记者深入报道，参加民航局新闻发布会等形式，在国内外重要媒体平台宣传展示大兴机场良好形象。

2018年，指挥部创刊"北京新机场"微信公众号，在重要媒体上展示大兴机场形象，宣传重要建设成果。

2019年，工程建设接近尾声，指挥部全年累计在各大主流媒体刊发稿件近千篇，《新闻联播》专题报道4次，大大提升了大兴机场的影响力。

## 11.4.2    重视舆情监控，做好正面引导

指挥部除注重宣传外，还特别关注实时舆情，强调要加强指挥部的舆情监控，及时做好分析研判，与相关友邻单位共建舆情应对机制，如建立"新闻宣传协调"工作机制，系统规划建设融媒体信息平台，充分利用新闻信息库和舆情分析等工具有效防范和应对各类新闻危机和舆论危机，及时消除不良影响。

此外，指挥部还要求做好正面舆论引导工作，要适时适度做好对外传播，按要求全力做好工程建设重要环节的新闻宣传工作，提升舆论引导水平。

# 第 12 章

# 深度融合的党建与工程建设

　　在大兴机场工程建设和运筹过程中，各级党组织始终坚持以习近平新时代中国特色社会主义思想为指导，立足于完善北京首都功能，支持"雄安新区"建设，服务京津冀协同发展战略，创新"将支部建在项目上"的组织模式，并以"两责三化"党建工作体系为抓手，坚持党的领导、加强党的建设，把党建工作贯穿到大兴机场建设全过程，推动党建与业务深度融合，切实将党的政治优势转化为工程建设和运营筹备的领导力和组织力，筑牢并打造世界一流机场的"根"与"魂"，以红色党建赋能工程建设，真正做到"围绕工程抓党建，抓好党建促工程"，诠释了"党建抓实了就是生产力，抓细了就是凝聚力，抓强了就是战斗力"的时代内涵，为确保大兴机场建设各项任务圆满完成提供了坚强政治保证。

　　本章将从党建与业务深度融合的提出背景以及在此背景下指挥部对于党建工作的创新及开展情况进行介绍。主要内容和思路如图12-1所示。

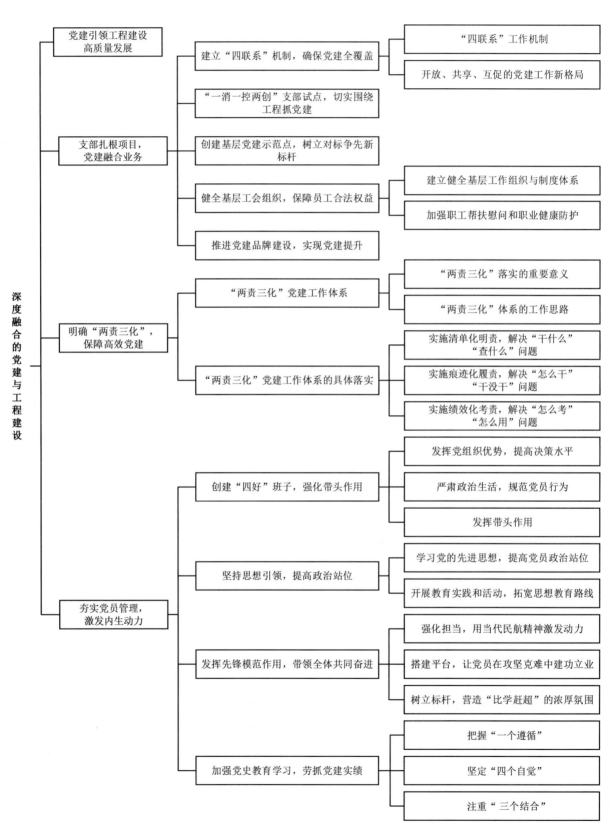

图12-1 本章主要内容和思路

# 12.1　党建引领工程建设高质量发展

现如今，党建工作已在我国各类大型工程项目中广泛开展，"工程+党建"的项目管理模式已经成为当前我国大型工程项目管理的重要发展趋势之一，是我国特有的工程项目管理模式，具有浓厚的中国特色。

党建融入工程，是新时代大型工程项目管理中人员、队伍管理的需求。大型工程的工程复杂性、组织复杂性决定了其管理复杂性，特别是对于组织的管理，人员规模庞大、人员来源复杂等问题交融错杂，是大型工程项目管理中的一大重点、难点问题。需依靠有强大组织优势和管理优势的党建来进一步凝聚人心、汇聚合力，让数万名参建人员能够统一目标，做到"心往一处想，劲往一处使"。最终将大兴机场工程建设好，完成各类高水平的建设目标。

大兴机场工程的参建人员最多时同时有数万人在现场工作。如何能够组织并管理好如此庞大的参建群体，并凝聚强大的组织合力，成为工程项目管理中的重难点问题，需要借助党的组织优势和管理优势来解决这一难题。

但目前工程建设领域的领导干部大多认为业务工作比较实、党建工作比较虚，存在重业务轻党建的思想倾向，因此在谋划和推进工作时难以做到党建工作与业务工作深度融合，出现抓业务工作比较硬、抓党建工作比较软的状况，导致党建工作表面化、形式化，浮于表面，花费了很多人力、精力抓党建工作，但主要是为了完成任务，效果可想而知。

习近平总书记针对此问题也曾强调："要处理好党建和业务的关系，坚持党建工作和业务工作一起谋划、一起部署、一起落实、一起检查。"要以系统思维推动党建工作和业务工作深度融合，坚持围绕中心抓党建、抓好党建促业务，坚持党建工作和业务工作目标同向、部署同步、工作同力，以高质量党建引领高质量发展，使二者在融合发展中相互促进，彻底破除"两张皮"问题。

加强党建与业务融合，让其从简单相加到深度相融，不仅可以破除"两张皮"问题，还在此过程中党建与业务同步统筹、相互促进，最终可以达到"1+1>2"的效果。

大兴机场作为中国民航史上第一个由中央政治局常委会审议，习近平总书记亲切关怀、亲自推动的国家基础设施建设重点工程项目，其政治属性可见一斑，这注定了大兴机场不仅要引领世界机场建设，同时也要为全国工程项目建设中的党建工作树立标杆。

如何落实好党建与业务融合要求成了指挥部党委必须要突破的重难点工作。这要求指挥部党委要找准党建与业务深度融合的切入点和结合点，防止出现重业务轻党建或脱离业务搞空头党建的现象。为了解决好这一问题，指挥部党委与各基层党组织一直不断地探索和创新党建工作模式，打造了一套可复制性的党建与业务深度融合工作模式。

党建融入工程建设管理，创新形成了"工程+党建"这一极具中国特色的工程管理模式。指挥部借助党建汇聚起了建设大兴机场工程的强大组织合力，同时在这个过程中指挥部还创新了"四联系"工作机制、"一消一控两创"支部、基层党建示范点、"两责三化"党建工作体系、"四好班子"等特色工作法，进一步推动了党建与业务的深度融合。

# 12.2 支部扎根项目，党建融合业务

党支部是党的基层组织，是党全部工作和战斗力的基础。党支部和党员队伍的建设状况如何，直接关系到党的事业发展。项目中的各参建单位以及班组是项目建设中的重要单位，要推进党建与业务融合，真正做到"围绕工程抓党建，抓好党建促工程"，就必须将"支部建在项目上"，将从事业务工作的班组纳入党支部的工作范畴，了解基层需求，有的放矢地开展党建工作，方能成功助力工程建设。

2010年12月31日，指挥部临时党委正式成立。2011年5月31日，经集团公司批复，指挥部设立了党委办公室，负责指挥部的党建工作。面对"四个工程"建设的光荣使命，指挥部党委始终坚持党建与业务融合，确保工程项目推进到哪里，党的建设、党的工作就延伸到哪里，让党旗飘扬在建设工地的每一个角落，形成了多个特色鲜明、富有实效的支部党建品牌。在大兴机场建设期间，指挥部积极响应集团公司号召，按照指挥部党委让党旗始终飘扬在大兴机场项目攻坚第一线的要求，树立了抓基层、打基础的鲜明导向，打造上下贯通、执行有力的严密组织体系。在推进组织建设的同时，夯实事业根基，始终围绕项目建设中心，努力做到服务大局，提升广大党员同志的凝聚力和战斗力，着力提升基层党组织的组织力，汇聚机场建设的强大合力，构建大党建、大创新、大服务的工程项目党建工作新格局。

指挥部着重突出工程建设中的政治功能和组织力，加强党支部标准化和规范化建设。根据机构、人员变化以及实际工作需要，动态优化基层党总支（支部）、党小组与团支部、班组相融合模式，及时补充专兼职党务工作者，有效发挥党组织的战斗堡垒作用和党员的先锋模范作用。先后形成以"三亮两结合""支部建在项目上"为代表的基层党建示范点、以"协同创新工作室"为代表的基层党建创新项目，以飞行区管理部、航站楼管理部为代表的"一消一控两创"试点支部，多个基层党组织受到民航级、集团公司级"七一"表彰，有效激发了基层活力，确保大兴机场工程如期竣工、按时启用、胜利开航和平稳运行。

## 12.2.1　建立"四联系"机制，确保党建全覆盖

传统工程建设过程中，有很多参建单位都没有设立党支部，这就导致在该单位工作的党员在建设过程中没有可归属的党组织，继而参加不了任何该工程建设过程中所开展的学习教育或其他党建活动，大大降低了党员的归属感，从而折损了党员在工程建设中能够发挥的效能。指挥部针对参建单位、驻场单位所属行业不同，部分单位没有建立基层党组织，一些党员无法参加组织生活的现实，打破行政隶属关系，采取结对帮扶、重点项目联合攻关等多种形式，找准参建单位、驻场单位之间的最大公约数，携手解决建设和运筹中的重点难点问题。在建设期间，指挥部结合项目实际，建立了"四联系"工作机制，打通全面从严治党最后一公里，推动形成"人人有责任、上下有联动、层层抓落实"的工作格局。

### 1. "四联系"工作机制

为了更好地联系指挥部各层级党员群众，更深落实工作部署，指挥部创立了"四联系"工作机制，即领导联系部门、部门联系工程标段、标段联系参建单位、党员联系具体项目。为了具体落实"四联系"的工作机制，指挥部健全了如下系列具体制度：

（1）调查研究制度。指挥部应集团公司要求，每年底组织开展年度调研和集中研讨，其中领导班子要围绕中心工作和重点任务，结合个人分管工作，每年拟定调研选题，有针对性地开展专题调研工作，与基层联系点调研结合起来。同时，指挥部领导班子还会结合阶段性重点工作或难点问题，深入基层开展日常工作调研，在做基层调研时领导班子通过科学选定选题、精心组织实施，亲自动手或组织撰写调研报告，最终推动成果应用。调研过程中各方严格遵守党中央八项规定精神和集团公司有关制度，做到轻车简从、简化公务接待和确保迎来送往不影响基层正常工作。

（2）基层联系点制度。指挥部按照集团公司要求建立基层联系点。领导班子成员根据工作需要，结合分工，从指挥部的下级单位中选取；相关成员单位领导班子成员也结合实际，从二级或三级单位中选取。按照集团公司要求，各层级联系点原则上不重复交叉，各联系点的联系时间原则上不得少于1年。各级领导班子成员深入联系点每年至少1次，主要任务是调查研究、具体指导、总结经验、解决问题，使联系点成为示范点，发挥以点带面的作用，班子成员可选定指挥部的一个职能部门作为联络员单位协助开展基层联系点工作，同时党员管理人员可以结合自身实际，结对联系帮扶困难群众。在执行过程中，指挥部要求班子成员落实基层联系点制度的情况，并在年终述职和民主生活会发言。

（3）基层挂职任职制度。按照《集团公司管理人员挂职锻炼管理规定（试行）》《集团公司管理人员轮岗交流管理规定（修订）》的有关要求，指挥部相关领导和职能部门督促落实上

述规定，并结合指挥部自身实际做好党员管理人员基层挂职任职工作。在日常管理中，指挥部内各级党组织还注重选派党员管理人员，特别是后备人才、青年人才和没有基层工作经历的管理人员，到条件艰苦、环境复杂的基层单位、到与群众接触比较直接的基层岗位挂职任职。挂职人员应安排到同职级岗位挂职锻炼，如实际工作需要经指挥部党组织研究同意也可高挂上一职级岗位。挂职时间不少于1年，挂职期间原则上与原单位工作脱钩。同时指挥部加强对挂职任职管理人员的监督管理和实绩考核，引导挂职任职管理人员自觉践行群众路线认真履行职责，做到工作学习在基层、生活交友在基层、锻炼成长在基层。

（4）接待群众来访制度。指挥部在建设过程中一直结合实际，进一步探索创新群众工作方法，完善信访管理规定，对领导班子成员接待群众来访工作提出了严格要求。党员管理人员接访可采取定点接访、重点约访、带案下访、上门回访等多种方式，方便群众参与。同时规定接访工作要建立工作台账，明确承办单位和责任人以便督办落实和答复来访群众。对人数较多的集体上访，在依法办理的同时，指挥部领导班子成员要出面接访、化解矛盾，认真解决特殊疑难信访问题，做到诉求合理的解决问题到位、诉求无理的思想教育到位、生活困难的帮扶救助到位、行为违法的依法处理到位。指挥部要求内部各级党组织要及时处理群众来信及群众信箱、热线电话、微博微信等方式反映的诉求。党员管理人员也要结合基层调研、慰问工作定期走访职工群众，及时收集民意、协调纠纷、化解矛盾。

（5）与干部群众谈心制度。指挥部要求党员管理人员特别是指挥部领导班子成员在日常工作中，要与下级管理人员和职工群众开展谈心活动，及时了解他们的学习、思想、工作、生活情况，既肯定成绩、指出不足，又明确方向、鞭策鼓励，既虚心听取意见建议，又切实帮助解决实际困难，对发现的苗头性、倾向性问题要及时进行教育引导，防止矛盾积累激化。谈心活动可采取个别谈话、集体座谈、随机交流等多种形式，营造坦诚相见的良好氛围。基层党支部负责人、党支部委员要与职工群众广泛深入开展谈心活动，努力实现全覆盖。指挥部鼓励基层党组织结合实际推广"四必谈"做法，即职工言语行为有明显错误的必谈、完不成重点工作任务的必谈、违反规章制度及劳动纪律的必谈和有思想问题的必谈。

（6）征集群众意见制度。指挥部要求党组织要结合实际，通过设立意见箱、网上信箱、发放征求意见表、召开征求意见会等方式，就企业发展和党建工作中的重要问题，以及群众最关心最直接、最现实的利益问题广泛征集群众意见，与群众沟通协商，并以适当方式反馈或公布群众意见、采纳处理情况。同时党组织积极探索建立网上群众工作机制，借助本单位的网站、微博、微信等平台，广泛听取民意，并做好指挥部内外网民的宣传引导工作。注重在日常工作中定期收集汇总、分析研判群众意见，作为建设过程中科学决策的重要依据。

（7）党员承诺践诺制度。指挥部党组织始终以联系服务群众为重点，结合实际积极开展党员示范岗、党员责任区、党员承诺践诺等活动。结合重点工作，组织党员以适当形式向群众公开承诺内容，并结合党员民主评议对承诺事项进行检查考核。建设过程中，广大党员均自觉参加到指挥部开展的各类公益活动、志愿服务活动和主题实践活动，主动联系服务群众。

### 2. 开放、共享、互促的党建工作新格局

指挥部党委在建设期间始终坚持共建共享理念，实现组织覆盖与组织生活"同步到位"。大兴机场建设项目的各参建单位所属行业不同，部分单位没有建立基层党组织，一些党员无法参加组织生活。针对该问题，指挥部党委打破行政隶属关系，创新构建"指挥部党委—5个工程党支部—各参建单位党组织"三级组织架构，通过党建"互学共建"，共享党建资源，互促工程建设，实现了基层党建工作从"独角戏"向"大合唱"的转变。一直以来，指挥部积极与各参建单位和运营管理单位开展联学共建，共同解决重点、难点问题，同时指挥部还鼓励内部各部门与参建单位、驻场单位的互动，进一步扩大主题教育覆盖面和影响力。

## 12.2.2 "一消一控两创"支部试点，切实围绕工程抓党建

在指挥部党委成立之初，党建与业务融合的工作模式与体系还尚未成熟，需要在过程中不断摸索、创新，集各基层力量在推进业务工作过程中挖掘党建需求，从下往上激发党建与业务融合潜力。通过促进党建工作与业务工作的深度融合来明确机场建设基层党建工作的开展思路及方法。即明确基层党建工作不能"单打独斗"，必须与业务融合起来做，实现协同、形成共振，下好"一盘棋"，不搞"两张皮"。这与我们党所倡导的党务工作围绕单位（或组织）中心工作来做的指导思想是完全一致的。

指挥部始终坚持问题导向，推动党建工作与业务工作深度融合，要求在找准问题的基础上，对问题整改实行台账式管理，明确责任主体、进度时限和工作措施，做到问题不解决不松劲、解决不彻底不放手，持续推进、久久为功。为此指挥部党委非常注重创新性课题研究在解决问题方面的重要作用，故而一直坚持以推进党建创新课题研究为抓手，深入推进党建与业务创新性融合，该项做法得到中组部领导高度评价。建设期间，指挥部在各基层党支部中发起了"一支一创"的号召，鼓励基层党支部实行党建品牌化发展战略，即要求基层党支部"打造'一消一控两创'基层典范，推动'四强'①党支部建设上台阶、上水平"。所谓"一消一控两创"，即坚持安全隐患零容忍，消除一切可能影响生产运行稳定的安全隐患；防控生产经营管理中的政治、安全、廉政等重大风险；以党支部为主体，带动党员、群众创新、创效。

建立"一消一控两创"的基层典范，要求指挥部能够及时消除隐患、控制风险和创新创

---

① "四强"党支部指的是支部政治功能强、党员队伍强、组织生活强、作用发挥强。

效。这既是首都机场集团建设"1-2-1-1"①党建工作总体思路中的重要内容,也是党建工作思路中与基层工作关联度最紧密的工作部署,更是切实推动基层党支部工作能动化、规范化、协同化的重要指导原则,旨在促进党建和业务深度融合,意在提高基层党建的工作品质。

在工程建设后期,指挥部紧扣"6·30竣工验收,9·30前开航"的竣工投运总目标,设立党员责任区、党员示范岗,组建党员突击队,开展承诺践诺,推动党建创新课题研究,从业务工作薄弱环节背后查找党建短板,从补齐党建短板入手,推动业务工作提升,有效激发了基层活力和动力,有力确保了大兴机场工程如期竣工、按时启用、胜利开航和平稳运行。

在管理过程中,指挥部始终坚持把党的领导融入工程治理各环节,推动顶层设计与基层建设相结合,找准党建工作更好地服务生产经营、联系职工群众、参与基层治理的着力点。持续加强党委班子建设,提高党委议事决策质量,深化基层联系和调查研究工作,强化"一岗双责",更好发挥把方向、管大局、保落实重要作用。同时从严从实抓好基层党组织标准化、规范化建设,扎实推进"一消一控两创"工作,深化党建创新课题研究,努力探索党建与业务融合发展路径,不断提高创新创效意识和能力,求实效、出经验、创品牌,精准高效发挥基层党组织战斗堡垒作用和党员先锋模范作用。

## 12.2.3 创建基层党建示范点,树立对标争先新标杆

一直以来,指挥部紧扣竣工投运总目标,以设立党员示范区、党员示范岗,组建党员突击队、开展承诺践诺为抓手,深入推进党建与业务深度融合,形成了以"三亮两结合""支部建在项目上"为代表的基层党建示范点。

指挥部要求基层党建示范点的建立要做到高起点定位、高标准要求,要确实能够在规范化的基础上做到"领导班子好、党员队伍好、工作机制好、工作业绩好、群众反映好",在集团范围内具有创新性、典型性和示范性。

飞行区工程部党支部是最早提出将"支部建在项目上"这一理念的基层党支部,经常组织设计、建设、监理等单位,同上集体党课、同办主题党日活动,让飞行区施工现场近200名工人党员正常参加党内政治生活。随后这一理念迅速在指挥部内部得到广泛实践。2017年摸底调查中,指挥部党委发现在2017年10月底,大部分单位都已经建立基层党组织。在11月7日,飞行区党支部召开学习贯彻落实党的十九大精神会议,并邀请了建立基层党支部的单位

---

① "1-2-1-1"党建工作总体思路:贯穿一条主线——以党的政治建设为统领,树牢"四个意识",坚定"四个自信",坚决做到"两个维护";落实两个责任——落实全面从严治党主体责任、监督责任,推动全面从严治党向纵深发展;强化一个融合——推进党建和业务深度融合,实现"一消一控两创";实现一个目标——以高质量党建引领打造世界一流机场管理集团。

参与飞行区党支部组织活动。经过沟通后未建立基层党支部的单位也陆续建立了基层党支部并开展学习活动。

航站区工程部党支部的党建品牌"三亮两结合",通过亮身份、亮业绩、亮承诺,党建结合工建、结合团建,充分发挥了党员作用,建立了与参建单位的常态化沟通机制。

## 12.2.4　健全基层工会组织,保障员工合法权益

群团组织是指挥部的重要组成部分,通过群团建设,可以提供良好的职工保障,进而保障大兴机场建设工作的顺利推进,所以群团工作也是党建工作中不可或缺的一环。在大兴机场工程建设过程中,指挥部始终聚焦员工需求,不断改进群团工作方式,切实提高职工保障水平,打消职工疑虑,激发员工的工作活力。

### 1. 建立健全基层工作组织与制度体系

2012年3月27日,指挥部成功召开了第一次会员大会暨工会成立大会,会上按照法定程序选举产生了指挥部第一届工会委员会、经费审查委员会、女职工委员会。在2013年,指挥部成立了人口计生工作机构。一直以来,指挥部都坚持和完善以职工代表大会为基本形式的民主管理制度,通过职工代表提案、员工合理化建议征集等方式凝聚员工智慧与力量,为企业发展献计献策,充分发挥群团组织群策群力的组织优势。

2014年,指挥部通过选举产生了第一届职工代表。在之后的建设过程中,指挥部也一直着重培育"工人先锋号""青年文明号""巾帼文明岗""安全示范岗"等群团工作品牌,充分发挥职工代表的榜样示范作用。

为了增强职工的合法权益保障,指挥部明确通过召开职代会来审议涉及职工切身利益的各类事项。

### 2. 加强职工帮扶慰问和职业健康防护

在2014年,指挥部出台了《工会员工慰问办法》,指挥部一直都非常重视帮困、贺喜、送福等方面的员工慰问,努力保证"员工当天入会,当天享受工会福利"。在2016年,指挥部"职工之家"正式挂牌,增强群众性组织管理,致力于将指挥部打造成为"创业之家、和美之家、友爱之家"。指挥部还同步建设了"爱心妈妈小屋",编制了职工e家手机软件。自2019年起,指挥部开启了大兴机场员工帮助计划——EAP(Employee Assistance Programs)项目,大力推动解决员工在日常工作中关心关注的问题,提高员工工作的幸福指数。

同时,指挥部还通过组织开展丰富多彩的职工活动,激发团队活力和创造力,引导职工

快乐工作，健康生活。

大兴机场工程建设期间，指挥部在有关领导和部门的支持下建设了篮球场、乒羽球馆等运动场馆，深受广大员工的喜爱，在指挥部内部营造了健康和谐的工作生活氛围。平日里，指挥部会组织开展职工健走、乒乓球、羽毛球赛等运动竞赛，还携手北京市新机场办、大兴区机场办和北京新航城有限公司联合开展"北京新机场建设职工运动会"，并取得较好成绩，既增进了与友邻单位的交流沟通与合作，同时也增进了指挥部内部成员之间的团结协作精神。此外，指挥部还会通过举办思想教育活动、读书交流分享、开展建言献策等活动，鼓励职工在工作上积极进取，创先争优，积极参与各类劳动竞赛以及先进评选，推动职工成长成才，在指挥部内部营造出了"比学赶帮超"良好氛围。

## 12.2.5 推进党建品牌建设，实现党建提升

建成投运后，大兴机场作为"中国人民一定能、中国一定行"光辉论断的发轫之地，在"十四五"期间将面临卫星厅工程建设的艰巨任务。为能更好深化"四个工程""四型机场"建设，在服务民航强国建设、服务集团公司高质量发展、打造品质工程标杆的奋斗实践中勇立潮头，指挥部党委牢固树立了"党的一切工作到支部"的鲜明导向，不断巩固深化支部党建品牌建设，全面提升党支部组织力。

同时为能更好推进党建品牌建设，指挥部党委还出台了《关于在工程项目全寿命周期中探索推进"支部建在项目上"党建品牌建设的实施办法》，其中明确指出了品牌建设目标——在加强基层党组织规范化、标准化建设的基础上，围绕工程项目规划投资建设运营的全寿命周期，巩固并不断完善"支部建在项目上"的党建品牌，为指挥部的高质量发展和卫星厅工程建设提供有力保障。实施办法中还明确了工作开展的指导原则：

（1）坚持一个遵循：深入学习领会习近平新时代中国特色社会主义思想，始终把贯彻习近平总书记视察大兴机场重要指示批示精神作为加强党的建设的根本遵循，着力强化党支部政治功能，全体党员要全力响应党中央的号召，牢记初心使命，坚定理想信念。

（2）把握两个关系：一是把握好党建与业务的关系，在促进党建与业务深度融合中加强支部品牌建设，确保支部建设有利于促进中心工作。二是把握好传承与发展的关系，既要深入总结一期工程建设期间"支部建在项目上"的优秀实践以及其他特色做法，同时更要加快探索面向工程项目全寿命周期的支部品牌建设。

（3）实现两个全覆盖：一是在项目全寿命周期始终坚持和加强党的全面领导，切实将支部建设贯穿项目规划投资建设运营的各个阶段。二是在项目的各个阶段、各个协作单位中加强党建联建，强化跨组织协同能力，以更高的政治意识、更强的使命担当铸就品质工程、建

设平安工程。

（4）强化三种内核："支部建在项目上"的品牌建设成效最终要体现在思想、队伍和作风上。要始终贯彻新发展理念，不断开创"四型机场"建设的新发展格局；要展示大国重器的工匠风范，培养适应现代工程管理要求的人才队伍；要弘扬指挥部精神，用实际行动响应"社会主义是干出来的"伟大号召。

（5）做到四个特色："支部建在项目上"既是一个党建品牌，更是指挥部加强党支部建设、实现党建与业务融合的基本思路。各个支部在项目建设中处在不同的寿命周期，承担不同的职责，开展"支部建在项目上"的品牌建设，在联建单位、活动载体、创建目标、实际成效等方面保持和发展各自特点，形式上不必整齐划一，关键是实效。

同时实施办法中还提出各党支部需要按照《中国共产党支部工作条例（试行）》的要求，认真履行职责，扎实完成各项基本任务。并提出了4项"支部建在项目上"的主要内容：

## 1. 联建单位、活动载体

（1）参加集团公司、指挥部党委组织的学习和专题研讨。

（2）围绕主题教育部署，聚焦中心工作积极开展特色党建活动，引导党员在大战大考中敢于亮身份、亮承诺、亮业绩，充分发挥党员的先锋模范带头作用。

（3）各党支部结合工程不同的建设阶段（可研、设计、施工等）的工作任务，加强沟通协调，密切协作配合。

（4）联合负责立项、投资审批以及相应职能管理的政府主管部门内设机构、集团公司相关部门，以及大兴机场、项目使用单位，项目设计单位、施工单位、监理单位等，开展联学联建、主题党日活动，并通过党建促共建、团建的方式积极开展劳动竞赛、技术创新、技能比武等务求实效的活动。

## 2. 创建目标、实际成效

指挥部党委为各党支部在项目各阶段的目标创建以及实际成效指明了方向。

（1）规划投资阶段

1）通过深入学习领会习近平总书记对大兴机场重要指示的重大意义、丰富内涵、精神实质和实践要求，深刻把握大兴机场作为"国家发展一个新的动力源"的战略定位。

2）认真学习民航局、集团公司大政方针和政策导向，加强与大兴机场相关部门的深入沟通，找准助力大兴机场建立国际枢纽、建设"四型机场"服务民航强国战略的发展方位。

3）不断加强对现代工程管理发展前沿，以及新基建、品质工程内涵的学习，加强对BIM等新趋势、新技术、新工艺、新要求的研究创新与应用，不断巩固和增强指挥部在"四个工程"建设的领先地位。

4）坚定发展信心，增强党员队伍攻坚克难及做好报告编制、征地拆迁、环评等重难点工作的使命感、责任感。

（2）建设阶段

1）持续深入学习贯彻习近平总书记关于安全生产的重要论述，全面落实民航局"六个起来"① 要求，增强打造平安工程、平安工地的责任感。

2）持续深入学习领会习近平总书记生态文明思想，积极参与"绿色机场重点实验室"建设和相关课题研究，切实增强持续引领绿色机场建设的决心。

3）认真贯彻落实习近平总书记在两院院士大会上的重要讲话精神，加强对智慧民航、智能制造等前沿政策和发展趋势的学习研究，加大创新力度，强化打造大国重器的自豪感、使命感。

4）坚持将"以人为本"作为新时代机场工程建设理念的核心，高度关注旅客、航司、货主等各方需求，广泛开展方案征集，突出规划设计与运营需求的深度融合。

5）加强对品质工程内涵的研究与实践，将"追求卓越"的精神体现到更高水平的"四个工程"目标体系中。

6）加强对国家、行业关于工程项目管理最新政策的学习研究，加强对一期工程建设期间报批报建流程的经验总结，主动作为，做好与两地地方政府和主管部门的沟通协调。

7）聚焦安全、质量、进度、效益、稳定等要求，联合政府相关部门、使用单位、设计单位、施工单位、监理单位、检测单位等进行学习共建。

（3）运营阶段

1）认真领会习近平总书记"不仅要建设好大兴机场，还要运营好大兴机场"的重要指示精神，增强助力大兴机场建设"世界级航空枢纽"责任感。

2）借助大兴机场建设运营一体化协同委员会等平台，加强大兴机场与相关使用单位的共同协作，全力做好工程建设遗留问题整改和工程质保工作。

3）针对工程竣工结算、环保验收等后续难点工作，着力强化担当意识，杜绝松懈心理，引导党员干部"咬定青山不放松"，确保"四个工程"善始善终。

4）加强对工程建设期间先进经验的理论总结，积极参加奖项评选，为提升指挥部党建品牌影响力作出积极贡献。

5）加强对工程建设期间先进典型的推广和表彰，注重对支部党建以及"支部建在项目上"的做法进行提炼总结。

---

① "六个起来"是指脑要紧起来、心要细起来、眼要亮起来、脚要勤起来、脸要红起来、手要硬起来。

# 12.3 明确"两责三化"，保障高效党建

大兴机场建设期间，指挥部按照集团公司的部署和要求，构建了以"两责三化"为主要内容的党建工作体系，总结形成了"党委主体责任清单""纪委监督责任清单""党支部主体责任清单"三个清单，并根据工作需要，动态调整、持续完善。

通过"菜单式"拉条、"矩阵式"分类和"闭环式"管理，使党建责任由"抽象"变"具体"，由"原则"变"量化"，形成了一套基层单位看得懂、记得住、用得上的党建工作"施工图"，构建了主体明晰、有机协同、层层传导、问责有力的全面从严治党主体责任落实机制，推动全面从严治党主体责任和监督责任有效落实。

## 12.3.1 "两责三化"党建工作体系

党的十八届三中全会《关于全面深化改革若干重大问题的决定》第一次明确提出：落实党风廉政建设责任制，党委负主体责任，纪委负监督责任。十八届中纪委三次全会要求：各级党委（党组）要切实担负起党风廉政建设主体责任，各级纪委（纪检组）要承担监督责任。"两个责任"的提出进一步丰富了中国特色社会主义反腐倡廉理论体系，完善了落实党风廉政建设责任制的工作格局，是新形势下党风廉政建设和反腐败斗争的重大理论创新成果。

"三化落实"则是指通过清单化明责、规范化履责、绩效化考责，有效落实全面从严治党主体责任和监督责任，治理与建立健全新时期党建工作体系。"三化落实"是两个责任落地的有效途径。

### 1."两责三化"落实的重要意义

建立健全"两个责任、三化落实"工作体系，是贯彻落实中央关于管党治党系列部署要求和全国国企党建工作会精神、落实党建工作责任制的重大举措；是总结经验、持续创新，有效解决指挥部党建工作问题，提升指挥部党建规范化、科学化水平的迫切需要；也是充分发挥党组织领导核心和政治核心作用，推动首都机场集团"1-2-3-4"① 总体工作思路和"三

---

① "1-2-3-4"总体工作思路即"一条底线"即确保不发生"工程建起来，干部倒下去"；"两个阶段"即聚焦机场工程建设和运营管理两个工作阶段，贯穿前期准备、建设管理、竣工验收、运行筹备全过程；"三重维度"即实现横向全覆盖、纵向全贯穿、深度全渗透，加强对权力运行的制约和监督；"四项重点"即从责任、管理、纪律、问责四个方面重点监督举措，确保落实落地落细。

大战略"[①]落实落地的重要保证。落实"一岗双责",推动形成一级抓一级、逐级抓落实的有效党建工作体系,有力推进了指挥部全面从严治党,加强了党风建设和组织协调反腐败工作向纵深发展。

## 2."两责三化"体系的工作思路

### (1)总体思路

为响应党中央的要求,全力构建"两责三化"的工作体系,指挥部始终要求全体成员要高举中国特色社会主义伟大旗帜并深入学习贯彻习近平总书记系列重要讲话精神,同时还坚持党的领导不动摇、坚持服务生产经营、坚持党组织对选人用人的领导和把关作用、坚持指挥部党组织的建设和完善。指挥部通过系统梳理中央管党治党系列部署要求,同时,根据集团公司总结的"四好"领导班子创建考评经验,并借鉴大型国企党建工作典型做法,以"两个责任"为目标、"三化落实"为手段,全面构建新时期指挥部党建工作体系,为更好地建设大兴机场提供坚强的思想、政治和组织保证。

### (2)开展思路

首都机场集团公司开创考核结果运用,明确全面从严治党考评加分项与否决项,实行党建业务"双乘法"考核,即单位绩效得分为战略执行绩效考核得分乘以全面从严治党考核得分,二者互为系数,并与单位绩效考核结果、"四好"班子考评、全面从严治党考评、党委和纪委书记评优挂钩,实现了评价一个单位、一名干部既看经济账又看党建账,推动两者互促共进,这一举措进一步推动了指挥部"两责三化"体系的构建工作。

指挥部积极响应集团公司要求,部署全体成员要做到知责、明责、负责,对照"两责三化"清单,将"两个责任"落实落地落细,同时履行好党政同责和"一岗双责",积极推动党建工作落实,形成抓党的建设的合力。指挥部党委也积极明确自身责任,充分履行"第一责任人"的责任,担起抓好班子,带好队伍的重任。纪委在过程中也切实履行自身的监督重任,做到"监督再监督",实现更高水平、更高层次的"三转"[②],充分发挥监督保障执行、促进完善发展的作用。指挥部整体通过层层传导责任,责任通过党委传到党支部,再到党小组、班组,最后传导到每一名基层党员,层层压实管党治党责任,督促各级党组织履责尽责。

---

① "三大战略"即新机场战略、双枢纽战略和机场群战略。

② "三转"即转职能、转方式、转作风。

## 12.3.2 "两责三化"党建工作体系的具体落实

### 1. 实施清单化明责，解决"干什么""查什么"问题

指挥部在建设、运营筹备期间，以一份清单明确责任坐标，突出目标和问题导向，严格按照关键性、可量化、能考核、求实效的要求，系统梳理中央、上级组织有关制度、文件和会议明确的"规定动作"，结合指挥部自身行之有效的特色做法，把"干什么"与"查什么"相结合，阶段性任务与长期性任务相结合，重点清单任务与制度规范要求相衔接，制定下发相关考评性责任清单与指导性责任清单，规定了党委履行主体责任、纪委履行监督责任，书记承担第一责任、副书记履行重要责任、班子成员分工负责，同时指挥部还注重将党委主体责任清单与纪委监督责任清单统筹考虑，理清两者的责任分工与衔接，做到人人有责任、事事有要求。形成了党群部门牵头抓总、人力纪检等部门齐抓共管，党支部履行直接责任、党员共同参与，一级抓一级、层层抓落实的党建工作格局，建立了主体明晰、责任明确、有机衔接的党建责任清单体系。

在系统梳理党章党规和有关制度文件相关要求的基础上，指挥部党委总结形成了"党委主体责任清单""纪委监督责任清单""党支部责任清单"等9大类具体明确的责任清单，其中，党委工作清单24类、79项，纪委工作清单15类、38项，并根据年度工作任务，动态调整、持续完善。同时，指挥部党委研究制定了党支部对标管理15项指标，形成了"1+3+1"党建工作考评体系，即1套基层党支部工作考核评价标准、"党委、党支部、党员"3个层级的综合考评模式、1项党支部季度检查督导机制，实现了全面从严治党各项要求在基层支部的全面覆盖。

（1）建立健全党委主体责任清单。建设期间，指挥部重点围绕贯彻落实中央管党治党系列部署要求，紧密联系指挥部实际，突出坚持党的领导、加强党的建设，坚持围绕中心、服务大局，贯彻落实五个从严要求，即从严思想政治建设、从严党内政治生活、从严选用管理干部、从严基层党建工作、从严党风廉政建设，严格夯实四项保障机制，即健全党群工作制度保证机制、构建党群工作闭环管理机制、完善党群干部队伍建设机制、夯实党群工作基础保障机制等多个方面列明了党委履行全面从严治党主体的责任清单。每个清单项都包括责任内容、重点任务和要求、评分标准、检查方式，图12-2为党委履行全面从严治党主体责任清单体系及考评标准，表12-1为党委履行全面从严治党主体责任清单及考评标准的示例。

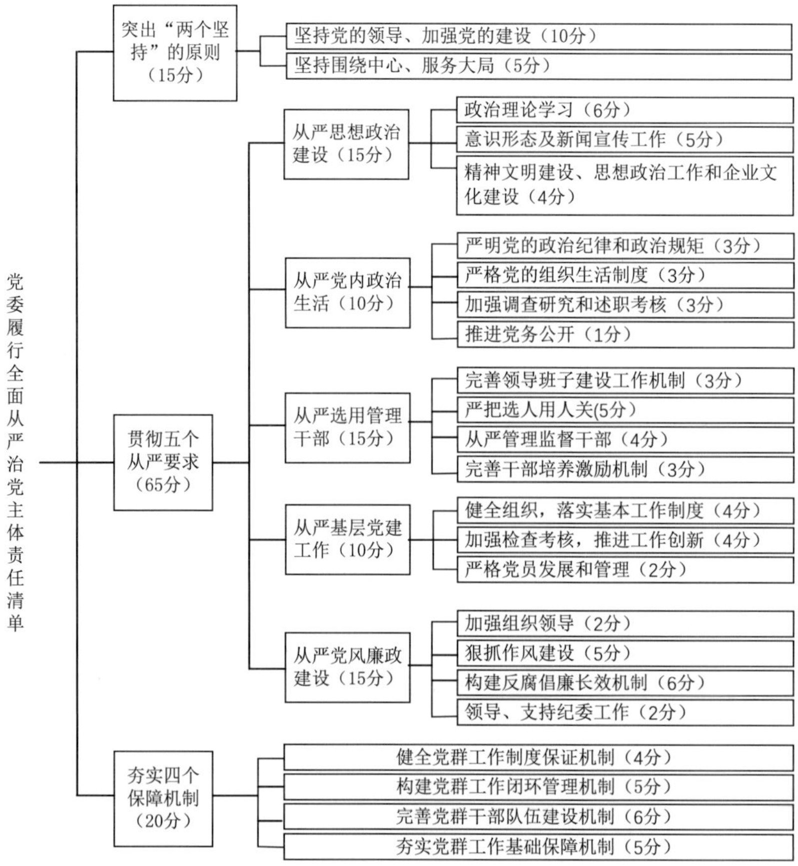

图12-2 党委履行全面从严治党主体责任清单及考评标准体系

**党委履行全面从严治党主体责任清单及考评标准（示例）**　　　表12-1

| 一、突出"两个坚持"的原则——坚持党的领导、加强党的建设，坚持围绕中心、服务大局（15分） | | | |
| --- | --- | --- | --- |
| 责任内容 | 重点任务和要求 | 评分标准 | 检查方式 |
| （一）坚持党的领导、加强党的建设（10分） | 1．认真贯彻落实党和国家方针政策、上级党组织的决策部署，积极履行国企的政治、经济、社会责任，能够结合自身实际提出贯彻落实的具体措施，明晰本单位的改革发展思路并有效实施（2分） | 对贯彻落实上级党组织重大部署要求缺乏思路和措施，或落实不力的扣1~2分 | 查阅年度工作报告、本单位落实上级党组织重要部署及集团行政督办事项情况 |
| | 2．完善本单位领导班子分工，并及时报集团公司备案。明确党政主要领导对本单位安全、财务、干部人事、党建及党风廉政建设共同负责，建立党委履行主体责任、书记承担第一责任、班子成员分工负责的党建工作格局（1分）；落实干部人事和基层党建由同一名领导分管（特殊情况须报集团党组批准），纪委书记不过多分管业务工作等要求（1分） | 未落实"党政同责、一岗双责"要求的扣1分；未落实以上其他要求的扣1分 | 查阅领导班子分工文件等 |
| | …… | | |

（2）建立健全纪委监督责任清单。指挥部重点结合新时期国企纪委实际，要求纪委积极履行组织协调职能，协助党委工作，聚焦监督、执纪、问责三大职责，深化"三转"，同时，持续加强自身建设等方面列明了纪委履行全面从严治党主体责任清单，为履行职责提供组织保证。每个清单项都包括责任内容、重点任务和要求、评分标准、检查方式，图12-3为纪委履行全面从严治党主体责任清单体系及考评标准。表12-2为纪委履行全面从严治党主体责任清单及考评标准示例。

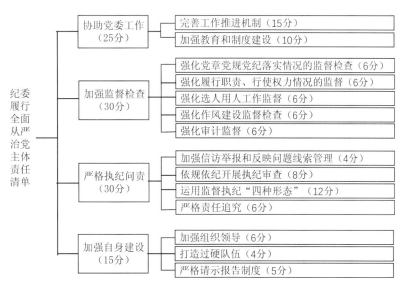

图12-3 纪委履行全面从严治党主体责任清单及考评标准体系

**纪委履行全面从严治党主体责任清单及考评标准（示例）** 表12-2

| 一、协助党委工作（25分） | | | |
| --- | --- | --- | --- |
| 责任内容 | 责任内容 | 评分标准 | 检查方式 |
| （一）完善工作推进机制（15分） | 1.协助本级党委学习传达中央、中纪委以及上级组织有关党风廉政建设的部署要求，结合实际提出贯彻落实建议、措施（3分）；协助本级党委开好年度党建会，专题部署党风廉政建设，明确具体任务和措施（2分）；签订党风廉政建设责任书（2分）<br>…… | 没有及时学习传达中央、中纪委以及上级组织有关党风廉政建设的部署要求，提出贯彻落实建议的扣2分；没有研究确定党风廉政建设总体思路和具体措施的扣2分；本单位未签订党风廉政建设责任书的扣2分 | 查阅本单位相关学习传达情况、党风廉政建设工作报告及党风廉政建设责任书 |
| （二）加强教育和制度建设（10分） | 4.协助本级党委开展反腐倡廉教育，全年开展党章党规学习、廉洁自律教育、典型案件警示教育、廉洁文化建设活动等不少于2次（4分）<br>…… | 全年开展教育活动每少1次扣1~2分 | 查阅教育活动相关方案和消息，纪委书记廉政党课记录等 |

（3）建立健全领导班子个人责任指导清单。指挥部从全面履行组织领导责任、监督管理责任、带头表率责任等方面，明确党委书记履行第一责任清单；从履行领导责任、加强监督管理、带头表率责任等方面，明确党委副书记履行重要责任清单；从组织协调责任、监督执纪问责、自觉接受监督等方面，明确纪委书记（党委副书记）履行监督第一责任清单；从落实分管责任、加强监督管理、自觉接受监督等方面，明确党委委员"一岗双责"清单。

（4）建立健全党支部（含支部书记）、党员责任指导清单。指挥部结合《首都机场集团公司党支部工作细则》要求，突出重点，明确党支部履行全面从严治党直接责任清单，发挥支部战斗堡垒作用。结合实际明确党支部书记履行全面从严治党责任清单，发挥支部带头人作用。从政治合格、执行纪律合格、品德合格、发挥作用合格等方面，明确做合格共产党员责任清单，发挥党员先锋模范作用。

（5）建立健全全面从严治党考评的加分项和否决项指标。加分项包括获得国家级、省部级、集团公司级荣誉的加分，以及工作创新方面的加分。"评优否决项"和"合格否决项"的考评，坚持集体研究，做到事实确切、原因清楚、定性准确。出现"评优否决项"的单位，最高定级不得为优秀，按总得分乘以95%作为考核得分进行评级；出现"合格否决项"的单位，最高定级不得为合格，按总得分乘以70%作为考核得分进行评级。

### 2. 实施规范化履责，解决"怎么干""干没干"问题

为促进全面从严治党的任务落实易操作、工作经验易传承，指挥部党委借助规范化、手册式指导，从党支部组织建设、主要工作、具体要求等方面入手，对党支部和支委会设置、支部换届选举等政策性强、程序复杂的工作事项标出流程图，制定程序手册；统一配发党支部工作记录本、党员和党员领导干部政治生活记录本，做好相关履责文件的记录、宣传报道、图片资料的及时反应和留档，实现了重点工作手册指导、过程纪实、履责留痕。通过具体量化的责任清单、痕迹翔实的记录手册、动真碰硬的奖惩举措，使党建责任由"原则"变"量化"，由"软任务"变为"硬指标"，构建了一套基层单位看得懂、记得住、用得上的党建工作"施工图"，极大地增强了基层党支部抓党建的操作性和指导性。

具体措施包括以下几个方面：

（1）指挥部党群工作办公室根据对应相关责任清单，完善指挥部党建工作制度，更新汇编党建工作常用制度文件。同时结合实际整理重点工作操作指引，汇编党建工作实用手册并在相关记录本列明操作要点，做到简明、直观、实用。

（2）进一步完善党支部工作记录册、党员政治生活记录册和党员领导干部政治生活记录册；增加党委、纪委工作记录本，统一规范党委会记录本等，规范相关工作表单、台账，加强记录本的配发和使用管理。

（3）加强和规范党建档案管理，注意相关通知、计划、方案、记录、宣传报道、图片等资料的及时收集和汇总，做好党建基础台账及存档工作。

（4）加强和规范党建统计工作，提高党内统计工作质量，完善半年（及年度）党群工作基本情况统计表指标，在相关记录本前页增加相关工作、活动的汇总统计表，做好统计结果的分析应用。

（5）着手智慧党建研究，建立"互联网+党建"信息平台，推进指挥部党务及党员管理信息化，实现线上与线下有机结合、功能互补。

### 3. 实施绩效化考责，解决"怎么考""怎么用"问题

指挥部本着操作简便易行、结果客观公正、定量与定性、过程与结果相结合原则，建立了"述、评、考、用"相结合的工作机制，坚持述职述党建、评议评党建、考核考党建，注重党建工作考核结果的运用。并结合指挥部实际，把以往的"四好"领导班子考评与全面从严治党考评相结合，把巡察、制度执行审计与全面从严治党专项督查相结合，将考评结果纳入企业绩效考核体系，并与党委领导班子成员的个人考评和任免、薪酬、评优等挂钩。

具体措施包括以下几个方面：

（1）把以往的"四好"领导班子考评与全面从严治党考评有机整合，做到考评指标整合、考评实施同步、考评结果共用。考评时间一般安排在当年的12月至次年的2月，与"四好"领导班子考评、党建述职评议考核结合进行。

（2）借鉴"四好"领导班子考评做法，研究制定全面从严治党年度考评方案，明确考评细则及评分标准说明。考评内容以全面从严治党主体责任和监督责任清单为主，此外，通过谈话了解领导干部个人履责情况，并抽查基层党支部履责情况。考评程序一般包括自评、召开述职考评大会、个别谈话或召开座谈会、查阅资料（酌情开展现场检查）、党建总体满意度测评、问卷测试、形成考评意见、反馈情况、督促改进等步骤。

## 12.4  夯实党员管理，激发内生动力

党员队伍建设是党的基层组织建设的基础。党的创造力、凝聚力、战斗力不仅要靠党的指导思想、路线方针政策的正确，要靠各级党组织作用的发挥，还要靠组成党的肌体的每个细胞的健康和活力。党员是党的基层组织最基本的构成要素，基层党组织的创造力、凝聚

力、战斗力，在很大程度上取决于党员队伍建设的状况，取决于党员队伍的先锋模范作用发挥得如何。从一定意义说，党的基层组织的地位和作用，正是由党员的行动来体现的。要想做到"围绕工程抓党建，抓好党建促工程"，首先要抓的就是党员队伍建设，党员起来了，才能充分发挥出基层党组织的作用。

## 12.4.1　创建"四好"班子，强化带头作用

大兴机场工程属于大型复杂工程，在时间紧任务重、协调主体多、各项任务交织的复杂环境下，加强党的领导，充分发挥指挥部党委总揽全局、协调各方的作用至关重要。因此在大兴机场建设期间，指挥部始终贯彻落实党管干部、党管人才原则，突出政治标准，激励广大党员干部积极投身机场建设和运营，以实际行动践行对党忠诚。

组建伊始，指挥部就始终把创建"四好"领导班子，打造对党忠诚、胸怀大局、勇担重任的干部队伍作为奋斗目标，充分发挥"把方向、管大局、保落实"的作用，促进高质量发展。

指挥部一直以来都致力于将党的组织优势转化为工程建设的领导力。早在2011年，指挥部就印发了《北京新机场建设指挥部党委开展"四好"领导班子创建活动方案》，根据其中要求，领导班子要不断增强政治意识、大局意识、责任意识和忧患意识，提高战略决策能力、综合管理能力、沟通协调能力、开拓创新能力、风险防范和危机处理能力以及驾驭复杂局面的能力，进一步锻造成为"政治素质好、经营业绩好、团结协作好、作风形象好"的优秀团队，为实现将大兴机场建设成为"引领世界机场建设，打造全球空港标杆"的宏伟愿景提供坚强的政治保障。

### 1. 发挥党组织优势，提高决策水平

指挥部一直坚持将民主集中制作为科学决策的根本保障，涉及预算、人事、机构等"三重一大"[①]的问题均采用召开办公会、党委会等方式进行集体决策，确保指挥部领导班子决策的科学性和公正性。同时，指挥部还持续强化和规范党委参与企业重大问题决策的基本定位和工作流程，严格落实党委会议事规则和决策程序，以党的组织优势和先进思想进一步明确领导班子"谋全局、议大事、抓重点"的导向。

---

① "三重一大"，即重大事项决策、重要干部任免、重大项目投资决策、大额资金使用。

### 2. 严肃政治生活，规范党员行为

一直以来，指挥部严格落实组织生活会、"三会一课"①、民主评议党员等党建制度，提高了党内政治生活的严肃性与战斗性。在项目建设期间，领导班子成员以普通党员身份积极参加党内活动，如实向组织汇报个人重大事项，带头履行党员义务。

### 3. 发挥带头作用

身为党员的领导班子成员在大兴机场建设过程中，面对各项急难险重任务，往往都冲锋一线，靠前指挥，在基层解决问题，体现了较强的党性观念和担当精神，为广大党员群众做出表率。同时，班子成员以是否真抓实干、动真碰硬作为体现忠诚干净担当的评判标尺，自觉弘扬新时期民航精神与大国工匠精神，积极投身工程建设、验收、校飞试飞、综合演练、首航保障等急难险重任务，经受住了时间紧任务重、协调主体多、各项任务交织的严峻考验，做到"日常工作看得出来，关键时刻站得出来"。

整个建设及运筹期间，指挥部涌现出全国五一劳动奖章、全国最美职工、民航科技创新人才、最美国门人、青春榜样等一大批先进典型，彰显了共产党人的责任与担当。

## 12.4.2　坚持思想引领，提高政治站位

德国诗人海涅曾写道"思想走在行动之前，就像闪电走在雷鸣之前"。思想是党的基础性建设。指挥部党委自成立以来，一直坚持以党的先进思想为引领，要求全体党员坚定理想信念，在工程建设过程中立得稳，走得正，坚定不移向目标奋进。同时指挥部还致力于打造学习型组织，加强党员的先进思想和科学理论学习，辅以教育实践活动，将红色印记烙深、烙实。

科学的思想、理论武装是凝聚人心、团结向上的关键环节。面对如此重大的时代工程建设，指挥部深刻认识到思想、理论武装的重要性，并以思想的先进性和纯洁性激励指挥部全体党员不忘初心、牢记使命、长久奋斗，汇聚起同心共建大兴机场的磅礴力量。

### 1. 学习党的先进思想，提高党员政治站位

2017年2月23日，习近平总书记在视察大兴机场时强调：大兴机场是国家发展一个新的动力源，必须全力打造精品工程、样板工程、平安工程、廉洁工程，为国家基础设施建设继续打造样板。习近平总书记的重要指示，明确了大兴机场的战略定位和建设目标，为大兴机场建设提供了根本遵循。

---

① "三会一课"中，"三会"是指定期召开支部党员大会、支部委员会、党小组会；"一课"是指按时上好党课。

指挥部党委坚持把学习贯彻习近平总书记重要指示精神纳入"两学一做"①学习教育重要内容，第一时间组织专题学习总书记的重要指示，给数万名大兴机场建设者以巨大鼓舞和激励，让中国民航广大干部职工为之振奋、倍感自豪，进一步增强了责任感、使命感，坚定了"引领世界机场建设、打造全球空港标杆"的信心和决心。

指挥部党委还将每年2月23日固化为大兴机场各单位的主题党日，组织党员学习党的先进思想和优秀理论。以多种形式深入学习贯彻习近平新时代中国特色社会主义思想、党的十八大及十八届三中、四中全会精神和习近平总书记系列重要讲话精神。积极开展"学党史、知党情、强党性"党课教育、"三严三实"②专题教育、"不忘初心、牢记使命主题教育，开展党委中心组扩大学习，组织开展以"牢记嘱托、不负厚望，引领北京新机场建设发展新时代"为主题的大学习、大讨论、大实践，通过党委中心组学习、"三会一课"、联合宣讲、知识问答、党课进工地、党员领学板、观看红色电影等方式，共组织主题宣讲680场、专题党课388次，切实把总书记的关心关怀关爱传递到每一名建设者的心坎上，贯彻中央和上级精神。研究制定并印发指挥部《"三严三实"专题教育实施方案》，同时指挥部还推进"两学一做"学习教育常态化，开展"手抄党章一百天"活动，创办《学习参考》资料，组织专（兼）职党务工作者党性教育培训，用党的创新理论武装头脑，加强指挥部党员政治意识，强化指挥部党委的基础性建设，推动指挥部全体党员为实现大兴机场建设和发展使命不懈奋斗。其中深入推进"两学一做"学习教育常态化、制度化，关键是要发挥好党支部的主体作用，将各个区域、各条战线、各个单位的党员紧密联系起来、有效组织起来，形成具有统一意志、统一纪律、统一行动的整体。

坚定理想信念是进行党的思想建设的首要任务。因为党的思想引领力从根本来源上讲，是理想的呼唤、信仰的笃定。指挥部党委一直以来都很注重支部党员理想信念的强化工作，要求党员牢固树立信心，持续推进大兴机场"引领世界机场建设，打造全球空港标杆"的建设愿景和精品工程、样板工程、平安工程、廉洁工程"四个工程"的建设目标的达成。指挥部立志要成为世界机场建设的领跑者，秉承科学规划、优质高效、绿色环保、科技创新、建设和运营一体化理念，大胆探索和实践，敢为人先；同时指挥部也志存高远，立志在机场安全、运行保障、客货流程、服务体验、环境友好等方面成为全球空港标杆。

面对大兴机场这样的超大型工程建设任务，需要党员们树立信心，坚定理想信念，廓清思想迷雾，排除思想干扰，把稳思想"主心骨"，坚定不移地朝着大兴机场的建设目标不懈奋

---

① "两学一做"，即学党章党规、学系列讲话，做合格党员。
② "三严三实"，即严以修身、严以用权、严以律己，谋事要实、创业要实、做人要实。

斗。同时还需要牢固树立"四个意识"①、坚定"四个自信"②，不断提高政治站位、增进政治认同，砥砺实现新作为、建功新时代的思想自觉和价值共识。

此外，指挥部还鼓励党员进一步增强政治敏锐性和鉴别力。对于大兴机场这样大体量、大跨度、多维度的建设工程，管理部门上达中央，下至北京、河北等地方政府，很多问题的协调归根到底都落在政治层面上，作为工程建设管理的主体，指挥部的广大党员必须要善于从政治角度去观察和分析问题，在大是大非和重大政治原则问题上坚定立场、坚决态度，一切问题以将机场建设好为准则，进行各方的沟通协调，保持政治警觉，同时也要注意政治局势，当好主流意识形态的"守护者"，善于政治鉴别。

## 2. 开展教育实践活动，拓宽思想教育路线

指挥部按照"照镜子、正衣冠、洗洗澡、治治病"的总要求，落实民航局和集团公司相关部署，着力反对"四风"③，密切党群、干群关系。此外，指挥部一直以来还积极贯彻落实党员教育管理条例和全国党员培训工作规划，从严从实抓好党员教育管理，充分引导党员紧密联系思想实际和工作实际，促进党建与业务相融合，要求党员自觉对标对表，时时叩问初心、守护初心，在思想上政治上不断进行检视、剖析、反思，不断去杂质、除病毒、防污染。并结合实际情况，开展党的群众路线教育实践活动同建设中心工作相结合，同"四好班子"建设相结合，同执行"八项规定"相结合，确保了工作扎实推进、取得实效，让先进思想"落地"。

根据民航局和集团公司党组的部署安排，指挥部于2013年8月正式启动党的群众路线教育实践活动。过程中，指挥部以党支部分类定级、支部和党员公开承诺、先进推荐等系列工作为抓手，推进党建工作规范化、项目化、品牌化。同时，指挥部还开展了创先争优系列活动，健全基层工会组织，开展推荐先进、向灾区献爱心等系列活动。指挥部党委还组织全体党员赴河北省易县狼牙山开展红色教育主题实践活动。通过系列教育实践活动的开展，进一步拓宽了指挥部党组织的思想教育路线，同时也增强了党组织的活力。

---

① "四个意识"即政治意识、大局意识、核心意识、看齐意识。
② "四个自信"即中国特色社会主义道路自信、理论自信、制度自信、文化自信。
③ "四风"即形式主义、官僚主义、享乐主义和奢靡之风。

## 12.4.3　发挥先锋模范作用，带领全体共同奋进

虽然说建设行业是劳动密集型产业，但是在我国，大多数参与工程建设的工人均不属于固定工，多是人随项目走，人员流动性较大，加上很大一部分工人是从农村进城务工，未经过严格的劳动培训，所以人员素质参差不齐、纪律性较差。如果要想齐心协力将大兴机场建好，达到"引领世界机场建设，打造全球空港标杆"的伟大愿景，就必须有所规范和引领。

党员是党组织的重要构成，党员充分发挥先锋模范作用是党的先进性的集中体现和重要基础。只有在大兴机场建设过程中充分发挥好党员的先锋模范作用，积极营造"勇担重任、团结协作、廉洁务实、追求卓越"的浓厚氛围，带动大兴机场的全体参建人员全身心地投入建设工作，用信仰和激情汇聚起建设大兴机场的磅礴力量，才能有力地保证大兴机场各项事业的顺利推进，真正激活大兴机场"四个工程"建设原动力。"社会主义是干出来的，新机场建设的每一个参与者都在参与历史、见证历史，大家要树立责任意识、奉献意识，在建设中增长才干、展示风貌"。这是习近平总书记对全体大兴机场建设者的殷切希望和深情嘱托，更是检验全体党员"四个意识""四个合格"[①]最直接的标尺。

### 1. 强化担当，用当代民航精神激发动力

要想建设好大兴机场这样一个世纪工程、标杆工程，必须充分发挥党员的先锋模范作用，用信仰的力量、精神的力量作为支撑。指挥部党委坚持用忠诚担当的政治品格、严谨科学的专业精神、团结协作的工作作风、敬业奉献的职业操守这一当代民航精神，鼓舞和激励广大党员干部职工，教育引导大家立足岗位、不畏艰难、无私奉献，用智慧、汗水、勇气和成绩，托起京冀之交拔地而起的大国工程。指挥部的基层党员一直明确要旗帜鲜明讲政治，将建设好、运营好大兴机场作为重要政治任务、作为检验初心使命的重要实践标准，强化自身责任担当，在建设、运营过程中克服决策难、协调难、建设难、转场难等一系列困难，实现了一个又一个"不可能"，创造了一个又一个新奇迹，高质量、高效率地完成各项任务。在冲刺航站楼封顶封围的攻坚战中，航站区开展"大干实干100天"夺旗摘星活动，在"不完成任务坚决不下屋面"的庄严承诺下，16个党员突击队每天6时到"作业面"，22时下"作业面"，用最快的速度、最高的质量、最低的成本、最安全的方式，圆满完成了2017年航站楼功能性封顶封围的目标。寒冬刺骨，他们跳进20m深的基坑浇筑混凝土；酷暑暴晒，他们爬上50m高的屋顶焊装钢网架。广大党员群众依照"6·30"竣工和"9·30"前投运两个总工期

---

① "四个合格"是指政治合格、执行纪律合格、品德合格、发挥作用合格。

目标，结合实际情况，加快建设进度，以坚定不移的决心、胜券在握的信心、持之以恒的耐心、勇于担当的责任心，全力推进工程建设，按时按质完成目标任务，为庆祝中华人民共和国成立70周年增了光添了彩。在此期间的工作协调推进之困难可以想象，但是指挥部的广大党员还是顶着巨大压力往前冲，最终获得了如此出彩的成绩，也足以看出党员群众具备了过硬的政治能力。正是他们用忠于信仰、忠于事业、忠于本职的坚守，用不懈的奋斗和无私的奉献，将"人民对美好生活的向往，就是我们的奋斗目标"的共产党人铮铮誓言，回响在了京南的大地上，成为中国大型工程建设当之无愧的名片。

### 2. 搭建平台，让党员在攻坚克难中建功立业

大兴机场是举世公认的高新技术密集度高、尖端科技聚集度高、各类产品耦合度高的综合交通枢纽，体量大、难度高、经验少，其建设难度在中国民航发展史上绝无仅有，在世界机场建设史上也较罕见。为了确保工程能够最终建成、建好，广大建设者以严谨的专业素养、科学的专业态度，扎实推进各项工作，确保了工程有条不紊、高质量推进。指挥部党委通过"搭平台、压担子"的培养锻炼方式，持续激发广大党员干部强烈的事业心和进取心。指挥部领导带领党员创新小组，创造性地设置隔震层，有效解决了高铁高速通过（250km/h）航站楼所产生的震动影响问题，节约建设资金约2亿元，让大兴机场航站楼成为目前世界上最大的单体隔震建筑。很多奋战在一线的党员挑起了科技创新攻关大梁，致力于建成复合生态水系统高效合理运行的"海绵机场"，让雨水回渗率不低于40%，雨、污分离和处理率100%，非传统水源利用率30%，成为绿色机场建设的重要标志性成果。全向跑道构型、机场智能分析平台、无结构缝一体化、超大平面自由曲面空间网架等一大批具有国际先进水平的关键技术在大兴机场得到了突破和应用。在此过程中，指挥部要求广大党员在工作中要做到实事求是，树立底线思维和问题导向，按照"千方百计把问题找出来，找出问题就是成绩，解决问题就是提升"的要求，狠抓问题，以钉钉子精神抓好问题整改，对大兴机场的建设和验收进行严格监管，确保工程经得起历史检验，同时指挥部还要求广大党员在工作中从细节处着眼、于细微处着手，把质量安全无小事的思想贯穿工程建设的整个过程，对各类问题绝不放过，创造了质量合格率100%、安全生产零事故的新纪录。可以看出广大党员群众身上体现出来的严谨科学的专业精神，他们以严的标准、实的态度、细的举措成功突破了一项又一项的技术壁垒，为中国民航事业发展提供开创性的探索和历史性的贡献，为全球综合交通枢纽建设提供了"中国方案"。

### 3. 树立标杆，营造"比学赶超"的浓厚氛围

指挥部党委通过开展多种形式的宣传教育和岗位锤炼，培育劳动光荣、技能宝贵、创造

伟大的良好风尚；通过开展党员示范岗、党员责任区、党员大比武、党员大讲堂等活动，切实营造了学习先进、争当先进、赶超先进的浓厚氛围，涌现了一大批优秀党员。他们中，有的利用业余时间查找国内外几十年来的资料，撰写出150页、近4万字的"大兴机场相关背景材料口袋书"，成为参与大兴机场建设的"开蒙宝典"；有的工程中是"薪火相传"的好师傅，他们将工程技术和大兴机场特点有机融合，从不同的现象中找原因，寻求解决方法，让良好的学习方法在指挥部内传播开来，越来越多的"新手"在项目上也慢慢成长为了能够独当一面的技术"大咖"。在指挥部党委"争当时代先锋、努力建功立业"的号召下，广大党员对标找差、见贤思齐，践行"四讲四有"[①]，争做合格党员。各级党组织培育选树先进、大力宣传典型，让大兴机场成为识别人才、培育人才、凝聚人才的大摇篮、大舞台、大基地，形成了优秀党员、干部竞相涌现的生动局面。

在大兴机场建设及投运过程中，指挥部涌现出了一批先进典型：1个单位被授予全国五一劳动奖状，1人被授予全国五一劳动奖章，1个班组被授予全国工人先锋号；1人被授予全国"最美职工"；3人被授予全国交通技术能手；4个单位被授予全国民航五一劳动奖状，17人被授予全国民航五一劳动奖章，10个班组被授予全国民航工人先锋号。76个先进集体和161个先进个人受到民航局全行业通报表彰。

指挥部在建设期间着重强调党员的品格提升和能力培养，培育形成了以"精诚团结、精益求精，敢于攻坚、敢为人先"为主要内容的精神特质，丰富拓展了当代民航机场建设精神的内涵。广大党员均具备了忠诚担当的政治品格、严谨科学的专业精神、团结协作的工作作风和敬业奉献的职业操守。

## 12.4.4　加强党史学习教育，牢抓党建实绩

2021年2月20日，在党史学习教育动员大会上，习近平总书记发表了重要讲话。为进一步深入贯彻落实习近平总书记的重要讲话精神，根据中央、民航局党组、集团公司党委有关部署要求，指挥部党委于2022年3月18日正式启动党史学习教育。督促指挥部广大党员干部充分认识党史学习教育的重大意义，切实将党史学习教育作为一项重要政治任务，以强烈的政治责任感和饱满的精神状态投入党史学习教育中来，把学习教育融入具体实践，确保把党史学习教育工作抓紧抓好、抓出成效。

同时，2021年"七一"以来，指挥部党委反复学习领会、贯彻落实习近平总书记"七一"重要讲话，深入学习贯彻党的十九届六中全会精神，牢记初心使命、坚定理想信念，在学党

---

① "四讲四有"是指讲政治、有信念，讲规矩、有纪律，讲道德、有品行，讲奉献、有作为。

史、悟思想、办实事、开新局上进一步做深、做细、做实，在"我为群众办实事"实践活动上重点发力，指挥部的党史学习教育取得了明显成效。

指挥部党委共举办（参加）集中学习、专题研讨、读书班等23次，邀请专家教授辅导讲座3场次，参训人员超过800人次，形成学习研讨发言材料6万余字。赴延安、上海等地开展主题培训2批次，赴中国共产党历史展览馆、民航博物馆、大兴机场航站楼等开展参观学习和联合主题党日活动3场次。

基层党支部开展读书分享18次，分享人员135人次。工会、团委开展读书分享、参观红色教育基地等活动共计11次。

指挥部党史学习教育涉及的39项规定动作、25项自选动作（1项受疫情原因调整）、12项"我为群众办实事"年度任务，均按期完成。

总体来说，指挥部党史学习教育能够立足实际、守正创新，全过程做到了"把握一个遵循、坚定四个自觉、注重三个结合"，取得了较好效果。

在此过程中，指挥部党委的工作做法可以总结为以下三点：

### 1. 把握"一个遵循"

始终以习近平总书记关于党史学习教育系列重要讲话精神为根本遵循。结合党史学习教育三个阶段，指挥部党委以习近平总书记动员大会重要讲话精神、"七一"重要讲话精神、《中共中央关于党的百年奋斗重大成就和历史经验的决议》以及习近平总书记对《决议》的说明为重点，严格落实"第一议题"制度，认真组织党委理论学习中心组（扩大）学习，全面深入学习贯彻落实习近平总书记系列重要讲话精神，在各项任务中始终牢牢把握"六个进一步"目标，认真领会"九个必须"要求和"十条历史经验"，大力弘扬伟大建党精神，以实际行动积极响应习近平总书记面向全体党员发出的伟大号召，牢记初心使命，坚定理想信念，努力实现学史明理、学史增信、学史崇德、学史力行的目标要求，以史为鉴、开创未来、埋头苦干、勇毅前行。

### 2. 坚定"四个自觉"

指挥部党委不断坚定政治自觉、思想自觉、历史自觉和行动自觉，确保党史学习教育高标准高质量推动。

（1）以更加坚定的政治自觉，扎实做好组织领导

指挥部党委始终将党史学习教育作为贯穿全年的重要政治任务抓紧抓好，建机制、夯计划，全面落实主体责任。党史学习教育开展以来，党委先后10次进行专题研究部署，研究事项12件。成立党史学习教育领导小组，制定指挥部《党史学习教育工作方案》《庆祝中国共产

党成立100周年活动方案》，分解规定动作39项，创新谋划自选动作26项，指导推动5个基层党支部逐月细化工作任务。召开2次党史学习教育领导小组会议，3次领导小组办公室会议，同时结合全面从严治党定期分析会等对党史学习教育进行部署推动。

在此过程中，指挥部领导班子成员注重发挥示范引领作用，确保重点任务全面推进、积厚成势。领导班子的成员们坚持做领学促学的表率，带头学习"四史"指定教材，带头赴革命圣地参观学习，参加基层党支部党员大会，深入开展调研督导，认真落实基层联系点制度，动员推动所在支部、分管部门党史学习教育扎实有序开展。

工程部门也积极落实"党史学习教育进工地"的部署要求。工程一部党支部联合建设单位共同开展党史学习教育，注重将支援隆子机场建设作为党史学习教育的重要内容；工程二部党支部组织参建单位开展"重温百年党史守初心建设大兴机场创品质"主题知识竞赛。

（2）以更加坚定的思想自觉，不断强化理想信念

指挥部党委注重通过党史学习教育引导党员干部以史为镜、以史明志，自觉增强用习近平新时代中国特色社会主义思想武装头脑、指导实践的能力。

指挥部全年开展或参加党史学习教育主题的党委理论学习中心组学习23次，其中专题研讨5次。选派20名党员干部赴延安参加大兴机场组织开展的党史学习教育专题培训；组织大兴机场、指挥部近50名党员干部，赴上海、嘉兴南湖开展红色教育并开展建设运营一体化培训；召开"9·25"大兴机场投运两周年专题研讨会，指挥部领导、各部门负责人结合党史学习教育成效，聚焦持续贯彻落实习近平总书记视察大兴机场的重要指示精神，以《奋力写好高水平运营"赶考路上"的满意答卷》为题，联系实际谈认识、体会和思考，汇编书面研讨材料30篇。深入学习贯彻习近平总书记"七一"重要讲话精神和十九届六中全会精神、中央经济工作会议精神、全国民航机场建设管理大会精神等，指挥部主要领导、班子成员在集团公司党委组织的"9·24"联学活动、集团公司战略研讨会上进行认真思考、踊跃发言。组织全体中层管理人员开展党史学习教育读书会，进一步保持和增强学习热情。机关第一党支部前往双清别墅、北京市档案馆等红色圣地、展馆，身临其境感受历史伟力。机关第二党支部组织指挥部新入职员工赴在建项目工地进行培训，助力新员工专业培养和作风养成。机关第三党支部注重完善党员学习教育平台，定期编发《清风卫士》内刊。工会认真组织读书分享活动，深入学习习近平总书记关于工人阶级和工会工作的重要论述。团委组织全体团员认真撰写学习"七一"重要讲话的心得体会，前往红色教育基地参观学习。

（3）以更加坚定的历史自觉，持续增强精神动力

指挥部党委注重紧密联系中国民航发展史、首都机场集团发展史、大兴机场工程建设史，不断增强做好党史学习教育的精神动力。2021年以来，大兴机场作为大国重器的代表，在百年党史中留下了令人难忘的印记：《中国共产党简史》《习近平新时代中国特色社会主义思想问

答》"'不忘初心、牢记使命'中国共产党历史展览"等党史学习教育指定书目、展览中均有大兴机场建设运营的形象展示，大兴机场还成为民航首个全国爱国主义教育示范基地。指挥部党委结合以上重要内容，对党史学习教育进行了持续深入的动员，极大地增强了指挥部全体党员干部的历史自豪感。编发《历史上的今天——大兴机场工程建设回顾》学习专栏，累计更新内容317篇。大兴机场与指挥部共同赴民航博物馆开展党委理论中心组（扩大）学习，参观"新中国民航70年发展历程展"，进一步深化对中国民航事业发展壮大光辉历程的认识。

（4）以更加坚定的行动自觉，不断深化"为民服务"意识

指挥部党委高度重视"我为群众办实事"实践活动，先后3次研究完善"我为群众办实事"任务清单，召开党委会、党史学习教育领导小组会议进行部署推动，全年共推出"我为群众办实事"任务清单13项，领导班子成员带头就任务清单落实情况开展调研72次，按期完成12项。在面向社会办实事方面：依托大兴机场建设运营一体化协同委员会平台，紧盯督办问题库，累计入库问题共计108项，已完成100项问题整改；公务机楼等在建工程项目已完成竣工验收。在面向行业办实事方面：全力完成蓝天保卫战任务，大兴机场APU替代项目按期竣工验收；在大兴机场支持下，协助各参建单位建立落实核酸检测周检制度，核酸检测总计21 200余人次，参建人员疫苗二针接种率100%，接种加强针900余人次，接种率100%。在面向基层员工办实事方面：落实员工2020年以来高度关切的职业发展问题；修订指挥部津贴补贴及货币化福利管理规定；借助大兴机场平台，积极争取公租房、员工子女入学等政策支持；开展大兴机场工程建设经验总结，加强高潜质人才培养；出台《北京新机场建设指挥部科技创新奖励办法》，落实2020年以来3个项目11人次的科技奖励；加增充电桩2台，解决指挥部员工新能源汽车充电紧张问题。

### 3. 注重"三个结合"

指挥部党委注重从以下三个结合进一步巩固和拓展党史学习教育成效：一是将开展党史学习教育与全面持续深入贯彻落实习近平总书记两次视察大兴机场重要指示精神结合起来；二是将开展党史学习教育与践行现代工程理念、推动指挥部高质量发展结合起来；三是将开展党史学习教育与将全面从严治党向纵深推进结合起来。

指挥部还系统夯实党建基础。落实集团公司党委"双乘法"考核要求，建立党建工作考核办法，压实党建责任。在传承深化一期工程优秀党建实践的基础上，主动探索党建与业务融合的创新路径，研究印发《关于在工程项目全寿命周期中探索推进"支部建在项目上"党建品牌建设的实施办法》。

# 第 13 章

# 以制度和流程为核心的廉洁工程建设

大兴机场工程建设过程中，指挥部主要从制度制定、程序规范、思想教育、监督执纪等几个方面进行廉政建设，对廉洁风险进行严格防控。2019年9月25日，习近平总书记出席大兴机场投运仪式时指出，"全体建设者高质量地完成了任务，把大兴机场打造成为精品工程、样板工程、平安工程、廉洁工程，向党和人民交上了一份令人满意的答卷!"可以看出，指挥部在建设期间的廉政建设是非常到位的，成果也是显著的。

本章将从指挥部增强"不想腐"自觉、扎牢"不能腐"笼子、持续强化"不敢腐"震慑三个维度介绍指挥部的"廉洁工程"建设情况。主要内容和思路如图13-1所示。

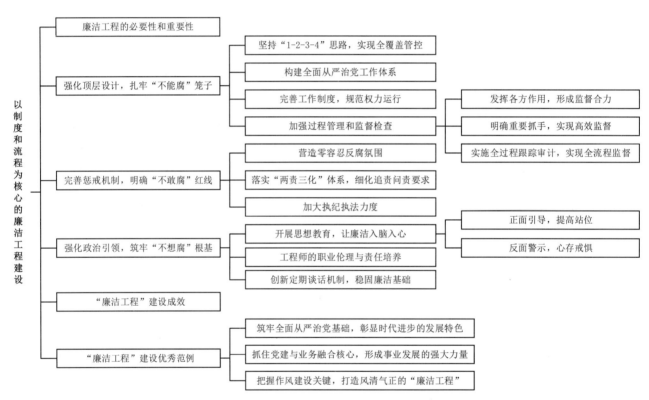

图13-1 本章主要内容及思路

# 13.1 廉洁工程的必要性和重要性

党的十九大报告指出，"人民群众最痛恨腐败现象，腐败是我们党面临的最大威胁"。党的十八大以来，以习近平同志为核心的党中央以强烈的责任感和深沉的使命忧患感，把全面从严治党纳入"四个全面"战略布局，坚持反腐败无禁区、全覆盖、零容忍，坚定不移"打虎""拍蝇""猎狐"，提倡廉洁从政。对于廉政建设，党的十五大提出反腐败"教育是基础，法制是保证，监督是关键"。党的十六大在此基础上进一步提出"加强教育，发展民主，健全法制，强化监督，创新体制，把反腐败寓于各项重要政策措施之中，从源头上预防和解决腐败问题"。党的十七大提出要坚持标本兼治、综合治理、惩防并举、注重预防的方针，扎实推进惩治和预防腐败体系建设，在坚决惩治腐败的同时，更加注重治本，更加注重预防，更加注重制度建设，拓展从源头上防治腐败工作。党中央层面宏观的反腐战略也为指挥部的廉洁工程建设指明了方向。

民航局在建设初期就对指挥部提出了明确要求，要求实现"优质工程"和"廉洁工程"两个目标，确保工程安全和政治安全。建设中后期，随着工作的进一步深入，大兴机场的各类工作也在加快推进，这时就需要指挥部加强对重要项目、关键环节、重要岗位的全方位、全过程监督，真正做到经得起查、经得起问、经得起历史的检验。在建设期间，指挥部要求各部门以廉洁风险防控工作为契机，深入查找廉洁风险点，探索重大建设项目廉政风险防控管理的机制和办法，坚持注重预防、强化介入、严格监督，不断加强风险意识和廉洁意识，以实现"廉洁工程"的目标。

投资强度大、涉及利益方多，被"围猎"、被诱惑的风险时刻存在。对于大兴机场建设来说，廉洁工程的建设是必要的，也是重要的。

基于上述，指挥部提出了以制度和流程为核心的廉洁风险防控机制。明确提出强化顶层设计、完善惩戒机制、强化政治引领等措施，坚决贯彻落实习近平总书记重要指示精神，举全集团之力共同打造大兴机场"廉洁工程"。把好严关，整体推进"不敢腐""不能腐""不想腐"，有效营造了风清、气正、劲足的干事创业氛围。

# 13.2 强化顶层设计，扎牢"不能腐"笼子

在工程建设过程中，指挥部为进一步扎牢"不能腐"笼子，着力于强化管控和落实上下功夫、做文章。首都机场集团公司通过充分调研、反复研究，在工程实施中边实践、边总结提炼，制定了《关于进一步深化打造北京新机场"廉洁工程"的实施意见》，指挥部对此实施意见深入贯彻，实现了对大兴机场工程项目中廉洁工程的全过程、全方位把控。

指挥部主要贯彻了"1-2-3-4"的总体思路，并制定了具体的落实方案，坚决避免走形式、走过场。同时制定严格的指挥部廉洁制度以及设计严格的工作程序，从顶层设计层面让员工"不能腐"，这些制度和程序主要通过大兴机场工作委员会、月度讲评会、纪委书记研讨会等进行专题部署和宣贯。

## 13.2.1 坚持"1-2-3-4"思路，实现全覆盖管控

《关于进一步深化打造北京新机场"廉洁工程"的实施意见》中将习近平总书记重要指示精神转化为举集团全力打造廉洁工程的目标、原则和总体思路，明确了坚持全领域覆盖、全过程跟踪、全链条介入、全要素渗透、全员化参与、全方位监督的工作原则，形成了"严守一条底线，聚焦两个阶段，把握三重维度，抓好四项重点"的"1-2-3-4"总体思路，清晰了廉洁工程建设的方法论和路线图。"一条底线"即确保不发生"工程建起来，干部倒下去"；"两个阶段"即聚焦机场工程建设和运营管理两个工作阶段，贯穿前期准备、建设管理、竣工验收、运行筹备全过程；"三重维度"即实现横向全覆盖、纵向全贯穿、深度全渗透，加强对权力运行的制约和监督；"四项重点"即从责任、管理、纪律、问责四个方面重点监督举措，确保落实落地落细。

指挥部及时制定了集团公司提出的"廉洁工程"实施意见对接工作方案，及时公布有关廉政建设、审计和纪检监察的最新动向及重要文件。同时还以大兴机场"廉洁工程"推进工作座谈会为契机，建立了更加广泛和全面的平台，推进大兴机场的"廉洁工程"建设。

## 13.2.2 构建全面从严治党工作体系

在大兴机场建设期间，指挥部健全和完善了全面从严治党的闭环工作体系，如图13-2所示。

年初部署。结合集团公司全面从严治党工作会，对廉洁工程建设进行全面部署，明确把

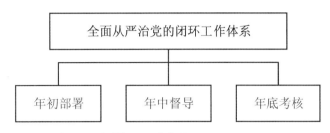

图13-2　全面从严治党的闭环工作体系

廉洁工程建设的具体要求列入全面从严治党主体责任、监督责任清单，作为政治监督的重点内容进行清单式部署的重点工作任务。

年中督导。结合全面从严治党定期分析会、纪委书记季度会对各成员单位推进廉洁工程建设情况进行阶段性分析总结，提出问题、总结经验、交流做法；将廉洁工程建设纳入巡察和制度执行审计、日常调研督导、监督检查的重点内容，形成常态化、具体化督促推进廉洁工程建设的机制。

年底考核。年底将指挥部的廉洁工程建设情况纳入全面从严治党考核，强化考核结果应用，与单位成员和经营管理人员个人绩效挂钩，并作为干部选拔任用的重要依据，进一步强化督促落实力度。

全面从严治党的闭环工作体系强调事前防范，保证在廉洁防控工作方面抓早抓小。

## 13.2.3　完善工作制度，规范权力运行

建设之初，指挥部全面梳理各项制度规定和业务流程，确保廉洁风险可控。指挥部依照首都机场集团公司所制定的《重点建设项目管理指挥部制度体系手册导引》，制定了深化打造大兴机场"廉洁工程"实施方案。针对审计、招标采购等容易发生廉洁事故的环节，专门制定并印发了《北京新机场建设指挥部内部审计管理规定》《北京新机场建设指挥部招标采购工作监督实施办法》等的相关规定和办法，一共形成了116项廉洁工作措施。这一切为指挥部打牢了廉洁防控工作的制度基础。

指挥部一直以来都坚持把对权力的制约和监督融入工程建设全过程，通过完善内部管控体系来管业务、管权力，通过管好业务、管住权力做到廉洁防控。同时，指挥部还按照民航局和集团公司党风廉政建设和反腐败工作的部署和要求，将自身内控机制建设与惩防腐败体系建设紧密结合起来，将防范廉洁风险和防范工程管理风险紧密结合起来，不断提升指挥部的管控力。真正做到扎紧制度笼子，完善规范权力运行的制度体系，推动各级党组织和党员干部强化制度意识，带头维护制度权威。

2012年6月，按照集团公司要求，指挥部正式成立廉洁风险防控工作领导小组及办公室，制定并下发了《廉洁风险防控工作实施方案》，对指挥部廉洁风险防控工作进行部署，扎实推进廉洁风险防控工作。一直以来，指挥部都以落实《北京新机场建设指挥部廉洁风险防控工作实施方案》为重要抓手，推进指挥部惩防腐败体系建设，运用教育、制度、监督等有效措施，排查廉洁风险，健全内控机制，加强风险防范，着力构建一套具有指挥部特色的廉洁风险防控体系，为实现大兴机场的"廉洁工程"的建设目标奠定了制度基础。

2012年，指挥部还在集团公司的领导下实施并编制了《廉洁风险防控手册》，并于2017年进行了再次修订完善，聚焦重大决策、廉洁自律、财务、招标采购及工程管理等方面，结合岗位职责梳理出廉洁风险点共296个，并制定了针对性的具体防控措施共418项，推动责任落实到部门、到岗位、到个人。在工程开工后，指挥部根据工程进展实际情况，以规范程序和防范风险为导向，持续完善制度体系，并通过巡察、制度执行审计等方式对制度执行情况加强监督检查。

建设期间，指挥部持续对接集团公司基本建设制度要求，制定了《招标采购管理规定》《合同支付财务管理细则》《工程计量支付及结算管理规定》等专项管控制度，细化执行标准和执行程序。

## 13.2.4　加强过程管理和监督检查

在建设工程领域，有廉洁制度还远远不够，还必须有一个强有力的监督执纪队伍保障廉洁制度的贯彻落实。

十八届中央纪委五次全会上，习近平总书记曾指出，要教育引导广大纪检监察干部敢于担当、敢于监督、敢于负责，牢固树立忠诚于党、忠诚于纪检监察事业的政治信念，努力成为一支忠诚、干净、担当的纪检监察队伍。纪检监察机关要防止"灯下黑"，严肃处理以案谋私、串通包庇、跑风漏气等突出问题，清理好门户，做到打铁必须自身硬。在过程中要做到压实监督责任，明确监督内容，补齐监督短板，深化运用监督执纪"四种形态"[①]，强化对党员、干部的日常监督，细化监督程序，规定监督手段，从"小节"抓起，确保监督工作规范有序、取得实效，建立"好同志"与"阶下囚"中间的缓冲区，防止纪律成为稻草人，从而使得纪律成为对组织内全体人员的刚性约束。

参与大兴机场工程建设的单位众多，民航行业就有机场、航空公司、航油、空管等多家

---

① 监督执纪的"四种形态"：其一、党内关系要正常化，批评和自我批评要经常开展，让咬耳扯袖、红脸出汗成为常态；其二、党纪轻处分和组织处理要成为大多数；其三、对严重违纪的重处分、作出重大职务调整应当是少数；其四、严重违纪涉嫌违法立案审查的只能是极少数。

业主单位，参建单位多达上千家，高峰时期，有7万余人共同作业，总结起来就是人多、关系杂，这对大兴机场建设过程中的廉洁工程建设的监督任务提出了巨大挑战。

首都机场集团公司一直以来都高度关注工程项目中的廉政建设工作，自大兴机场建设之初就成立并派出跟踪审计组，开展全驻场式跟踪审计工作，将招标投标、工程物资与设备、隐蔽工程等关键控制点纳入审计重点，有效防范廉洁风险。

针对此局面，指挥部始终秉持不怕交叉监督、不怕重复监督的原则，发挥派驻监督优势，强化上下联动，推动各方监督力量齐抓共管，注重各类监督有机贯通、相互协调，筑牢了指挥部的廉洁监督防线。通过构建全方位、无死角的监督体系，形成全面覆盖、常态长效的监督合力，突出加强对"关键少数"特别是"一把手"和领导班子的监督，让权力始终在阳光下运行，让腐败分子无所遁形。

### 1. 发挥各方作用，形成监督合力

（1）发挥派驻优势，严格日常监督

首都机场集团公司深入总结巡察和制度审计工作经验，持续推进和优化"巡审联动"工作模式，在2019年进一步探索建立了政治巡察、内部审计、专项检查"三联动"工作机制，在专项巡察与专项审计、经济责任审计有效联动的同时，与安全专项检查有效联动，对"四个工程"建设和安全工作重要批示落实情况加强监督检查。对大兴机场相关问题线索实行集中管理、优先处置、定期研判、盯住不放，加大执纪审查力度，深化运用监督执纪"四种形态"，对关键岗位采取"四必谈"，抓早抓小，防微杜渐；协助民航局召开"廉洁工程"座谈会，搭建总包单位沟通平台，与大兴区检察院等单位开展交流共建，拓宽监督渠道。

2017年，民航局党组与驻交通运输部纪检监察组探索创新并开展向集团公司派驻纪检组的试点工作，请中央纪委国家监委推荐政治过硬、经验丰富的同志担任派驻集团公司纪检组组长。在大兴机场建设及运营筹备期间，民航局党组、驻交通运输部纪检监察组对派驻集团公司纪检组多次就贯彻落实好习近平总书记关于大兴机场廉洁工程建设重要指示精神提出具体要求。自此，派驻集团公司纪检组把贯彻落实习近平总书记关于大兴机场有关重要指示精神情况纳入政治监督、日常监督等重要内容，督促集团公司制定《进一步深化打造廉洁工程的实施意见》，推动监督关口前移，严格把控廉洁风险。

首都机场集团公司通过召开季度分析会、调研座谈、经验交流等方式，对廉洁工程建设进行专题研究和部署，并对指挥部打造廉洁工程的纪检监督与跟踪审计进行督导检查，适时提出改进意见，督促整体工作水平整改提高。

纪检组还与下级党委建立了日常联系机制，即月度报告、季度分析、年度述职等机制，

加强上下联动，上级纪委"传、帮、促、督"①，推动下级纪委"转、补、提、创"②。同时，首都机场集团公司积极推进"两为主一报告"③制度落实，纪委书记由上级党委单独列序考核排名，督促各级纪委把廉洁工程建设情况作为履行监督责任情况报告和年度述职的重要内容，层层压实监督责任。

指挥部积极响应集团号召，与国家审计署取得联系，定期进行工作汇报、主动接受监督，并邀请集团审计监察部，全程参与和指导指挥部的招标采购工作，确保大兴机场工程成为"廉洁工程"。

（2）各方齐抓共管，扩大监督覆盖

指挥部与大兴区人民检察院建立共建机制，合作开展职务犯罪预防研究、工地现场法制宣传和警示教育展览。积极推动各参建单位齐头并进加强廉洁工程建设，将日常监督延伸到所有参建单位、所有参建人员。

东航、南航、空管局、中航油等民航相关业主单位，通过出台党风廉政建设和反腐败十条工作举措、招标投标"三不一必须"④和"五不得"⑤措施，制定造价、审计、纪检监察工作"三同时"⑥制度，开展联创共建"阳光示范工程"等方式，将廉洁工程建设贯穿工程建设始终。北京城建、北京建工、中建八局等施工总包单位，采取建立"6+1"⑦廉洁教育平台、对重点事项进行标准化、表单化监督等措施，不断深化廉洁工程建设。

同时，指挥部一直以来都在积极推进纪律监督、巡查监督与审计、财务、法律等职能监督贯通协调，形成配合科学、权责协同、运行高效的监督网。

指挥部贯彻落实了首都机场集团公司创新推行的"巡查、审计"联动模式，把贯彻落实总书记关于廉洁工程建设重要指示精神情况作为政治巡查、制度执行审计的重点，巡察与审计并行，巡察侧重政治问题，审计侧重经济问题，双管齐下优势互补，巡察和审计同步反

---

① "传、帮、促、督"：传，即传达精神、传递信息、传导压力；帮，即帮助业务开展、帮助解疑释惑、帮助能力提升；促，即促进工作推进、促进发现问题、促进补齐短板；督，即督导责任落实、督察问题整改、督办工作执行。

② "转、补、提、创"：转，即深化转职能、转方式、转作风，聚焦监督执纪问责；补，即补工作短板、补业务弱项、补监督空白；提，即提高监督水平、提升执纪能力、提振担当精神；创，创新工作举措、创新基层经验、创造工作业绩。

③ "两为主一报告"：一是查办腐败案件以上级纪委领导为主，二是各级纪委书记、副书记的提名和考察以上级纪委会同组织部门为主；线索处置和案件查办在向同级党委报告的同时必须向上级纪委报告。

④ "三不一必须"："不进包间、不许喝酒、不能聚众""必须依规结算"。

⑤ "五不得"：即"不得单独与潜在供应商交流业务；不得在工作场所之外与潜在供应商交流业务；不得由潜在供应商支付考察交流费用；不得泄露指挥部机密或交流敏感事项；不得在外部公开场合对潜在供应商的企业、产品和服务做出倾向性评价。"

⑥ "三同时"，即造价、审计、纪检监察三项工作同时开展，对项目资金的使用进行全过程监管。

⑦ "6+1"指的是"一报、一刊、一网、一微、一栏、一主题、一课堂"，即利用总包月刊、廉政教育专刊、OA办公平台、微信公众平台、项目部党风廉政宣传栏、"学《准则》、记《条例》、守纪律"和"以案明纪"等一年一次主题教育活动。

馈、同步整改，推动巡察发现问题整改落实。

例如，2019年，指挥部对参与大兴机场建设与运营管理筹备的各企业开展了贯彻落实习近平总书记关于打造"精品工程、样板工程、平安工程、廉洁工程"重要指示精神的专项巡查，探索实践了政治巡查、内部审计、安全专项检查的"巡审检三联动"模式，若发现涉及大兴机场工程建设和运营筹备的相关问题，盯住不放，督促立行立改，确保大兴机场廉洁工程目标的实现。

### 2. 明确重要抓手，实现高效监督

指挥部聚焦于重要部门和关键岗位，充分发挥财务、法律等职能部门的业务监督作用，紧盯工程招标投标、机场特种设备采购、非航资源招商等领域，持续加强对招标投标、采购等活动的源头监督，强化重点监督，严防设租寻租、以权谋私，做到监督常在、震慑常在、形成常态。

指挥部对重要部门、关键岗位的监督主要以《廉洁风险防控手册》为指导，确保监督检查工作落到实处。

（1）强化执行。在建设过程中，指挥部突出政治监督，强化日常监督，科学运用监督执纪"四种形态"，在选人用人、招标采购、合同谈判签订、工程结算、整改落实等各项工作中，加大监督力度，从严执纪问责。明确全面开展跟踪审计工作，确定跟踪审计方式、建立组织机构，对工程建设和管理进行动态的、全过程的监督与评价，及时查错防弊，盯紧盯牢廉洁风险防控关键人员、重点岗位和关键环节，全力防范风险。通过聘请跟踪审计单位，对工程建设和管理进行动态的、全过程的监督与评价，控制和节约工程投资，提高项目投资效益。

（2）现场跟踪审计。充分利用外部资源，拓展监督渠道，发挥外部监督作用，提高透明度，要求大兴机场建设者适应在"聚光灯"下干事创业，确保各项工作阳光透明。2016年，跟踪审计组常驻工程现场，结合大兴机场工程建设阶段性特点，严格执行国家、地方和集团公司的相关法规制度，对大兴机场建设关键环节的合法合规、效率效益情况进行全面审查与评价，及时查错防弊、防范风险，助力打造廉洁工程。

（3）强化制度，对照上级要求，梳理、完善指挥部现有管控制度，严格按照制度进行监督，受理投诉举报，查处违纪违规行为，积极构筑"不能为、不敢为"的制度防线。整理完善纪检监察有关制度和规定，汇编成册，指导业务工作。

### 3. 坚持全过程跟踪审计，实现全流程监督

从大兴机场建设伊始，民航局和首都机场集团公司纪检监察部门就提出要派驻工作人员

进行全程跟踪审计。指挥部也以此为契机，全面落实集团公司提出的"一四六一"全程跟踪审计模式[①]，积极配合上级有关单位做好审计监察工作，采取内外结合的方式，根据航站区工程和飞行区工程的不同特点，通过公开招标选定了两家审计事务所，与集团公司的审计监察部、指挥部的审计监察部共同组成全过程跟踪审计组，将跟踪审计嵌入工程建设全周期，审计内容和范围拓展到招标投标、合同管理、物资管理、工程变更等廉洁风险较高的领域，并结合实际情况对关键敏感事项开展"点对点"的专项审计，做到各项防范制度齐全、措施到位，使大兴机场工程成为全国民航重大工程廉政建设的典范。

工程建设过程中，审计组全过程参与工程建设咨询、服务与施工合同谈判、签订、计量、支付及结算的会签和审核工作。针对此，审计组制定了"开工前跟踪审计方案"对工程建设管理进行全面审核，进一步规范工程管理、控制和节约工程造价、提高项目投资效益。同时，还配合集团公司制订了《新机场建设工程全过程跟踪审计工作方案》，制订并发布《指挥部全过程跟踪审计实施办法》，进一步落实落地落细对于审计工作的全过程跟踪监督管理。

《全过程跟踪审计实施办法》中明确了跟踪审计的范围，包括从工程建设项目立项开始，至固定资产结转之前的所有建设及管理行为，如项目报批、施工准备、建设管理、竣工验收、结算以及财务收支等。跟踪审计的内容主要包括：基本建设程序执行情况、内部控制情况、招标投标管理、合同管理、物资设备采购管理、工程造价管理、竣工结算等方面的审查与评价。

在全面实施审计的基础上，指挥部还明确了六个审计的关键控制点，并要求重点加强对关键控制点的审查，分别是：

（1）招标投标及合同管理。招标投标审计包含：招标投标前的准备工作，招标投标文件及工程量清单和招标控制价的审核，开标、评标、定标过程等内容的审计。合同管理审计包含：合同签订程序，合同内容，合同履行情况，合同日常管理等内容的审计。

（2）物资设备管理。物资设备管理审计包含：物资设备采购计划，物资设备采购合同，物资设备验收、入库、保管、出库及维护情况确保真实性，各项采购费用及会计核算，暂估价物资设备价格确定等内容的审计。

（3）工程进度款支付。工程进度款支付审计包含：付款程序、支付方式是否符合合同规定，进度是否与实际施工或验收情况相符，承包商工程进度款报审资料是否准确等内容的审计。

（4）工程变更及工程索赔。工程变更及工程索赔审计包含：变更、索赔发生的原因是否符合合同规定，有关确认手续是否齐全，变更、索赔文件及相关资料是否完整，变更、索赔项目是否符合概（预）算项目内容等的审计。

---

① "一四六一"全过程跟踪审计：成立一个审计组，建立四项制度（即参加工程例会制度、《审计通知（委托）单》制度、《审计建议书》制度、统一签证制度），把好六个关键控制环节（即招标投标和合同、转包和违法分包、设备和材料采购及管理、隐蔽工程及现场签证、工程设计变更和施工变更、工程进度款审核），形成一套完整资料和体系文件。

（5）隐蔽工程验收及现场签证。隐蔽工程验收及现场签证审计包含：是否按合同要求建立隐蔽工程验收与现场签证管理的制度及其执行情况，隐蔽工程验收程序是否恰当，有无后补验收程序的情况，各相关单位是否参与隐蔽工程验收并形成各方签认的文字记录，工程结算时是否以隐蔽工程验收的实际情况进行结算等内容的审计。

（6）转包及违法分包。转包及违法分包审计包含：工程承包单位合规情况，合同签订情况，施工技术人员和管理人员构成情况，技术装备和物资采购情况，分包程序和管理情况，分包工程的实际范围和内容，资金往来和财务结算等内容的审计。

同时，指挥部还明确提出了跟踪审计的工作原则：

（1）重点突出的原则。跟踪审计将风险管理、内部控制、投资效益等方面的监督和评价贯穿于建设项目各个环节，在对工程造价、财务会计信息及工程管理行为进行全面审计的同时，突出审计重点，确保审计工作质量。

（2）事前事中事后相结合的原则。审计工作中，遵循事前审计预控、事中审计预警、事后审计监督相结合的原则，做到"到位不越位，参与不决策"。

（3）注重过程审计和管理审计的原则。跟踪审计作为工程建设项目内部审计的一种方式，注重工程建设实施过程和管理行为，并坚持管理审计与财务审计相结合。

此外，为进一步保证跟踪审计过程中的沟通与协调，有效开展审计工作，指挥部审计组还建立了"四项制度"，落实了"八个流程"，适时介入审计工作。具体内容包括：

（1）参加工程例会制度

参加工程例会制度规定审计组应参加指挥部等单位组织召开的相关工程例会，以保障审计组能够及时了解工程项目进展情况，有计划有步骤地开展全过程跟踪审计，加强与各相关方的沟通和协调，提高审计工作质量和效率。

同时工程例会制度还明确指出例会中如需审计人员拿出意见，参会人员应依法合规提出意见和建议，遇有重大问题需要在审计组内部讨论后再行答复，做到审计工作"到位不越位，参与不决策"。

（2）《审计通知（委托)单》制度

《审计通知（委托)单》制度提出在跟踪审计实施过程中，审计组或指挥部根据工作需要可通过审计通知单或审计委托单等方式，就审计内容、需要配合的其他事项或还应重点审计的内容等进行互相告知，以加强沟通配合、增强审计主动性、提高审计工作效率，最大限度地发挥全过程跟踪审计的作用，更好地保证审计工作合法、合规、廉洁、高效开展，确保审计工作按计划顺利开展。

（3）《审计建议书》制度

《审计建议书》制度规定审计组在跟踪审计过程中，针对发现的问题和不足，及时向指挥部提示重要风险，提出具体改进建议，促进指挥部进一步规范建设管理行为，提高项目投资效益。同时要求审计组根据国家、行业及首都机场集团公司的有关法规制度规定，按照"一四六一"工作模式的相关要求，主动与指挥部做好沟通，在依法合规的前提下，积极提出审计建议。

（4）统一签证制度

统一签证制度规定审计组应按照国家建设行政主管部门相关要求，应建议和协助指挥部规范统一签证、变更、索赔及验收等工作审批流程、报审资料格式等，促使各参建单位使用规范统一的单据，以提高工作效率，规范各参建单位办理工程签证、变更、索赔以及组织验收等行为。

（5）八个审计流程

主要包括招标投标及合同管理审计流程、物资设备管理审计流程、工程进度款支付审计流程、工程变更审计流程、现场签证审计流程、隐蔽工程验收审计流程、转包及违法分包审计流程和竣工结算管理审计流程。以"招标投标及合同管理审计流程"和"工程变更审计流程"为例，如图13-3和图13-4所示。

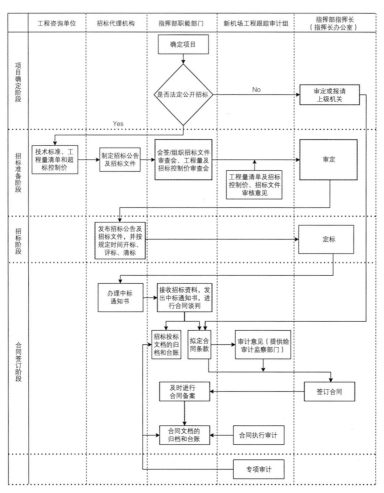

图13-3　招标投标及合同管理审计流程

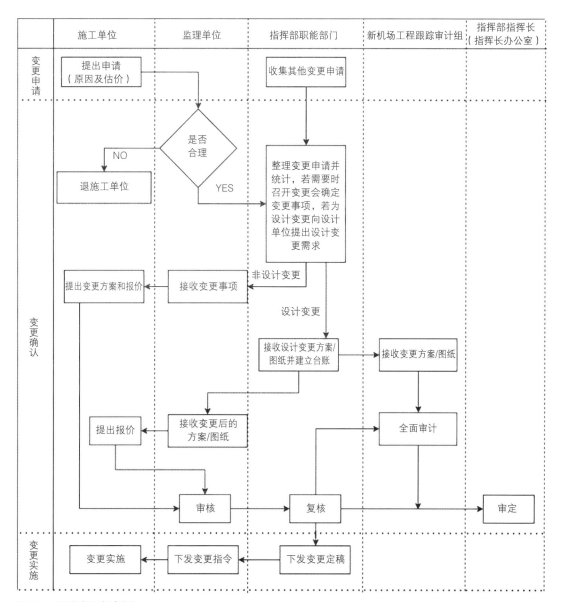

图13-4  工程变更审计流程

比如，在土方工程结算中，审计组发现施工单位上报的结算资料与界定标准存在差异，经反复沟通核实，审减工程结算款400余万元，并以此为契机督促施工单位严格把关上报结算资料，有效避免多付工程款的风险。

同时指挥部还建立了审计问题库，编制《廉洁机场建设工作措施手册》，初步形成具有大兴机场特色的廉洁文化和廉洁风险管控机制。

# 13.3　完善惩戒机制，明确"不敢腐"红线

### 1. 营造零容忍反腐氛围

有腐必反、有贪必肃，始终保持零容忍态度，是中国共产党一以贯之的鲜明态度。党的十八大以来，以习近平同志为核心的党中央以前所未有的勇气和定力推进党风廉政建设和反腐败斗争，推动全面从严治党取得了历史性、开创性成就。

在工程建设过程中，指挥部非常重视指挥部各部门以及大兴机场各参建单位内的环境打造，要求各部门要营造"零容忍"的反腐氛围，让腐败这一行为无处遁逃。

### 2. 落实"两责三化"体系，细化追责问责要求

指挥部在建设期间严格履行"一岗双责"制度，持续坚定以"两个责任、三化落实"为抓手，逐级签订了《党风建设和反腐倡廉建设责任书》，明确各部门负责人和其他中层管理人员的责任范围，构筑"不能腐"的廉洁防线，为建立起全面从严治党与廉洁工程建设的坚强保障。

### 3. 加大监督执纪力度

指挥部在建设期间，始终聚焦"监督、执纪、问责"，强调要严格执纪，全力推进"廉洁工程"建设。在过程中，指挥部认真贯彻落实了中央八项规定精神，深入开展国内公务接待违规违纪问题、违规发放津贴补贴奖金问题等专项治理工作，巩固风清气正、民主团结的政治生态和内部氛围。

# 13.4　强化政治引领，筑牢"不想腐"根基

腐败行为除了受周围环境影响外，其最本质的原因还是腐败主体本身思想意识薄弱，因此加强参建人员的思想政治建设非常重要。通过学习，让参建人员领会党的思想精神，本着对党、对人民负责的态度，努力保持思想上的先进性，用科学理论武装头脑，践行社会主义核心价值观，科学理论使人深刻，使人清醒，使人坚定，增强党员干部的政治敏锐性和鉴别力，筑牢思想防线，始终保持立场坚定、头脑清醒，把社会主义核心价值观作为每一个党员的自觉追求，划清正确和错误认识的界限，坚决抵制各种错误思想影响，永葆党员先进本色。

习近平总书记关于大兴机场廉洁工程建设的重要指示，体现着一以贯之、坚定不移全面从严治党的政治要求，包含着以人民为中心的真挚情怀，蕴含着廉政建设大兴机场这一重大标志性工程项目的殷切嘱托。指挥部也始终坚持把学习贯彻落实习近平总书记重要指示精神作为摆在首位的政治任务，提高打造廉洁工程的政治站位。

## 13.4.1　开展思想教育，让廉洁入脑入心

### 1. 正面引导，提高站位

指挥部一直以来积极贯彻落实集团公司建设惩防腐败体系要求，加强自身反腐倡廉教育和廉洁文化建设，以"注重预防，惩防并举"为方针，将党风廉政建设和反腐败斗争贯穿到大兴机场建设的各个环节。

为了响应集团公司号召，指挥部提出了加强廉政教育的制度建设框架，要求指挥部领导班子率先垂范，以上率下，带头进行廉洁主题教育学习。早在2011年3月4日，指挥部就特邀首都机场集团公司纪检组，以廉洁教育为主题，为全员讲授廉洁教育课。指挥部还将每年的2月23日和9月25日作为主题学习日，结合实际开展学习教育活动，重温习近平总书记关于廉洁工程建设的重要指示精神。同时，指挥部还会通过多平台宣传民航史、建设工程史上的廉洁工程案例，强化了对新聘员工的入职廉洁培训。对于跟踪审计人员，也专门围绕"廉洁、保密、信息发布、行为规范"等注意事项做了自我规范教育，避免"灯下黑"的情况出现。

在建设初期，指挥部就编写形成了《廉洁风险防控手册》，并据此加强对重点领域和环节的监督检查，消除权力监督上的空档和盲点，在指挥部内部营造"以廉为荣、以贪为耻"的廉洁文化氛围，在指挥部的文化理念体系中，员工共同行为准则的第一条就是"遵纪守法"，而对管理人员的首要要求就是"公正廉洁"，这为实现大兴机场工程"政治安全"提供保证。通过开展务实有用的教育活动，打造指挥部的廉洁文化，构筑起"不愿为"的思想防线。

在建设期间，指挥部上下形成了"学习多、教育多、宣传多"的良好氛围，使得廉洁工程建设的政治要求深入人心，在指挥部内部形成了广泛共识，并转化为了员工发自内心的价值取向和自觉行动。

同时，指挥部并不仅局限于内部的廉洁教育，同时还注重与参建各方共同进行廉政建设。建设期间指挥部与施工单位开展了系列"廉洁文化共建"活动，宣讲"廉洁工程"理念，邀请专家做廉洁讲座，纪委书记讲授反腐倡廉专题党课，营造了良好的廉洁文化氛围，与参建单位建立长效沟通机制，大力弘扬"廉洁工程"建设理念。

### 2. 反面警示，心存戒惧

在建设期间，指挥部除了开展廉洁教育宣讲之外，还通过组织党员领导干部集中观看警示教育片、组织管理人员和关键岗位人员参观警示教育基地等方式，深入开展理想信念教育、党性党风党纪教育、职业道德和廉洁从业教育，及时跟进集团公司"以案释纪明纪、严守纪律规矩"警示教育活动，切实提高指挥部党员的廉洁从业意识。同时聚焦典型案例，深刻剖析其成功或失败原因，开展常态化警示教育，持之以恒地落实中央八项规定精神，引导员工知敬畏、存戒惧、守底线。指挥部要求员工以反面案例为鉴，常思贪欲之害，常怀律己之心，切实增强廉洁从业意识和拒腐防变能力，强化遵纪守法意识，严格遵守上级在廉洁自律方面的有关规定，清清白白做事，坦坦荡荡做人，自觉树立正确的世界观、人生观、价值观、道德观，净化思想，提升境界，改进作风，提升能力。

## 13.4.2 工程师的职业伦理与责任培养

职业责任是一种普遍存在的道德关系和道德要求，从事一种职业就意味着必须承担一定的社会责任，即职责。不同的职业有其特定的职业道德，不管从事哪种职业，从业人员都应具有较强的职业责任感。职业责任感是职业道德行为的内在驱动力和自我评判的"法官"。这里所说的责任包括多层含义：工程主体对他人的责任、对社会的责任、对环境的责任、对后代的责任等。

要想真正把工程建好，就需要在具有一定工程知识的基础上，对工程技术人员进行责任意识的培养。主要应从以下两方面着手：一是职业道德教育。让所有参建人员树立起"工程活动必须建立在大众的安全、健康、福祉基础上"的观念；二是法制教育。要使各工程建设主体了解自己所负有或潜在负有的法律责任，对可能引起工程问题的做法一定要清楚自己将要面对的法律后果。以此内外兼顾，牢固工程中的各项准线，充分保障工程建设的顺利进行。

## 13.4.3 创新定期谈话机制，稳固廉洁基础

首都机场集团坚持以习近平总书记关于廉洁工程建设重要指示精神为指引，以"干工程要对得起自己的良心"为导向，要求各单位加大加重关键岗位的谈话提醒力度，若发现苗头性问题及时开展约谈提醒，抓早抓小、防微杜渐。

集团公司党委书记、总经理分别与大兴机场班子成员进行重点谈话提醒，集团公司纪委书记对大兴机场班子成员进行逐一廉政谈话。指挥部在建设过程中也是积极响应集团要求，建立了关键岗位人员定期廉洁谈话机制，建立了日常廉洁谈话工作机制——"四必谈"机制，

各级党委和纪委进行分级谈话提醒，动态更新廉政档案，始终坚持关口前移，重点对指挥部138名参建党员全面摸清"树木""森林"情况，对发现的倾向性苗头性问题及时有针对性地教育提醒。在建设过程中，集团范围内对调任到大兴机场建设和投运工作的人员开展任前谈话370余人次，对招标投标管理、选人用人等重点岗位人员进行日常谈话提醒560余人次。

# 13.5　　"廉洁工程"建设成效

建立初期，指挥部就确立了"确保不出现上级组织认定的重大违纪事件、审计机关认定的重大审计问题和监察机关查处的职务犯罪案件"的具体目标，经过指挥部的卓越努力，最终该目标得以实现，打造了为人称颂的"三无"廉洁工程，即无重大违纪事件、无重大审计问题、无职务犯罪案例。整个大兴机场建设过程中没有出现一例贪污腐败案例，实现了"廉洁工程"这一建设目标，是工程建设领域里的一项奇迹，也成为工程建设行业内廉政建设的标杆。

指挥部在机场建设过程中始终坚持多维并举的廉洁防控思路，通过各类制度、机制、程序以及文化宣贯等措施在指挥部内营造了风清气正的工作氛围，同时也提升了员工的思想高度，培养了员工的廉洁自觉。

# 13.6　　"廉洁工程"建设优秀范例

指挥部机关第三党支部是由计划合同部（一期工程决算部）、财务部、招标采购部组成的联合党支部。在大兴机场一期工程的建设、运营筹备过程中，党支部带领广大党员、群众勇担重任，砥砺前行，积极探索、实践党建与业务的深度融合，走出了一条党建创新、改革发展的新路，为"四个工程"建设作出应有贡献，获得了"民航先进基层党组织"的荣誉称号。

**1. 筑牢全面从严治党基础，彰显时代进步的发展特色**

第三党支部在成立之初，便制定了详细的工作计划，将认真落实党支部各项工作制度、党员学习制度和"三会一课"制度具体到事、具体到天、具体到人。

在建设期间，机关第三党支部积极响应指挥部"一支一创"① 的号召，率先提出了党建品牌化发展战略。围绕此，支部委员、党员结合各部门特点，展开充分研究、讨论，形成了"清风卫士、阳光履职"的支部党建品牌。品牌定位为：党员一身正气两袖清风，做廉洁工程的忠诚卫士，将权力置于阳光下，接受各级组织和群众的监督。同时，第三党支部也提出了党建品牌战略的目标，即"打造'一消一控两创'基层典范，推动'四强'党支部建设上台阶、上水平"。

党支部在积极实施品牌战略期间，推出了"四要四不准"党员（员工）行为规范，即"要主动靠前服务、要加快流程效率、要公平公正公开、要争当先锋榜样、不准滥用职权、不准谋取私利、不准泄露信息、不准拖延付款"，并与支部全体党员及服务商驻场党员共同签订承诺书。并以此作为考核党员及驻场服务商的重要指标。通过党建品牌定位、监督考核、改进升级，构建良性循环，努力提高品牌美誉度、群众满意度。

## 2. 抓住党建与业务融合核心，形成事业发展的强大力量

机关第三党支部始终坚持整体思维，统筹推进基层党建与业务"一盘棋"，避免各行其是、各自为政，推动党建与业务工作同布置、同落实、同推进、同考核。建设期间，计划合同部连同财务部，通过开展分专业结算、材料价差调整，保障支付流程顺畅，重点关注节假日，进城务工人员工资等多项举措，消除了"拉条幅、打标语、堵门堵路"的安全隐患。同时为降低法律风险、财务风险、招标风险，党支部所涉三个部门持续进行制度的修订完善和新编，连续6年组织编制了《指挥部风险管理报告》。

由计划合同部牵头负责的"北京新机场工程总进度综合管控"项目，在大兴机场工程进度管控中发挥了关键性作用，为按期完成"6·30"工程竣工，"9·30"前开航投运作出突出贡献。该项目荣获了集团公司科技创新奖一等奖。

此外由计划合同部牵头负责，财务部等部门大力配合下，积极推进"工程项目管理信息系统"建设，有效提升合同、成本、财务管理信息化、精细化水平，在大兴机场工程成本控制等方面发挥重大作用。该项目也荣获了集团公司科技创新二等奖。

支部委员一直都在严格落实"一岗双责"，坚持党建与业务两手抓，优化提升广大党员干部的创造力、凝聚力、执行力、战斗力，确保党建与工程建设等业务工作同频共振、齐抓并进。真正把党的政治优势、组织优势转化为推动大兴机场工程建设项目的强大动力，形成围绕中心抓党建、抓好党建促业务的良好局面。

---

① "一支一创"：一个支部做一个创新项目。

### 3. 把握作风建设关键，打造风清气正的"廉洁工程"

机关第三党支部结合自身业务特点，"五位一体"推进廉洁工程建设。

第一，党支部的全体党员、群众涉及工程招标、合同、财务等多项业务，承担了大兴机场工程成本控制的关键职能，也是所谓的廉政问题"高风险"地区。因此，党支部始终坚持正面培训教育与反面案例警示结合的方式推进作风建设，结合开展廉政党课，不断提醒党员、员工知敬畏、存戒惧、守底线，做到慎独慎微。

第二，强化廉洁风险防控机制，有效避免腐败问题发生。党支部始终注重风险防控，利用三个部门在招标投标、合同管理、财务支付的上下游关系，推进业务间的相互提醒、相互监督、相互制约、相互促进，落实好会审、会签各自职责，"把好关、守好位、尽好责"。

第三，利用好党支部、分工会等多个平台，开展廉洁从业谈心谈话，落实好"四必谈""五必谈"① 机制，与党员干部交心、谈心，主动接受群众约谈。同时，运用批评与自我批评这一利器查摆问题、剖析根源，敢于动真碰硬、揭短亮丑，敢于触及思想灵魂。

第四，为各级审计组巡查组全面开放数据查询权限，以积极、主动的态度迎接各类检查，敢于公开，不遮掩问题，不回避矛盾。党支部涉及的三个部门的工作和所有党员、群众在国家审计、跟踪审计、财务年度审计及集团公司巡查中均未发现任何重大审计问题和有效投诉。

第五，党支部党员、干部时刻对标法规、制度开展自查，对工作中发现的问题积极落实、整改。确保"干干净净做工程、认认真真树丰碑"，做廉洁工程建设的"桥头堡""生力军"。

指挥部机关第三党支部一直以来都以"筑坚强堡垒，谋创新发展，建廉洁工程"为目标，积极探索党建与业务融合科学发展之路，从政治、思想、作风、制度、纪律等方面推动支部建设，始终怀有坚定的信念在伟大事业、伟大工程中担当作为，不负使命，扎实推进廉洁工程建设，最终向党和人民交上了一份令人满意的答卷！

---

① "五必谈"：即与新进员工谈，与离厂员工谈，与思想出现波动员工谈，与岗位变动员工谈，与犯错误员工谈。

# 第 14 章

# "金凤展翅"续写机场
# 工程管理未来

本章从多维度展示大兴机场的建设成果。从交付成果的角度，展示了"精品工程、样板工程、平安工程和廉洁工程"的实践成果；从项目管理的角度，介绍了项目在进度、投资、质量安全与环境管理方面的目标成果；在建设过程中产生了很多创新成果，包括理念创新、管理创新和技术创新；最后介绍了机场工程建设管理的最新发展。主要内容和思路如图14-1所示。

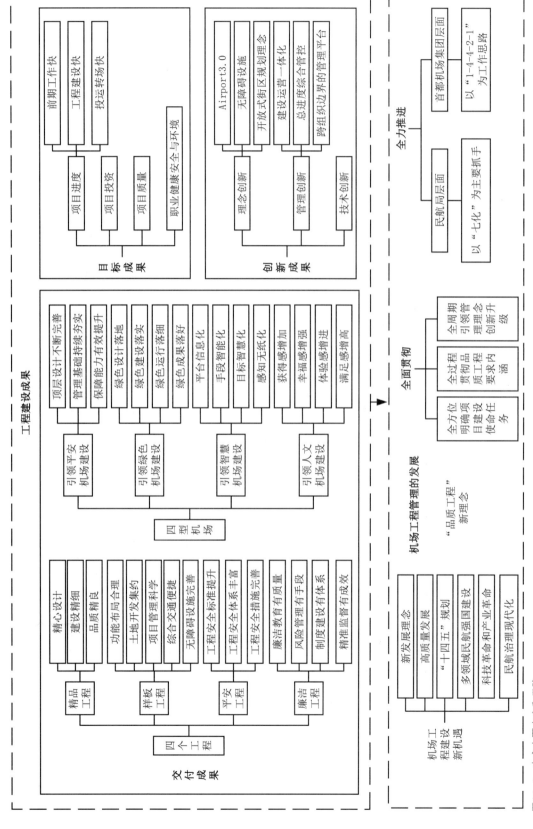

图14-1 本章主要内容和思路

# 14.1 交付成果

交付成果包括"四个工程"和"四型机场"两个方面。

## 14.1.1 "四个工程"

2017年2月23日，习近平总书记考察大兴机场时强调，北京新机场是首都的重大标志性工程，必须全力打造"四个工程"。建设期间，指挥部始终贯彻总书记重要指示，将"四个工程"树立为大兴机场建设者孜孜追求的目标。最终，大兴机场实现了精品工程、样板工程、平安工程以及廉洁工程的交付成果。

### 1. 精品工程

大兴机场工程在建设过程中将世界一流的先进建筑技术与传统的工匠精神相结合，通过科学组织、精心设计、精细施工、群策群力，最终达到内在品质和使用功能相得益彰、完美结合的高品质工程。

大兴机场工程采用现行有效的规范、标准和工艺中更严的要求进行全过程工程建设，核心指标优于同类型建筑，达到品质一流。其争创国家工程优质工程奖、科技进步奖、中国建设工程鲁班奖、中国土木工程詹天佑奖等综合或单项奖项，获得第三方认可和社会广泛赞誉。大兴机场的精品工程体现在了设计精心、建设精细和品质精良三个方面。

（1）设计精心

大兴机场工程飞行区道面面积达960万$m^2$、航站楼综合体建筑面积达143万$m^2$、5种轨道交通方式在航站楼地下设站，线路贯穿全场。建立了全过程、全维度、全专业的设计管理机制，解决了跨设计界面的1 300余项重难点问题；优化了"一市两场"航线航路结构和31个进离场程序，同步调整了全国38个民航运输机场的飞行程序，完成中国民航史上规模最大的一次空域调整，实现了空域资源的优化配置；国内首次提出轨道交通在航站楼正下方穿越并设站的方案，实现轨道交通车站与航站楼一体化设计。

大兴机场拥有创新型的全向跑道构型设计，引领国内飞行区设计新方向，从运行仿真结果来看：地面和空中衔接顺畅、运行高效，运行效率达到世界先进水平；航站楼的节能环保和运行高效，代表了新世纪、新水平，等等。

（2）建设精细

大兴机场在其建设时发挥民航质量监督总站、监理机构、第三方检测机构的监督作用，创新质量管理方式，国内首次采用飞行区施工过程的数字化监控，实现高精度的全过程实时监控，工程质量达到国际先进水平；加强项目管理、现场管理，实现了"标准化、规范化、程序化"作业，工程一次验收合格率达到100%。

（3）品质精良

大兴机场获得60余项国家级、省部级奖项。其中，航站楼、停车楼、信息中心及指挥中心等7个项目分获中国钢结构金奖、中国钢结构金奖年度工程杰出大奖、北京市建筑结构长城杯、北京市建筑（竣工）长城杯等奖项。此外，东航、南航、空管、航油项目也分别获得中国钢结构金奖、北京市结构长城杯等奖项。

## 2. 样板工程

样板工程是指在某一领域取得领先，或率先使用新产品、新技术、新工艺，取得突出经济效益、社会效益或环境效益，达到引领行业发展，可作为其他工程效仿或建设标杆的工程。

大兴机场工程拥有先进的理念和技术，在绿色机场、海绵机场、规划设计等建设新理念方面率先垂范，在数字化施工、智慧机场等新技术应用方面做到行业领先；且其打造空地一体化综合交通枢纽、人本化样板工程，在公共交通便捷性、换乘效率、公共交通保障比例、步行距离及旅客服务设施等方面达到世界一流水平，打造全新标杆，达到用户有口皆碑的效果。大兴机场工程的样板领先体现在功能布局、土地开发、项目管理、综合交通和无障碍设施建设等方面。

（1）功能布局合理

大兴机场航站楼采用中心放射性布局和二元式布局，进一步缩短了旅客步行距离，中心到最远端登机口只有600m，步行不到8min，效率优于世界其他同等规模机场；同时航站楼核心区设置了集中中转区，中转流程更加便捷，机场最短中转衔接时间位于世界前列。

（2）土地开发集约

大兴机场建设过程中坚持节约集约利用土地，在27km²的土地范围内布局4条跑道，土地集约利用国内领先；核心工作区打破传统大院式布局，采用开放式街区，实现了"窄街区、密路网"；建成30万m²的地下人防工程和综合服务楼，实现地下轨道、车站的上盖综合开发。

（3）项目管理科学

大兴机场项目获得2020年度"国际卓越项目管理（中国）大奖"金奖；东航基地项目被英国皇家特许测量师学会（RICS）授予2018年度BIM最佳应用金奖。

（4）综合交通便捷

综合交通体系结合"轨道上的京津冀"，实现了一小时通达京津冀主要城市，两小时内通达华北地区主要城市，三小时内覆盖中国北部地区；航站楼综合交通枢纽一体化建设，国内首次实现空铁联运最短衔接时间60min；铁路、城市轨道统一由机场代建，完善机场与不同交通方式的业主单位、地方政府部门协调调度机制，打造一体化运行协作典范。

（5）无障碍设施完善

与中国残联密切合作，从停车、通道、服务、登机、标识等8个系统出发，针对行动不便、听障、视障3类人群开展了专项设计。在航站楼内、外，包括车道边、值机区、候机区等区域为旅客提供全流程无障碍服务，实现全面无障碍通行体验，建设了"国内领先，世界一流"的无障碍环境，全面满足2022年冬残奥会要求，为全国公共基础设施无障碍环境提供了样板。

## 3. 平安工程

平安工程是指在建设全过程及工程设计使用年限内，符合国家工程质量标准，呈现平稳顺利、持续安全的状态，成为国家重大工程安全建设的经典工程。

大兴机场在建设过程中坚持安全第一、预防为主：针对跨地域等现场复杂的建设管理特点，建立健全各项安全管理制度，制定安全防范预案，做到时刻保持安全警惕、规章制度完备、安全主体责任清晰、安全文化氛围浓郁；严谨务实、万无一失：小心谨慎，严防各类不安全事件发生，确保安全工作万无一失。大兴机场通过提升工程安全标准、丰富工程安全体系和完善工程安全措施来实现平安工程。

（1）工程安全标准提升

大兴机场建设过程中引入项目全生命周期的职业健康、安全、环保（HSE）管理服务单位，建立全流程的HSE管理体系（健康Health、安全Safety和环境Environment）和"7S管理"（整理Seiri、整顿Seiton、清扫Seiso、清洁Seikeetsu、素养Shitsuke、安全safety和节约saving）制度，搭建全员参与式HSE管理组织架构，实现安全零事故、质量零缺陷、工期零延误、环保零超标、消防零火情、公共卫生零事件的总体目标。

（2）工程安全体系丰富

指挥部组织建立了具有大兴机场工程特点的安全管理体系，主要包括安全生产风险管控、事故隐患排查治理管理、安全生产绩效考核管理、安全生产教育培训管理、工程发包与合同履约管理、参建单位汛期施工安全管理、施工现场安全资料管理、安全生产例会等20余项制度。

（3）工程安全措施完善

大兴机场工程建设过程中设立消防监督巡逻和应急处置驻勤岗，完善消防安全责任制度，保障了建设高峰期间全场上千家施工单位、7万余人同时作业；集中对违法犯罪高危群体比对筛查，实现场内流动人口信息全面采集，做到"底数清、情况明"；开展矛盾纠纷"大排查、大化解"和治安环境整治行动；保障进城务工人员合法权益，实现"零上访"。

### 4. 廉洁工程

廉洁工程是指在工程建设的全过程做到严格依照国家法律法规、基本建设程序运作，强化廉洁风险防控机制，有效避免腐败问题发生。

大兴机场在建设过程中通过廉洁教育、风险管理、制度体系建设和精准监督，实现了干干净净做工程、认认真真树丰碑。

（1）廉洁教育有质量

指挥部创新使用微党课、云课堂等多种宣教载体开展廉洁教育；及时通报违纪违法案例，组织集中观看警示教育视频；外邀专家开展职务犯罪预防专题讲座，组织党员干部前往全面从严治党警示教育基地开展现场教育；与大兴区人民检察院建立以服务大兴机场工程项目为核心的共建机制，与参建单位建立"廉洁文化共建"机制，搭建廉洁交流平台，畅通共建沟通渠道，实现了思想先导、意识先行。

（2）风险管理有手段

指挥部健全廉洁防控体系，织密"廉洁工程"保护网；建成大兴机场工程项目管理信息系统，首次利用信息系统实现对合同、财务、工程概算、设备物资、文档和竣工决算等全过程统一管理控制，全流程合同风险防控；前置合同文本合法合规审核，推广使用27个标准合同文本，实现了"制度+科技"的有效防控。

（3）制度建设有体系

指挥部夯实主体责任，完善规范行使权力的制度体系，强化"不能腐"的约束；制定行之有效的"廉洁工程"实施方案；围绕工程建设管理、资金使用、内部管理等制定、修订规章制度145项；出台"三不一必须"和"五不得"行为规范和注意事项，形成长效机制。

（4）精准监督有成效

指挥部深化运用监督执纪"四种形态"，始终保持"不敢腐"的高压态势；聚焦重点领域、关键环节，建立审计工作提示单管控机制；实施建设项目全过程跟踪审计，做到事前预防、事中预警、事后监督。国家审计署开展的"百人百天"专项审计，未发现重大审计问题；全过程未发现上级纪检组织认定的重大违纪问题和监察机关查处的职务犯罪案件。

## 14.1.2 "四型机场"

2019年9月25日，习近平总书记出席投运仪式时要求："把大兴国际机场打造成为国际一流的平安机场、绿色机场、智慧机场、人文机场。"大兴机场致力于打造"四型机场"标杆，发挥示范引领作用。

## 1. 引领平安机场建设

始终秉承"安全隐患零容忍"理念，以最强担当、最高标准、最严要求、最实措施打造平安机场。

（1）顶层设计不断完善

推进大兴机场安全规划"白皮书"与"十四五"平安机场专项规划编制，稳步推进平安机场建设；构建安全管理全景图，形成多维、动态的业务管理全景图及手册；编制完成《安全管理体系手册》，建立预防预警预控体系；扎实开展以"三个敬畏"为内核的作风建设，提炼发布《大兴机场安全承诺九条》；制定《大兴机场相关方安全管理实施细则》，实施分类分级管理；建立"违章问题直达高管"工作机制，促进安全问题及时解决。

（2）管理基础持续夯实

编制"三基"建设方案，对核心流程、保障要求进行"安全交底"；将机场安全"四个底线"指标体系细化分解，对安全底线指标进行动态监测；鼓励班组人员发挥创造性，推动科技创新和课题研究；创新开展全过程和差异化风险评估，建立风险隐患评估小组，制定风险管控清单，识别882项危险源，开展安全隐患清零"提速"专项行动，做好隐患动态管理。

（3）保障能力有效提升

开发安全运行管理平台，实现安全工作的统一管理；全国率先启用毫米波门安检模式；推广人脸识别技术；行李100%实现X光机和CT机双机安全检查；建立多圈层安保防线，推动机场地区安全防范工作逐步向外围拓展，实现"多层级"联动防控；将货运、机库等区域纳入机场控制区统一管理，确保空防红线统一值守；强化资质管理，对所有入场单位、人员、设施实施准入管理，建立企业入场黑名单工作机制；对入场工作的人员进行全员安全培训考核，对入场设备进行安全评估，从源头减少风险隐患。

## 2. 引领绿色机场建设

树立从设计建设到运营管理的全生命周期管理理念，坚持绿色发展，打造绿色机场。

（1）绿色设计落地

国内首创飞机地面专用空调系统（PCA）和飞行区全跑道LED助航灯光光源；飞行区规划建设除冰废水回收、处理及再生系统，实现京津冀机场除冰废水集中处理；航站楼按照国家最新标准、最高要求设计，综合采用各类创新型节能举措，成为国内单体体量最大的绿色建筑三星级项目和全国首个通过节能建筑AAA级评审的建筑；东航工程设置屋顶绿化，楼栋屋顶绿化比例达到30%～60%；航油等工程获得绿色建筑三星级认证。

（2）绿色建设落实

严格施工扬尘治理机制，制定施工扬尘治理工作方案，组织环境监理单位进驻现场并巡视，定期报送扬尘治理信息专报，落实各项治理措施；全国首次引入集雾炮降尘、水枪消防等功能为一体的新型技术或设备；场内多个标段先后获得"住房和城乡建设部绿色施工科技示范工程""全国建筑业绿色施工示范工程""国家AAA级安全文明标准化工地"等称号。既是全国第一个在开航一年内完成竣工环保验收的大型枢纽机场，也成为环保验收改革后全国第一个进行整体竣工环保自主验收的工程项目。

（3）绿色运行落细

建设地源热泵、太阳能光伏、太阳能热水三大可再生能源利用工程，利用率达到16%，为全国机场最高；发布《大兴机场打赢蓝天保卫战专项管控计划》，全面整合数据资源，建设多系统协同平台，实现信息化、智慧化管理；通过"渗、滞、蓄、净、用、排"等多个流程，将全场水资源回收利用，污水处理率和再生水利用率达100%；建成噪声监测系统，实现30个站点的噪声监测数据回传。

（4）绿色成果落好

主导编制《绿色机场规划导则》《绿色航站楼标准》《民用机场绿色施工指南》等首批行业绿色标准。其中，《绿色航站楼标准》成为首部向"一带一路"国家推荐的民航工程绿色建设标准。在第四十届国际民航组织大会上，大兴机场绿色建设经验作为示范案例向全球分享。

### 3. 引领智慧机场建设

全面应用云计算、大数据、移动互联网、人工智能等新技术，构建稳定、灵活、可扩展的数字平台，实现多方协同、信息共享、智能运行、智慧决策，打造智慧机场。

（1）平台信息化

打造机场数据底座，建成覆盖全场的信息基础设施，实现实时准确的运行监控；搭建智能化云平台，作为机场信息系统数据共享的基础运行平台；建设数据中心网，实现航站楼、停车楼、机坪区域无线网络全覆盖；打造智能数据中心，汇集管理近百个内外部系统业务数据，实现驻场单位数据融合，提升信息数据价值。

（2）手段智能化

整合机场数据信息，综合处理各类交通与航班信息，统一发布、协同调度，实现交通管理无缝衔接；全面整合货运物流服务，建成覆盖全业务链的货运信息管理平台和无纸化电子货运生产管理系统，支撑国内国际一级货站进出港及中转的生产运作管理；以地图服务为基础，实现商业资源数字化、可视化，精准掌握商业资源的多维价值分布，驱动非航业务发展。

（3）目标智慧化

实现离港控制系统、行李安全检查系统、安防视频管理系统、生产运行管理系统与安检信息管理系统一平台集成；实现高精度综合定位平台、综合使用GPS/北斗、蓝牙、WiFi等多种定位技术实时展示并监察车辆、航空器的位置信息一张图定位；构建统一信息数据标准，建成开放共享的信息数据平台，应用大数据和复杂事件处理技术预测运行态势，打造高效运行协同指挥平台，实现一体化协同。

（4）感知无纸化

全流程信息化跟踪，自助值机设备覆盖率达到86%，自助托运设备覆盖率达到76%，"一证通关+面像登机"实现全流程无纸化，获得IATA"便捷旅行"项目最高认证——白金标识及"2019年度场外值机最佳支持机场"奖项；全面推行RFID行李牌，实现行李全流程26个节点100%跟踪管理，采用电子墨水显示技术的电子永久行李牌，持续推进无纸化进程；建成以APP、小程序、公众号为基础的线上服务平台，提供航班动态、交通信息、停车预约等在线服务，满足旅客行前及行中、场内及场外的各项需求。

## 4. 引领人文机场建设

大兴机场以真情服务为基础，以人本设计为主线，以文化浸润为依托，坚守"爱人如己、爱己达人"的服务文化和让旅客"乘兴而来、尽兴而归"的服务追求，推动服务范围从"家门"拓展到"舱门"，树立"中国服务"品牌形象。

（1）获得感增加

推进科技赋能，确保核心运输服务高效便捷；保持航班正常优势，保障大兴机场高品质运行；依托多样化交通方式集成优势，逐步实现地面交通、航空功能与城市功能的有效结合；发挥中转MCT优势和政策优势，全面提升中转品质；应用最新科技成果，加速布局智慧出行；让出行变得更简单，让旅客感受到最大出行便利、最佳出行体验。

（2）幸福感增强

全面升级商业空间、商圈品质、客户体验、协作共赢，提供令人留下美好回忆的商业服务愉悦新体验；布局大量优质品牌，实现100%同城同质同价、明厨亮灶，打造舌尖之旅；开辟主题商区，开发文创产品，构筑购物天堂；运用智能技术突破商业边界，建设"指尖商圈"构筑"消费+体验"场景，推进"会员+"模式，创新"体验营销"。

（3）体验感增进

持续挖掘机场场景的人文表现力，充分展现行业文化、地域特色，致敬中华优秀传统文化，展示当代中国风貌；引入中国传统文化精髓和世界一流艺术，深化空间文化表达；汇集传统文化、民间艺术、现代艺术等多种文化元素，拓展多元文化互动；依托机场文化艺术资源禀赋，开发定制化的文化服务产品，培育特色文化产品。

（4）满足感增高

以传统文化精髓、中国服务内涵、特色人文理念为精神源头，让人文关怀贯穿始终，将机场建设成为有活力有温度的温馨港湾；落地旅客关爱计划，优化特殊旅客服务措施，丰富人文关怀服务产品；通过需求趋势、服务设计、质量改进、服务生态不断循环升级，逐步形成一个正向引领、动态完善的闭环管理体系。

# 14.2　目标成果

大兴机场项目的进度、投资和质量目标均实现了精准把控，同时，职业健康安全与环境目标得以高标准实现。

## 14.2.1　项目进度

### 1. 前期工作快

3个月完成环评稳评公众参与，协调北京、河北，调研1 000多平方公里内590个村庄（廊坊316个、大兴174个）、学校、企事业单位，高效实施2次公参工作。大兴机场环评报告作为国家生态建设领域成果，入选了新中国70周年大型成就展；1年完成征地拆迁，协调北京、河北顺利完成全场拆迁工作，拆迁范围达到2 700hm²，涉及34个村、23 423人，树立了国际征地拆迁的标杆；34天实现开工建设，协调国家发展改革委、北京市、河北省等各方面，精密倒排各项工作时间节点，压茬推进，可研审批流转、飞行区工程初步设计评审、先行用地批复等并联开展。

### 2. 工程建设快

1371天完成航站楼综合体建设，创造了全新的世界纪录；559天完成196km输油管道建设，航油场外管道跨越京、津、冀3个省市、9个行政区，仅用1.5年就完成同等规模4年、5年才能完工的工程。

### 3. 投运转场快

34天完成飞行校验，校验内容包括4条跑道、7套仪表着陆系统、7套灯光、1套全向信标及测距仪和23个飞行程序；127天完成3个阶段的试飞，8家航空公司、10种机型、13架飞机参加试飞，东航、南航和首航3家航空公司的4种机型借此取得了ⅢB类运行资质；60天完成7次大规模综合演练，共模拟航班513架次、旅客2.8万余人、行李2万余件，演练科目722项，发现并解决各类问题1 133项；实现工程竣工后87天完成投运准备，为顺利开航奠定坚实基础。

## 14.2.2　项目投资

按照统筹规划、分段实施、滚动发展的原则，投资控制在批复范围内，通过增加资本金比例、加快国拨资金到位速度、优化和延后商业贷款等方式，共节省投资30余亿元。机场、东航、南航、航油均将各自工程一次规划，分期建设。机场将专用设备及特种车辆由一次性投资调整为按需按年投资。吸引社会资本，将机场旅客过夜用房、货运代理仓库、航空配餐设施进行社会化运作。

## 14.2.3　项目质量

工程质量达到国际先进水平，一次验收合格率达到100%。飞行区验收合格率达到100%；工作区房建项目一次验收合格率100%；机场高架桥及综合管廊工程获得结构长城杯；空防安保培训中心获得北京市结构长城杯金杯、竣工长城杯银杯；工作区房建一标段生活服务设施工程项目获得北京市结构长城杯；信息中心及指挥中心获得结构长城杯金奖，北京市QC成果二等奖；房建三标安防中心获得北京市结构长城杯银奖，航食配餐一期工程结构获得长城杯；航站区工程获评中国钢结构金奖3次、北京市长城杯金奖3次；2019年3月20日，大兴机场航站楼以148.3的高分通过中国钢结构金奖年度工程杰出大奖现场核查，并于2019年5月30日正式获颁中国钢结构金奖年度工程杰出大奖。

## 14.2.4　职业健康安全与环境

在职业健康、安全和环境（HSE）管理体系下，在职业健康安全方面：确定了各部门的职责、严格执行了各基本标准文件及管理规定，并确定了各施工区、工作区及生活区的文明施工管理具体措施。在环境方面：严格施工扬尘治理机制，制定了施工扬尘治理工作方案，组织环境监理单位进驻现场并巡视，定期报送扬尘治理信息专报，落实各项治理措施；全国首次引入集雾炮降尘、水枪消防等功能为一体的新型技术或设备，以数字化、信息化和智慧化赋能机场建造；健全管理体系，强调绿色指标；场内多个标段先后获得"住房和城乡建设部绿色施工科技示范工程""全国建筑业绿色施工示范工程""国家AAA级安全文明标准化工地"等称号。既是全国第一个在开航1年内完成竣工环保验收的大型枢纽机场，也成为环保验收改革后全国第一个进行整体竣工环保自主验收的工程项目。

# 14.3　创新成果

## 14.3.1　理念创新

大兴机场提出Airport3.0概念，并践行在建设管理过程中；创新机场引导标识设计理念，丰富优化行业标准；航站楼功能楼层采用立体叠落方式，全球首创三层出发、两层到达；五指廊放射构型、国内旅客进出港混流等创新设计，使航站楼流程效率出类拔萃；"国内领先，国际一流"的无障碍环境，向全国公共基础建设作出示范，为修订机场无障碍设施行业标准提供支撑。

### 1. Airport3.0

大兴机场在规划阶段提出了Airport3.0概念，并践行在建设、管理与运营过程中。Airport1.0标准下的IT系统是依靠信息化手段取代人工操作，各自独立，满足基本的机场运行需求。Airport2.0标准下的IT系统是应用信息化手段实现运行的协调联动，信息系统相互关联，协同运作，达到此标准的机场称为"敏捷型机场"。Airport3.0标准下的IT系统在运行协调联动的基础上靠信息化手段实现异常运行事件的预警，使运营人员"未卜先知"，提前筹谋，这样的机场可称为"智慧型机场"。为了能够落实Airport3.0，大兴机场的IT总体架构上进行了创新规划，提出了由AODB（Airport Operational Database，机场业务数据库）和复杂事件处理引擎双核心驱动的架构，并规划了全视角的协同运营平台。

大兴机场信息规划中明确了以"Airport3.0智慧型机场"为目标，绘制了未来智慧机场蓝图，在设计和建设阶段也一直贯彻执行这一目标与蓝图，构建了一套稳定、灵活、可扩展的技术架构，把建设任务落实在19个平台68个系统上，实现对大兴机场全区域、全业务领域的覆盖和支撑。

## 2. 无障碍理念

大兴机场将无障碍理念发挥到极致。在国家残联的指导下,大兴机场成立了无障碍专家委员会,从停车、通道、服务、登机、标识等8个系统针对行动不便、听障、视障3类人群开展了专项设计,完成了无障碍设施设计通则,并在大兴机场应用示范,全力打造无障碍设施样板,力争成为后续公共交通设施无障碍设施建设的标准。

## 3. 开放式街区规划理念

机场核心区打破传统的大院式布局,按照"窄街区、密路网"的形式,采用开放式街区,宜人的地块尺度(2hm²左右),适当提高核心区开发强度,合理利用土地资源。

## 14.3.2　管理创新

在国内首创机场建设与运营一体化模式,集中工程建设、设施设备、人力资源、科技力量等关键要素,克服了传统建设与运营脱节的问题,统筹推进;实施科学的总进度综合管控,把控节点、抓住关键、及时预警、压茬推进;打造超越组织边界的管理平台,各单位同心协力,确保工程按期投运。

### 1. 建设运营一体化

建设运营一体化是对建设与运营实行统一管理,建设阶段考虑运营需求,以运营需求为导向,统筹考虑建设规律,使建设与运营职能并重,与机场管理机构建立联合工作机制,实施统一协调管理,实现相关参与方之间的有效沟通和信息共享,最大限度地实现建设和运营目标的协调统一。在工程决策、规划、设计、施工的各阶段,全面考虑运营需求,同时运营团队也尽早参与到工程实施过程中,实现建设与运营工作的统一管理,最终实现项目全寿命周期的价值最大化。

建设运营一体化目的,一是为了实现机场运营最优功能;二是为了实现长期最好效益,最终实现可持续发展。内容是建设人性化、绿色机场、流程简洁、飞机调度灵活、耗能少、建设成本低、负债少、后期运营方便、维保管理成本低、运行效率高、可商业化功能多的机场。具体做法是:吸取以往成功的建设经验和运营经验,吸取新的功能需求,广泛征询各运营单位、使用单位的意见;运营者参与建设;建设者参加主功能的系统运营;相互渗透、融合,做到不脱节、不扯皮,一次转场成功,运营顺利。

在人员设置上,负责建设工作的机场指挥部和负责运营工作的运营管理中心都是机场集团的成员,因此在机场集团的统一领导下,他们的利益基本统一。此外,主要领导同时兼任两方管理，保证两方决策与领导高度一致，消解冲突，便于建设与运营工作的集成管理。指挥部成立之初，充分考虑建设和运营的需求，一部分成员来自建设部门，一部分成员来自运营部门，建设过程中充分考虑建设运营一体化，部分指挥部成员在工程建设完成后直接加入管理中心，这将有助于团队缩短建设与运营对接磨合期。两方在项目的建设后期阶段就开始沟通和协调，不仅确保技术可实现和降低成本，而且在开航筹备过程中努力实现高效率。

实现建设与运营的无缝衔接，是高水平现代工程建设的基本特征，是推进机场高质量发展的必然要求。机场建设要集结建设与运营职能并重的专业团队，以设施功能和运营需求为导向确定建设项目和建设重点，最大限度实现建设和运营目标的协调统一。打通机场建设与运营的边界，加强运营团队和资源准备，使运营筹备工作在工程建设阶段提前介入，实现建设与运营无缝衔接。以机场建设运营一体化为核心，统筹机场规划、设计、建设、运营、环保、商业和财务等方案，使前期建设与后期运营、前期投融资与后期经营、主业运行与辅业保障、航空业务与非航经营相互协调。

建设指挥部坚持建设运营一体化理念，加强组织协同、业务协同、节奏协同，工程建设团队与机场运行管理团队有机融合，形成科学有效的对接机制，确保工程建设、运营筹备和投运的顺利进行；打造安全、运行、服务、宣传等综合性机场运行管理平台，统筹空管、航空公司、供油、联检等驻场单位，高效协同决策。

### 2. 总进度综合管控

建设中后期，指挥部引入同济大学专业工程项目管理团队，协助开展总进度综合管控工作。制定管控计划。梳理出关键节点374个、关键线路16条，明确了"路线图、时间表、任务书、责任单"。成立管控专班，对后续工作全程跟踪，定期开展联合巡查。实现信息化管控。开发信息化管控平台，极大提高了数据采集、信息分析和成果发布的能力和效率。实现重大问题及时预警。形成管控月报和月中预警报告21份，提醒及预警重要风险事项159项次。管控工作实现了不同工作计划之间的无缝衔接、压茬推进，使各界面的任务有机结合、高效协同，确保机场按期顺利建成投运。

### 3. 跨越组织边界的管理平台

大兴机场建设过程中的组织协调打破了组织边界、地域限制，建立了空铁协同、空地协同、军民协同、京津冀协同、政企协同的多边协同机制，建立了高效的跨组织项目管理平台。北京新机场建设指挥部联合空管工程指挥部、航油工程指挥部、东航基地工程指挥部、南航工程指挥部，以及其他各建设主体，建立了打破组织边界的协调共建机制，以北京新机场建设指挥部为主要协调单位，协调各单位在设计、建设过程中的困难和问题，并作为外部沟通单位，将各个指挥部的需求协调国家发展改革委和民航局予以关注和支持。各参与单位齐心协力，践行"共建、共治、共享"的理念，着眼于项目实际问题的解决共同推进大兴机场工程的建设。跨越了组织边界的壁垒，有利于持续深化成员单位间的相互交融，构建全方位、深层次、多领域的互利合作新格局。

首都机场集团公司层面在新机场建设后期成立了投运总指挥部，充分发挥建设及运营筹备主体责任和一线协调作用，首都机场集团公司协同航空公司、空管、航油、海关、边检等15家驻场单位跨组织边界，建立工作机制，打破驻场单位之间沟通壁垒；以总进度综合管控计划为牵引，组建管控专班、强化现场督导、梳理滞后项目、及时分析预警；通过投运总指挥部联席会议、专题联席会议，快速推动工程建设、运营筹备及投运准备等各项工作，实现了超越组织边界的科学项目管理。

## 14.3.3  技术创新

大兴机场在设计、建设中不断进行创新与实践。截至2019年9月，开发应用103项新专利、新技术和65项新工艺、新工法。其中重要的首创或首次的部分如表14-1所示。

大兴机场技术创新                                    表14-1

| | |
|---|---|
| **首创** | "空地一体化"全过程仿真技术 |
| | 地井式飞机空调系统 |
| | 全球规模最大的耦合式地源热泵系统 |
| | 中空铝网玻璃 |
| | 全球规模最大的空管自动化系统 |
| | 国内首创飞机地面专用空调系统（PCA） |
| | 飞行区全跑道 LED 助航灯光光源 |
| | "到达起飞窗（ADW）"的新方法 |
| | 运行管理体系——OMS |
| **首次实现** | 强夯等机场飞行区施工过程的数字化监控 |
| | 高铁下穿至航站楼 |
| | 随身行李与生物特征标签的对应 |
| | 旅客过检信息实时监控和即时倒查 |
| | 飞行区数字化施工与质量管理信息化 |
| | 在国内大型国际枢纽机场建设中，采用国产化的行李自动处理及信息管理系统 |

续表

| | |
|---|---|
| | 大兴机场航站楼在国内首次大规模应用BIM（建筑信息模型）技术进行设计、施工 |
| | 生物特征标签为关键信息的安检流程 |
| | 人工智能（AI）的人证合一比对，将身份证识别与人脸识别技术结合应用 |
| | 高性能的自动扫码技术对系统自动生成的二维码货签进行数据采集 |
| | 物联网技术为实时传输高清晰度图像提供条件 |
| 首次应用 | 集中判图技术，可实现一人多机图像判图功能 |
| | 云计算、大数据技术，搭建基础云平台和智能分析平台 |
| | 双环网或三电源的网络架构供电 |
| | 全场运用同频互锁技术仪表着陆系统 |
| | 进离港排序系统 |
| | 国产气象探测系统 |

# 14.4 机场工程管理的发展

大兴机场工程建设践行了"四个工程"和"四型机场"建设目标和管理实践。新发展理念和高质量发展要求，也使得机场建设面临着更高要求和挑战，同时也推动着机场工程建设管理的发展。

## 14.4.1 机场工程建设新机遇

随着多领域民航强国建设的持续推进，我国机场发展已经进入了规划建设高峰期、运行安全高压期、转型发展关键期和国际引领机遇期，机场建设也面临着多重挑战。民航强国建设和"十四五"规划催生了现代工程管理"品质工程"的发展理念。

### 1. 新发展理念、高质量发展的要求

机场是民航贯彻新发展理念的重要载体，推动行业高质量发展的重要基础，这就要求机场建设必须率先实现更高质量、更有效率、更可持续、更为安全地发展。尽管民航现代化工程建设已取得阶段性成效，但同时也要看到，机场建设领域还存在一些深层次矛盾和老大难问题，如部分项目建设思路与未来行业发展新趋势、旅客货主的新需求、生产运行的新模式等不适应，存在前瞻性考虑不足、主动性创新不够等问题；部分项目存在规划建设不同步、

建设标准不相容、系统配置不衔接，与行业系统性、协作性强的特点不匹配；大部分项目尚未把绿色理念贯穿到工程的全生命周期，距离"双碳"要求还存在较大差距；部分项目同其他交通方式衔接、与地方经济融合、吸引社会资本参与项目投资等方面开放性不够；部分项目在规划选址方面存在行政区划、资源要素归属权的狭隘思维。

### 2."十四五"规划的要求

"十四五"期间，行业将新增运输机场30个以上，旅客吞吐量前50名的机场超过40个需要实施改扩建，将有一大批"多航站楼+多跑道"模式的大型综合交通枢纽开建，还将有一批填海机场、高原机场等复杂建设条件的项目上马。这就对机场建设领域的基础设施建设能力和行业管理能力提出了更高要求，但是目前行业相关单位在规划设计、工程管理、质量安全监督等方面还存在一些短板。

### 3.多领域民航强国建设的要求

相较于建成单一航空运输强国，建设多领域民航强国是一个系统性、协调性要求更高的复杂工程。不但要巩固好航空运输的基础，也要为通用航空发展拓展新空间；不但要增强传统资源的保障能力，也要发挥新型资源的优势潜力；不但要传承好传统制度优势，也要注重现代化规则制度的创新。机场建设领域作为多领域民航强国的重要组成部分，这就要求相关单位和部门必须加强系统性思想观念，统筹兼顾民航全业态发展需求，更加注重对自主创新的资源投入。但目前机场建设领域在思想认识、科技攻关创新、国际标准制定参与还存在不足。

### 4.科技革命和产业变革的要求

新一轮科技革命和产业变革正在全方位重塑民航业的形态、模式和格局，"十四五"把推进智慧民航建设作为工作主线，这不仅事关破解行业发展难题、事关巩固拓展行业发展空间，更是事关构筑提升行业未来发展的竞争新优势。其中，构建"智慧机场"是智慧民航建设的重要场景，这就要求机场建设必须立足未来智慧机场场景，在项目管理理念、规划设计、组织实施等方面实现深层次系统变革。但目前在智慧机场项目建设还普遍存在顶层规划考虑不足、系统性不强、开放性不够、创新性不足等问题，特别是在数据治理、数据共享、数据融合、数据应用等方面，亟须聚焦数字化转型、数据资源增值之道，使数据资源在挖掘中形成价值、在流动中增加价值、在使用中实现价值。

### 5. 民航治理现代化的要求

党的十八届三中全会通过的《中共中央关于全面深化改革若干重大问题的决定》提出："推进国家治理体系和治理能力现代化"。党的十九届四中全会深刻阐明了坚持和完善中国特色社会主义制度、推进国家治理体系和治理能力现代化的重大意义、总体要求、总体目标、重点任务和根本保证。民航治理体系和治理能力是国家治理体系和治理能力的重要组成部分。习近平总书记指出，民航业是重要的战略产业，要始终坚持安全第一，严格行业管理，强化科技支撑，着力提升运输质量和国际竞争力，更好服务国家发展战略，更好满足广大人民群众需求。这是推进民航治理体系和治理能力现代化的根本遵循，实现民航治理体系和治理能力现代化，既是我国民航发展到新阶段的必然要求，也是新时代民航强国建设的重大任务，要在总结历史经验中看到我国民航的制度优势，在分析发展趋势中明确我国民航制度的建设方向，在对标民航强国战略目标中谋划民航治理体系和治理能力建设的重点任务，把党的十九届四中全会精神转化为民航领域的生动实践。

## 14.4.2　品质工程理念的提出

2021年11月30日，全国民用机场建设管理工作会议在湖北省鄂州市召开。会议认真学习贯彻党的十九届六中全会精神，落实习近平总书记关于"四型机场"和"四个工程"重要指示精神，总结经验，理清思路，明确目标，围绕打造"品质工程"主题，凝聚共识，汇聚力量，推动新时代民用机场建设高质量发展。

会议明确"十四五"时期机场建设工作思路为：坚持以习近平新时代中国特色社会主义思想为指导，立足新发展阶段，贯彻新发展理念，服务构建新发展格局，以"品质工程"为主导，落实"四型机场"发展要求和"四个工程"建设要求，按照新时期"一二三三四"①民航总体工作思路，大力推行现代工程管理，打造民用机场品质工程，树立中国机场建设品牌，持续推进民航机场建设高质量发展，为贯彻实施"十四五"规划打牢基础，为实现民航强国建设目标提供坚实支撑。

### 1. 机场工程管理理念的核心

工程理念作为工程活动的灵魂，从根本上决定着工程的优劣和成败。对于民航而言，机场工程理念的核心就是打造品质工程。要把品质工程理念渗透到机场建设的全过程，坚持把"以人为本、优质安全、功能适用、绿色低碳、智慧高效"作为建设目标和建设成果，以推行

---

① "一二三三四"是指践行一个理念、推动两翼齐飞、坚守三条底线、构建完善三个体系、开拓四个新局面。

机场工程管理为抓手，以机场建设活动实践为载体，实现机场工程内在功能和外在形式有机结合、内在质量和外在品位有机统一。

### 2."四个工程"和"四型机场"建设成果的集中体现

"四个工程"是机场工程建设阶段的目标追求，精品工程突出项目工程质量，平安工程突出项目建设实施全过程安全，廉洁工程突出项目建设实施的各项纪律要求，样板工程突出项目示范引领作用。"四个工程"是打造"品质工程"的本质遵循，更加体现建设项目的专业属性。"四型机场"是运营管理目标追求，平安是基本要求，绿色是基本特征，智慧是基本品质，人文是基本功能，是四大要素全面并进的现代化机场建设运营发展理念。"四型机场"是打造"品质工程"的可持续发展，更加体现建设项目的社会属性。"品质工程"贯穿机场规划、建设、运营全生命周期，既包含了"四型机场"和"四个工程"建设的目标，也是"四型机场"和"四个工程"的具体成果体现，更加突出系统性。

### 3. 品质工程的概念内涵

品质工程的建设理念体现以人为本、协调发展、全寿命周期、百年工程等理念；管理举措以精益建造为导向，突出工程文化的生成、形塑和传承，深化现代工程管理的人本化、一体化、协同化、专业化、标准化、精细化和智慧化；规划设计体现全寿命周期理念，注重协同设计、精细设计和设计创作；质量管理体现责任全面落实，源头、过程和验收控制有力，工程实体质量、功能质量、外观质量和服务质量均衡发展，耐久性切实提高；安全管理体现安全管理规范化、现场防护标准化、风险管控科学化、隐患治理常态化、应急救援高效化；绿色管理体现生态环保、资源节约和节能减排；技术进步体现科技创新与突破，"产学研"联动和技术标准与时俱进；廉洁防控体现教育常态化、防控技术化和监督重点化；治理体系体现机场工程建设管理体系的健全和完善；治理能力体现行政机关宏观治理、质监机构监督、企业自身管理和社会组织服务等方面执行能力和水平提升。

## 14.4.3  品质工程理念的全面贯彻

为了让机场工程管理品质工程理念成为"共识"，广大工程建设和运营者应做好机场工程理念的践行者。

（1）深刻立足工程管理的新阶段，全方位明确项目建设使命任务：坚定"国内领先、世界一流"的决心；树立"四型机场标杆、品质工程样板"的方向；在规划、投资、建设、运营各方面、各领域寻求创新和突破。

（2）深刻理解工程管理的新理念，全过程贯彻品质工程要求内涵：树立以机场为核心，港产城协调发展的大格局；从只关注工程实体向更加关注工程建设项目的经济和社会效益转变；将项目管理工作与多方面要素综合考虑。实现机场工程内在功能和外在形式有机结合、内在质量和外在品位有机统一。

（3）深刻分析工程管理的新趋势，全周期引领管理理念创新升级：转变思维方式和工作理念，统筹谋划和驾驭好项目全生命周期管理，将工程管理向前向后延伸，实现规投建营各环节的顺畅衔接。

## 14.4.4　品质工程理念的全力推行

推行"品质工程"现代机场工程管理理念，促进机场建设高质量发展，首先要把握好民航工程管理的"六个转变"：一是建设理念从过去关注工程实体，向更加关注工程建设项目的经济和社会效益转变；二是组织结构更加注重集成团队优势，强调专业化管理；三是管理行为从粗放式向更加注重程序管理、规范管理、标准化管理和精细化管理转变；四是管理手段更加注重智能信息技术的推广应用；五是管理目标从以质量合格为目标，向持续改进提升工程品质以及建设运营的系统集成转变；六是管理范围更加注重把传统的机场、空管、航油三大工程与航司基地、公铁路网等配套工程综合管控，形成超越组织边界的统筹管理。

全力推行现代机场工程管理，适应上述六个转变的重点，应在七个方面下功夫，即建设理念人本化、综合管控协同化、建设管理专业化、建设运营一体化、工程施工标准化、日常管理精细化、管理过程智慧化。

### 1. 民航局层面，以"七化"为主要抓手

（1）建设理念人本化，这是践行"发展为了人民"理念在机场建设领域的具体落实。在规划设计阶段充分考虑社会发展、环保需要，注重机场建设与自然环境和附近社区居民的和谐共处。在施工阶段要高度重视劳动者人身安全和权益保障，以及生产生活和作业环境改善。在运营阶段拓宽服务领域，丰富服务内涵，打造真情服务品牌，建设人文机场。

（2）建设管理专业化，民航基础设施建设专业性强，专业分工越来越细致、技术要求越来越高，需要具有高水平的专业化组织机构和专业化人才队伍，需要根据项目建设规模和技术难易程度组建专业化的组织管理机构，需要加强不同专业的技术人员和管理人员的合理配置。

（3）建设运营一体化，要在严格遵循机场建设与运营客观规律的基础上，在全生命周期内，系统考虑谋划如何实现需求、运营、效益三位一体。大兴机场的经验是，运营筹备工作与工程建设同步开展，机场建设期集结建设与运营职能并重的专业团队，运营筹备工作提前

介入，这是工程竣工后87天即实现平稳投运的关键所在。

（4）综合管控协同化，就是要适应机场日益成为港产城一体化、建管养一体化、空天一体化的系统工程。机场建设项目需要传统的机场、空管、航油三大工程建设，以及航司基地、公铁路网等配套工程综合管控、同步投运。大兴机场建设形成的"总进度综合管控"实现了超越组织边界和超越项目边界的全过程管理，是我国基础设施建设的宝贵经验。

（5）工程施工标准化，施工标准化活动包括工地的标准化、工艺的标准化和管理的标准化。要通过统一的技术标准、管理标准和检验标准，打造统一、规范、有序的施工标准体系，实现对建设过程、安全、质量、工期的有效控制。

（6）日常管理精细化，就是要追求精益求精，弘扬工匠精神，注重细节、把粗活做细、把细活做精。机场建设项目技术含量高，工程结构复杂，更要注重细节，在每个环节、每道工序，每个建设者都要做到精细操作、严格把关。大兴机场就是管理精细化的典范。

（7）管理过程智慧化，就是要通过现代信息技术手段，实现管理过程的全自动控制，规范管理流程、提高管理效能、降低管理成本，弥补人为管理的漏洞和缺失。大兴机场运用数字化施工管理系统，实现了对关键工艺的自动化监控，是管理过程智慧化的典型案例。

## 2. 首都机场集团层面，以"1-4-4-2-1"为工作思路

"1-4-4-2-1"分别是指：

"1"是践行一个理念，即"现代工程管理"。

"4"是坚持四项制度，即"项目法人责任制、招标投标制、工程监理制、合同管理制"。

"4"是落实四位一体，即"规划投资建设运营一体化"。

"2"是固化两个全过程风控机制，即"全过程工程咨询、全过程跟踪审计"。

"1"是实现一个终极目标，即"建设品质工程和平安工地"。

附录
人员访谈名单

## 附录一、丛书策划过程中接受访谈人员名单

### 第一轮访谈（2021年3月24—26日）

| 访谈时间 | 访谈对象 |
| --- | --- |
| 2021年3月24日下午 | 指挥部规划设计部总经理徐伟 |
| 2021年3月25日上午 | 指挥部保卫部副部长姜浩军、主管樊一利 |
| 2021年3月25日上午 | 指挥部工程二部副总经理董家广 |
| 2021年3月25日下午 | 指挥部规划设计部副总经理田涛等六人 |
| 2021年3月25日下午 | 大兴机场规划发展部副总经理杜晓鸣 |
| 2021年3月26日上午 | 指挥部工程一部副总经理赵建明 |
| 2021年3月26日上午 | 指挥部常务副指挥长郭雁池 |
| 2021年3月26日上午 | 指挥部规划设计部副总经理易巍 |
| 2021年3月26日上午 | 指挥部副指挥长刘京艳 |
| 2021年3月26日上午 | 指挥部安全质量部副总经理张俊 |
| 2021年3月26日下午 | 指挥部副指挥长李光洙 |
| 2021年3月26日下午 | 指挥部规划设计部总经理徐伟、副总经理易巍 |

### 第二轮访谈（2021年4月7—9日）

| 访谈时间 | 访谈对象 |
| --- | --- |
| 2021年4月7日下午 | 指挥部安全质量部副总经理张俊 |
| 2021年4月7日下午 | 指挥部党委书记、副指挥长罗辑 |
| 2021年4月8日上午 | 指挥部安全质量部副总经理张俊、业务经理王效宁 |
| 2021年4月8日上午 | 大兴机场副总经理朱文欣 |
| 2021年4月8日下午 | 大兴机场党委书记、副总经理李勇兵 |
| 2021年4月8日下午 | 大兴机场副总经理袁学工 |
| 2021年4月8日下午 | 大兴机场副总经理孔越 |
| 2021年4月9日全天 | 指挥部规划设计部总经理徐伟 |

第三轮访谈（2021年4月13—15日）

| 访谈时间 | 访谈对象 |
| --- | --- |
| 2021年4月13日上午 | 指挥部副指挥长、总工程师李强 |
| 2021年4月13日上午 | 大兴机场运行管理部副总经理钱媛媛 |
| 2021年4月13日下午 | 指挥部党委副书记、纪委书记周海亮 |
| 2021年4月14日上午 | 首都机场集团公司副总经理（正职级）、<br>大兴机场总经理、指挥部总指挥姚亚波 |
| 2021年4月14日中午 | 大兴机场安全质量部总经理杨剑 |
| 2021年4月14日下午 | 大兴机场副总经理郝玲 |
| 2021年4月14日下午 | 大兴机场服务品质部总经理何欢 |
| 2021年4月15日上午 | 大兴机场行政事务部总经理聂永华 |
| 2021年4月15日上午 | 大兴机场商业管理部总经理张琳 |

## 附录二、图书编写过程中接受访谈人员名单

| 访谈日期 | 访谈对象 |
| --- | --- |
| 2021年10月12日 | 指挥部工程二部副总经理董家广 |
| 2021年10月13日 | 指挥部工程一部总经理高爱平、业务经理刘卫、业务经理张闯 |
| 2021年10月13日 | 大兴机场党群工作部部长张茹 |
| 2021年10月14日 | 指挥部行政办公室主任李维 |
| 2021年10月14日 | 指挥部党群工作部业务经理霍岩 |
| 2021年10月15日 | 指挥部安全质量部副总经理张俊 |
| 2021年10月18日 | 指挥部规划设计部总经理徐伟 |
| 2021年10月18日 | 指挥部招标采购部总经理姚铁 |
| 2021年10月18日 | 指挥部工程一部副总经理赵建明 |
| 2021年10月20日 | 指挥部安全质量部总经理孙嘉、副总经理张俊、主管王凌云 |
| 2021年10月20日 | 指挥部保卫部主管樊一利 |
| 2021年10月20日 | 指挥部安全质量部副总经理张俊 |
| 2021年10月20日 | 指挥部安全质量部主管王凌云、主管王新彬 |
| 2021年10月20日 | 指挥部保卫部主管樊一利 |
| 2021年10月21日 | 指挥部规划设计部总经理徐伟 |
| 2021年10月21日 | 指挥部规划设计部业务经理王效宁 |
| 2021年10月21日 | 指挥部党群工作部副部长张培 |
| 2021年10月21日 | 中国建筑第八工程局有限公司项目经理刘川、项目总工<br>程师史育兵、项目安全总监呼军佩 |

续表

| 访谈日期 | 访谈对象 |
|---|---|
| 2021年10月21日 | 指挥部工程二部副总经理郭树林、主管徐文楠 |
| 2021年10月21日 | 指挥部安全质量部主管邓文 |
| 2021年10月21日 | 指挥部工程二部总经理孔愚 |
| 2021年10月21日 | 指挥部工程二部副总经理董家广 |
| 2021年10月21日 | 指挥部安全质量部总经理孙嘉、副总经理张俊 |
| 2021年10月22日 | 指挥部计划合同部总经理张宏钧 |
| 2021年10月22日 | 指挥部安全质量部总经理孙嘉 |
| 2021年10月22日 | 指挥部工程二部副总经理郭树林 |
| 2021年10月22日 | 指挥部行政办公室主管孙凤 |
| 2021年11月1日 | 指挥部工程一部副总经理赵建明 |
| 2021年11月1日 | 指挥部招标采购部副总经理王晨 |
| 2021年11月1日 | 指挥部行政办公室副主任师桂红 |
| 2021年11月1日 | 指挥部行政办公室助理魏士妮 |
| 2021年11月1日 | 指挥部规划设计部副总经理易巍 |
| 2021年11月4日 | 指挥部规划设计部副总经理田涛 |
| 2021年11月4日 | 指挥部财务部副总经理王海瑛 |
| 2021年11月4日 | 指挥部计划合同部副总经理王静 |
| 2021年11月5日 | 指挥部工程一部总经理高爱平 |
| 2021年11月5日 | 指挥部党群工作部部长王积筠 |
| 2021年11月5日 | 指挥部党群工作部副部长张培 |
| 2021年11月5日 | 指挥部党群工作部业务经理霍岩 |
| 2021年11月8日 | 指挥部行政办公室主任李维 |
| 2021年11月22日 | 指挥部常务副指挥长郭雁池 |
| 2021年11月22日 | 大兴机场副总经理朱文欣 |
| 2021年11月24日 | 大兴机场副总经理袁学工 |
| 2021年11月24日 | 大兴机场信息管理部总经理高宇峰 |
| 2021年11月26日 | 北京市建筑设计研究院副总建筑师、大兴机场项目建筑总监王亦知 |
| 2021年11月26日 | 北京城建集团有限责任公司副总工程师、北京城建大兴国际机场航站楼核心区工程项目经理李建华 |
| 2021年11月29日 | 指挥部党委书记、副指挥长罗辑 |
| 2021年12月27日 | 北京城建集团项目安全副经理程富财 |
| 2021年12月27日 | 北京建工集团项目安全总监刘国兴 |
| 2021年12月27日 | 河北建设集团项目技术负责人杨路通 |
| 2021年12月27日 | 指挥部副指挥长、总工程师李强 |
| 2021年12月28日 | 大兴机场行政事务部总经理聂永华 |

# 参考文献

[1] 孙继德，王广斌，贾广社，张宏钧.大型航空交通枢纽建设与运筹进度管控理论与实践[M].北京：中国建筑工业出版社，2020.

[2] 姚亚波. 从北京新机场说智慧机场建设[N].中国民航报.2018-08-29.

[3] 张宏钧，徐启雄，丁衍然，贾广社，王广斌，孙继德.北京大兴国际机场工程建设与运营筹备总进度综合管控探索与实践[J].建筑经济，2020，41（5）：45-53.

[4] 李青蓝.PMIS支撑的大型机场工程竣工决算模式构建[J].综合运输，2020，42（8）：39-46.

[5] 李青蓝.北京新机场工程项目管理系统的设计[J].中国科技信息，2015（15）：145-146.

[6] 李青蓝. 大型机场工程项目管理系统的设计开发与实施[J].计算机与网络，2015，41（15）：65-68.

[7] 刘丹. 碧水蓝天翩跹舞[N]. 中国民航报，北京大兴国际机场特刊，2019-09-25（T08）.

[8] 李强，张俊，易巍.北京大兴国际机场绿色建设实践[J].环境保护，2021，49（11）：13-17.

[9] 郝玲.乘兴而来尽兴而归——大兴机场人文机场建设思考[J].中国民用航空，2021.

[10] 王亦知等.北京大兴国际机场数字化设计[M].北京：中国建筑工业出版社，2019：18-20.

[11] 北京新机场建设指挥部. 新理念 新标杆 北京大兴国际机场绿色建设实践[M].北京：中国建筑工业出版社，2022：46＋56-61.

[12] 陈向国.北京大兴国际机场：绿色机场的标杆[J].节能与环保，2019，（12）：18-19.

[13] 李庆国，王芳.新时代的世界奇迹——大兴国际机场[N].农民日报，2021-5-6

[14] 张晋勋，李建华，段先军，刘云飞，雷素素.从首都机场到北京大兴国际机场看工程建造施工技术发展[J].施工技术，2021，50（13）：27-33.

[15] 张雪娟，樊晶光，王效宁，马海澎，翟文亮.北京大兴国际机场建设工程安全管理体系研究[J].安全，2020，41（1）：76-80.

[16] 邢路.大兴机场持续提升网络安全保障能力 护航"四型机场"建设[EB/OL].中国民航网.[2020-11-04].http://www.caacnews.com.cn/1/5/202011/t20201104_1313372_wap.html.

[17] 郭凯.北京大兴国际机场民航专业工程安全精准管理[J].民航管理，2019，（7）：55-57.

[18] 清华经管学院中国工商管理案例中心. 北京大兴国际机场：打造全球空港标杆[C]，清华经管学院，2020.

[19] 李建华.凤凰之巢 匠心智造 北京大兴国际机场航站楼（核心区）工程综合建造技术：施工管理卷[M].北京：中国建筑工业出版社，2022.

[20] Project Management Institute（项目管理协会）.项目管理知识体系指南[M]. 北京：电子工业出版社，2018.

[21] 丁荣贵.项目治理：实现可控的创新[M]. 北京：电子工业出版社，2006.

[22] 任宏.巨项目管理[M].北京：科学出版社，2012：344-345.

[23] 王中.艺术塑造人文机场——北京大兴国际机场公共艺术实践[J].美术研究，2020（3）：58-63.

# 后记

《北京大兴国际机场建设管理实践丛书》编写是《北京新机场建设指挥部与同济大学合作协议》中的合作内容之一，此协议签订于2021年2月23日，是为纪念习近平总书记来大兴机场工地视察4周年举办活动的当天，也是在这一天启动了丛书策划工作。丛书策划首先需要回答这样的问题：写什么、写给谁看、谁来写等。策划的任务是由指挥部成立的丛书编审委员会及下设的工作组与同济大学课题组共同完成的，工作组由北京新机场建设指挥部和北京大兴国际机场多个部门的领导组成，工作组设在指挥部规划设计部，由徐伟总经理和易巍副总经理牵头，同济大学课题组由贾广社教授、高显义副教授带领，林文生、王玥冉、谭丹等参与了前期的策划。

策划的过程主要有调研访谈，研究主题提炼，先后深入访谈了北京新机场建设指挥部和北京大兴国际机场共29位领导。策划的成果有：丛书主题，每个主题的内容框架、创新点、丛书质量控制流程等。

在2021年5月19日丛书编审委员会会议上确认了策划团队所策划的绿色机场、环境保护、安全管理、智慧机场、工程管理、工程哲学、人文机场、施工技术、使用指南、画册共10个研究主题。其中工程管理研究由同济大学承担；安全管理研究由同济大学承担，上海师范大学参与；工程哲学研究由中国科学院大学、同济大学共同承担，以国科大为主，同济大学承担支持和参与研究。

工程管理研究主题由指挥部计划合同部牵头，研究成果形成了丛书的工程管理分册。本书的研究及撰写经历了文献收集、档案查阅、调研访谈、大纲提炼、书稿撰写、专家评议、出版校订、打磨修改等多个环节。本书的成果是指挥部、大兴机场、外部专家、同济团队集体力量的凝聚和集体智慧的结晶。

本书的分工是指挥部为同济课题组讲述建设历程和建设过程中的故事，提供工程建设的事实，包括工程档案等文献资料，负责对书稿审核，提出修改和完善意见，郭雁池常务副指挥长总体把控，提出修改指示和建议，计划合同部总经理张宏钧负责组织调研访谈、征求意见等。同济大学课题组负责理论总结、执笔撰写；同济大学课题组内部的分工是贾广社、高显义协商决定总体理论提炼，高显义负责具体组织实施，王玥冉、王燕、李蕾、李子伦、周淼阳、唐睿彬、陈雨萌承担收集文献和初稿撰写，谭丹负责后期的逻辑梳理及插图的绘图指导，王广斌、孙继德对本书的完善提出了专业性的修改意见，王广斌、谭丹负责两次专家评议会的组织、整个同济团队书稿的修改和完善。

本书的写作得益于与安全管理研究、工程哲学研究两课题的同步开展，以及协同创作机制，协同事项主要有资料共享、理论建构的共同研讨等。

三位副主编在线上召开会议，对书稿从头至尾进行检查，最后定稿。

本书的撰写得到了多方面领导的支持，克服了一个又一个的困难。首先感谢首都机场集团有限公司副总经理（正职极）、大兴机场总经理、指挥部总指挥姚亚波及指挥部、大兴机场的领导对同济大学课题组从策划至本书的立项、写作自始至终的信任和支持；感谢罗辑书记对丛书质量提出的严格要求；感谢郭雁池常务副指挥长的支持和张宏钧总经理的组织；感谢指挥部与大兴机场在策划阶段和本书撰写阶段接受访谈的领导，特别是大兴机场及其部门领导对机场运行情况的介绍，使理论创作人员把建设与运营不仅在理论上而且在实践上衔接起来；感谢北京市建筑设计研究院副总建筑师、大兴机场项目建筑总监王亦知，北京城建集团有限责任公司副总工程师、北京城建大兴国际机场航站楼核心区工程项目经理李建华及项目安全副经理程富财，北京建工集团项目安全总监刘国兴，河北建设集团项目技术负责人杨路通，大兴区住建委机场监督组组长张蒙接受访谈，毫无保留地讲述了本单位和本人为大兴机场工程建设无私奉献的精彩故事。感谢两次专家评议会的专家，他们是：住房和城乡建设部原总工程师、中国建筑业协会第六届理事会会长王铁宏，清华大学土木水利学院院长方东平教授，西北工业大学欧立雄教授，中国建筑第八工程局有限公司总工程师邓明胜，上海机场建设指挥部总工办副主任王晓鸿，中国工程院院士、国家自然科学基金委管理科学部主任、华中科技大学原校长丁烈云，重庆大学副校长刘贵文，中国市政工程协会会长卢英方，中国建筑第八工程局有限公司总工程师亓立刚，山东大学管理学院丁荣贵教授。专家们为书稿的修改和完善指明了方向，使得书稿的整体质量得到了大幅提升。感谢民航局冯正霖局长、丁烈云院士为本书作序，给本书创作和编写人员以极大的鼓舞和鼓励。感谢中国科学院大学王大洲教授和王楠副教授团队、上海师范大学何长全博士团队，对本书的创作和修改提出了诸多富有启发、跨学科的意见和建议。感谢同济大学团队精益求精、止于至善的工作精神。感谢中国建筑工业出版社封毅副总编辑和周方圆副编审的全程支持，在这样短的时间内出书实属不易，这与她们的辛勤劳动分不开。要感谢的人还有许多许多！

本书的内容主要是大兴机场工程建设实践的"后思"，还吸收了之前其他工程建设实践的"后思"，大兴机场的建设还在继续，我国的民航强国之路还在继续，中华民族伟大复兴的征程还在继续，本书编者的初衷不仅是为工程建设本身提供"后思"，更重要的是面向未来，为读者和未来的工程建设者提供"前思"。所收集的文献，为未来留下工程记忆；写作的感触，为未来留下信仰；实践的创新，为未来工程建设范式的重构提供借鉴。不论以未来的眼光看今天，还是以现在的眼光看今天，本书仍有许多不足和局限，欢迎读者朋友们不吝指正，我们将继续努力！

本书编者

2022年8月

图书在版编目（CIP）数据

多维度融合 一体化管理：北京大兴国际机场工程
管理实践 / 北京新机场建设指挥部组织编写；姚亚波，
郭雁池主编；张宏钧，高显义，贾广社副主编 . —北京：
中国建筑工业出版社，2022.9
（北京大兴国际机场建设管理实践丛书）
ISBN 978-7-112-27854-1

Ⅰ.①多… Ⅱ.①北… ②姚… ③郭… ④张… ⑤高…
⑥贾… Ⅲ.①国际机场—机场建设—工程管理—大兴
区 Ⅳ.① TU248.6

中国版本图书馆CIP数据核字（2022）第160047号

责任编辑：周方圆 封 毅
责任校对：党 蕾

本分册以建设运营一体化为主线，站在北京新机场建设指挥部的角度，全面总结北京大兴国际机场
工程建设和运筹管理的理念、方法与实践。覆盖了大兴机场从选址论证、前期决策、规划设计、建设施工、
验收许可、运营筹备、开航投运的全过程，以及进度、投资、质量安全与环境管理、党建、廉洁工程建
设等全要素管理。

本书共分为 14 章，第 1 章为大兴机场工程概述，第 2 ~ 4 章为工程相关方及建设目标、工程治理、
项目管理组织及项目管理目标，第 5 ~ 6 章为项目决策及规划设计，第 7 ~ 9 章是项目目标控制，包括
进度控制、投资控制、质量安全与环境管理。第 10 章为项目运营筹备以及投运管理。第 11 章是北京新
机场建设指挥部队伍建设和综合保障。第 12 ~ 13 章为党建和廉洁工程建设。第 14 章是工程建设和运营
取得的成果，以及机场工程建设管理的发展。

北京大兴国际机场建设管理实践丛书

多维度融合 一体化管理
北京大兴国际机场工程管理实践
北京新机场建设指挥部 组织编写
姚亚波 郭雁池 主编
张宏钧 高显义 贾广社 副主编
＊
中国建筑工业出版社出版、发行（北京海淀三里河路 9 号）
各地新华书店、建筑书店经销
北京海视强森文化传媒有限公司制版
北京富诚彩色印刷有限公司印刷
＊
开本：880 毫米 × 1230 毫米 1/16 印张：25½ 插页：1 字数：560 千字
2022 年 9 月第一版 2022 年 9 月第一次印刷
定价：**208.00** 元
ISBN 978-7-112-27854-1
（39913）